城镇排水与污水处理行业职业技能培训鉴定丛书

排水巡查员
培训教材

北京城市排水集团有限责任公司　组织编写

中国林业出版社
·北　京·

图书在版编目(CIP)数据

排水巡查员培训教材 / 北京城市排水集团有限责任公司组织编写 .—北京：中国林业出版社，2021. 3
(城镇排水与污水处理行业职业技能培训鉴定丛书)
ISBN 978-7-5219-1058-2

Ⅰ. ①排… Ⅱ. ①北… Ⅲ. ①城市排水-排水工程-职业技能-鉴定-教材 Ⅳ. ①TU992

中国版本图书馆 CIP 数据核字(2021)第 034443 号

中国林业出版社
责任编辑：陈　惠　王思源
电　　话：(010)83143614

出版发行　中国林业出版社(100009　北京市西城区刘海胡同 7 号)
https://www.forestry.gov.cn/lycb.html
印　　刷　北京中科印刷有限公司
版　　次　2021 年 3 月第 1 版
印　　次　2021 年 3 月第 1 次印刷
开　　本　889mm×1194mm　1/16
印　　张　15.25
字　　数　540 千字
定　　价　90.00 元

城镇排水与污水处理行业职业技能培训鉴定丛书
编写委员会

主　　编　郑　江

副 主 编　张建新　蒋　勇　王　兰　张荣兵

执行副主编　王增义

《排水巡查员培训教材》
编写人员

刘大爽　于丽昕　王欢欢　祁　旭　毕　琳　赵东方

杨福天　杨小多　辛　颖　吕伟宏　张元元　安　可

前 言

2018年10月，我国人力资源和社会保障部印发了《技能人才队伍建设实施方案(2018—2020年)》，提出加强技能人才队伍建设、全面提升劳动者就业创业能力是新时期全面贯彻落实就业优先战略、人才强国战略、创新驱动发展战略、科教兴国战略和打好精准脱贫攻坚战的重要举措。

我国正处在城镇化发展的重要时期，城镇排水行业是市政公用事业和城镇化建设的重要组成部分，是国家生态文明建设的主力军。为全面加强城镇排水行业职业技能队伍建设，培养和提升从业人员的技术业务能力和实践操作能力，积极推进城镇排水行业可持续发展，北京城市排水集团有限责任公司组织编写了本套城镇排水与污水处理行业职业技能培训鉴定丛书。

本套丛书是基于北京城市排水集团有限责任公司近30年的城镇排水与污水处理设施运营经验，依据国家和行业的相关技术规范以及职业技能标准，并参考高等院校教材及相关技术资料编写而成，包括排水管道工、排水巡查员、排水泵站运行工、城镇污水处理工、污泥处理工共5个工种的培训教材和培训题库，内容涵盖安全生产知识、基本理论常识、实操技能要求和日常管理要素，并附有相应的生产运行记录和统计表单。

本套丛书主要用于城镇排水与污水处理行业从业人员的职业技能培训和考核，也可供从事城镇排水与污水处理行业的专业技术人员参考。

由于编者水平有限，丛书中可能存在不足之处，希望读者在使用过程中提出宝贵意见，以便不断改进完善。

2020年6月

目　录

绪　论

排水巡查员是指从事城镇排水设施运行状况巡查、检测及安全保护监督的人员。目前该工种的职业技能等级由低到高可分为：职业技能五级/初级工、职业技能四级/中级工、职业技能三级/高级工、职业技能二级/技师、职业技能一级/高级技师。

排水巡查员的工作内容主要是对排水设施运行状况进行巡查，发现问题及时上报并进行一般性现场处置，以保证公共安全和设施安全；根据检测计划，对排水设施功能、结构状况进行检测，为设施维护提供依据；对接报的排水安全事件进行现场核实并及时反馈上报；对影响设施安全的行为进行监督纠正和损坏索赔取证；对周边施工采取的设施保护措施进行现场监督和核实；对用户雨污水排放、再生水使用接入方案的实施进行现场监督和指导；对排水设施巡查、检测等仪器、设备进行保养和维护，保证其正常使用；填写巡查日志和检测记录，整理归档。排水巡查员工作范围涉及有限空间作业、带水作业、带电作业、机械作业、占道作业等。排水巡查员必须熟知本工种所涉及的危险源及危险作业，确保安全生产。

排水巡查具有多学科融合特点，排水巡查员需要掌握城市排水管线和巡查知识及流体力学、水化学、水微生物学、工程识图等基础知识。

第一章
安全基础知识

第一节　安全常识

一、常见危险源的识别

城镇公共排水系统四通八达，贯穿于城市地下，为了便于日常维护管理，一般随城市道路同步建设实施。在满足排水设施运行条件的同时，排水管网建设施工及运行养护管理过程中伴随着可能导致生产安全事故的多种危险源。

（一）管网建设

排水管道施工特点是施工环境多变、流动性大、施工作业条件差、手工露天作业多、沟坑、吊装、高处、立体交叉作业多、临时占道、用电设施多、劳动组合不稳定，因此管道施工现场存在的危险有害因素比较复杂。典型的危险有害因素有：

(1)地下管线（设施）调查不清，会导致开槽作业等土方施工时破坏现有地下设施，同时具有造成次生伤亡事故的可能性。

(2)新建污水管线建成后与现况污水管线勾头、打堵，存在有毒有害气体中毒造成人员伤亡的可能性。

(3)管道穿越公路、铁路、河道等重要设施进行顶管作业时，受车辆荷载、地下水、地质变化、施工方案不合理或方案执行不利等因素影响，有可能造成施工人员、社会车辆损失等事故。

（二）管网养护

排水管网相对处于密闭环境，长期运行会产生并聚集硫化氢、一氧化碳、可燃性气体及其他有毒有害气体，而且作业环境狭小、潮湿、黑暗，工作人员如果不做任何安全防护措施就下井作业，极易发生生产安全事故。典型的危险有害因素有：

(1)管道检查井、室的中毒窒息事故。投入运行的管道或井、室中常常会存在有毒有害气体浓度超标和氧气含量不足等问题，如在进入前未进行检查或检查设备失灵等问题操作不当，可能造成中毒、窒息、爆炸等事故，导致人员伤亡。

(2)巡查、养护、应急抢险机械操作事故。作业过程中出现打开井盖不慎砸脚；下井不慎引发坠落、撞伤等事故；操作设备时不慎引起的机械伤害、触电等事故。

(3)道路作业过程中的交通事故。社会车辆因驾驶不慎可能对作业人员造成伤亡事故；作业车辆因驾驶不慎可能对社会人员造成伤亡事故等。

（三）设施管理

城镇公共排水设施体量大，在管理这些设施时，工作量也很大。如养护管理单位存在设施失养、失管、失修等情况时，可能引发公共安全事故。典型危险有害因素有：

(1)排水管网因结构性隐患或功能性隐患导致塌陷，造成人身伤害、车辆损坏的公共安全事故。

(2)井盖丢失导致人身伤害、车辆损坏的公共安全事故；管线因无下游等原因产生雨污水外溢冒水事故。

(3)下雨导致上游淹泡，立交桥下、路面严重积滞水影响交通的事故。

(4)通过排水管网传播重大传染病疫情事故。

（四）防汛保障、应急抢险

防汛抽排及应急抢险过程中，发电机及其相关设备因作业环境潮湿可能引发人员触电事故；基坑边缘坍塌引发坠落事故；吊车吊物引发物体坠落事故；排水管道断裂事故及其他事故。

(五)泵站运行及养护

(1)泵站运行：泵站运行日常工作中，由于操作不当易造成机械伤害事故，如机械格栅操作及养护过程中，因操作不规范造成的人员伤害及设备损坏；因水泵运行及维护操作不规范造成人员伤害及设备损坏；此外还有像天车、电动葫芦、手动电动闸阀、发电机、通风类设备的不当操作引发的人员伤害及设备损坏等。

(2)泵站养护：泵站设备设施周期性养护工作实施过程中的危险有害因素有进退水管线的检查及清掏工作中因防护不当造成的有毒有害气体中毒或爆炸事故；电气设备的预防性实验与清扫工作易造成人员触电事故等。

(六)其他危险源

食物中毒；夏天高温中暑、冬天低温冻伤；库房、办公场所火灾事故；设施、设备被盗事故；网络数据信息泄漏事故；与水体相关的传染性疾病暴发导致的事故；因战争、破坏、恐怖活动等突发事件导致的事故；其他可能导致发生生产安全事故的危险源。

二、常见危险源的防范

在排水管网作业中，主要的危险源包括有毒有害气体中毒与窒息、机械伤害、触电、高空跌落、溺水等。应利用工程技术控制、个人行为控制和管理手段消除、控制危险源，防止事故发生，造成人员伤害和财产损失。

(一)技术控制

技术控制是指采用技术措施对危险源进行控制，主要技术包括消除、防护、减弱、隔离、连锁和警告等措施。

(1)消除措施：消除系统中的危险源，可以从根本上防止事故的发生。但是，按照现代安全工程的观点，彻底消除所有危险源是不可能的。因此，人们往往首先选择危险性较大，并且在现有技术条件下可以消除的危险源作为优先考虑的对象。可以通过选择合适的工艺、技术、设备、设施，合理的结构形式，无害、无毒和不能致人伤亡的物料，来彻底消除某种危险源。

(2)防护措施：当消除危险源有困难时，可采取适当的防护措施，如使用安全阀、安全屏护、漏电保护装置、安全电压、熔断器、排风装置等。

(3)减弱措施：在无法消除危险源和难以预防危险发生的情况下，可采取减轻危险因素的措施，如选择降温措施、避雷装置、消除静电装置、减震装置等。

(4)隔离措施：在无法消除、预防和隔离危险源的情况下，应将作业人员与危险源隔离，并将不能共存的物质分开，如采取遥控作业，设置安全罩、防护屏、隔离操作室、安全距离等。

(5)连锁措施：当操作者操作失误或设备运行达到危险状态时，应通过连锁装置终止危险、危害发生。

(6)警告措施：在易发生故障和危险性较大的地方，设置醒目的安全色、安全标志；必要时，设置声、光或声光组合报警装置。

(二)个人行为控制

个人行为控制是指控制人为失误，减少人的不正确行为对危险源的触发作用。人为失误的主要表现形式有：操作失误、指挥错误、不正确的判断或缺乏判断，粗心大意、厌烦、懒散、疲劳、紧张、疾病或生理缺陷，错误使用防护用品和防护装置等。

(三)管理控制

可采取以下措施对危险源实行管理控制：

1. 建立健全危险源管理的规章制度

危险源确定后，在对其进行系统分析的基础上建立健全各项规章制度，包括岗位安全生产责任制、危险源重点控制实施细则、安全操作规程、操作人员培训考核制度、日常管理制度、交接班制度、检查制度、信息反馈制度、危险作业审批制度、异常情况应急措施和考核奖惩制度等。

2. 加强安全教育培训

落实《中华人民共和国安全生产法》中安全教育培训的要求，通过新员工培训、调岗员工培训、复工员工培训、日常培训等提高职工的安全意识，增强职工的安全操作技能，避免职业危害。

3. 加强宣传告知

对日常操作中存在的危险源应提前告知，使职工熟悉伤害类型与控制措施。如在有危险源的区域设置危险源警示标牌，方便职工了解危险源(图 1-1)。

4. 明确责任，定期检查

根据各类危险源的等级，确定好责任人，明确其责任和工作，并明确各级危险源的定期检查责任。对危险源要对照检查表逐条逐项检查，按规定的方法和标准进行检查，并进行详细的记录。如果发现隐患，则应按信息反馈制度及时反馈，及时消除，确保安全生产。

重大危险源公示牌

序号	危险源名称	伤害事故	控制措施
1	起重吊装作业	物体打击、高处坠落、倾覆、倒塌	塔司、信号工持证上岗；安全交底、班前讲话；检查、保养、调试等
2	高支模板、大模板安装、拆除、吊运、存放	坍塌、物体打击、高处坠落	编制方案、班前教育、安全交底；设独立存放区、搭设存放架；施工过程监督、巡视、验收、检查吊环、索口、临时固定、支撑措施等
3	防护脚手架、作业平台搭拆和使用	坍塌、物体打击、高处坠落	编制方案、班前教育、安全交底、持证上岗；系挂安全带、检查预埋件、连墙件、卸荷钢丝绳拉接、作业层铺板严密、隔层防护搭设到位、现场巡视、现场验收等
4	临时用电	触电、火灾	选用符合国标电气产品；三级配电、逐级保护、佩戴个人防护用品、持证上岗；操作规范、临时防护措施、安全检查等
5	电气焊	火灾、触电、爆炸	持证上岗、安全交底、班前教育；电气焊作业安全操作规程、防雨防晒防砸措施；开具动火证、配备灭火器、专人监护、清理现场、切断电源等
6	高处作业	高空坠落	编制方案、安全交底、系挂安全带；临连防护、孔洞防护、安装密目网、护栏；首层、隔层防护等

图 1-1　重大危险源公示牌示例

5. 加强危险源的日常管理

作业人员应严格贯彻执行有关危险源日常管理的规章制度，做好安全值班和交接班，按安全操作规程进行操作；按安全检查表进行日常安全检查；危险作业需经过审批方可操作等，对所有活动均应按要求认真做好记录；按安全档案管理的有关要求建立危险源的档案，并指定专人保管，定期整理。

6. 抓好信息反馈，及时整改隐患

职工应履行义务，在发现事故隐患和不安全因素后，及时向现场安全生产管理人员或单位负责人报告。单位应对发现的事故隐患，根据其性质和严重程度，按照规定分级，实行信息反馈和整改制度，并做好记录。

7. 做好危险源控制管理的考核评价和奖惩

应对危险源控制管理的各方面工作制定考核标准，并力求量化，以便于划分等级。考核评价标准应逐年提高，促使危险源控制管理的水平不断提升。

(四)危险源具体防范措施

1. 有限空间作业中毒与窒息事故的防范

排水管道、渠道等工作场所，由于自然通风不良，易造成有毒有害气体积聚或含氧量不足，形成有限空间。对于有限空间内可能存在的危险气体环境，应采取各种措施消除危险源，《工贸企业有限空间作业安全管理与监督暂行规定》中对有限空间作业安全管理提出的要求如下：

1) 辨识标识

对有限空间进行辨识，确定有限空间的数量、位置和危险有害因素等基本情况，建立有限空间管理台账，并及时更新。在排查出的每个有限空间作业场所或设备附近设置清晰、醒目、规范的安全警示标志，标明主要危险有害因素，警示有限空间风险，严禁人员擅自进入和盲目施救。

2) 建章立制

企业应当按照有限空间作业方案，明确作业现场负责人、监护人员、作业人员及其安全职责。在实施有限空间作业前，应当将有限空间作业方案和作业现场可能存在的危险有害因素、防控措施告知作业人员。现场负责人应当监督作业人员按照方案进行作业准备。

3) 专项培训

生产经营单位应建立有限空间作业审批制度、作业人员健康检查制度、有限空间安全设施监管制度；同时对从事有限空间作业的人员进行培训教育。

生产经营单位在作业前应针对施工方案，对从事有限空间危险作业的人员进行作业内容、职业危害等教育；对紧急情况下的个人避险常识、中毒窒息和其他伤害的应急救援措施教育。

4) 装备配备

企业应当根据有限空间存在危险有害因素的种类和危害程度，为作业人员提供符合国家标准或者行业标准规定的劳动防护用品，并教育监督作业人员正确佩戴与使用。

对不能采用通风换气措施或受作业环境限制不易充分通风换气的场所，作业人员必须配备并使用空气呼吸器或软管面具等隔离式呼吸保护器具，严禁使用过滤式面具。佩戴呼吸器进入有限空间作业时，作业人员须随时掌握呼吸器气压值，判断作业时间和行进距离，保证预留足够的气压以返回地面。作业人员听到空气呼吸器的报警音后，必须立即返回地面。严禁使用过滤式面具，应使用自给式呼吸器。

5) 作业审批

生产经营单位应建立有限空间作业审批制度、有限空间安全设施监管制度。

6) 现场管理

有限空间作业现场操作应当符合下列要求：

(1) 设置明显的安全警示标志和警示说明：在有限空间外敞面醒目处，设置警戒区、警戒线、警戒标志，未经许可，不得入内。

(2) 通风或置换空气：对任何可能造成职业危害、人员伤亡的有限空间场所作业，应坚持"先通风、再检测、后作业"的原则，对有限空间通风，可以在带来清洁空气的同时，将污染的空气从有限空间内排出，从而控制其危害。进入自然通风换气效果不良的有限空间，应采用机械通风，通风换气次数每小时不能少于 3 次。发现通风设备停止运转、有限空间内氧含量浓度低于或者有毒有害气体浓度高于国家标准或者行业标准规定的限值时，必须立即停止有限空间作业，清点作业人员，撤离作业现场。

(3) 气体的监测：对于有限空间要做到"三不进入"，即未进行通风不进入，未实施监测不进入，监护人员未到位不进入。进入前，应先检测确认有限空间内有害物质浓度，作业前 30min，应再次对有限空间有害物质浓度采样，分析结果合格后，作业人员方可进入有限空间。作业中断超过 30min，作业人员再次进入有限空间作业前，应当重新通风，检测合格后，方可再次进入。由于泵阀、管线等设施可能泄漏以及存在积水、积泥等情况，在作业过程中应对气体进行连续监测，避免突发的风险，一旦检测仪报警，有限空间内的作业人员需马上撤离。检测人员进行检测时，应当记录检测的时间、地点、气体种类、浓度等信息。检测记录经检测人员签字后存档。检测人员应当采取相应的安全防护措施，防止中毒窒息等事故发生。

(4) 作业现场人员分工和职责：有限空间作业现场应明确监护人员和作业人员，作业前清点作业人员和器具，作业人员与外部要有可靠的通信联络。监护人员不得进入有限空间，不得离开作业现场，并与作业人员保持联系。存在交叉作业时，采取避免互相伤害的措施。作业结束后，作业现场负责人、监护人员应当对作业现场进行清理，撤离作业人员。

(5) 发包管理：将有限空间作业发包给其他单位实施的，承包方应当具备国家规定的资质或者安全生产条件，企业应与承包方签订专门的安全生产管理协议或者在承包合同中明确各自的安全生产职责。存在多个承包方时，企业应当对承包方的安全生产工作进行统一协调、管理。工贸企业对其发包的有限空间作业安全承担主体责任，承包方对其承包的有限空间作业安全承担直接责任。

(6) 应急救援：根据有限空间作业的特点，制订应急预案，并配备相关的呼吸器、防毒面罩、通信设备、安全绳索等应急装备和器材。有限空间作业的现场负责人、监护人员、作业人员和应急救援人员应当掌握相关应急预案内容，定期进行演练，提高应急处置能力。有限空间作业中发生事故后，现场有关人员应当立即报警，禁止盲目施救。应急救援人员实施救援时，应当做好自身防护，佩戴必要的呼吸器具、救援器材。

2. 触电事故的防范

排水管网作业的设施设备，如有质量不合格、安装不恰当、使用不合理、维修不及时、工作人员操作不规范等，都会造成设施设备的损坏，甚至造成人身触电伤害事故。

1) 采用防止触电的技术措施

防止触电的安全技术措施是防止人体触及或过分接近带电体造成触电事故，以及防止短路、故障接地等电气事故的主要安全措施。具体分为直接触电防护措施与间接触电防护措施。

(1) 直接触电防护措施

①绝缘：即用绝缘的方法来防止人体触及带电体，不让人体和带电体接触，从而避免触电事故发生。注意：单独用涂漆、漆包等类似的绝缘措施来防止触电是不够的。

②屏护：即用屏障或围栏防止人体触及带电体。屏障或围栏还能使人意识到超越屏障或围栏会遇到危险而不会有意触及带电体。

③障碍：即设置障碍以防止人体无意触及带电体或接近带电体，但不能防止人有意绕过障碍去触及带电体。

④间隔：即保持间隔以防止人体无意触及带电

体。凡易于接近的带电体，应保持在人的手臂所及范围之外，正常时使用长大工具者，间隔应当加大。

⑤安全标志：安全标志是保证安全生产、预防触电事故的重要措施。

⑥漏电保护装置：漏电保护又称残余电流保护或接地故障电流保护。漏电保护只用作附加保护，不应单独使用，动作电流不宜超过30mA。

⑦安全电压：根据场所特点，采用相应等级的安全电压。

(2)间接触电防护措施

①自动断开电源：即根据低压配电网的运行方式和安全需要，采用适当的自动化元件和连接方法，使低压配电网发生故障时，能在规定时间内自动断开电源，防止人体接触电压的危险。对于不同的配电网，可根据其特点分别采取过电流保护(包括零接地)、漏电保护、故障电压保护(包括接地保护)、绝缘监视等保护措施。

②加强绝缘：即采用双重绝缘(或加强绝缘)的电气设备，或者采用另有共同绝缘的组合电气设备，防止其工作绝缘损坏后，在人体易接近的部分出现危险的对地电压。

③不导电环境：这种措施是防止绝缘损坏时，人体同时触及不同电位的两点。当所在环境的墙和地板均系绝缘体，以及可能出现不同电位之间的距离超过2m时，可满足这种保护措施。

④等电位环境：即将所有容易同时接近的裸露导体(包括设备以外的裸露导体)互相连接起来，以防止危险的接触电压。等电位范围不应小于可能触及带电体的范围。

⑤电气隔离：即采用隔离变压器或有同等隔离能力的发电机供电，以实现电气隔离，防止裸露导体发生故障带电时造成电击。被隔离回路的电压不应超过500V；其带电部分不能同其他电气回路或大地相连，以保持隔离要求。

⑥安全电压：根据场所特点，采用相应等级的安全电压。

2)强化电气安全教育

电气安全教育是为了使作业人员了解关于电的一些基本知识，认识安全用电的重要性，掌握安全用电的基本方法，从而能安全、有效地进行操作。如企业可以使用一些安全宣教图来强化电气安全教育。

3)正确使用电气设备

触电事故的发生是因为人体接触到带电部件或意外接触带电部件，导致电流通过人体。因此，作业人员要加强安全用电学习，并学会正确使用电气设备。

做好电气设备的管理工作：①所有电气设备都应有专人负责保养；②在进行卫生作业时，不要用湿布擦拭或用水冲洗电气设备，以免触电或使设备受潮、腐蚀而形成短路；③不要在电气控制箱内放置杂物，也不要把物品堆置在电气设备旁边。

在使用移动电具前，必须认真检查插头和电线等容易损坏的部位。搬动或移动电具前，一定要先切断电源。

4)严格遵守电气安全制度

作业中，如需拉接临时电线装置，必须向有关管理部门办理申报手续，经批准后，方可请电工装接。严禁不经请示私自乱拉乱接电线。对已批准安装的临时线路，应指定专人负责，到期即请电工拆除。

当发现电气设备出现故障、缺陷时，必须及时通知电工进行修理，其他人员一律不准私自装拆和修理电气设备。不准随便移动电气标志牌。

5)定期检查电气设备

定期检查，保证电气设备完好。一旦发现问题，要及时通知电工进行修理。

6)加强安全资料的管理

安全资料是做好安全工作的重要依据。技术资料对于安全工作是十分必要的，应注意收集和保存。

为了工作和检查方便，应绘制高压系统图、低压布线图、全厂架空线路和电缆线路布置图等图形资料。

对重要设备应单独建立资料档案。每次的检修和试验记录应作为资料保存，以便核对。

设备事故和人身安全事故的记录也应作为资料保存。

应注意收集国内外电气安全信息，并作分类保存。

3. 溺水和高空坠落事故的安全防范

高处坠落事故发生的主要原因来自人的不安全行为、物的不安全状态、管理缺陷与环境影响四个方面，高处坠落事故的主要防范措施如下：

1)控制人的因素，减少人的不安全行为

经常对从事高处作业的人员进行观察检查，一旦发现不安全情况，应及时进行心理疏导，消除其心理压力，或将其调离岗位。

禁止患高血压、心脏病、癫痫病等疾病或有生理缺陷的人员从事高处作业，应当定期给从事高处作业的人员进行体格检查，发现有高处作业疾病或有生理缺陷的人员，应将其调离岗位。

对高处作业的人员除进行安全知识教育外，还应加强安全态度教育和安全法制教育，提高其安全意识和自身防护能力，减少作业风险。

要求员工掌握安全救护技能和应急预案。

2)控制物的因素，减少物的不安全状态

水池必须有栏杆，栏杆高度要高于1.2m，确保其坚固、可靠，同时悬挂警示牌。

水池上的走道不能太光滑，也不能高低不平。

水池区域必须设置若干救生圈，救生圈应拴上足够长的绳子，并定期检查和更换，以备不时之需，如图1-2所示。

在职工工作的通道上设置开关可靠的活动护栏，方便工作。

3)控制操作方法，防止违章行为

从事高处作业的人员应严格依照操作规程操作，杜绝违章行为。

图1-2　设置救生圈

从事高处作业的人员禁止穿易滑的高跟鞋、硬底鞋、拖鞋等上岗或酒后作业。

从事高处作业的人员应注意身体重心，注意用力方法，防止因身体重心超出支承面而发生事故。

不准随便翻越栏杆工作，越栏工作必须穿好防护设备，并派专人监护。

4)强化组织管理，避免违章指挥

严格高处作业检查、教育制度，坚持"四勤"(即勤教育、勤检查、勤深入作业现场进行指导、勤发动群众提合理化建议)，查身边事故隐患，实现"三不伤害"(即不伤害自己、不伤害他人、不被他人伤害)的目的。

应该根据季节变化，及时调整作息时间，防止高处作业人员产生过度生理疲劳。

落实强化安全责任制，将安全生产工作实绩与年终分配考核结果联系在一起。

根据《中华人民共和国安全生产法》和《中华人民共和国建筑法》的有关规定，应当为高处作业人员购买社会工伤保险和意外伤害保险，尽量减少作业风险。

5)控制环境因素，改良作业环境

禁止在大雨、大雪和六级以上强风等恶劣天气下从事露天高空作业。

铁栅、池盖、井盖如有腐蚀损坏，须及时调换。

水池上的走道不能有障碍物、突出的螺栓根、横在道路上的东西，防止巡视时工作人员不小心绊倒。

4. 火灾爆炸事故的防范

燃烧必须同时具备三个基本条件，即可燃物、助燃物、点火源，火灾的防控在于消除其中的任意一个条件，图1-3为"火三角"标注。

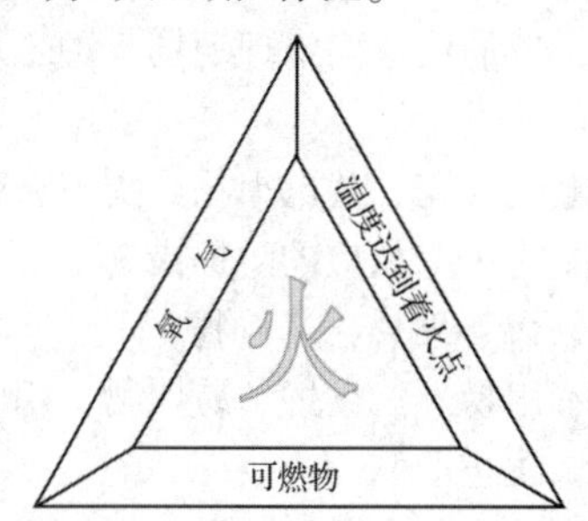

图1-3　火三角

火灾爆炸事故的主要防范措施如下：

1)加强防火防爆管理

加强教育培训，确保员工掌握有关安全法规、防火防爆安全技术知识。

定期或不定期开展安全检查，及时发现并消除安全隐患。

配备专用有效的消防器材、安全保险装置和设施，如可燃气体报警器、烟感报警器及仪表装置、室内外消火栓、消火水带、消防斧、消防标志牌等。派专人负责管理消防器材，建立台账，确保消防器材的设置符合有关法律法规和标准的规定，确保器材完好有效。

2)加强重点危险源管控

防火防爆应首先划出重点防火防爆区，重点防火防爆区的电机、设备设施都要用防爆类型的，并安装检测、报警器。进入该区禁止带火种、打手机、穿铁钉鞋或有静电工作服等，重点部位应设置防火器材。

3)消除点火源

燃烧爆炸危险区域及附近严禁吸烟。

维修动火实行危险作业审批制度，动火作业时，应做到"八不""四要""一清理"。

①动火前"八不"：防火、灭火措施不落实，不动火；周围的易燃杂物未清除，不动火；附近难以移动的易燃物未采取安全防范措施，不动火；盛装过油类等易燃液体的容器和管道，未经洗刷干净、排除残存的油质，不动火；盛装过气体会受热膨胀并有爆炸危险的容器和管道，不动火；储存有易燃、易爆物品的车间、仓库和场所，未经排除易燃、易爆危险，不动火；在高处进行焊接和切割作业时，其下面的可燃物品未清理或未采取安全防护措施，不动火；未配备相应的灭火器材，不动火。

②动火中"四要"：动火前要指定现场安全负责

人；现场安全负责人和动火人员必须经常注意动火情况，发现不安全苗头时要立即停止动火；发生火灾及爆炸事故时，要及时扑救；动火人员要严格执行安全操作规程。

③动火后“一清理”：动火人员和现场安全责任人在动火后，应彻底落实清理现场火种，才能离开现场，以确保作业安全。

易产生电气火花、静电火花、雷击火花、摩擦和撞击火花处，应采取相应的防护措施。

4）控制易燃、助燃、易爆物

少用或不用易燃、助燃、易爆物，用时要严格依照操作规程，防止泄漏。

加强通风，降低可燃、助燃、爆炸物浓度，防止其到达爆炸极限或燃烧条件。

5. 机械伤害事故的防范

厂区依据工艺不同，在日常生产工作中会用到各种机械设备，如设备存在的隐患未及时排除，使用不当或违章操作，就可能引发机械伤害事故。

从安全系统工程学的角度来看，造成机械伤害的原因可以从人、机、环境三个方面进行分析。人、机、环境三个方面中的任何一个出现缺陷，都有可能引发机械伤害事故。因此，防范机械伤害须采取如下措施：

1）加强操作人员的安全管理

建立健全安全操作规程和规章制度。抓好三级安全教育和业务技术培训、考核。提高安全意识和安全防护技能。做到“四懂”（懂原理、懂构造、懂性能、懂工艺流程）、“三会”（会操作、会保养、会排除故障）。正确穿戴个人防护用品。按规定进行安全检查或巡回检查。严格遵守劳动纪律，杜绝违章操作或习惯性违章。

2）注重机械设备的基本安全要求

设备结构设计需合理。要求如下：

（1）在设计过程中，对操作者容易触及的可转动零部件应尽可能将其封闭，对不能封闭的零部件必须配置必要的安全防护装置。

（2）对运行中的生产设备或超过极限位置的零部件，应配置可靠的限位、限速装置和防坠落、防逆转装置；电气线路配置防触电、防火警装置。

（3）对工艺过程中会产生粉尘和有害气体或有害蒸汽的设备，应采用自动加料、自动卸料装置，并配置吸入、净化和排放装置。

（4）对有害物质的密闭系统，应避免跑、冒、滴、漏，必要时应配置检测报警装置。

（5）对生产剧毒物质的设备，应有渗漏应急救援措施等。

机械设备布局要合理。按有关规定，设备布局应达到以下要求：

（1）机械设备间距：小型设备不小于 0.7m，中型设备不小于 1m，大型设备不小于 2m。

（2）设备与墙、柱间距：小型设备不小于 0.7m，中型设备不小于 0.8m，大型设备不小于 0.9m。

（3）操作空间：小型设备不小于 0.6m，中型设备不小于 0.7m，大型设备不小于 1.1m。

（4）高于 2m 的运输线需要有牢固的防护罩。

提高机械设备零部件的安全可靠性。要求如下：

（1）合理选择结构、材料、工艺和安全系数。

（2）操纵器必须采用连锁装置或保护措施。

（3）必须设置防滑、防坠落和预防人身伤害的防护装置，如限位装置、限速装置、防逆转装置、防护网等。

（4）必须有安全控制系统，如配置自动监控系统、声光报警装置等。

（5）设置足够数量、形状有别于一般的紧急开关。

加强危险部位的安全防护。从根本上讲，对于机械伤害的防护，首先应在设计和安装时充分予以考虑，包括安全要求、材料要求、安装要求，其次才是在使用时加以注意。如：

（1）带传动通常是靠紧张的带与带轮间的摩擦力来传递运动的，它既具有一般传动装置的共性，又具有容易断带的个性，因此对此类装置的防护应采用防护罩或防护栅栏将其隔离，除 2m 以内高度的带传动必须采用外，带轮中心距 3m 以上或带宽在 15cm 以上或带速在 9m/s 以上的，即使是 2m 以上高度的带传动也应该加以防护。

（2）对链传动，可根据其传动特点采用完全封闭的链条防护罩，既可防尘，减少磨损，保持良好润滑，又可很好地防止伤害事故发生。

重视作业环境的改善：要重视作业环境的改善。布局要合理、照明要适宜、温湿度要适中、噪声和振动要小，具有良好的通风设施。

第二节　安全生产基本法规

一、《中华人民共和国安全生产法》相关条款

《中华人民共和国安全生产法》于 2014 年 8 月 3 日通过，自 2014 年 12 月 1 日起施行。其相关重点条款摘要如下：

第三条　安全生产工作应当以人为本，坚持安全发展，坚持安全第一、预防为主、综合治理的方针，强化和落实生产经营单位的主体责任，建立生产经营单位负责、职工参与、政府监管、行业自律和社会监督的机制。

第四条　生产经营单位必须遵守本法和其他有关安全生产的法律、法规，加强安全生产管理，建立、健全安全生产责任制和安全生产规章制度，改善安全生产条件，推进安全生产标准化建设，提高安全生产水平，确保安全生产。

第五条　生产经营单位的主要负责人对本单位的安全生产工作全面负责。

第六条　生产经营单位的从业人员有依法获得安全生产保障的权利，并应当依法履行安全生产方面的义务。

第七条　工会依法对安全生产工作进行监督。

生产经营单位的工会依法组织职工参加本单位安全生产工作的民主管理和民主监督，维护职工在安全生产方面的合法权益。生产经营单位制定或者修改有关安全生产的规章制度，应当听取工会的意见。

第十三条　依法设立的为安全生产提供技术、管理服务的机构，依照法律、行政法规和执业准则，接受生产经营单位的委托为其安全生产工作提供技术、管理服务。生产经营单位委托前款规定的机构提供安全生产技术、管理服务的，保证安全生产的责任仍由本单位负责。

第十七条　生产经营单位应当具备本法和有关法律、行政法规和国家标准或者行业标准规定的安全生产条件；不具备安全生产条件的，不得从事生产经营活动。

第十八条　生产经营单位的主要负责人对本单位安全生产工作负有下列职责：

(一)建立、健全本单位安全生产责任制；

(二)组织制定本单位安全生产规章制度和操作规程；

(三)组织制定并实施本单位安全生产教育和培训计划；

(四)保证本单位安全生产投入的有效实施；

(五)督促、检查本单位的安全生产工作，及时消除生产安全事故隐患；

(六)组织制定并实施本单位的生产安全事故应急救援预案；

(七)及时、如实报告生产安全事故。

第十九条　生产经营单位的安全生产责任制应当明确各岗位的责任人员、责任范围和考核标准等内容。生产经营单位应当建立相应的机制，加强对安全生产责任制落实情况的监督考核，保证安全生产责任制的落实。

第二十二条　生产经营单位的安全生产管理机构以及安全生产管理人员履行下列职责：

(一)组织或者参与拟订本单位安全生产规章制度、操作规程和生产安全事故应急救援预案；

(二)组织或者参与本单位安全生产教育和培训，如实记录安全生产教育和培训情况；

(三)督促落实本单位重大危险源的安全管理措施；

(四)组织或者参与本单位应急救援演练；

(五)检查本单位的安全生产状况，及时排查生产安全事故隐患，提出改进安全生产管理的建议；

(六)制止和纠正违章指挥、强令冒险作业、违反操作规程的行为；

(七)督促落实本单位安全生产整改措施。

第二十五条　生产经营单位应当对从业人员进行安全生产教育和培训，保证从业人员具备必要的安全生产知识，熟悉有关的安全生产规章制度和安全操作规程，掌握本岗位的安全操作技能，了解事故应急处理措施，知悉自身在安全生产方面的权利和义务。未经安全生产教育和培训合格的从业人员，不得上岗作业。

生产经营单位使用被派遣劳动者的，应当将被派遣劳动者纳入本单位从业人员统一管理，对被派遣劳动者进行岗位安全操作规程和安全操作技能的教育和培训。劳务派遣单位应当对被派遣劳动者进行必要的安全生产教育和培训。

生产经营单位接收中等职业学校、高等学校学生实习的，应当对实习学生进行相应的安全生产教育和培训，提供必要的劳动防护用品。学校应当协助生产经营单位对实习学生进行安全生产教育和培训。

生产经营单位应当建立安全生产教育和培训档案，如实记录安全生产教育和培训的时间、内容、参加人员以及考核结果等情况。

第二十六条　生产经营单位采用新工艺、新技术、新材料或者使用新设备，必须了解、掌握其安全技术特性，采取有效的安全防护措施，并对从业人员进行专门的安全生产教育和培训。

第二十七条　生产经营单位的特种作业人员必须按照国家有关规定经专门的安全作业培训，取得相应资格，方可上岗作业。特种作业人员的范围由国务院安全生产监督管理部门会同国务院有关部门确定。

第二十八条　生产经营单位新建、改建、扩建工程项目(以下统称建设项目)的安全设施，必须与主体工程同时设计、同时施工、同时投入生产和使用。

安全设施投资应当纳入建设项目概算。

第三十二条　生产经营单位应当在有较大危险因素的生产经营场所和有关设施、设备上，设置明显的安全警示标志。

第四十一条　生产经营单位应当教育和督促从业人员严格执行本单位的安全生产规章制度和安全操作规程；并向从业人员如实告知作业场所和工作岗位存在的危险因素、防范措施以及事故应急措施。

第四十二条　生产经营单位必须为从业人员提供符合国家标准或者行业标准的劳动防护用品，并监督、教育从业人员按照使用规则佩戴、使用。

第四十四条　生产经营单位应当安排用于配备劳动防护用品、进行安全生产培训的经费。

第五十四条　从业人员在作业过程中，应当严格遵守本单位的安全生产规章制度和操作规程，服从管理，正确佩戴和使用劳动防护用品。

第五十五条　从业人员应当接受安全生产教育和培训，掌握本职工作所需的安全生产知识，提高安全生产技能，增强事故预防和应急处理能力。

第五十六条　从业人员发现事故隐患或者其他不安全因素，应当立即向现场安全生产管理人员或者本单位负责人报告；接到报告的人员应当及时予以处理。

第八十条　生产经营单位发生生产安全事故后，事故现场有关人员应当立即报告本单位负责人。

单位负责人接到事故报告后，应当迅速采取有效措施，组织抢救，防止事故扩大，减少人员伤亡和财产损失，并按照国家有关规定立即如实报告当地负有安全生产监督管理职责的部门，不得隐瞒不报、谎报或者迟报，不得故意破坏事故现场、毁灭有关证据。

第一百一十二条　本法下列用语的含义：

危险物品，是指易燃易爆物品、危险化学品、放射性物品等能够危及人身安全和财产安全的物品。

重大危险源，是指长期地或者临时地生产、搬运、使用或者储存危险物品，且危险物品的数量等于或者超过临界量的单元(包括场所和设施)。

第一百一十三条　本法规定的生产安全一般事故、较大事故、重大事故、特别重大事故的划分标准由国务院规定。

国务院安全生产监督管理部门和其他负有安全生产监督管理职责的部门应当根据各自的职责分工，制定相关行业、领域重大事故隐患的判定标准。

第一百一十四条　本法自 2014 年 12 月 1 日起施行。

二、《建设工程安全生产管理条例》相关条款

《建设工程安全生产管理条例》于 2003 年 11 月 24 日公布，自 2004 年 2 月 1 日起施行。其相关重点条款摘要如下：

第三十条　施工单位对因建设工程施工可能造成损害的毗邻建筑物、构筑物和地下管线等，应当采取专项防护措施。

施工单位应当遵守有关环境保护法律、法规的规定，在施工现场采取措施，防止或者减少粉尘、废气、废水、固体废物、噪声、振动和施工照明对人和环境的危害和污染。在城市市区内的建设工程，施工单位应当对施工现场实行封闭围挡。

第三十二条　施工单位应当向作业人员提供安全防护用具和安全防护服装，并书面告知危险岗位的操作规程和违章操作的危害。

作业人员有权对施工现场的作业条件、作业程序和作业方式中存在的安全问题提出批评、检举和控告，有权拒绝违章指挥和强令冒险作业。

在施工中发生危及人身安全的紧急情况时，作业人员有权立即停止作业或者在采取必要的应急措施后撤离危险区域。

第三十三条　作业人员应当遵守安全施工的强制性标准、规章制度和操作规程，正确使用安全防护用具、机械设备等。

第三十六条　施工单位的主要负责人、项目负责人、专职安全生产管理人员应当经建设行政主管部门或者其他有关部门考核合格后方可任职。施工单位应当对管理人员和作业人员每年至少进行一次安全生产教育培训，其教育培训情况记入个人工作档案。安全生产教育培训考核不合格的人员，不得上岗。

第三十七条　作业人员进入新的岗位或者新的施工现场前，应当接受安全生产教育培训。未经教育培训或者教育培训考核不合格的人员，不得上岗作业。

施工单位在采用新技术、新工艺、新设备、新材料时，应当对作业人员进行相应的安全生产教育培训。

第六十九条　抢险救灾和农民自建低层住宅的安全生产管理，不适用本条例。

第七十条　军事建设工程的安全生产管理，按照中央军事委员会的有关规定执行。

第七十一条　本条例自 2004 年 2 月 1 日起施行。

第二章 工作现场安全操作知识

第一节 安全生产

一、劳动防护用品的功能及使用方法

劳动防护用品是保护劳动者在生产过程中的人身安全与健康所必需的一种防护性装备，对于减少职业危害、防止事故发生起着重要作用。

劳动防护用品分为特种劳动防护用品和一般劳动防护用品。特种劳动防护用品目录由应急管理部确定并公布。特种劳动防护用品需有三证，即生产许可证、产品合格证、特种劳防用品安全标志证。未列入目录的劳动防护用品为一般劳动防护用品。

劳动防护用品按防护部位分为头部防护、呼吸器官防护、眼面部防护、听觉器官防护、手部防护、足部防护、躯干防护、防坠落等用品。

(一)头部防护用品

头部防护用品是为防护头部不受外来物体打击和其他因素危害而采取的个人防护用品。根据防护功能要求，目前主要有普通工作帽、防尘帽、防水帽、防寒帽、安全帽、防静电帽、防高温帽、防电磁辐射帽、防昆虫帽等九类产品。排水作业过程中使用的头部防护用品主要是安全帽。

1. 安全帽的定义

安全帽是用于保护头部，防撞击、挤压伤害、物料喷溅、粉尘等的护具。用于防撞击时，主要用来避免或减轻在作业场所发生的高处坠落物、作业设备及设施等意外撞击对作业人员头部造成的伤害。

2. 安全帽的分类

安全帽以下分为六类：通用型、乘车型、特殊型安全帽、军用钢盔、军用保护帽和运动员用保护帽。其中，通用型和特殊型安全帽属于劳动防护用品。常见的安全帽由帽壳、帽衬和下颏带、附件等部分组成，结构如图 2-1 所示。

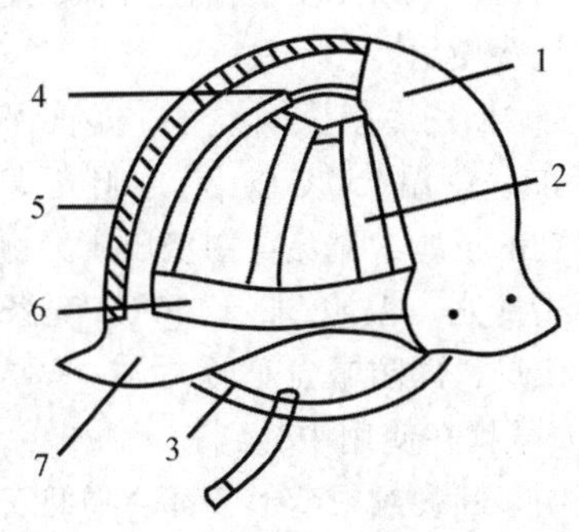

1-帽体；2-帽衬分散条；3-系带；4-帽衬顶带；5-吸收冲击内衬；6-帽衬环形带；7-帽檐。

图 2-1 安全帽结构示意图

3. 安全帽的选用和使用方法

安全帽应选用质检部门检验合格的产品。根据安全帽的性能、尺寸、使用环境等条件，选择适宜的品类。如大檐帽和大舌帽适用于露天环境作业，小沿帽多用于室内、隧道、涵洞、井巷等工作环境。在易燃易爆环境中作业，应选择具有抗静电性能的安全帽；在有限空间作业，由于光线相对较暗，应选择颜色明亮的安全帽，以便于他人发现。

据有关统计，坠落物撞击致伤的人员中有 15% 是因安全帽使用不当造成的。所以不能以为戴上安全帽就能保护头部免受冲击伤害，在实际工作中还应了解和做到以下几点：

(1)进入生产现场或在厂区内外从事生产和劳动时，必须戴安全帽(国家或行业有特殊规定的除外；特殊作业或劳动，采取措施后可保证人员头部不受伤害并经过相关部门批准的除外)。

(2)安全帽必须有说明书，并指明使用场所，以供作业人员合理使用。

(3)安全帽在佩戴前，应检查各配件有无破损、装配是否牢固、帽衬调节部分是否卡紧、插口是否牢靠、绳带是否系紧等。若帽衬与帽壳之间的距离不在 25~50mm，应用顶绳调节到规定的范围，确认各部

件完好后，方可使用。

(4)佩戴安全帽时，必须系紧安全帽带，根据使用者头部的大小，将帽箍长度调节到适宜位置(松紧适度)。高处作业者佩戴的安全帽，要有下颏带和后颈箍，并应拴牢，以防帽子滑落与脱掉。安全帽的帽檐，必须与佩戴人员的目视方向一致，不得歪戴或斜戴。

(5)不私自拆卸帽上的部件和调整帽衬尺寸，以保持垂直间距(25～50mm)和水平间距(5～20mm)符合有关规定值，用来预防安全帽遭到冲击后佩戴人员触顶造成的人身伤害。

(6)严禁在帽衬上放任何物品；严禁随意改变安全帽的任何结构；严禁用安全帽充当器皿使用；严禁用安全帽当坐垫使用。

(7)安全帽使用后应擦拭干净，妥善保存。不应存储在有酸碱、高温(50℃以上)、阳光直射、潮湿和有化学溶剂的场所，避免重物挤压或尖物碰刺。帽壳与帽衬可用冷水、温水(低于50℃)洗涤，不可放在暖气片上烘烤，以防帽壳变形。

(8)若安全帽在使用中受到较大冲击，无论是否发现帽壳有明显断裂纹或变形，都会降低安全帽的耐冲击和耐穿透性能，应停止使用，更换新帽。不能继续使用的安全帽应进行报废切割，不得继续使用或随意弃置处理。

(9)不防电安全帽不能作为电业用安全帽使用，以免造成人员触电。

(10)安全帽从购入时算起，植物帽的有效期为一年半，塑料帽有效期不超过两年，层压帽和玻璃钢帽有效期为两年半，橡胶帽和防寒帽有效期为三年，乘车安全帽有效期为三年半。上述各类安全帽超过其一般使用期限后，易出现老化，丧失自身的防护性能。安全帽使用期限具体根据当批次安全帽的标识确定，超过使用期限的安全帽严禁使用。

(二)呼吸器官防护用品

呼吸器官防护用品是为防御有害气体、蒸气、粉尘、烟、雾从呼吸道吸入，直接向使用者供氧或清洁空气，保证尘、毒污染或缺氧环境中作业人员正常呼吸的防护用品。

呼吸器官防护用品主要有防尘口罩和防毒口罩(面罩)。防尘口罩是从事和接触粉尘的作业人员的重要防护用品，主要用于含有低浓度有害气体和蒸汽的作业环境以及会产生粉尘的作业环境。防尘口罩内部有阻尘材料，保护使用者将粉尘等有害物质吸入体内。防毒口罩(面罩)是一种保护人员呼吸系统的特种劳保用品，一般由滤毒盒或滤毒罐和面罩主体组成。面罩主体隔绝空气，起到密封作用，滤毒盒(滤毒罐)起到过滤毒气和粉尘的作用。

呼吸器官防护用品按用途分为防尘、防毒、供氧三类，按作用原理分为过滤式、隔离式两类。根据排水行业有限空间作业的特点，作业人员应使用隔离式防毒面具，严禁使用过滤式防毒面具、半隔离式防毒面具及氧气呼吸设备。一般常用的隔离式防毒面具由面罩、气管、供气源以及其他安全附件部分组成。根据结构形式，隔离式空气呼吸器具分为送风式和供氧式(自给式)，送风式的一般为长管呼吸器，自给式的主要是正压式呼吸器和紧急逃生呼吸器。

1. 长管呼吸器

长管呼吸器是通过面罩使佩戴者的呼吸器官与周围空气隔绝，并通过长管输送清洁空气供佩戴者呼吸的防护用品，属于隔绝式呼吸器中的一种。根据供气方式不同，长管呼吸器可以分为自吸式长管呼吸器、连续送风式长管呼吸器和高压送风式长管呼吸器三种。表2-1为长管呼吸器的分类及组成。

1)自吸式长管呼吸器

自吸式长管呼吸器结构如图2-2所示，由面罩、吸气软管、背带和腰带、导气管、空气输入口(低阻过滤器)和警示板等部分组成。使用时，将长管的一端固定在空气清新无污染的场所，另一端与面罩连接，依靠佩戴者自身的肺动力将清洁的空气经低压长管、导气管吸进面罩内。

表2-1　长管呼吸器的分类及组成(标准)

<table>
<tr><th>长管呼吸器种类</th><th colspan="5">系统组成主要部件及次序</th><th>供气气源</th></tr>
<tr><td>自吸式长管呼吸器</td><td rowspan="3">密合性面罩[a]</td><td>导气管[a]</td><td>低压长管[a]</td><td colspan="2">低阻过滤器[a]</td><td>大气[a]</td></tr>
<tr><td rowspan="2">连续送风式长管呼吸器</td><td rowspan="2">导气管[a]+流量阀[a]</td><td rowspan="2">低压长管[a]</td><td rowspan="2">过滤器[a]</td><td>风机[a]</td><td rowspan="2">大气[a]</td></tr>
<tr><td>空压机[a]</td></tr>
<tr><td>高压送风式长管呼吸器</td><td>面罩[a]</td><td>导气管[a]+供气阀[b]</td><td>中压长管[b]</td><td>高压减压器[c]</td><td>过滤器[c]</td><td>高压气源[c]</td></tr>
<tr><td>所处环境</td><td colspan="3">工作现场环境</td><td colspan="3">工作保障环境</td></tr>
</table>

注：a是指承受低压部件；b是指承受中压部件；c是指承受高压部件。

由于这种呼吸器是靠自身肺动力呼吸，因此在呼吸的过程中不能总是维持面罩内为微正压，当面罩内压力下降为微负压时，就有可能造成外部受污染的空气进入面罩内。

有限空间长期处于封闭或半封闭状态，容易造成氧含量不足或有毒有害气体积聚。在有限空间内使用该类呼吸器，可能由于面罩内压力下降呈现微负压状态，从而使缺氧气体或有毒气体渗入面罩，并随着佩戴者的呼吸进入人体，对其身体健康和生命安全造成威胁。此外，由于该类呼吸器依靠佩戴者自身肺动力吸入有限空间外的洁净空气，在有限空间内从事重体力劳动或长时间作业时，可能会给佩戴该呼吸器的作业人员的正常呼吸带来负担，使作业人员感觉呼吸不畅。因此，在有限空间作业时，不应使用自吸式长管呼吸器。

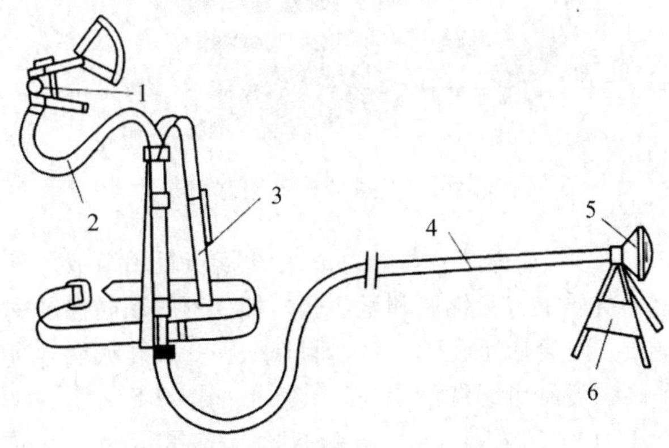

1-面罩；2-吸气软管；3-背带和腰带；4-导气管；5-空气输入口(低阻过滤器)；6-警示板。

图 2-2 自吸式长管呼吸器结构示意图

2)连续送风式长管呼吸器

根据送风设备动力源不同，连续送风式长管呼吸器分为手动送风呼吸器和电动送风呼吸器。

手动送风呼吸器无须电源，由人力操作，体力强度大，需要 2 人一组轮换作业，送风量有限，在有限空间内作业不建议长时间使用该类呼吸器。

电动风机送风呼吸器结构如图 2-3 所示，由全面罩、吸气软管、背带和腰带、空气调节袋、流量调节器、导气管、风量转换开关、电动送风机、过滤器和电源线等部分组成。

电动送风呼吸器的使用时间不受限制，供气量较大，可以同时供 1~4 人使用，送风量依人数和导气管长度而定，因此是排水管道人工清掏、井下检查等工作时常用的呼吸防护设备。在使用时，应将送风机放在有限空间外的清洁空气中，保证送入的空气是无污染的清洁空气。

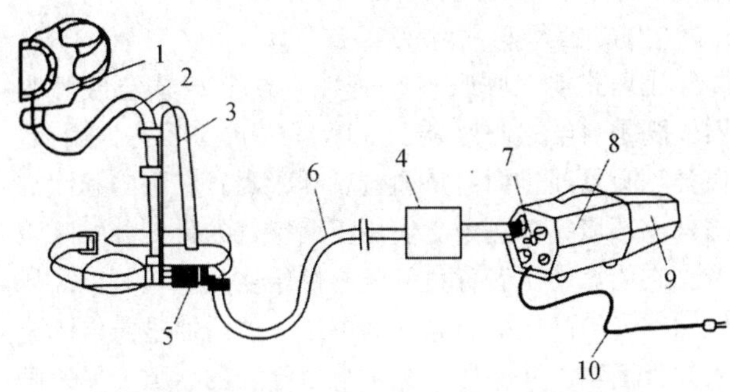

1-全面罩；2-吸气软管；3-背带和腰带；4-空气调节袋；5-流量调节器；6-导气管；7-风量转换开关；8-电动送风机；9-过滤器；10-电源线。

图 2-3 电动送风呼吸器结构示意图

3)高压送风式长管呼吸器

高压送风式长管呼吸器是由高压气源(如高压空气瓶)经压力调节装置把高压降为中压后，将气体通过导气管供给面罩供佩戴者呼吸的一种防护用品。

图 2-4 是高压送风式长管呼吸器的结构示意图，该呼吸器由两个高压空气容器瓶作为气源，当主气源发生意外中断供气时，可切换备份的小型高压空气容器供气。

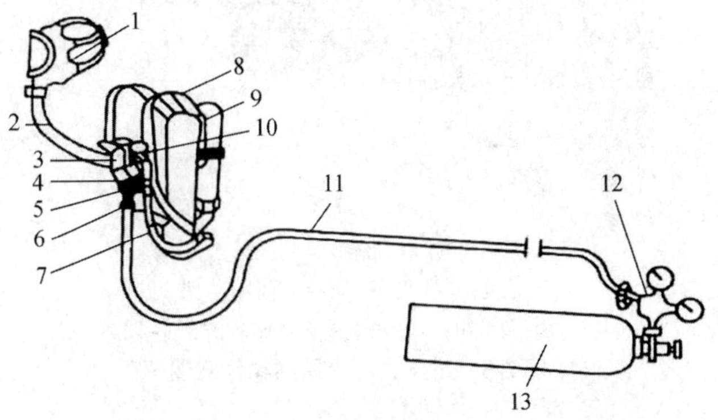

1-全面罩；2-吸气管；3-肺力阀；4-减压阀；5-单向阀；6-软管接合器；7-高压导管；8-着装带；9-小型高压空气容器；10-压力指示计；11-空气导管；12-减压阀；13-高压空气容器。

图 2-4 高压送风式长管呼吸器示意图

高压送风式长管呼吸器设备沉重、体积大、不易携带、成本高，且需要在有资质的机构进行气瓶充装，因此行业内很少选用其作为呼吸防护设备。

长管呼吸器的送风长管必须经常检查，确保无泄漏、气密性良好。使用长管呼吸器必须有专人在现场监护，防止长管被压、踩、折弯、破坏。长管呼吸器的进风口必须放置在有限空间作业环境外，空气洁净、氧含量合格的地方，一般可选择在有限空间出入口的上风向。使用空压机作气源时，为保护员工的安全与健康，空压机的出口应设置空气过滤器，内装活性炭、硅胶、泡沫塑料等，以清除油水和杂质。

2. 正压式空气呼吸器

正压式空气呼吸器是一种自给开放式空气呼吸器，既是自给式呼吸器，又是携气式呼吸防护用品。该类呼吸器通过面罩将佩戴者呼吸器官、眼睛和面部与外界环境完全隔绝，使用压缩空气的带气源的呼吸器，它依靠使用者背负的气瓶供给空气。气瓶中高压压缩空气被高压减压阀降为中压，然后通过需求阀进入呼吸面罩，并保持一个可自由呼吸的压力。无论呼吸速度如何，通过需求阀的空气在面罩内始终保持轻微的正压，以阻止外部空气进入。

正压式空气呼吸器主要适用于受限空间作业，使操作人员能够在充满有毒有害气体、蒸汽或缺氧的恶劣环境下安全地进行操作工作。空气呼吸器由面罩总成、供气阀总成、气瓶总成、减压器总成、背托总成五部分组成，结构如图 2-5 所示，实物如图 2-6 所示。

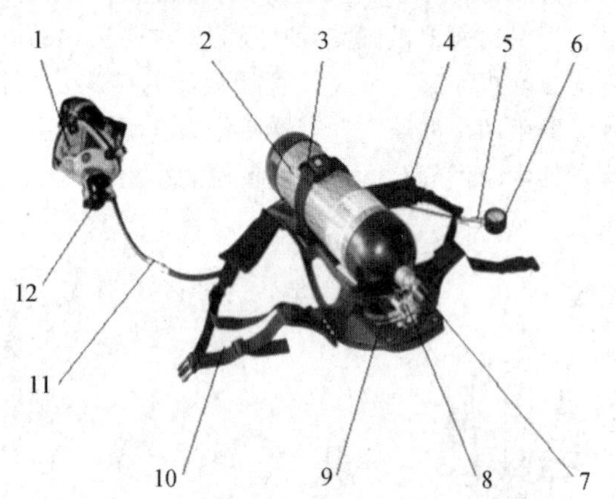

1–面罩；2–气瓶；3–带箍；4–肩带；5–报警哨；6–压力表；7–气瓶阀；8–减压器；9–背托；10–腰带组；11–快速接头；12–供气阀。

图 2-5　正压式呼吸器结构示意图

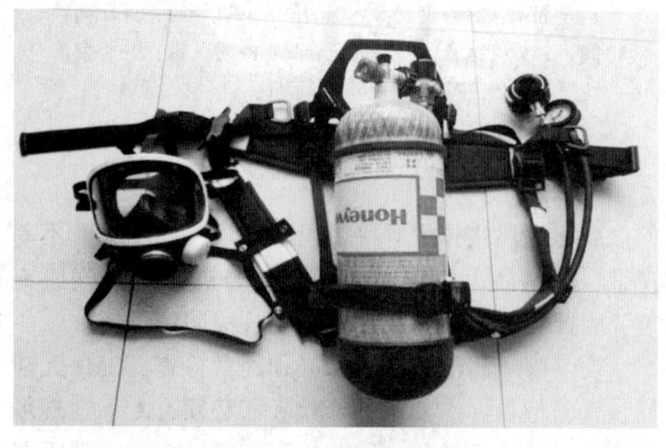

图 2-6　正压式呼吸器

1) 产品性能及配件

正压式呼吸器的结构基本相同，主要由 12 个部件组成，现将各部件介绍如下：

(1) 面罩总成：面罩总成有大、中、小三种规格，由头罩、头带、颈带、吸气阀、口鼻罩、面窗、传声器、面窗密封圈、凹形接口等部分组成，外观如图 2-7 所示。头罩戴在头顶上。头带、颈带用以固定面罩。口鼻罩用以罩住佩戴者的口鼻，提高空气利用率，减少温差引起的面窗雾气。面窗是由高强度的聚碳酸酯材料注塑而成的，耐磨、耐冲击、透光性好、视野大、不失真。传声器可为佩戴者提高有效的声音传递。面窗密封圈起到密封作用。凹形接口用于连接供气阀总成。

图 2-7　正压式空气呼吸器面罩

(2) 气瓶总成：气瓶总成由气瓶和瓶阀组成。气瓶从材质上分为钢瓶和复合瓶两种。钢瓶用高强度钢制成。复合瓶是在铝合金内胆外加碳纤维和玻璃纤维等高强度纤维缠绕制成的，其外形如图 2-8 所示。工作压力为 25～30MPa，与钢瓶比具有重量轻、耐腐蚀、安全性好和使用寿命长等优点。气瓶从容积上分为 3L、6L 和 9L 三种规格。钢制瓶的空气呼吸器重达 14. 5kg，而复合瓶空气呼吸器一般重 8～9kg。瓶阀有两种，即普通瓶阀和带压力显示及欧标手轮瓶阀。无论哪种瓶阀都有安全螺塞，内装安全膜片，瓶内气体超压时安全膜片会自动爆破泄压，从而保护气瓶，避免气瓶爆炸造成人身危害。欧标手轮瓶阀则带有压力显示和防止意外碰撞而关闭阀门的功能。

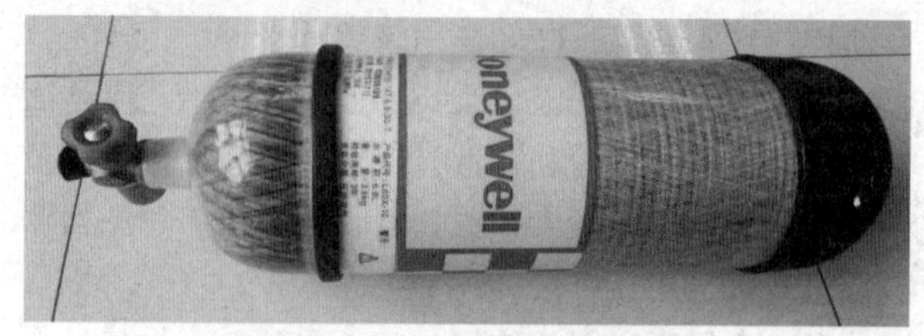

图 2-8　正压式空气呼吸器气瓶

(3) 供气阀总成：供气阀总成由节气开关、应急充泄阀、凸形接口、插板四部分组成，其外观如图 2-9 所示。供气阀的凸形接口与面罩的凹形接口可直接连接，构成通气系统。节气开关外有橡皮罩保护，当佩戴者从脸上取下面罩时，为节约用气，用大拇指按住橡皮罩下的节气开关，会有“嗒”的一声，即可关闭供气阀，停止供气；重新戴上面具，开始呼气时，供气阀将自动开启，供给空气。应急充泄阀是一个红色旋钮，当供气阀意外发生故障时，通过手动旋钮旋动1/2圈，即可提供正常的空气流量；应急充泄阀还可利用流出的空气直接冲刷面罩、供气阀内部的灰尘等污物，避免佩戴者将污物吸入体内。插板用于供气阀与面罩连接完好的锁定装置。

图2-9　正压式空气呼吸器气瓶阀

(4)瓶带组：瓶带组为一快速凸轮锁紧机构，能保证瓶带始终处于一闭环状态，气瓶不会出现翻转现象。其外观如图2-10所示(圆圈中部分)。

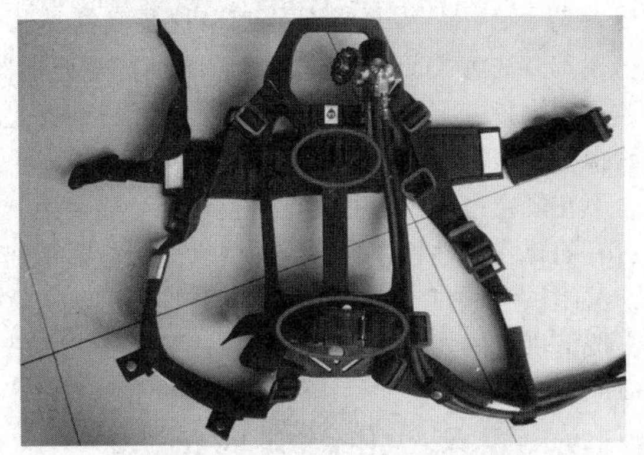

图2-10　正压式空气呼吸器瓶带组

(5)肩带：肩带由阻燃聚酯织物制成，背带采用双侧可调结构，使重量落于使用者腰胯部位，减轻肩带对胸部的压迫，让使用者呼吸顺畅。肩带上设有宽大弹性衬垫，可以减轻对肩的压迫。其外观如图2-11所示。

(6)报警哨：报警哨置于胸前，报警声易于分辨。报警哨具有体积小、重量轻等特点，其外观如图2-12所示。

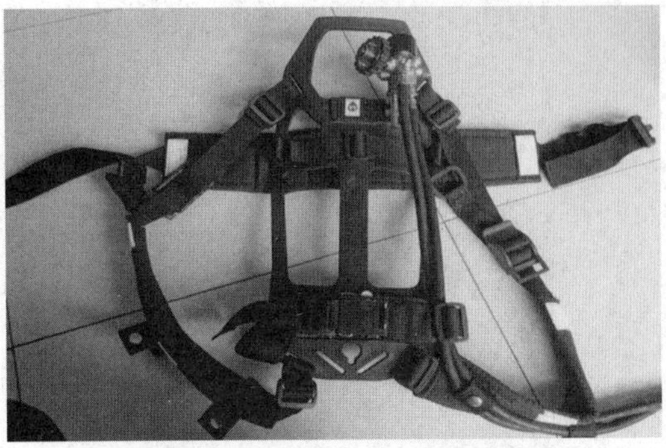

图2-11　正压式空气呼吸器肩带

图2-12　正压式空气呼吸器报警哨

(7)压力表：压力表的大表盘、具有夜视功能，配有橡胶保护罩，其外观如图2-13所示。

图2-13　正压式空气呼吸器压力表

(8)减压器总成：减压器总成由压力表、报警器、中压导气管、安全阀、手轮五部分组成，其外观如图2-14所示。压力表能显示气瓶的压力，并具有夜光显示功能，便于在光线不足的条件下观察；报警器安装在减压器上或压力表处，安装在减压器上的为后置报警器，安装在压力表旁的为前置报警器。当气瓶压力降到(5.5±0.5)MPa区间时，报警器开始发出报警声响，持续报警到气瓶压力小于1MPa时为止。报警器响起，佩戴者应立即撤离有毒有害危险作业场所，否则会有生命危险。中压导气管是减压器与供气阀组成的连接气管，从减压器出来的0.7MPa的空气经供气阀直接进入面罩，供佩戴者使用。安全阀是当减压器出现故障时的安全排气装置。手轮用于与气瓶连接。

图 2-14　正压式空气呼吸器减压器

(9)背托总成：背托总成由背架、上肩带、下肩带、腰肩带和瓶箍带五部分组成，其外观如图 2-15 所示(圆圈中部分)。背架起到空气呼吸器的支架作用。上、下肩带和腰带用于整套空气呼吸器与佩戴者紧密固定。背架上瓶箍带的卡扣用于快速锁紧气瓶。背托一般由碳纤维复合材料注塑成型，具有阻燃和防静电等功能。

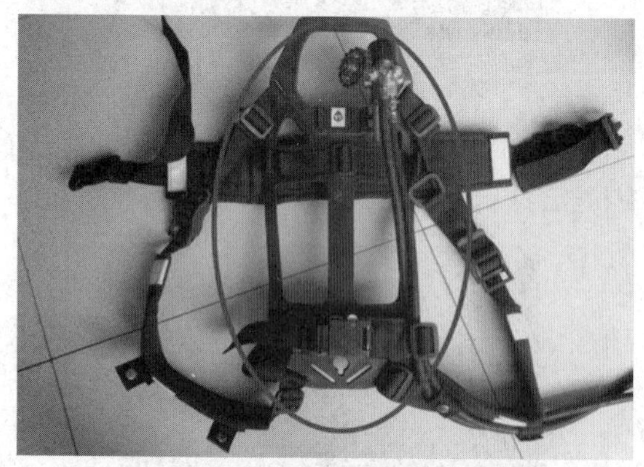

图 2-15　正压式空气呼吸器背托

(10)腰带组：腰带组卡扣锁紧、易于调节，其外观如图 2-16 所示(圆圈中部分)。

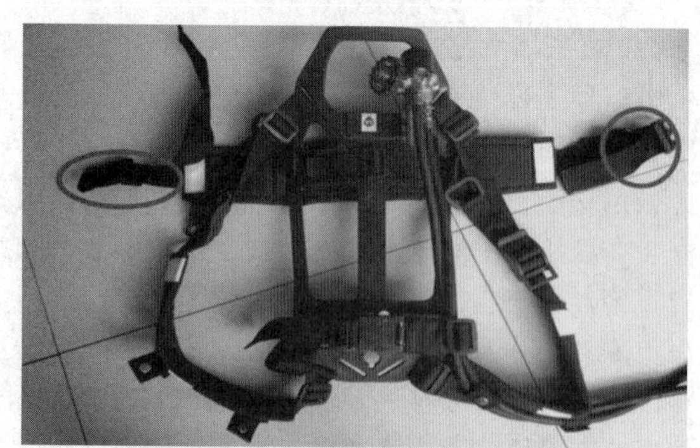

图 2-16　正压式空气呼吸器腰带组

(11)快速接头：快速接头小巧、可单手操作、有锁紧防脱功能。

(12)供给阀：供给阀结构简单、功能性强、输出流量大、具有旁路输出、体积小，其外观如图 2-17 所示。

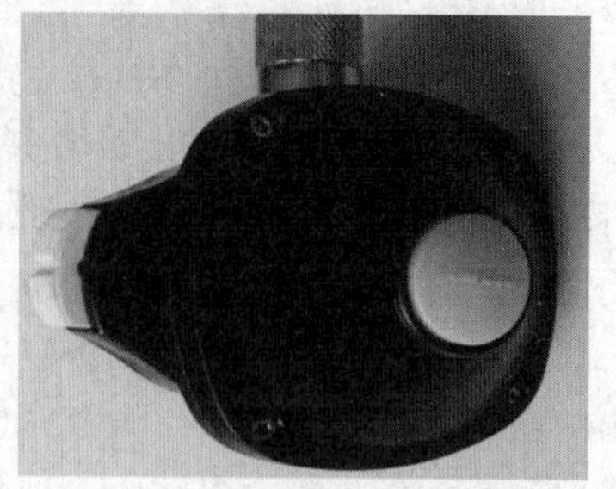

图 2-17　正压式空气呼吸器供给阀

2)使用步骤

(1)开箱检查(图 2-18)，具体操作如下：

①检查全面罩面窗有无划痕、裂纹，是否有模糊不清现象，面框橡胶密封垫有无灰尘、断裂等影响密封性能的因素存在。检查头带、颈带是否断裂、连接处是否断裂、连接处是否松动。

②检查腰带组、卡扣，必须完好无损。边检查边调整肩带、腰带长短(根据本人身体调整长短)。

③检查报警装置，检查压力表是否回零。

④检查气瓶压力，打开气瓶阀，观察压力表，指针应位于压力表的绿色范围内。继续打开气瓶阀，观察压力表，压力表指针在 1min 之内下降应小于 0.5MPa，如超过该泄漏指标，应马上停止使用该呼吸器。

⑤检查报警器。因佩戴好呼吸器后，无法检测气瓶压力是否够用，需靠报警器哨声提醒气瓶压力大小。检查方法为关闭气瓶阀，然后缓慢打开充泄阀，注意压力表指针下降至(5±0.5)MPa 时，报警器是否开始报警，报警声音是否响亮。如果报警器不发声或压力不在规定范围内，必须维修正常后才能使用。

⑥面罩气密性检查合格后，将供气阀与面罩连接好，关闭供气阀的充泄阀，深呼吸几下，呼吸应顺畅，按下供气阀上的橡胶罩保护杠杆开关 2 次，供气阀应能正常打开。

(2)正确佩戴，具体操作如下：

①使气瓶的平侧靠近自己，气瓶有压力表的一端向外，让背带的左右肩带套在两手之间。

②将呼吸器举过头顶，两手向后下弯曲，将呼吸器落下，使左右肩带落在肩膀上。

③双手扣住身体两侧肩带 D 形环，身体前倾，向后下方拉紧，直到肩带及背架与身体充分贴合。

④拉下肩带使呼吸器处于合适的高度，不需要调得过高，感觉舒服即可。

⑤插好腰带，向前收紧调整松紧至合适。

⑥将面罩长系带戴好，一只手托住面罩将面罩的口鼻罩与脸部完全贴合，另一只手将头带后拉罩住头部，收紧头带，收紧程度以既要保证气密又感觉舒

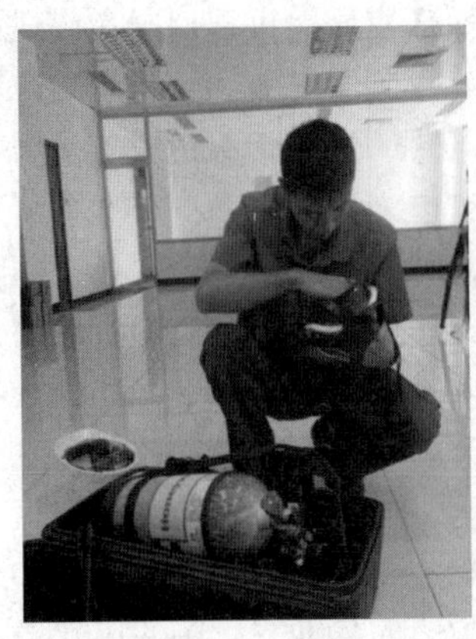
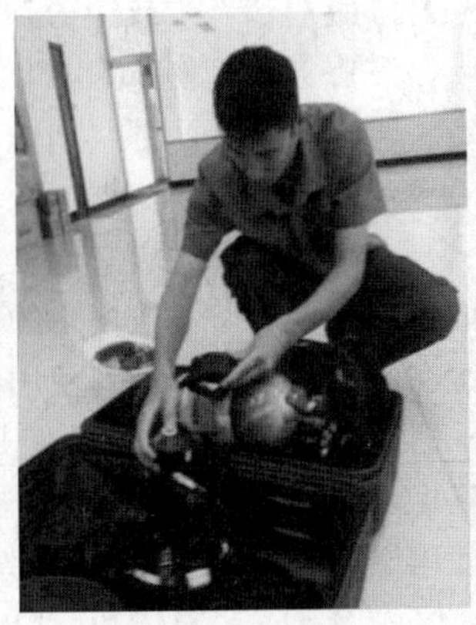
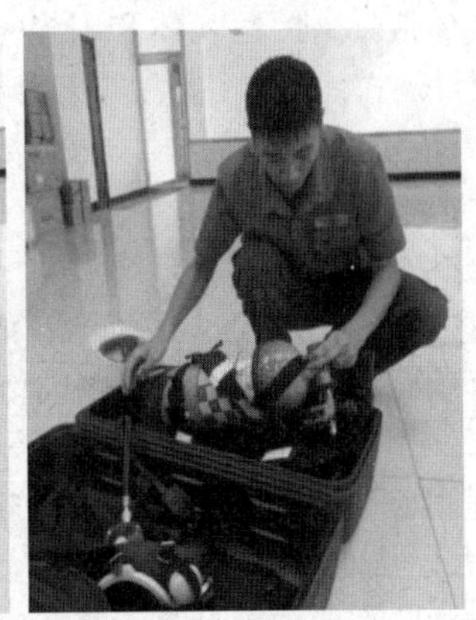

图 2-18　正压式空气呼吸器开箱检查

适、无明显的压痛为宜。

⑦必须检查面罩的气密性，用手掌封住供气阀快速接气处吸气，如果感到无法呼吸且面罩充分贴合则说明密封良好。

⑧将气瓶阀开到底回半圈，报警哨应有一次短暂的发声。同时看压力表，检查充气压力。将供气阀的出气口对准面罩的进气口插入面罩中，听到轻轻一声卡响表示供气阀和面罩已连接好。

⑨戴好安全帽，呼吸几次，无不适感觉，就可以进入工作场所。工作时注意压力表的变化，如压力下降至报警哨发出声响，必须立即撤回到安全场所。

(3)正压式呼吸器佩戴规范：一看压力，二听哨，三背气瓶，四戴罩。瓶阀朝下，底朝上；面罩松紧要正好；开总阀、插气管，呼吸顺畅抢分秒。

3)使用注意事项

不同厂家生产的正压式空气呼吸器在供气阀的设计上所遵循的原理是一致的，但外形设计却存在差异，使用过程中要认真阅读说明书。

使用者应经过专业培训，熟悉掌握空气呼吸器的使用方法及安全注意事项。正压式空气呼吸器一般供气时间在 40min 左右，主要用于应急救援，不适宜作为长时间作业过程中的呼吸防护用品，且不能在水下使用。在使用中，因碰撞或其他原因引起面罩错动时，应屏住呼吸，及时将面罩复位，但操作时要保持面罩紧贴脸上，千万不能从脸上拉下面罩。

空气呼吸器的气瓶充气应严格按照《气瓶安全监察规程》执行，无充气资质的单位和个人禁止私自充气。空气瓶每 3 年应送至有资质的单位检验 1 次。每次使用前，要确保气瓶压力至少在 25MPa 以上。当报警器鸣响时或气瓶压力低于 5.5MPa 时，作业人员应立即撤离有毒有害危险作业场所。充泄阀的开关只能手动，不可使用工具，其阀门转动范围为 1/2 圈。

空气呼吸器应由专人负责保管、保养、检查，未经授权的单位和个人无权拆、修空气呼吸器。

4)日常检查维护

(1)系统放气：首先关闭气瓶阀，然后轻轻打开充泄阀，放掉管路系统中的余气后再次关闭充泄阀。

(2)部件检查：检查供气阀、面罩、背托。检查气瓶表面有无碰伤、变形、腐蚀和烧焦。检查瓶口钢印上最近一次的静水测试日期，以确保它是在规定的使用期内。

(3)清洗消毒：背托、气瓶、减压器的清洁，只用软布蘸水擦洗，并晾干即可。面罩的清洗用温和的肥皂水或清洁液清洗。在干净温水里彻底冲洗，在空气中晾干，并用柔软干净的布擦拭。消毒可以使用 70%酒精、甲醇或乙丙醇。

(4)气瓶的定检：气瓶的定期检验应由经国家特种设备安全监督管理部门核准的单位进行，定检周期一般为 3 年，但在使用过程中若发现气瓶有严重腐蚀等情况时，应提前进行检验。只有检验合格的气瓶才可使用。

(5)气瓶充气：气瓶充气可委托相应的充气站充气，也可自行充气。自行充气前需仔细检查充气泵油位线、三角皮带、高压软管等是否存在异常，检查电路线路，确保其正常使用，检查充气泵润滑油是否充足。均检查正常后方可为气瓶充气。充气时，首先打开分离器上冷凝排污阀，空载启动充气泵，待充气泵运转稳定后关闭排污阀，再将高压软管连接器连接到气瓶连接器。之后打开气瓶阀，充气泵给气瓶充气。当气瓶充气压力达到规定值时，关闭气瓶上的旋阀，并要迅速打开充气泵的各级排污阀，使充气泵卸载运转，排出管路内所有的高压气体及水分。最后关闭压缩机，卸下气瓶连接。

(6)在给气瓶充气前要检测气瓶的使用年限，超过气瓶使用寿命的不允许充气，防止发生气瓶爆裂。且气瓶上标注有气瓶充气压力，不可过量充气。

5)空气呼吸器的存储

空气呼吸器的存储要求室温 0～30℃，相对湿度

40%～80%，避免接近腐蚀性气体和阳光直射，使用较少时，应在橡胶件涂上滑石粉。空气呼吸器需要进行交通运输时，应采取可靠的机械方式固定，避免发生碰撞。

3. 紧急逃生呼吸器

紧急逃生呼吸器是为保障作业安全，由作业人员或救援人员携带进入有限空间，帮助作业者在作业环境发生有毒有害气体中毒或突然性缺氧等意外情况时，迅速逃离危险环境的自救式呼吸器。它可以独立使用，也可以配合其他呼吸防护用品共同使用。

(1)使用方法：作业中一旦有毒有害气体浓度超标，检测报警仪发出警示，应迅速打开紧急逃生呼吸器，将面罩或头套完整地遮掩住口、鼻、面部甚至头部，迅速撤离危险环境。

(2)注意事项：紧急逃生呼吸器必须随身携带，不可随意放置。不同的紧急逃生呼吸器，其供气时间不同，一般在15min左右，作业人员应根据作业场所距有限空间出口的距离来选择。若供气时间不足以安全撤离危险环境，在携带时应增加紧急逃生呼吸器数量。

(三)眼面部防护用品

1. 眼面部防护用品的定义

眼面部防护用品是指预防烟雾、尘粒、金属火花和飞屑、热、电磁辐射、激光、化学飞溅等伤害，保护眼睛或面部的个人防护用品。

2. 眼面部防护用品的分类

眼面部防护用品种类很多，根据防护功能，大致可分为防尘、防水、防冲击、防高温、防电磁辐射、防射线、防化学飞溅、防风沙、防强光九类。眼面部防护用品主要有防护眼镜、防护眼罩和防护面罩三种类型。

排水作业常用的眼面部防护用品主要是防护眼镜。防护眼镜的防护机理一方面是高强度的镜片材料可防止金属飞屑等对眼部造成物理伤害，另一方面是镜片能够对光线中某种波段的电磁波进行选择性吸收，进而可以减少某些波长通过镜片，减轻或防止对眼睛造成伤害。防护眼镜分为安全护目镜和遮光护目镜。安全护目镜主要防有害物质对眼睛的伤害，如防冲击眼镜、防化学眼镜；遮光护目镜主要防有害辐射线对眼睛的伤害，如焊接护目镜。

3. 眼面部防护用品的使用方法

在有限空间内进行冲刷和修补、切割等作业时，沙粒或金属碎屑等异物可能进入眼内或冲击面部；焊接作业时的焊接弧光，可能引起眼部的伤害；清洗反应釜等作业时，其中的酸碱液体、腐蚀性烟雾进入眼中或冲击到面部皮肤，可能引起角膜或面部皮肤的烧伤。为防止有毒刺激性气体、化学性液体伤害眼睛和面部，须佩戴封闭性防护眼镜或安全防护面罩。

据统计，电光性眼炎在工矿企业从事焊接作业的人员中比较常见，其主要原因是挑选的防护眼镜不合适或使用的方法不正确。因此，有关的作业人员应掌握下列使用防护眼镜和面罩的基本办法：

(1)使用的眼镜和面罩必须经过有关部门的检验。

(2)挑选、佩戴合适的眼镜和面罩，以防作业时眼镜和面罩脱落或晃动，影响使用效果。

(3)眼镜框架与脸部要吻合，避免侧面漏光。必要时，应使用带有护眼罩或防侧光型眼镜。

(4)防止眼镜、面罩受潮、受压，以免变形损坏或漏光。焊接用面罩应该具有绝缘性，以防人员触电。

(5)使用面罩式护目镜作业时，累计8h至少更换1次保护片。防护眼镜的滤光片被飞溅物损伤时，要及时更换。

(6)保护片和滤光片组合使用时，镜片的屈光度必须相同。

(7)对于送风式、带有防尘、防毒面罩的焊接面罩，应严格按照有关规定保养和使用。

(8)当面罩的镜片被作业环境的潮湿烟气及作业者呼出的潮气罩住，使其出现水雾并且影响操作时，可采取下列解决措施：

①水膜扩散法：在镜片上涂上脂肪酸或硅胶系的防雾剂，使水雾均等扩散。

②吸水排除法：在镜片上浸涂界面活性剂(PC树脂系)，将附着的水雾吸收。

③真空法：对某些具有双重玻璃窗结构的面罩，可采取在两层玻璃间抽真空的方法。

(四)听觉器官防护用品

1. 听觉器官防护用品的定义

听觉器官防护用品是指能够防止过量的声能侵入外耳道，使人耳避免噪声的过度刺激，减少听力损失，预防噪声对人身造成不良影响的个体防护用品。

2. 听觉器官防护用品的分类

听觉器官防护用品主要有耳塞、耳罩和防噪声头盔三大类。耳塞和耳罩是保护人的听觉避免在高分贝作业环境中受到伤害的个人防护用品。其防护机理是应用惰性材料衰减噪声能量以对佩戴人的听觉器官进行保护；可插入外耳道内或插在外耳道的入口，适用于115dB以下的噪声环境。耳罩外形类似耳机，装在弓架上把耳部罩住使噪声衰减，耳罩的噪声衰减量可达10~40dB，适用于噪声较高的环境。耳塞和耳罩可单独使用，也可结合使用，结合使用可使噪声衰减量比单独使用提高5~15dB。防噪声头盔可把头部大部分保护起来，如再加上耳罩，防噪效果就更出色。这种头盔具有防噪声、防碰撞、防寒、防暴风、防冲击波等功能，适用于强噪声环境，如靶场、坦克舱内部等高噪声、高冲击波的环境。

3. 听觉器官防护用品的使用方法

佩戴耳塞时，先将耳郭向上提起，使外耳道口呈平直状态，然后手持塞柄将塞帽轻轻推入外耳道内与耳道贴合。不要用力太猛或塞得太深，以感觉适度为止，如隔声不良，可将耳塞慢慢转动到最佳位置；若隔声效果仍不好，应另换其他规格的耳塞。

佩戴耳罩要与使用人的外耳紧密接触，以免外部噪声从防噪耳罩和外耳之间的缝隙进入中耳和内耳。戴好后，调节头箍松紧度至使用者的合适位置。

使用耳塞和防噪声头盔时，应先检查罩壳有无裂纹和漏气现象。佩戴时，应注意罩壳标记顺着耳郭的形状佩戴，务必使耳罩软垫圈与周围皮肤贴合。

在使用护耳器前，应用声级计定量测出工作场所的噪声，然后算出需衰减的声级，以挑选规格合适的护耳器。

防噪声护耳器的使用效果不仅取决于这些用品质量好坏，还需使用者养成耐心使用的习惯和掌握正确的佩戴方法。如只戴一种护耳器隔声效果不好，也可以同时戴上两种护耳器，如耳罩内加耳塞等。

4. 听觉器官防护用品的注意事项

(1)耳塞、耳罩和防噪声头盔均应在进入噪声环境前佩戴好，工作中不得随意摘下。

(2)耳塞佩戴前要洗净双手，耳塞应经常用水和温和的肥皂清洗，耳塞清洗后应放置在通风处自然晾干，不可暴晒。不能水洗的耳塞在脏污或破损时，应进行更换。

(3)清洁耳罩时，垫圈可用擦洗布蘸肥皂水擦拭，不能将整个耳罩浸泡在水中。

(4)清洁干燥后的耳塞和耳罩应放置于专用盒内，以防挤压变形。在洁净干燥的环境中存储，避免阳光直晒。

(五)手部防护用品

1. 手部防护用品的定义

具有保护手和手臂的功能，供作业者劳动时戴用的手套称为手部防护用品，通常也称为劳动防护手套。

2. 手部防护用品的分类

手部防护用品按照防护功能分为十二类，即一般防护手套、防水手套、防寒手套、防毒手套、防静电手套、防高温手套、防X射线手套、防酸碱手套、防油手套、防振手套、防切割手套、绝缘手套。每类手套按照材料又能分为许多种。有限空间作业经常使用的是耐酸碱手套、绝缘手套和防静电手套。

3. 手部防护用品的使用方法

在作业过程中接触到机械设备、腐蚀性和毒害性的化学物质，都可能会对手部造成伤害。为防止作业人员的手部伤害，作业过程中应佩戴合格有效的手部防护用品。

首先应了解不同种类手套的防护作用和使用要求，以便在作业时正确选择，切不可把一般场合用手套当作某些专用手套使用。如把棉布手套、化纤手套等作为防振手套来用，效果很差。

在使用绝缘手套前，应先检查外观，如发现表面有孔洞、裂纹等应停止使用。

绝缘手套使用完毕，应按有关规定将其保存好，以防老化造成其绝缘性能降低。使用一段时间后应复检，合格后方可使用。使用时要注意产品分类色标，如1kV手套为红色、7.5kV为白色、17kV为黄色。

在使用振动工具作业时，不能认为戴上防振手套就安全了。应注意在工作中安排一定的时间休息，随着工具自身振频提高，可相应将休息时间延长。对于使用的各种振动工具，最好测出振动加速度，以便挑选合适的防振手套，取得较好的防护效果。

在某些场合中，所有手套大小应合适，避免手套过长，被机械绞住或卷住，使手部受伤。

操作高速回转机械作业时，可使用防振手套。进行某些维护设备和注油作业时，应使用防油手套，以避免油类对手的侵害。

不同种类手套有其特定用途的性能，在实际工作时一定要结合作业情况来正确使用和区分，以保护手部安全。

4. 手部防护用品的注意事项

(1)根据实际工作和工况环境选择合适的防护手套，并定期更换。

(2)使用前检查手套有无破损和磨蚀，绝缘手套还应检查其电绝缘性，不符合规定的手套不能使用。

(3)使用后的手套在摘取时要细心，防止手套上沾染的有害物质接触到皮肤或衣服而造成二次污染。

(4)橡胶、塑料材质的防护手套使用后应冲洗干净并晾干，保存时避免高温，必要时在手套上撒滑石粉以防粘连。

(5)带电绝缘手套用低浓度中性洗涤剂清洗。

(6)橡胶绝缘手套须保存于无阳光直晒、潮湿、臭氧、高温、灰尘、油、药品等环境，选择较暗的阴凉场所存储。

(六)足部防护用品

1. 足部防护用品的定义

足部防护用品是指防止作业人员足部受到物体的砸伤、刺割、灼烫、冻伤、化学性酸碱灼伤和触电等伤害的护具，又称为劳动防护鞋即劳保鞋(靴)。常用的防护鞋内衬为钢包头，柔性不锈钢鞋底，具有耐静压及抗冲击性能，防刺，防砸，内有橡胶及弹性体支撑，穿着舒适，保护足部的同时不影响日常劳动操作。

2. 足部防护用品的分类

按功能分为防尘鞋、防水鞋、防寒鞋、防足趾鞋、防静电鞋、防酸碱鞋、防油鞋、防烫脚鞋、防滑鞋、防刺穿鞋、电绝缘鞋、防振鞋等十三类。

3. 足部防护用品的使用方法

作业人员应根据实际工作和工况环境选择合适的防护鞋。如在存在酸、碱腐蚀性物质的环境中作业，需穿着耐酸碱的胶靴；在有易燃易爆气体的环境中作业，须穿着防静电鞋等。

使用前，要检查防护鞋是否完好，鞋底、鞋帮处有无开裂，出现破损后不得再使用。如使用绝缘鞋，应检查其电绝缘性，不符合规定的不能使用。

防护鞋应在进入工作环境前穿好。

对非化学防护鞋，在使用过程中应避免接触到腐蚀性化学物质，一旦接触应及时清除。

4. 足部防护用品的使用注意事项

(1)防护鞋应定期进行更换。

(2)勿随意修改安全鞋的构造，以免影响其防护性能。

(3)经常清理鞋底，避免积聚污垢物，特别是绝缘安全鞋，鞋底的导电性或防静电效能会受到鞋底污垢物的影响较大。

(4)防护鞋应定期进行更换。使用后清洁干净，放置于通风干燥处，避免阳光直射、雨淋和受潮，不得与酸、碱、油和腐蚀性物品存放在一起。

(七)躯干防护用品

1. 躯干防护用品的定义

躯干防护用品就是指防护服。防护服是替代或穿在个人衣服外，用于防止一种或多种危害的服装，是安全作业的重要防护部分，是用于隔离人体与外部环境的一个屏障。根据外部有害物质性质的不同，防护服的防护性能、材料、结构等也会有所不同。

2. 躯干防护用品的分类

我国防护服按用途分为：①一般作业工作服，用棉布或化纤织物制作而成，适用于没有特殊要求的一般作业场所。②特殊作业工作服，包括隔热服、防辐射服、防寒服、防酸服、抗油拒水服、防化学污染服、防X射线服、防微波服、中子辐射防护服、紫外线防护服、屏蔽服、防静电服、阻燃服、焊接服、防砸服、防尘服、防水服、医用防护服、高可视性警示服、消防服等。

3. 躯干防护用品的选择

防护服必须选用符合国家标准，并具有产品合格证的产品。防护服的类型应根据有限空间危险有害因素进行选择。例如，在硫化氢、氨气等强刺激性物质的环境中作业，应穿着防毒服；在易燃易爆场所作业，应穿着防静电防护服等。表2-2列举了几种有限空间作业常见的作业环境及适用的防护服种类。

表2-2 有限空间作业常见的作业环境及适用的防护服种类

作业环境类型	可以使用的防护服
存在易燃易爆气体(蒸汽)或可燃性粉尘	化学品防护服、阻燃防护服、防静电服、棉布工作服
存在有毒气体(蒸汽)	化学防护服
存在一般污物	一般防护服、化学品防护服
存在腐蚀性物质	防酸(碱)服
涉水	防水服

4. 躯干防护用品的使用方法

作业人员应根据实际工作和工况环境选择合适的防护服。如在低温环境工作，应穿着防寒服，道路作业须穿着反光服等。防护服在使用前须检查其功能与待工作环境是否相符，检查是否有破损，确认完好后方可使用。进入工作环境前应先穿着好防护服，在工作过程中不得随意脱下。

1)化学品防护服的使用方法

由于许多抗油拒水防护服和化学品防护服的面料采用的是后整理技术，即在表面加入了整理剂，一般须经高温才能发挥作用。因此，在穿用这类服装时，要根据制造商提供的说明书，经高温处理后再穿用。

脱卸化学品防护服时，宜使内面翻外，减少污染物的扩散，且宜最后脱卸呼吸防护用品。

化学品防护服被化学物质持续污染时，应在规定的防护性能(标准透过时间)内更换。有限次数使用的化学品防护服已被污染时，应弃用。

受污染的化学品防护服应及时洗消，以免影响化学品防护服的防护性能。

严格按照产品使用与维护说明书的要求维护防护服，修理后的化学品防护服应满足相关标准的技术性能要求。

2)静电工作服的使用方法

凡是在正常情况下，爆炸性气体混合物连续地、短时间频繁地出现或长时间存在的场所，及爆炸性气体混合物有可能出现的场所，可燃物的最小点燃能量在0.25mJ以下时，应穿防静电服。

由于摩擦会产生静电，因此在火灾爆炸危险场所禁止穿、脱防静电服。

为了防止尖端放电，在火灾爆炸危险场所禁止在防静电服上附加或佩戴任何金属物件。

对于导电型的防护服，为了保持良好的电气连接性，外层服装应完全遮盖住内层服装。分体式上衣应足以盖住裤腰，弯腰时不应露出裤腰，同时应保证服装与接地体的良好连接。

在火灾爆炸危险场所穿防静电服时，必须与《个体防护装备职业鞋》(GB 21146—2007)中规定的防静电鞋配套穿用。

防静电服应保持清洁，保持防静电性能，使用后用软毛刷、软布蘸中性洗涤剂刷洗，不可损伤服装材料纤维。

穿用一段时间后，应对防静电服进行检验，若防静电性能不能符合标准要求，则不能再使用。

3)防水服的使用方法

防水服的用料主要是橡胶，使用时应严禁接触各种油类(包括机油、汽油等)、有机溶剂、酸、碱等物质。

5. 躯干防护用品的注意事项

穿戴劳保服时应避免接触锐器，防止受到机械损伤。

沾染有害物质的防护服在脱下时应仔细小心，防止有害物质碰触到皮肤造成二次污染。

防护服使用后应使用中性洗涤剂洗涤，洗后晾干，不可暴晒和火烤。

防护服存储时尽量避免折叠和挤压，应储存在避光、远离热源、温度适宜、通风干燥的环境中。化学品防护服应与化学物质隔离储存，已使用过的化学品防护服应与未使用的化学品防护服分开存储。

(八)防坠落用品

1. 防坠落用品的定义和分类

防坠落服务器是指用于防止坠落事故发生的防护用品，主要有安全带、安全绳和安全网。安全带主要用于高处作业的防护用品，由带子、绳子和金属配件组成。安全绳是在安全带中连接系带与挂点的辅助用绳。一般与缓冲器配合使用，起扩大或限制佩戴者活动范围、吸收冲击能量的作用。使用时，必须满足作业要求的长度和达到国家规定的拉力强度。安全网在高空进行建筑施工或设备安装时，在其下或其侧设置的起保护作用的网。

2. 防坠落用品的特点和使用方法

进行排水管道有限空间作业，应使用全身式安全带。全身式安全带由织带、带扣和其他金属部件组合而成，与挂点等固定装置配合使用。其主要作用是防止高处作业人员发生坠落或发生坠落后将作业人员安全悬挂，是一种可在坠落时保持坠落者正常体位，防止坠落者从安全带内滑脱，还能将冲击力平均分散到整个躯干部分，减少对坠落者下背部伤害的安全带，如图2-19所示。

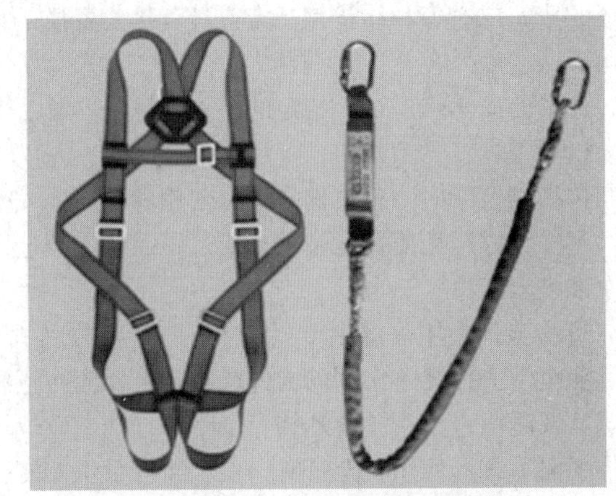

图2-19　单挂点全身式安全带

1)安全带的选择

首先对安全带进行外观检查，看是否有碰伤、断裂和存在影响安全带技术性能的缺陷。检查织带、零部件等是否有异常情况。对防坠落用具重要尺寸和质量进行检查，包括规格、安全绳长度、腰带宽度等。

检查安全带上必须具有的标记，如制造厂名商标、生产日期、许可证编号、劳动安全标识和说明书中应有的功能标记等。检查防坠落用具是否有质量保证书或检验报告，并检查其有效性，即出具报告的单位是否为法定单位，盖章是否有效(复印无效)，检测有效期、检测结果和结论等是否符合规定。

安全带属特种劳动防护用品，因此应从有生产许可证的厂家或有特种防护用品定点经营证的商店购买。选择的安全带应适应特定的工作环境，并具有相应的检测报告。选择安全带时，应选择适合使用者身材的安全带，这样可以避免因安全带过小或过大而给工作造成不便和安全隐患。

2)安全带的检查

使用安全带前，应检查各部位是否完好无损，安全绳和系带有无撕裂、开线、霉变，金属配件是否有裂纹、腐蚀现象，弹簧弹跳性是否良好，以及其他影响安全带性能的缺陷。如发现存在影响安全带强度和使用功能的缺陷，则应立即更换。

对防坠落用具重要尺寸及质量进行检查。包括规格、安全绳长度、腰带宽度等。

检查安全带上必须具有的标记，如制造单位厂名商标、生产日期、许可证编号、安全防护标识和说明书中应有的其他功能标记等。

检查防坠落用具是否有质量保证书或检验报告，并检查其有效性，即出具报告的单位是否是法定单位，盖章是否有效（复印无效），检测有效期、检测结果及结论等。

安全带属特种劳动防护用品，因此应从有生产许可证的厂家或有特种防护用品定点经营销售资质的商店购买。

选择的安全带应适应特定的工作环境，并具有相应的检测报告。

选择安全带时一定要选择适合使用者身材的安全带，这样可以避免因安全带过小或过大而给工作造成不便或安全隐患。

3）安全带使用注意事项

安全带应拴挂于牢固的构件或物体上，应防止挂点摆动或碰撞；使用坠落悬挂安全带时，挂点应位于工作平面上方；使用安全带时，安全绳与系带不能打结使用。

高处作业时，如安全带无固定挂点，应将安全带挂在刚性轨道或具有足够强度的柔性轨道上，禁止将安全带挂在移动或带尖锐棱角的或不牢固的物件上。

使用中，安全绳的护套应保持完好，若发现护套损坏或脱落，必须加上新套后再使用。

安全绳（含未打开的缓冲器）不应超过2m，不应擅自将安全绳接长使用，如果需要使用2m以上的安全绳应采用自锁器或速差式自控器。

使用中，不应随意拆除安全带各部件，不得私自更换零部件；使用连接器时，受力点不应在连接器的活门位置。

安全带应在制造商规定的期限内使用，一般不应超过5年，如发生坠落事故，或有影响性能的损伤，则应立即更换。超过使用期限的安全带，如有必要继续使用，则应每半年抽样检验一次，合格后方可继续使用。如安全带的使用环境特别恶劣，或使用频率格外频繁，则应相应缩短其使用期限。

安全带应由专人保管，存放时，不应接触高温、明火、强酸、强碱或尖锐物体，不应存放在潮湿的地方，且应定期进行外观检查，发现异常必须立即更换，检查频次应根据安全带的使用频率确定。

二、安全防护设备的功能及使用方法

排水管网作业常用的安全防护设备主要包括：气体检测仪、三脚架、安全梯、通风设备、发电设备、照明设备、通信设备等。

（一）气体检测仪

气体检测仪是用于检测和报警工作场所空气中氧气、可燃气和有毒有害气体浓度或含量的仪器，由探测器和报警控制器组成，当气体含量达到仪器设置的警戒浓度时可发出声光报警信号。排水行业常用的气体检测仪有泵吸式和扩散式两种，由于其具有体积小、易携带、可一次性检测一种或多种有毒有害气体、显示数值速度快、数据精确度高、可实现连续检测等优点，成为有限空间作业时气体检测的主要设备。

1. 气体检测仪的种类

1）泵吸式气体检测仪

泵吸式气体检测仪是在仪器内安装采样泵或外置采样泵，通过采气管将远距离的有限空间内的气体“吸入”检测仪器中进行检测，因此其最大的特点就是能够使检测人员在有限空间外进行检测，最大程度保证人员生命安全。进入有限空间前的气体检测，以及作业过程中进入新作业面之前的气体检测，都应该使用泵吸式气体检测仪。

泵吸式气体检测仪的一个重要部件是采样泵，目前主要有三种类型的采样泵，表2-3简要列举了这三种采样泵的特点。使用泵吸式气体检测仪要注意三点：一是为将有限空间内气体抽至检测仪内，采样泵的抽力必须满足仪器对流量的需求；二是为保证检测结果准确有效，要为气体采集留有充足的时间；三是在实际使用中要考虑到随着采气导管长度的增加而带来的吸附损失和吸收损失，即部分被测气体被采样管材料吸附或吸收而造成浓度降低。

表2-3　不同形式采样泵的特点比较

采样泵形式		优点	缺点
内置采样泵		与采样仪一体，携带方便，开机泵体即可工作	耗电量大
外置采样泵	手动采样泵	无须电力供给，可实现检测仪在扩散式和泵吸式之间转换	采样速度慢；流量不稳定，影响检测结果的准确性
	机械采样泵	可实现检测仪在扩散式和泵吸式之间转换，还可更换不同流量采样泵	需要电力供给

2）扩散式气体检测仪

扩散式气体检测仪主要依靠空气自然扩散将气体样品带入检测仪中与传感器接触反应。此类气体检测仪仅能检测仪器周围的气体，可以检测的范围局限于一个很小的区域，也就是靠近检测仪器的地方。其优点是将气体样本直接引入传感器，能够真实反映环境中气体的自然存在状态；其缺点是无法进行远距离采样检测。因此，此类检测仪适合作业人员随身携带进入有限空间，在作业过程中实时检测作业周边的气体环境。

此外，扩散式检测仪加装外置采样泵后可转变为泵吸式气体检测仪，可根据作业需要灵活转变。在实际应用中，这两类气体检测仪往往相互配合、同时使用，从最大程度保证作业人员生命安全。

2. 气体检测仪的使用方法

每种气体检测仪的说明书中都详细地介绍了操作、校正等步骤，使用者应认真阅读，严格按照操作说明书进行操作。同时，气体检测仪应按照相关要求进行定期维护和强制检测。不同品牌型号的气体检测仪的使用方法大同小异，现以某一型号气体检测仪为例，介绍其作业中的操作规程。具体如下：

(1)检查气体检测仪外观是否完好，检查气管有无破损漏气，均检查完好后方可使用。

(2)在洁净空气环境中开机，完成设备的预热和自检。

(3)气体检测仪自检结束后若浓度值显示非初始值时应进行“调零”复位操作或更换仪器。

(4)气体检测仪自检正常后，开始进行实际环境监测。

(5)显示的检测数值稳定后，读数并记录。

(6)检测工作完成后，应在洁净的空气环境内待仪器内气体浓度值复位后关机。

(7)清洁仪器后妥善存放。

3. 气体检测仪的日常维护和储存

定期校准、测试和检验气体检测器。

保留所有维护、校准和告警事件的操作记录。

用柔软的湿布清洁仪器外表，勿使用溶剂、肥皂或抛光剂。

勿把检测器浸泡在液体中。

清洁传感器滤网时应摘下滤网，使用柔软洁净的刷子和洁净的温水进行清洁。滤网重新安装之前应处于干燥状态。

清洁传感器时应摘下传感器，使用柔软洁净的刷子进行清洁，勿用水清洁。

勿把传感器暴露于无机溶剂产生的气味(如油漆气味)或有机溶剂产生的气味环境下。

长时间不使用时，应将电池从气体检测仪中取出(充电电池应在电量充满后再取出)。

气体检测仪要放置在常温、干燥、密封环境中，避免暴晒。

气体检测仪的定期检验应由有资质单位进行，定检周期一般为一年，但在使用过程中若对数据有怀疑或更换了主要部件及维修后，应及时送检。只有检测合格后才可以使用。

4. 气体检测仪常见故障与排查处理

气体检测仪的常见故障和排查处理方法见表 2-4。

表 2-4　气体检测仪的常见故障和排查处理

故障现象	可能原因分析	处理方法
无输出	导线错接	重新接好
	电路故障	返厂维修
读数偏低	灵敏度下降	重新标定
	传感器失效	更换传感器
读数偏高	灵敏度上升	重新标定
	传感器失效	更换传感器
读数不稳	稳定时间不够	开机等待
	传感器失效	更换传感器
	电路故障	返厂维修
	干扰	检查探头接地是否良好
响应时间变慢	探头堵塞	清理探头

(二)三脚架

三脚架是有限空间作业中的重要设备，主要应用于竖向有限空间(如检查井)需要防坠或提升的装置，在没有可靠挂点的场所可作为临时设置的挂点。作业或救援时，三脚架应与绞盘、速差自控器、安全绳、安全带等配合使用。三脚架主要由三脚架主体、滑轮组、防坠器、安全绳、防滑链等部分组成，如图 2-20 所示。

图 2-20　三脚架

1. 三脚架的安装与使用

取出三脚架，解开捆扎带，并将其直立放置。

在使用前要对设备各组成部分(速差器、绞盘、安全绳)的外观进行目测检查，检查各零部件是否完后、有无松动，检查连接挂钩和锁紧螺丝的状况、速差器的制动功能。检查必须由使用该设备的人员进行。一旦发现有缺陷，不得继续使用该设备。

移动三脚架至需作业的井口上（底脚平面着地）。将三支柱适当分开角度，底脚防滑平面着地，用定位链穿过三个底脚的穿孔。调整长度适当后，拉紧并相互勾挂在一起，防止三支柱向外滑移。必要时，可用钢钎穿过底脚插孔，砸入地下定位底脚。

拔下内外柱固定插销，分别将内柱从外柱内拉出。根据需要选择拔出长度后，将内外柱插销孔对正，插入插销，并用卡簧插入插销卡簧孔止退。

将防坠制动器从支柱内侧卡在三脚架任一个内柱上（面对制动器的支柱，制动器摇把在支柱右侧），并使定位孔与内柱上定位孔对正，将安装架上配备的插销插入孔内固定。

逆时针摇动绞盘手柄，同时拉出绞盘绞绳，并将绞绳上的定滑轮挂于架头上的吊耳上（正对着固定绞盘支柱的一个）。

装好滑轮组、防坠器，工作人员穿戴好安全带后与滑轮组连接妥当。将工作人员缓慢送入作业空间中。

作业完成后，通过滑轮组将工作人员缓慢拉出作业空间。拆下滑轮组、防坠器，拔出定位销，对整套设备清洁后入库存放。

2. 三脚架的使用注意事项

安装前必须检查三脚架安装是否稳定牢固，保证定位链限位有效，绞盘安装正确。

在负载情况下停止升降时，操作者必须握住摇把手柄，不得松手。无负载放长绞绳时，必须一人逆时针摇动手柄，一人抽拉绞绳；不放长绞绳时，不得随意逆时针转动手柄。

使用中绞绳松弛时，绝不允许绞绳折成死结，否则将造成绞绳损毁，再次使用时将发生事故。卷回绞绳时，尤其在绞绳放出较长时，应适当加载，并尽量使绞绳在卷筒上排列有序，以免再次使用受力时绞绳相互挤压受损。

必须经常检查设备，确保各零件齐全有效，无松脱、老化、异响；绞绳无断股、死结情况；发现异常，必须及时检修排除。

3. 三脚架的日常维护

三脚架的日常维护保养重点见表 2-5。

表 2-5 三脚架维护保养重点

内容	周期	标准
检查各部位螺栓、销钉等	1 次/周	无丢失、无损坏、无生锈
清洁检查安全绳	1 次/周	无断股、无缠绕，清洁无杂物
检查安全带	1 次/周	干净整洁、无损坏、连接良好
绞盘等旋转部位加注润滑油	1 次/月	转动灵活，润滑得当

（三）安全梯

安全梯是用于作业者上下地下井、坑、管道、容器等的通行工具，也是事故状态下逃生的通行工具。根据作业场所的具体情况，应配备相应的安全梯。有限空间作业，一般利用直梯、折梯或软梯。安全梯从制作材质上分为竹制、木制、金属制和绳木混合制；从梯子的形式上分为移动直梯、移动折梯和移动软梯。

使用安全梯时应注意以下几点：

（1）使用前，必须对梯子进行安全检查。首先，检查竹、木、绳、金属类梯子的材质是否出现发霉、虫蛀、腐烂、腐蚀等情况。其次，检查梯子是否有损坏、缺挡、磨损等情况，对不符合安全要求的梯子应停止使用；有缺陷的应修复后使用。对于折梯，还应检查其连接件、铰链和撑杆（固定梯子工作角度的装置）是否完好，如不完好应修复后使用。

（2）使用时，梯子应加以固定，避免接触油、蜡等易打滑的材料，防止梯子滑倒；也可设专人扶挡。在梯子上作业时，应设专人安全监护。梯子上有人作业时，不准移动梯子。除非专门设计为多人使用，否则梯子上只允许 1 人在上面作业。

（3）折梯的上部第二踏板为最高安全站立高度，应涂红色标志。梯子上第一踏板不得站立或超越。

（四）通风设备

有限空间作业情况比较复杂，一般要求在有毒有害气体浓度检测合格的情况下才能进行作业。但由于吸附在清理物中的有毒有害物质，在搅拌、翻动中被解析释放出来，如污水井中污泥被翻动时大量硫化氢被释放；或进行作业过程中产生有毒有害物质，如涂刷油漆、电焊等作业过程自身会散发出有毒有害物质。因此，在有限空间作业中，应配备通风设备对作业场所进行通风换气，使作业场所的空气始终处于良好状态。对存在易燃易爆的场所，所使用的通风机应采用防爆型，以保证安全。通风设备主要为风机，一般由风机机体、风管等部分组成，常与移动式发电机配合使用，如图 2-21 所示。

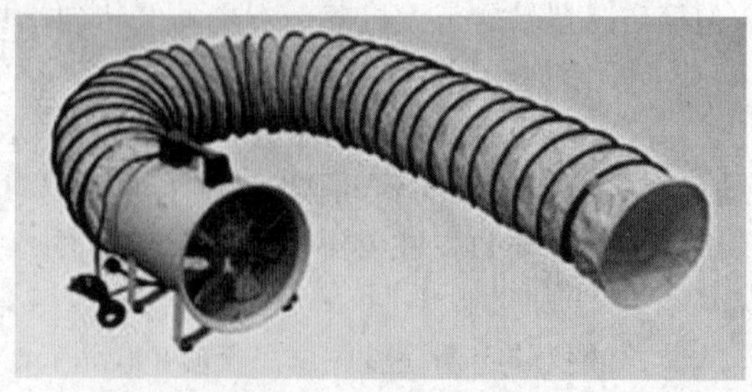

图 2-21 防爆风机

1. 风机的选择和使用

(1)风机的选择：选择风机时必须确保能够提供作业场所所需的气流量。这个气流必须能够克服整个系统的阻力，包括通过抽风罩、支管、弯管机连接处的压损。风管过长、风管内部表面粗糙、弯管等都会增加气体流动的阻力，对风机风量的要求就会更高。

(2)使用前检查：在使用前还需要检查风管是否有破损，风机叶片是否完好，电线是否有裸露，插头是否有松动，风机是否能正常运转。

2. 风机的注意事项

风机使用时应该放置在洁净的气体环境中，以防止捕集到的腐蚀性气体或蒸汽，或者任何会造成磨损的粉尘对风机造成损害。风机还应尽量远离有限空间的出入口。目前没有一个统一的关于换气次数的标准，可以参考一般工业上普遍接受的每 3min 换气一次(即 20 次/h)的换气率，作为能够提供有效通风的标准。

3. 风机的日常维护与储存

保持叶轮的清洁状态，定期除尘防锈。经常检查轴承的润滑状态，及时足量加注润滑油。检查紧固件状态，出现松动时及时拧紧。风机应保存在洁净、干燥、避免阳光直射和暴晒的环境中，且不能与油漆等有挥发性的物品存储在同一密闭空间。

(五)小型移动发电设备

在有限空间作业过程中，经常需要临时性的通风、排水、供电照明等，这些设备往往是由小型移动发电设备来保障供电。

1. 使用前的检查

检查油箱中的机油是否充足，若机油不足，发电机不能正常启动；若机油过量，发电机也不能正常工作。检查油路开关和输油管路是否有漏油、渗油现象。检查各部分接线是否裸露，插头有无松动，接地线是否良好。

2. 使用中的注意事项

使用前，必须将底架停放在平稳的基础上，运转时不准移动，且不得使用帆布等物品遮盖。发电机外壳应有可靠接地，并应加装漏电保护器，防止工作人员发生触电。启动前，需断开输出开关，将发电机空载启动，运转平稳后再接电源带负载。应密切注意运行中的发电机的发动机声音，观察各种仪表指示是否在正常范围内，检查运转部分是否正常，发电机温升是否过高。应在通风良好的场所使用，禁止在有限空间内使用。

(六)照明设备

有限空间作业环境常是容器、管道、井坑等光线黑暗的场所，因此应携带照明设备才能进入有限空间作业。这些场所潮湿且可能存在易燃易爆物质，所以照明设备的安全性显得十分重要。按照有关规定，在这些场所使用的照明设备应用 24V 以下的安全电压；在潮湿容器、狭小容器内作业应用 12V 以下的安全电压；在有可能存在易燃易爆物质的作业场所，还必须配备达到防爆等级的照明器具，如防爆头灯、防爆照明灯等，如图 2-22 所示。

图 2-22　防爆头灯

1. 防爆手电的功能和结构

防爆手电一般应用于光线较暗的工作场所，主要由 LED 光源、外壳、充电电池、开关、线路板等组成。

2. 防爆手电的使用方法

使用前检查防爆手电电量是否充足，外观是否有损坏，检查正常后进行使用。

防爆手电一般有普通光、强光、频闪模式，使用时根据需求选择合适的模式。

使用后及时清洁，使用眼镜布沾酒精等擦拭灯头。

充电时使用配套的充电器，长期不用时应每隔两个月充电一次。

严禁随意拆卸灯具的结构件，尤其是密封结构件。

防爆手电及其电池应存储于温度变化范围不大的地点，最低温不低于-20℃、最高温不高于 40℃。存储地点应干燥，避免阳光直射暴晒。

(七)通信设备

在有限空间作业中，监护者与作业者往往因距离较远或存在转角而无法直接面对面沟通，监护者无法了解和掌握作业者的情况。因此必须配备必要的通信器材，使监护者与作业者保持定时联系。考虑到有毒有害危险场所可能具有易燃易爆的特性，所配置的通信器材也应该选用防爆型，如防爆电话、防爆对讲机等，如图 2-23 所示。

图 2-23　防爆对讲机

通信设备的使用包括以下注意事项：

(1)工作中，通信设备必须随身携带且保持开机状态，不可随意关机或更改频段。

(2)严格按设备充电程序进行充电，以保障电池性能和寿命。

(3)更换设备电池时必须先将主机开关关闭，保护和延长其使用寿命。

(4)对讲机等通信设备应妥善保管，做好防尘、防潮工作。

(5)不要在雾气、雨水等高湿度环境下存放或使用。一旦设备进水，严禁按通话键，应立即关机并拆除电板。

(6)设备长时间不使用时，应每隔一段时间开机一次，以保护电池功能，延长使用寿命。

三、有限空间作业的安全知识

(一)有限空间相关概念与术语

1. 有限空间及其作业的概念

有限空间是指封闭或部分封闭，进出口较为狭窄有限，未被设计为固定工作场所，自然通风不良，易造成有毒有害、易燃易爆物质积聚或含氧量不足的空间。

有限空间作业是指作业人员进入有限空间实施的作业活动。

2. 其他相关概念

GBZ/T 205—2007《密闭空间作业职业危害防护规范》中对有限空间作业相关概念和术语进行了定义。

(1)立即威胁生命或健康的浓度(Immediately dangerous to life or health concentrations，IDLH)：是指在此条件下对生命立即或延迟产生威胁，或能导致永久性健康损害，或影响准入者在无助情况下从密闭空间逃生的浓度。某些物质对人产生一过性的短时影响，甚至很严重，受害者未经医疗救治而感觉正常，但在接触这些物质后 12～72h 可能突然产生致命后果，如氟烃类化合物。

(2)有害环境：是指在职业活动中可能引起死亡、失去知觉、丧失逃生及自救能力、伤害或引起急性中毒的环境，包括以下一种或几种情形：可燃性气体、蒸汽和气溶胶的浓度超过爆炸下限的 10%；空气中爆炸性粉尘浓度达到或超过爆炸下限；空气中含氧量低于 18%或超过 22%；空气中有害物质的浓度超过职业接触限值；其他任何含有有害物浓度超过立即威胁生命或健康浓度的环境条件。

(3)进入：人体通过一个入口进入密闭空间，包括在该空间中工作或身体任何一部分通过入口。

(4)吊救装备：为抢救受害人员所采用的绳索、胸部或全身的套具、腕套、升降设施等。

(5)准入者：批准进入密闭空间作业的劳动者。

(6)监护者：在密闭空间外进行监护或监督的劳动者。

(7)缺氧环境：空气中，氧的体积百分比低于 18%。

(8)富氧环境：空气中，氧的体积百分比高于 22%。

(二)有限空间的分类

(1)地下有限空间：地下室、地下仓库、地窖、地下工程、地下管道、暗沟、隧道、涵洞、地坑、废井、污水池、井、沼气池、化粪池、下水道等。

(2)地上有限空间：储藏室、温室、冷库、酒糟池、发酵池、垃圾站、粮仓、污泥料仓等。

(3)密闭设备：船舱、贮罐、车载槽罐、反应塔(釜)、磨机、水泥筒库、压力容器、管道、冷藏箱(车)、烟道、锅炉等。

(三)有限空间危害因素及防控措施

排水管网作业中，常见的有限空间危害因素主要有缺氧、有毒气体、可燃气体。

1. 缺　氧

缺氧是指因组织的氧气供应不足或用氧障碍，而导致组织的代谢、功能和形态结构发生异常变化的病理过程。外界正常大气环境中，按照体积分数，平均的氧气浓度约为 20.95%。氧是人体进行新陈代谢的关键物质，如果缺氧，人体的健康和安全就可能受到伤害，不同氧气浓度对人体的影响见表 2-6。

在有限空间内，由于内部各种原因及其结构特点，导致通风不畅，致使有限空间内的氧气浓度偏低或不足，人员进入有限空间内作业时，会极易疲劳而影响作业或面临缺氧危险。

表 2-6　不同氧气浓度对人体的影响

氧气体积浓度	影响
23.5%	最高“安全水平”
20.95%	空气中的氧气浓度
19.5%	最低“安全水平”
17%~19.5%	人员静止无影响，工作时会出现喘息、呼吸困难现象
15%~17%	人员呼吸和脉搏急促，感觉及判断能力减弱以致失去劳动能力
9%~15%	呼吸急促，判断力丧失
6%~9%	人员失去知觉，呼吸停止，数分钟内心脏尚能跳动，不进行急救会导致死亡
6%以下	呼吸困难，数分钟内死亡

2. 中　毒

由于有限空间本身的结构特点，空气不易流通，造成内部与外部的空气环境不同，致命的有毒气体蓄积。

1）有毒有害气体物质的来源

（1）存储的有毒化学品残留、泄漏或挥发。

（2）某些生产过程中有物质发生化学反应，产生有毒物质，如有机物分解产生硫化氢。

（3）某些相连或接近的设备或管道的有毒物质渗漏或扩散。

（4）作业过程中引入或产生有毒物质，如焊接、喷漆或使用某些有机溶剂进行清洁。

排水管网作业工作环境中存在大量的有毒物质，人一旦接触后易引起化学性中毒可能导致死亡。常见的有毒物质包括：硫化氢、一氧化碳、苯系物、氯气、氮氧化物、二氧化硫、氨气、易挥发的有机溶剂、极高浓度刺激性气体等。

2）常见有毒有害气体

（1）硫化氢

硫化氢（H_2S）是无色、有臭鸡蛋味的毒性气体。相对分子质量 34.08，相对密度 1.19，沸点-60.2℃、熔点-83.8℃，自燃点 260℃；溶于水，0℃时 100mL 水中可溶 437mL 硫化氢，40℃时可溶 180mL 硫化氢；也溶于乙醇、汽油、煤油、原油中，溶于水后生成氢硫酸。

硫化氢的化学性质不稳定，在空气中容易爆炸。爆炸极限为 4.3%~45.5%（体积百分比）。它能使银、铜及其他金属制品表面腐蚀发黑，与许多金属离子作用，生成不溶于水或酸的硫化物沉淀。

硫化氢不仅是一种窒息性毒物，对黏膜还有明显的刺激作用，这两种毒作用与硫化氢的浓度有关。当硫化氢浓度越低时，对呼吸道及眼的局部刺激越明显。硫化氢的局部刺激作用，是由于接触湿润黏膜与钠离子形成的硫化钠引起。当浓度超高时，人体内游离的硫化氢在血液中来不及氧化，则引起全身中毒反应。目前认为硫化氢的全身毒性作用是被吸入人体的硫化氢通过与呼吸链中的氧化型细胞色素氧化酶的三价铁离子结合，抑制细胞呼吸酶的活性，从而影响细胞氧化过程，造成细胞组织缺氧。急性硫化氢中毒的症状表现如下：

①轻度中毒时以刺激症状为主，如眼刺痛、畏光、流泪、流涕、鼻及咽喉部烧灼感，还可能有干咳和胸部不适、结膜充血、呼出气有臭鸡蛋味等症状，一般数日内可逐渐恢复。

②中度中毒时中枢神经系统症状明显，头痛、头晕、乏力、呕吐、共济失调等刺激症状也会加重。

③重度中毒时可在数分钟内发生头晕、心悸，继而出现躁动不安、抽搐、昏迷，有的出现肺水肿并发肺炎，最严重者发生“电击型”死亡。

《工作场所有害因素职业接触限值 第 1 部分：化学有害因素》（GBZ 2.1—2019）中工作场所空气中化学物质容许浓度中明确指出，硫化氢最高容许浓度为 10mg/m^3，不同浓度的具体影响见表 2-7。

表 2-7　不同硫化氢浓度对人体的影响

浓度/（mg/m^3）	接触时间	影响
0.035	—	嗅觉阈，开始闻到臭味
30~40	—	臭味强烈，仍能忍受；是引起症状的阈浓度
70~150	1~2h	呼吸道及眼刺激症状；吸入 2~15min 后嗅觉疲劳，不再闻到臭味
300	1h	6~8min 出现眼急性刺激性，长期接触引起肺水肿
760	15~60min	发生肺水肿，支气管炎及肺炎；接触时间长时引起头痛，头昏，步态不稳，恶心，呕吐，排尿困难
1000	数秒钟	很快出现急性中毒，呼吸加快，麻痹而死亡
1400	立即	昏迷，呼吸麻痹而死亡

（2）沼　气

沼气是多种气体的混合物，由 50%~80%的甲烷（CH_4）、20%~40%的二氧化碳（CO_2）、0%~5%的氮气（N_2）、小于 1%的氢气（H_2）、小于 0.4%的氧气

(O_2)与 0.1%~3%的硫化氢(H_2S)等气体组成。空气中如含有 8.6%~20.8%(按体积百分比计算)的沼气时，就会形成爆炸性的混合气体。

沼气的主要成分是甲烷，污水中的甲烷气体主要是其沉淀污泥中的含碳、含氮有机物质在供氧不足的情况下，分解出的产物。

甲烷是无色、无味、易燃易爆的气体，比空气轻，相对空气密度约 0.55，与空气混合能形成爆炸性气体。甲烷对人基本无毒，但浓度过量时使空气中氧含量明显降低，使人窒息，具体影响见表 2-8。

表 2-8 甲烷的浓度危害

甲烷体积浓度	影响
5%~15%	爆炸极限
25%~30%	人出现窒息样感觉，若不及时逃离接触，可致窒息死亡

(3)一氧化碳

一氧化碳(CO)是一种无色、无味、易燃易爆、剧烈毒性气体，属于与空气混合能形成爆炸性混合物，遇明火、高热能引起燃烧与爆炸。

空气中一氧化碳含量达到一定浓度范围时，极易使人中毒，严重危害人的生命安全，具体影响见表 2-9。中毒机理是一氧化碳与血红蛋白的亲和力比氧与血红蛋白的亲和力高 200~300 倍，极易与血红蛋白结合，形成碳氧血红蛋白，使血红蛋白丧失携氧的能力和作用，造成组织窒息，对全身的组织细胞均有毒性作用，尤其对大脑皮质的影响为严重。

表 2-9 一氧化碳的浓度危害

一氧化碳浓度/(mg/L)	接触时间	影响
50	8h	最高容许浓度
200	3h	轻度头痛、不适
600	1h	头痛、不适
1000~2000	30min	轻度心悸
	1.5min	站立不稳，蹒跚
	2h	混乱、恶心、头痛
2000~5000	30min	昏迷，失去知觉

3. 爆炸与火灾

爆炸是物质在瞬间以机械功的形式释放出大量气体和能量的现象，压力的瞬时急剧升高是爆炸的主要特征。有限空间内，可能存在易燃或可燃的气体、粉尘，与内部的空气发生混合，可能处于爆炸极限的范围内，如果遇到电弧、电火花、电热、设备漏电、静电、闪电等点火源，将可能引起燃烧或爆炸。有限空间发生爆炸、火灾，往往瞬间或很快耗尽有限空间的氧气，并产生大量有毒有害气体，造成严重后果。

(四)排水管网作业有限空间等级划分

排水管网作业根据有限空间可能产生的危害程度不同将有限空间分为三个等级。

(1)三级有限空间：正常情况下不存在突然变化的空气危险。在进入或撤离时存在障碍或坠落危险。在该有限空间中，虽然正常情况下不存在明显的空气危险，但需要进入前的气体初始确认和连续的气体监测，预防异常情况。

(2)二级有限空间：存在突然变化的空气危险。进入或撤离时存在障碍或坠落危险，但提供直接的入口，使得工作人员能够方便地佩戴安全带，并与入口的三脚架或悬挂点始终连接。需要连续的气体监测和特别的呼吸防护。

(3)一级有限空间：属于密闭或半密闭空间，存在突然变化的空气危险。进入或撤离时存在障碍/坠落危险，无法保持安全带始终连接在悬挂点上，无法保证及时对空间内工作人员的营救。必须制订翔实的施工作业方案，配置正压呼吸器或长管送风式呼吸器，工作人员佩戴安全带和足够长度的安全绳，必要时穿戴救生衣，安全绳必须在固定点固定，需要连续的气体监测。

(五)有限空间常见安全警示标识

警示标识可以有效预防事故的发生，常见与有限空间作业有关的警示标志有禁止标识、警告标识、指令标识、提示标识。

(1)禁止标识：禁止标识的含义是不准或制止某些行动，见表 2-11。

表 2-11 禁止标识图形、名称及设置范围

标识图形	标识名称	设置范围和地点
	禁止入内	可能引起职业病危害的工作场所入口或泄险区周边

(2)警告标识：警告标识是指警告可能发生的危险，见表 2-12。

表 2-12 警告标识图形、名称及设置范围

标识图形	标识名称	设置范围和地点
	当心中毒	使用有毒物品作业场所

（续）

标识图形	标识名称	设置范围和地点
	当心有毒气体	存在有毒气体的作业场所
	当心爆炸	存在爆炸危险源的作业场所
	当心缺氧	有缺氧危险的作业场所
	当心坠落	有坠落危险的作业场所
	注意安全	设置在其他警告标志不能包括的其他道路危险位置

(3)指令标识：指令标识是指必须遵守的行为，见表2-13。

表2-13　指令标识图形、名称及设置范围

标识图形	标识名称	设置范围和地点
必须戴防毒面具 MUST WEAR GAS DEFENSE MASK	戴防毒面具	可能产生职业中毒的作业场所
注意通风	注意通风	存在有毒物品和粉尘等需要进行通风处理的作业场所

(4)提示标识：提示标识是指示意目标方向，见表2-14。

表2-14　提示标识图形、名称及设置范围

标识图形	标识名称	设置范围和地点
	救援电话	救援电话附近

(六)有限空间作业人员与监护人员安全职责

(1)作业负责人的职责：应了解整个作业过程中存在的危险危害因素；确认作业环境、作业程序、防护设施、作业人员符合要求后，授权批准作业；及时掌握作业过程中可能发生的条件变化，当有限空间作业条件不符合安全要求时，终止作业。

(2)监护人员的职责：应接受有限空间作业安全生产培训；全过程掌握作业者作业期间情况，保证在有限空间外持续监护，能够与作业者进行有效的操作作业、报警、撤离等信息沟通；在紧急情况时向作业者发出撤离警告，必要时立即呼叫应急救援服务，并在有限空间外实施紧急救援工作；防止未经授权的人员进入。

(3)作业人员的职责：应接受有限空间作业安全生产培训；遵守有限空间作业安全操作规程，正确使用有限空间作业安全设施和个人防护用品；应与监护者进行有效的操作作业、报警、撤离等信息沟通。

(七)典型的有限空间安全相关事故案例

以北京某市政工程有限公司“6.1”事故作为案例进行简要介绍。

1. 事故经过

2005年6月1日晚，北京某市政工程有限公司第三项目部项目经理王某安排承德某劳务有限责任公司项目经理姚某，于当晚对小红门污水顶管工程30#污水井进行降水，次日白天进行打堵作业。当天21时左右，王某到现场口头将工作交代给承德某劳务有限责任公司项目部领工员季某后，便离开现场。当晚，领工员季某带领工人(共7名，其中5名为临时工)基本完成管线降水后，违反《北京市市政工程施工安全操作规程》，在没有采取检测及防护措施的情况下，安排民工赵某于当晚23时45分提前进行打堵作业。赵某下井后被毒气熏倒，井上作业人员黄某在未采取任何措施的情况下下井施救，也晕倒在井下，造成2人死亡。

2. 事故分析

疏通污水管道的打堵作业是高风险作业。污水管道长期堵塞，与外界隔绝，由于微生物作用，污水中散发出大量硫化氢、甲烷等有毒有害气体。打堵作业中，当打通堵头的瞬间，高浓度的有毒有害气体涌出，极易发生中毒事故，造成作业人员伤亡。

(1)直接原因：井下有毒有害气体超标，作业人员在未进行气体检测、未采取安全防护措施的情况下擅自违章作业，是导致事故发生的直接原因。

(2)间接原因：①承德某劳务有限责任公司未对作业人员进行安全教育培训，作业人员安全素质不高。6月1日晚，在30#井进行打堵作业的7名工人中，有5名工人为临时工，即未办理劳务用工手续，也未进行安全教育。②北京某市政工程有限责任公司项目部未及时对施工班组进行书面交底。项目经理王某未将作业情况向劳务公司进行书面交底，导致领工员季某在没有接到交底的情况下，擅自进行打堵作业。

3. 事故定性

这是一起有毒有害气体浓度超标，因作业人员未进行气体检测、未采取任何安全防护措施、擅自违章作业而造成的一般安全生产责任事故。

4. 应采取的安全措施

生产经营单位应建立有限空间作业审批制度并严格执行，严禁擅自进入有限空间作业。

生产经营单位在进行有限空间作业时，必须对作业人员进行培训及作业前的安全交底。

当作业场所可能存在有毒有害气体时，必须在测定氧气含量的同时测定有毒有害气体的含量，并根据测定结果采取相应的措施。作业场所的空气质量达到标准后方可作业。

作业时，作业人员必须配备并使用正压隔绝式空气呼吸器；作业现场设专人监护，发生危险时，及时进行科学施救。

四、带水作业的安全知识

(一)带水作业的危害

带水作业主要存在人员溺水和人员触电风险。溺水是由于人淹没于水中，呼吸道被水、污泥、杂草等杂质堵塞或喉头、气管发生反射性痉挛引起窒息和缺氧，也称为淹溺。淹没于水中以后，本能地出现反应性屏气，避免水进入呼吸道。由于缺氧，不能坚持屏气，被迫进行深吸气而极易使大量水进入呼吸道和肺泡，阻滞了气体交换，引起严重缺氧高碳酸血症(指血中二氧化碳浓度增加)和代谢性酸中毒。呼吸道内的水迅速经肺泡吸收到血液内。由于淹溺时水的成分不同，引起的病变也有所不同。淹溺还可引起反射性喉头、气管、支气管痉挛；水中污染物、杂草等堵塞呼吸道可发生窒息。

(二)溺水的救援知识

坠落溺水事故发生时，应遵守如下原则进行抢救：

1. 施救坠落溺水者上岸

营救人员向坠落溺水者抛投救生物品。

如坠落溺水者距离作业点、船舶不远，营救人员可向坠落溺水者抛投结实的绳索和递以硬性木条、竹竿将其拉起。

为排水性较好的人员携带救生物品(营救人员必须确认自身处在安全状态下)下水营救，营救时营救人员必须注意从溺水者背后靠近，抱住溺水者将其头部托出水面游至岸边。

2. 溺水者上岸后的应急处理

寻找医疗救护。求助于附近的医生、护士或打“120”电话，通知救护车尽快送医院治疗。

注意溺水者全身受伤情况，有无休克及其他颅脑、内脏等合并伤。急救时应根据伤情抓住主要矛盾，首先抢救生命，着重预防和治疗休克。

等待医护人员时，应对不能自主呼吸、出血或休克的伤者先进行急救，将溺水人员吸入的水空出后要及时进行人工呼吸，同时进行止血包扎等。

当怀疑有骨折时，不要轻易移动伤者。骨折部位可以用夹板或方便器材做临时包扎固定。

搬运伤员是一个非常重要的环节。如果搬运不当，可使伤情加重，方法视伤情而定。如伤员伤势不重，会采用扛、背、抱、扶的方法将伤员运走。如果伤员有大出血或休克等情况，一定要把伤员小心地放在担架上抬送。如果伤员有骨折情况，一定要用木板做的硬担架抬运。让其平卧，腰部垫上衣服垫，再用三四根皮带将其固定在木板做的硬担架上，以免在搬运中滚动或跌落。

3. 现场施救

在医务员的指挥下，工作人员将伤员搬运至安全地带并开展自救工作。及时联络医院，将伤员送往医院检查、救护。

五、带电作业的安全知识

低压是指电压在250V及以下的电压。低压带电作业是指在不停电的低压设备或低压线路上的工作。

对于一些可以不停电的工作，没有偶然触及带电部分的危险工作，或作业人员使用绝缘辅助安全用具直接接触带电体及在带电设备外壳上的工作，均可进行低压带电作业。虽然低压带电作业的对地电压不超过250V，但不能理解为此电压为安全电压，实际上交流220V电源的触电对人身的危害是严重的，特别是，低压带电作业使用很普遍，为防止低压带电作业对人身的触电伤害，作业人员应严格遵守低压带电作业有关规定和注意事项。

(一)低压设备带电作业安全规定

在低压设备上带电作业，应遵守下列规定：

(1)在带电的低压设备上工作，应使用有绝缘柄的工具，工作时应站在干燥的绝缘垫、绝缘站台或其他绝缘物上进行，严禁使用锉刀、金属尺和带有金属物的毛刷、毛掸等工具。使用有绝缘柄的工具，可以防止人体直接接触带电体；站在绝缘垫上工作，人体即使触及带电体，也不会造成触电伤害。低压带电作业时，使用金属工具可能引起相间短路或对地短路事故。

（2）在带电的低压设备上工作时，作业人员应穿长袖工作服，并戴手套和安全帽。戴手套可以防止作业时手触及带电体；戴安全帽可以防止作业过程中头部同时触及带电体及接地的金属盘架，造成头部接近短路或头部碰伤；穿长袖工作服可防止手臂同时触及带电和接地体引起短路和烧伤事故。

（3）在带电的低压盘上工作时，应采取防止相间短路和单相接地短路的绝缘隔离措施。在带电的低压盘上工作时，为防止人体或作业工具同时触及两相带电体或一相带电体与接地体，在作业前，将相与相间或相与地（盘构架）间用绝缘板隔离，以免作业过程中引起短路事故。

（4）严禁雷、雨、雪天气及六级以上大风天气在户外带电作业，也不应在雷电天气进行室内带电作业。雷电天气，系统容易引起雷电过电压，危及作业人员的安全，不应进行室内外带电作业；雨雪天气，气候潮湿，不宜带电作业。

（5）在潮湿和潮气过大的室内，禁止带电作业；工作位置过于狭窄时，禁止带电作业。

（6）低压带电作业时，必须有专人监护。带电作业时由于作业场地、空间狭小，带电体之间、带电体与地之间绝缘距离小，或由于作业时的错误动作，均可能引起触电事故，因此，带电作业时，必须有专人监护；监护人应始终在工作现场，并对作业人员进行认真监护，随时纠正不正确的动作。

（二）低压线路带电作业安全规定

在400V三相四线制的线路上带电作业时，应遵守下列规定：

（1）上杆前应先分清火线、地线，选好工作位置。在登杆前，应在地面上先分清火线、地线，只有这样才能选好杆上的作业位置和角度。在地面辨别火、地线时，一般根据一些标志和排列方向、照明设备接线等进行辨认。初步确定火线、地线后，可在登杆后用验电器或低压试电笔进行测试，必要时可用电压表进行测量。

（2）断开低压线路导线时，应先断开火线，后断开地线。搭接导线时，顺序应相反。三相四线制低压线路在正常情况下接有动力、照明及家电负荷。当带电断开低压线路时，如果先断开零线，则因各相负荷不平衡使该电源系统中性点会出现较大偏移电压，造成零线带电，断开时会产生电弧，因此，断开四根线均会带电断开。故应先断火线，后断地线，接通时，先接零线，后接火线。

（3）人体不得同时接触两根线头。带电作业时，若人体同时接触两根线头，则人体串入电路造成人体触电伤害。

（4）高低压同杆架设，在低压带电线路上工作时，作业人员与高压带电体的距离不小于表2-15的规定。还应采取以下措施：防止误碰、误接近高压导线的措施；登杆后在低压线路上工作，防止低压接地短路及混线的作业措施；在低压带电导线未采取绝缘措施时（裸导线），工作人员不得穿越；严禁雷、雨、雪天气及六级以上大风天气在户外低压线路上带电作业；低压线路带电作业，必须设专人监护，必要时设杆上专人监护。

表2-15　作业人员与高压带电体的距离

电压等级/kV	距离/m	电压等级/kV	距离/m
10	0.35	200	3
35	0.6	330	4
60~110	1.5	500	5

（三）低压带电作业注意事项

带电作业人员必须经过培训并考试合格，工作时不少于2人。

严禁穿背心、短裤、穿拖鞋带电作业。

带电作业使用的工具应合格，绝缘工具应试验合格。低压带电作业时，人体对地必须保持可靠的绝缘。

在低压配电盘上工作，必须装设防止短路事故发生的隔离措施。

只能在作业人员的一侧带电，若其他还有带电部分而又无法采取安全措施者，则必须将其他侧电源切断。

带电作业时，若已接触一相火线，要特别注意不要再接触其他火线或地线（或接地部分）。带电作业时间不宜过长。

六、占道作业的安全知识

（一）占道作业危害的特点

占道作业是指占用道路开展排水设施检查、养护、维修等作业活动，因此常见事故类型为车辆伤害。占道作业危害的特点主要有：

（1）作业区域相对开放，流动性强，临时防护简易，社会车辆、人员等外部因素给作业区域施工安全带来一定影响。

（2）夜间作业环境照明不足、雨雪天气道路湿滑等不良环境因素可能导致生产安全事故。

(3)作业区域交通安全防护设施码放不规范易导致安全事故。

(4)社会车辆驾驶员参与交通活动的精神状态(酒后驾驶、疲劳驾驶等)不佳易导致交通安全事故。

(二)占道作业交通安全设施

占道作业交通安全设施主要包括：道路交通标志、锥形交通路标、路栏、水马、施工区挡板、消能桶、闪光箭头板、夜间照明灯及施工警示灯等。

1. 道路交通标志

道路交通标志分为作业区标志、警告标志、禁令标志、指示标志、可变信息标志。

作业区标志用以通告道路交通阻断、绕行等情况，设在作业区前适当位置；警告标志起到对车辆、行人提出警示警告的作用；禁令标志用以对车辆、行人起限制作用；指示标志用以对车辆、行人的行为提出指示；可变信息标志用以显示作业区及其附近道路的基本信息。主要道路交通标志见表 2-16。

表 2-16 典型道路交通标志一览表

交通标志类型	标志图案
作业区标志	 右道封闭　道路施工 车辆慢行
警告标志	 右侧变窄　左侧变窄
禁令标志	 40
指示标志	
可变信息标志	 标志

2. 其他交通安全设施

(1)锥形交通路标：锥形交通路标也可简称“锥筒”，属于交通隔离防护装置的一种。设置在作业现场周围，自作业区前某距离处沿斜线放置至作业区侧面，侧面距离作业现场 1~3m，渐变段锥筒最大间距不超过 2m，非渐变段锥筒最大间距随限速由低到高可取 2~10m，作业现场后方沿 45°角放置。

(2)路栏：用以阻挡车辆及行人前进或指示改道，设于因作业被阻断路段的两端或周围，侧面距离作业现场 0.5~1.5m。

(3)水马：于分割路面或形成阻挡的塑制壳体障碍物，通常是上小下大的结构，上方有孔以注水增重。

(4)施工区挡板：设置高度不应低于 1.8m，距离交叉路口 20m 范围内的设置高度应降为 0.8~1.0m，其上部应采用通透式围挡搭设至原设置高度。

(5)消能桶：色彩鲜明，能引起司机注意危险，并起到引导司机视线的良好作用，保证行车安全。对碰撞车辆有很好地吸收能量、衰减缓冲的作用，以减轻交通事故中车辆的损坏和事故损失。

(6)闪光箭头板：可安装于支撑架或车辆上，一般设置于上游过渡区或缓冲区的前端，起到警示和引导车辆改道的作用。

(7)夜间照明灯：夜间进行的道路施工设置的照明设施。对于施工操作所需的照明，在满足作业需求的前提下，应避免造成驾驶员眩目。

(8)施工警示灯：在夜间或能见度低时，所有障碍物或道路施工应采用规定的道路危险警告灯标示，使道路使用者明确工程区的范围。道路作业警示灯设置在作业区周围的锥形交通路标处，应能反映作业区的轮廓。常见交通安全防护设施样式见附表 2-17。

表 2-17 常见交通安全防护设施样式表

名称	实物样式
锥筒	
路栏	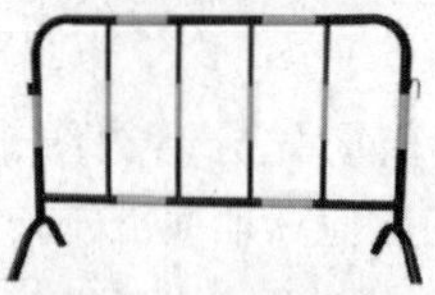
水马	
施工区挡板	
消能桶	

（续）

名称	实物样式
闪光箭头板	
夜间照明灯	
施工警示灯	

(三) 占道作业分类

占道作业按施工方式分为全天作业、限时作业、移动作业 3 种类型。

(1) 全天作业：作业区的位置和布置自始至终均不发生变化的占道作业。如排水管道新建、改建、扩建工程；更新改造工程、工程抢险等。

(2) 限时作业：作业区的位置不变但其布置仅在限定时间内呈现的占道作业。例如排水管道检查、清淤、井盖维护等。

(3) 移动作业：作业区的位置和布置随工程操作的进行发生间歇性或连续性移动的占道作业。例如雨水口清掏、设施巡查等。

第二节　操作规程

一、安全管理制度

巡查检测工作流动性较大，经常地上地下作业交织在一起，交通安全及地下有限空间作业情况复杂多样，危险有害因素种类繁多，如不按照安全管理作业流程作业会造成一定的人身伤亡事故。

(一) 路上作业交通安全

当在交通流量大的地区进行维护作业时，应有专人维护现场交通秩序，协调车辆安全通行。临时占路维护作业时，应在维护作业区域迎车方向前放置防护栏。一般道路，防护栏距维护作业区域应大于 5m，且两侧应设置路锥，路锥之间用连接链或警示带连接，间距不应大于 5m。

在快速路上，宜采用机械维护作业方法；作业时，除应按上述规定设置防护栏外，还应在作业现场迎车方向不小于 100m 处设置安全警示标志，如图 2-24。当维护作业现场井盖开启后，必须有人在现场监护或在井盖周围设置明显的防护栏及警示标志。污泥盛器和运输车辆在道路停放时，应设置安全标志，夜间应设置警示灯，疏通作业完毕清理现场后，应及时撤离现场。除工作车辆与人员外，应采取措施防止其他车辆、行人进入作业区域。

图 2-24　安全警示标志的放置

在进行路面作业时，维护作业人员应穿戴有反光标志的安全警示服并正确佩戴和使用劳动防护用品；未按规定穿戴安全警示服及佩戴和使用劳动防护用品的人员，不得上岗作业。维护作业人员在作业中有权拒绝违章指挥，当发现安全隐患应立即停止作业并向上级报告。维护作业中所使用的设备和用品必须符合国家现行有关标准，并应具有相应的质量合格证书。维护作业区域应采取设置安全警示标志等防护措施；夜间作业时，应在作业区域周边明显处设置警示灯；作业完毕，应及时清除障碍物。作业现场严禁吸烟，未经许可严禁动用明火。

(二) 井下有限空间作业安全

维护作业必须按规定办理审批手续并按要求填写安全技术交底，维护作业中使用的设备、安全防护用品必须按有关规定定期进行检验和检测，并应建档管理，呼吸器的用法如图 2-25。

开启与关闭井盖应使用专用工具，严禁直接用手操作。井盖开启后应在迎车方向顺行放置稳固，井盖上严禁站人。

开启压力井盖时，应采取相应的防爆措施。

当维护作业人员进入排水管道内部检查、维护作业时，必须同时符合下列各项要求：管径不得小于 0.8m；管内流速不得大于 0.5m/s；水深不得大于

图 2-25　呼吸器的用法步骤

0. 5m；充满度不得大于 50%。

二、安全操作规程

巡查过程中涉及有限空间作业、用电操作和机械设备操作。在此期间，对可能含有有毒有害气体或可燃性气体的深井、管道、构筑物等设施、设备进行维护、维修操作前，必须在现场对有毒有害气体进行检测，不得在超标的环境下操作，所有参与操作的人员应佩戴防护装置，直接操作者应在可靠的监护下进行，并应符合国家现行标准《排水管道维护安全技术规程》的规定，在易燃易爆、有毒有害气体、异味、粉尘和环境潮湿的场所，应进行强制通风，确保安全。

(一)有限空间作业安全操作一般规程

在操作有限空间作业前，必须申报有限空间作业审批表，并做到“先通风、再检测、后作业”，作业流程图如图 2-26。严禁未通风、检测不合格等情况实施作业。

1. 作业前

1)辨　识

是否存在可燃气体、液体或可燃固体的粉尘，避免造成火灾爆炸。

是否存在有毒、有害气体，避免造成人员中毒。

是否存在缺氧，避免造成人员窒息。

是否存在液体较高或潜在升高情况，避免造成人员淹溺。

是否存在固体坍塌，避免引起人员的掩埋或窒息危险。

是否存在触电、机械伤害等危险。

查清管径、井深、水深、上下游是否存在其他危害。

2)封　闭

作业前，应封闭作业区域并在出入口周边显著位置设置安全标志和警示标志(图 2-27、图 2-28)。

3)隔　离

隔离采取加装盲板、封堵、导流等隔离措施，阻断有毒有害气体、蒸汽、水、尘埃或泥沙等威胁作业安全的物质涌入有限空间的通路，确保符合有限空间隔离要求，见表 2-18。

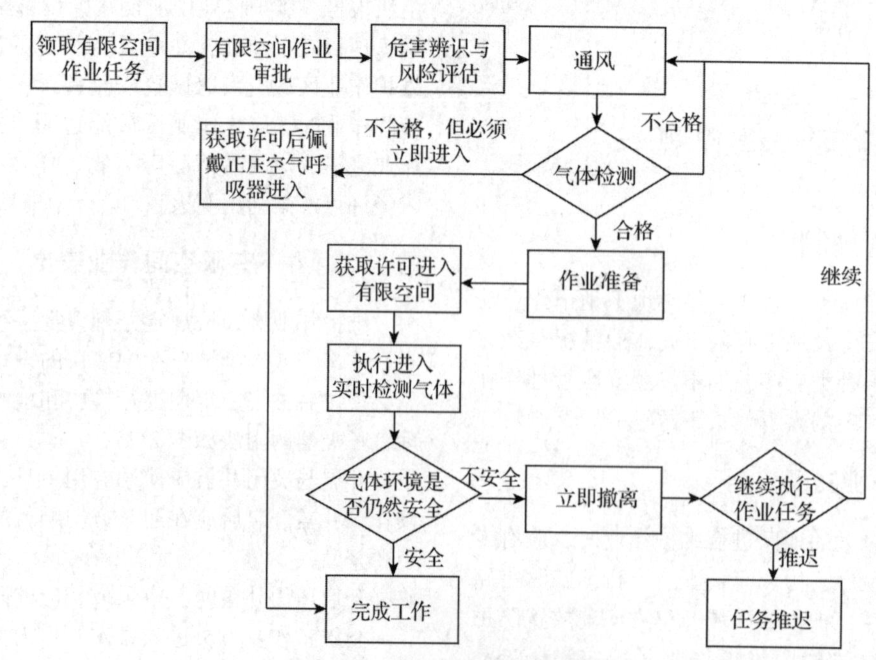

图 2-26　有限空间作业流程图

图 2-27　设置安全标志与警示标志

图 2-28　有限空间作业安全告知牌式样

表 2-18　有限空间隔离要求

部位	要求
孔径	≥0.8m
流速	≤0.5m/s
水深	≤0.5m
充满度	≤50%

4）通　风

进入有限空间作业必须首先采取通风措施，保持空气流通（图 2-29），严禁用纯氧进行通风换气。

采用机械强制通风或自然通风。机械通风应按管道内平均风速不小于 0.8m/s 选择通风设备；自然通风时间应不少于 30min。

在确定有限空间范围后，首先打开有限空间的门、窗、通风口、出入口、人孔、盖板等进行自然通风。处于低洼处或密闭环境的有限空间，仅靠自然通风很难置换掉有毒有害气体，还必须进行强制通风以迅速排除限定范围有限空间内的有毒有害气体。

图 2-29　有限空间通风操作

在使用风机强制通风时，必须确认有限空间是否处于易燃易爆环境中，若检测结果显示处于易燃易爆环境中，必须使用防爆型排风机，防止发生火灾爆炸事故。

通风时通风量应足够，保证能置换稀释作业过程中释放出来的有害物质，必须能够满足人员安全呼吸的要求。

对于有限空间通风时不易置换的死角，应采取有效措施。例如：

（1）有限空间只有一个出入口，风机放在洞口往里吹，效果不好，可接一段通风软管，直接放在有限空间底部进行通风换气。

（2）对有两个或两个以上出入口的有限空间进行通风换气时，气流很容易在出入口之间循环，形成一些空气不流通的死角。此时应设置挡板或改变吹风方向，使空气得到置换。

（3）对于不同密度的气体应采取不同的通风方式。有毒有害气体密度比空气大的（如硫化氢），通风时应选择中下部；有毒有害气体密度比空气小的（如甲烷、一氧化碳），通风时应选择中上部。

5）检　测

进入有限空间作业前（不得超过 30min），必须根据实际情况先检测氧气、有害气体、可燃性气体、粉尘的浓度符合安全要求后方可进入，未经检测，严禁作业人员进入有限空间。

氧气、有毒有害气体、可燃性气体、粉尘浓度必须符合《工作场所有害因素职业接触限值　第 1 部分：化学因素》（GBZ 2.1—2019）中相关要求，方可作业，见表 2-19。

表 2-19 排水管网作业准许进入有限空间作业环境气体条件

气体名称	最高容许浓度 /(mg/m³)	时间加权平均容许 /(mg/m³)	短时间接触容许浓度 /(mg/m³)	临界不良健康效应
氨	—	20	30	眼和上呼吸道刺激
硫化氢	10	—	—	神经毒性；强烈黏膜刺激
一氧化碳（非高原）	—	20	30	碳氧血红蛋白血症

检测时要做好记录，包括：检测时间、地点、气体种类、气体浓度等。

检测人员应在危险环境以外进行检测，可通过采样泵和导管将危险气体样品引到检测仪器。

初次进入危险环境进行检测时，需配备隔离式呼吸防护设备。

作业过程中应进行持续或定时检测。

2. 作业中

所有人员应遵守有限空间作业的职责和安全操作规程，正确使用有限空间作业安全装备和个人防护用品。

作业过程中应加强通风换气，在氧气、有害气体、可燃性气体、粉尘的浓度可能发生变化时，应保持必要的检测次数和连续检测。

作业时所用的一切电气设备，必须符合有关用电安全技术规程的要求。照明和手持电动工具应使用安全电压。

存在可燃气体的有限空间内，严禁使用明火和非防爆设备。

作业难度大、劳动强度大、时间长的有限空间作业应采取轮换人员作业。当作业人员意识到身体出现异常症状时应立即向监护者报告或自行撤离，不得强行作业。

作业现场必须设置监护人员，配备应急装备。

3. 作业后

有限空间作业结束后，应清点人数，清理现场封闭措施，撤离现场。

4. 事故应急救援

1）事前征兆

作业人员工作期间，出现精神状态不好、眼睛灼热、流鼻涕、呛咳、胸闷、头晕、头痛、恶心、耳鸣、视力模糊、气短、呼吸急促、四肢软弱乏力、意识模糊、嘴唇变紫等症状，作业人员应及时与监护人员沟通，尽快撤离。

2）处置措施

密闭空间中毒窒息事件发生后，监护人员应立即向相关人员汇报。

协助者应想办法通过三脚架、提升机、救命索把作业者从密闭空间中救出，协助者不可进入密闭空间，只有配备确保安全的救生设备且接受过培训的救援人员，才能进入密闭空间施救。

将人员救离受害地点至地面以上或通风良好的地点，等待医务人员或在医务人员未到场的情况下，进行紧急救助。

5. 有限空间作业安全防护

有限空间作业必须配备个人防中毒、窒息等防护装备，设置安全警示标志，严禁无防护监护措施作业。现场要备足救生用的安全带、防毒面具、空气呼吸器等防护救生器材，并确保器材处于有效状态。安全防护装备包括：通风设备、照明设备、通信设备、应急救援设备和个人防护用品。

（1）呼吸防护用具：防毒面具、长管呼吸器、正压式空气呼吸器、紧急逃生呼吸器等，如图 2-30 所示。

（a）压缩空气呼吸器

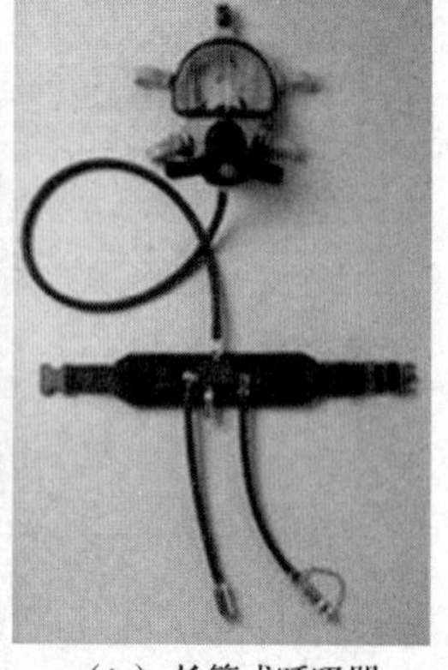

（b）长管式呼吸器

图 2-30 呼吸防护用具

（2）防坠落用具：安全带、安全绳、自锁器、三脚架等，如图 2-31 所示。

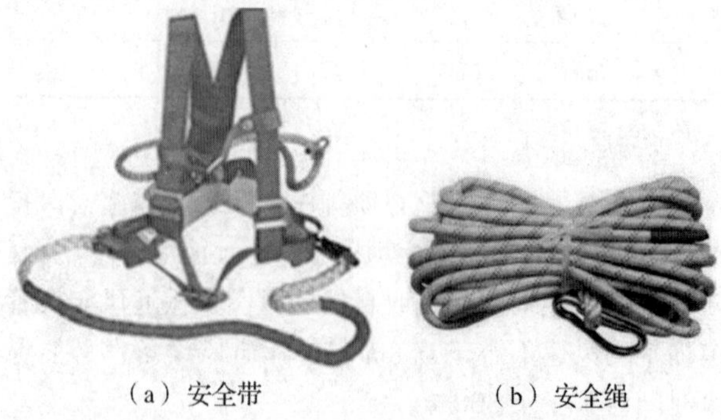

（a）安全带 （b）安全绳

图 2-31 防坠落用具

（3）安全器具：通风设备、照明设备、通信设备、安全梯等，如图 2-32 所示。

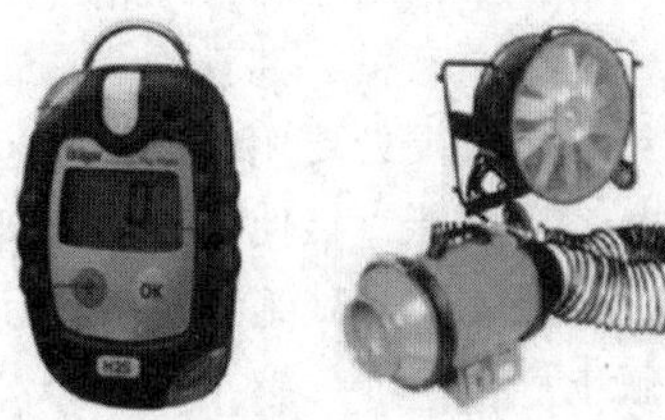

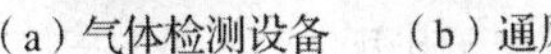

（a）气体检测设备　（b）通风设备　（c）照明设备

图 2-32　安全器具

(4)其他防护用品：安全帽、防护服、防护眼镜、防护手套、防护鞋等，如图 2-33 所示。

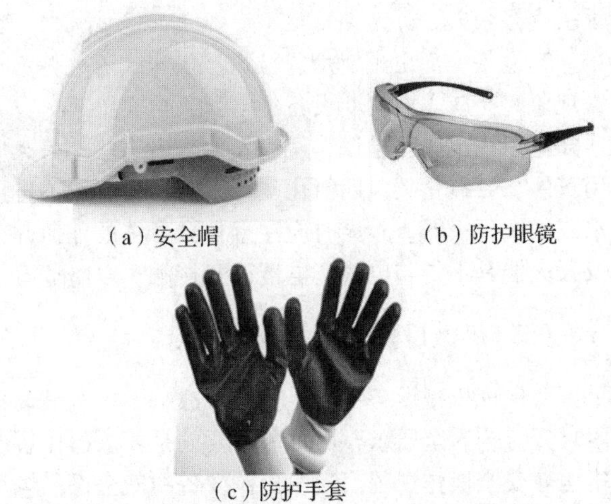

（a）安全帽　（b）防护眼镜

（c）防护手套

图 2-33　安全帽、防护眼镜、防护手套

(5)应急救援设备：正压式呼吸器、三脚架、绞盘、救生索、安全带等。

(二)用电安全操作规程

排水管网作业过程中，电气设备的一般安全操作规程如下：

1. 作业人员安全操作规程

操作人员应必须经过专门训练，熟悉了解设备的性能，操作要领及注意事项，考核合格后，方准进行工作。

严禁穿拖鞋、高跟鞋或赤脚上班，严禁酒后工作，进入操作现场人员必须按规定穿戴好防护用品和必要的安全防护用具。

全体人员必须严格遵守岗位责任制和交接班制度，并熟知本职工种的安全技术操作规程，在生产中应坚守岗位。

未经负责人许可，不得任意将自己的工作交给别人，更不能随意操作别人的电气设备。

人体出汗或手脚潮湿时，不要触摸灯头、开关、插头、插座和用电器具。

熟悉工作区域主空气断路器(俗称总闸)的位置，一旦发生火灾触电或其他电气事故时，应第一时间切断电源，避免造成更大的财产损失和人身伤亡。

注意电气安全距离，不进入已标识电气危险标志的场所。发生电气设备故障时，不要自行拆卸，要找持有电工操作证的电工维修。

在池上检修设备时，穿救生衣、佩戴安全带，必须有人现场监护。

公共用电设备或高压线路出现故障时，要请电力部门处理。不乱动、乱摸电气设备，不用手或导电物如铁丝、钉子、别针等金属制品去接触、试探电源插座内部。

（a）配电箱插座损坏　（b）电线损坏

图 2-34　电气设备损坏

电器使用完毕后应拔掉电源插头，插拔电源插头时不要用力拉拽电线，以防止电线的绝缘层受损造成触电。

使用中经常接触的配电箱、配电盘、闸刀、按钮、插座、导线等要完好无损，不得有破损或将带电部分裸露，有露头、破头的电线、电缆杜绝使用，如图 2-34 所示。

移动所有的电气设备不论固定设备还是移动设备时，必须先切断电源再移动。导线要收拾好，不得在地面上拖来拖去，以免磨损。电缆及 PVC 线被物体压住时，不要硬拉，防止将导线拉断。

各种型号的电气设备在安装完保险丝后，必须经专业电工的检查合格后方可开机使用。

打扫卫生、擦拭设备时，严禁用水冲洗或用湿布去擦拭电气设备，以防发生短路和触电事故。

2. 电气设备维修保养安全操作规程

所有电气设备不要随便乱动，自己使用的设备、工具，如果电气部分出了故障，应请电工修理。不得擅自修理，更不得带故障运行。

在对电气设备进行保养和维修时，必须严格执行停电、送电和验电制度，在总闸断开停电后(观察刀闸与主线路是否分离)，必须用验电表再测试是否有电。

图 2-35 禁止合闸标志牌

在保养和维修时，必须有双人合作，一人要守在配电柜刀闸处看管以防别人误合闸，或在总闸手柄上悬挂禁止合闸的标识牌，如图 2-35 所示，无论保养或维修设备一律不准带电作业，还应确保有可靠的安全保护措施。

所有的用电设备配相应的电线、电路和开关，要求“一机一闸一保护”，所连用电设备禁止超负荷运行。

设备中的保险丝或线路当中的保险丝损坏后千万不要用铜线、铝线、铁线代替，空气开关损坏后应立即更换，保险丝和空气开关的大小一定要与用电容量相匹配，否则容易造成触电或电气火灾。

各种机电设备上的信号装置、防护装置、保险装置应经常检查其灵敏性，保持齐全有效，不准任意拆除或挪用配套的设备。

在一些安装、检修现场为了工作方便，往往需要用一些随时移动的照明用灯，此类灯具为行灯，其根据工作需要随时移动，工作人员也经常接触，行灯电压不得超过 36V，如锅炉、金属容器内，潮湿的地沟处等潮湿地方，金属容器内部行灯电压不得超过 12V。

3. 临时用电安全操作规程

一般禁止使用临时线。必须使用时，应经过相关管理部门批准。针对临时用电，必须注意以下事项：

一定要按临时用电要求安装线路，严禁私接乱拉，先把设备端的线接好后才能接电源，还应按规定时间拆除。

临时线路不得有裸露线，电气和电源相接处应设开关、插座，露天的开关应装在箱匣内保持牢固，防止漏电，临时线路必须保证绝缘性良好，使用负荷正确。

采用悬架或沿墙架设时，房内不得低于 2.5m，房外不得低于 4.5m，确保电线下的行人、行车、用电设备安全。

严禁在易燃、易爆、刺割、腐蚀、碾压等场地铺设临时线路。临时线一般不得任意拖地，如果确实需要必须加装可靠的套管，防止移动造成磨损而损坏电线。

移动式临时线必须采用有保护芯线的橡胶套绝缘软线，长度一般不超过 10m，单相用三芯，三相用四芯。临时线装置必须有一个漏电开关，并且均需安装熔断器。电缆或电线的绝缘层破损处要用电工胶布包好，不能用其他胶布代替，更不能直接使用破损处接触其他东西会发生触电，禁止使用多处绝缘层破损和残旧老化的电线，以防触电。

不要把电线直接插入插座内用电，一定要接好插头，牢固地插入插座内。

4. 应急处置一般操作规程

发现有人触电时要设法及时关掉电源；或者用干燥的木棍等物品将触电者与带电的电器分开，不要用手去直接救人。

当设备内部出现冒烟、拉弧、焦味或着火等不正常现象时，应立即切断设备的电源，再实施灭火，并通知电工人员进行检修，避免发生触电事故。灭火应用黄沙、二氧化碳、四氯化碳等灭火器材，切不可用水或泡沫灭火器。救火时应注意自己身体的任何部分及灭火器具不得与电线、电器设备接触，以防危险。

(三) 机械设备安全操作规程

要保证机械设备不发生安全事故，不仅机械设备本身要符合安全要求，而且更重要的是要求操作者严格遵守安全操作规程。当然机械设备的安全操作规程因其种类不同而内容各异，但其基本安全要求如下：

(1) 必须正确穿戴好个人防护用品。该穿戴的必须穿戴；不该穿戴的就一定不要穿戴。例如机械加工时要求女工戴发套，如果不戴就可能将头发绞进去，同时要求不得戴手套，如果戴了，机械的旋转部分就可能将手套绞进去，将手绞伤。

(2) 操作前要对机械设备进行安全检查，而且要空车运转一下，确认正常后，方可投入运行。

(3) 机械设备在运行中也要按规定进行安全检查，特别是对紧固的物件看看是否由于振动而松动，以便重新紧固。

(4) 机械设备严禁带故障运行，千万不能凑合使用，以防发生事故。

(5) 机械设备的安全装置必须按规定正确使用，不准将其拆掉不使用。

(6) 机械设备使用的刀具、工器具以及加工件等一定要装卡牢固，不得松动。

(7) 机械设备在运转时，严禁用手调整；也不得用手测量零件，或进行润滑、清扫杂物等。在必须进行时，则应首先关停机械设备。

(8) 机械设备运转时，操作者不得离开工作岗位，以防发生问题时，无人处置。

(9)工作结束后，应关闭开关，把刀具和工件从工作位里退出，并清理好工作场地，将零部件、工具等摆放整齐，打扫好机械设备的卫生。

三、应急救援预案

(一)安全生产应急预案的基本知识

1. 应急管理的相关概念

(1)突发事件：《中华人民共和国突发事件应对法》将"突发事件"定义为突然发生，造成或者可能造成严重社会危害，需要采取应急处置措施予以应对的自然灾害、事故灾难、公共卫生事件和社会安全事件。

按照社会危害程度、影响范围等因素，自然灾害、事故灾难、公共卫生事件分为特别重大、重大、较大和一般四级。

(2)应急管理：为了迅速、有效地应对可能发生的事故灾难，控制或降低其可能造成的后果和影响，而进行的一系列有计划、有组织的管理，包括预防、准备、响应和恢复四个阶段。

(3)应急准备：针对可能发生的事故灾难，为迅速、有效地开展应急行动而预先进行的组织准备和应急保障。

(4)应急响应：事故灾难预警期或事故灾难发生后，为最大限度地降低事故灾难的影响，有关组织或人员采取的应急行动。

(5)应急预案：针对可能发生的事故灾难，为最大限度地控制或降低其可能造成的后果和影响，预先制定的明确救援责任、行动和程序的方案。

(6)应急救援：在应急响应过程中，为消除、减少事故危害，防止事故扩大或恶化，最大限度地降低其可能造成的影响而采取的救援措施或行动。

(7)应急保障：应急保障是指为保障应急处置的顺利进行而采取的各项保证措施，一般按功能分为人力保障、财力保障、物资保障、交通运输保障、医疗卫生保障、治安维护保障、人员防护保障、通信与信息保障、公共设施保障、社会沟通保障、技术支撑保障，以及其他保障。

2. 应急管理的意义

事故灾难是突发事件的重要方面，安全生产应急管理是安全生产工作的重要组成部分。全面做好安全生产应急管理工作，提高事故防范和应急处置能力，尽可能避免和减少事故造成的伤亡和损失，是坚持"以人为本"，贯彻落实科学发展观的必然要求，也是维护广大人民群众的根本利益、构建和谐社会的具体体现。

3. 应急预案的分类

(1)综合应急预案：综合应急预案是生产经营单位应急预案体系的总纲，主要从总体上阐述事故的应急工作原则，包括生产经营单位的应急组织机构及职责、应急预案体系、事故风险描述、预警及信息报告、应急响应、保障措施、应急预案管理等内容。

(2)专项应急预案：专项应急预案是生产经营单位为应对某一类型或某几种类型事故，或者针对重要生产设施、重大危险源、重大活动等内容而定制的应急预案。专项应急预案主要包括事故风险分析、应急指挥机构及职责、处置程序和措施等内容。

(3)现场处置方案：现场处置方案是生产经营单位根据不同事故类型，针对具体的场所、装置或设施所制定的应急处置措施，主要包括事故风险分析、应急工作职责、应急处置和注意事项等内容。

(二)应急预案的基本要素

应急预案是针对各级可能发生的事故和所有危险源制定的应急方案，必须考虑事前、事发、事中、事后的各个过程中相关部门和有关人员的职责，物资与装备的储备或配置等各方面需要。一个完善的应急预案按相应的过程可分为六个一级关键要素，包括：方针与原则、应急策划、应急准备、应急响应、现场恢复、预案管理与评审改进。其中，应急策划、应急准备和应急响应三个一级关键要素可进一步划分成若干二级小的要素，所有这些要素即构成了应急预案的核心要素。

1. 方针与原则

反映应急救援工作的优先方向、政策、范围和总体目标(如保护人员安全优先，防止和控制事故蔓延优先，保护环境优先)，体现预防为主、常备不懈、统一指挥、高效协调以及持续改进的思想。

2. 应急策划

应急策划就是依法编制应急预案，满足应急预案的针对性、科学性、实用性与可操作性的要求。主要任务如下：

(1)危险分析：目的是为应急准备、应急响应和减灾措施提供决策和指导依据，包括危险识别、脆弱性分析和风险分析。

(2)资源分析：针对危险分析所确定的主要危险，列出可用的应急力量和资源。

(3)法律法规要求：列出国家、省、地方涉及应急各部门职责要求以及应急预案、应急准备和应急救援有关的法律法规文件，作为预案编制和应急救援的依据和授权。

3. 应急准备

应急准备是根据应急策划的结果，主要针对可能发生的应急事件，做好各项准备工作，具体包括：组织机构与职责、应急队伍的建设、应急人员的培训、应急物资的储备、应急装备的配置、信息网络的建立、应急预案的演练、公众知识的培训、签订必要的互助协议等。

4. 应急响应

应急响应是在事故险情、事故发生状态下，在对事故情况进行分析评估的基础上，有关组织或人员按照应急救援预案所采取的应急救援行动。主要任务包括：接警与通知、指挥与控制、警报和紧急公告、通信、事态监测与评估、警戒与治安、人群疏散与安置、医疗与卫生、公共关系、应急人员安全、消防和抢险、泄漏物控制等。

5. 现场恢复(短期恢复)

现场恢复包括宣布应急结束的程序；撤点、撤离和交接程序；恢复正常状态的程序；现场清理和受影响区域的连续检测；事故调查与后果评价等。目的是控制此时仍存在的潜在危险，将现场恢复到一个基本稳定的状态，为长期恢复提供指导和建议。

6. 预案管理与评审改进

包括对预案的制定、修改、更新、批准和发布做出管理规定，并保证定期或在应急演习、应急救援后对应急预案进行评审，针对实际情况的变化以及预案中所暴露出的缺陷，不断地更新、完善和改进应急预案文件体系。

(三)应急处置的基本原则

国务院发布的《国家突发事件总体应急预案》中提出了应急处置的六个工作原则，具体如下：

1.“以人为本”，安全第一

以落实实践科学发展观为准绳，把保障人民群众生命财产安全，最大限度地预防和减少突发事件所造成的损失作为首要任务。

2. 统一领导，分级负责

在本单位领导统一组织下，发挥各职能部门作用，逐级落实安全生产责任，建立完善的突发事件应急管理机制。

3. 依靠科学，依法规范

科学技术是第一生产力，利用现代科学技术，发挥专业技术人员作用，依照行业安全生产法规，规范应急救援工作。

4. 预防为主，平战结合

认真贯彻安全第一、预防为主、综合治理的基本方针，坚持突发事件应急与预防工作相结合，重点做好预防、预测、预警、预报和常态下风险评估、应急准备、应急队伍建设、应急演练等项工作，确保应急预案的科学性、权威性、规范性和可操作性。

5. 快速反应，协同应对

加强以属地管理为主的应急处置队伍建设，建立联动协调制度，充分动员和发挥乡镇、社区、企事业单位、社会团体和志愿者队伍的作用，依靠公众力量，形成统一指挥、反应灵敏、功能齐全、协调有序、运转高效的应急管理机制。

6. 依靠科技，提高素质

加强公共安全科学研究和技术开发，采用先进的监测、预测、预警、预防和应急处置技术及设施，充分发挥专家队伍和专业人员的作用，提高应对突发公共事件的科技水平和指挥能力，避免发生次生、衍生事件；加强宣传和培训教育工作，提高公众自救、互救和应对各类突发公共事件的综合素质。

第三节 安全培训与安全交底

一、安全培训

(一)培训形式及要求

安全培训由生产经营单位组织实施，采用理论学习与实际操作相结合的形式开展。生产经营单位应当进行安全培训的从业人员包括主要负责人、安全生产管理人员、特种作业人员和其他从业人员。

派遣劳动者也须进行岗位安全操作规程和安全操作技能的教育和培训。单位接收中等职业学校、高等学校学生实习的，应当对实习学生进行相应的安全生产教育和培训，提供必要的劳动防护用品。

新入职的从业人员上岗前需接受不少于24学时的安全生产教育和培训；单位主要负责人、安全生产管理人员、从业人员每年还应接受不少于8学时的在岗安全生产教育和培训；若存在换岗或离岗6个月以上再次回到原岗位的，上岗前应接受不少于4学时的安全生产教育和培训；若单位采用了新工艺、新技术、新设备，则相关人员在使用这些新工艺、新技术、新设备前，应接受相应的安全知识教育培训，培训不少于4学时。

(二)培训内容

1. 单位主要负责人培训内容

生产经营单位主要负责人安全培训应包括以下内容：

(1)国家安全生产方针、政策和有关安全生产的法律、法规、规章及标准。

(2)安全生产管理基本知识、安全生产技术、安全生产专业知识。

(3)重大危险源管理、重大事故防范、应急管理和救援组织以及事故调查处理的有关规定。

(4)职业危害及其预防措施。

(5)国内外先进的安全生产管理经验。

(6)典型事故和应急救援案例分析。

(7)其他需要培训的内容。

2. 安全生产管理人员培训内容

生产经营单位安全生产管理人员安全培训应当包括以下内容：

(1)国家安全生产方针、政策和有关安全生产的法律、法规、规章及标准。

(2)安全生产管理、安全生产技术、职业卫生等知识。

(3)伤亡事故统计、报告及职业危害的调查处理方法。

(4)应急管理、应急预案编制以及应急处置的内容和要求。

(5)国内外先进的安全生产管理经验。

(6)典型事故和应急救援案例分析。

(7)其他需要培训的内容。

3. 特种作业人员培训内容

生产经营单位特种作业人员安全培训应当包括熟悉有关安全生产规章制度和安全操作规程，具备必要的安全生产知识，掌握本岗位的安全操作技能，了解事故应急处理措施，知悉自身在安全生产方面的权利和义务。除此之外，特种作业人员还必须按照国家有关法律、法规的规定接受专门的安全培训，经考核合格，取得相关特种作业操作资格证书后，方可上岗作业。

4. 其他从业人员培训内容

其他从业人员应接受的安全培训内容包括本岗位安全操作、自救互救以及应急处置所需的相关技能。从业人员需经过厂级、车间级、班组级三级安全培训教育。其中，厂级安全培训应包括以下内容：

(1)本单位安全生产情况及安全生产基本知识。

(2)本单位安全生产规章制度和劳动纪律。

(3)从业人员安全生产权利和义务。

(4)有关事故案例以及事故应急救援、事故应急预案演练及防范措施等内容。

车间级安全培训应包括以下内容：

(1)工作环境及危险因素。

(2)所从事工种可能遭受的职业伤害和伤亡事故。

(3)所从事工种的安全职责、操作技能及强制性标准。

(4)自救互救、急救方法、疏散和现场紧急情况的处理。

(5)安全设备设施、个人防护用品的使用和维护。

(6)本车间安全生产状况及规章制度。

(7)预防事故和职业危害的措施及应注意的安全事项。

(8)有关事故案例。

(9)其他需要培训的内容。

班组级安全培训应包括以下内容：

(1)岗位安全操作规程。

(2)岗位之间工作衔接配合的安全与职业卫生事项。

(3)有关事故案例。

(4)其他需要培训的内容。

(三)考核评价

生产经营单位应当坚持以考促学、以讲促学，确保从业人员熟练掌握岗位安全生产知识和技能。参加安全培训的人员在完成学习后必须参加相关的考试和考核，成绩合格方可上岗工作。

二、安全交底

(一)内　容

安全交底是指作业负责人在生产作业前对直接生产作业人员进行的该作业的安全操作规程和注意事项的培训，并通过书面文件方式予以确认。安全交底在作业前进行，交底时明确作业具体任务、作业程序、作业分工、作业中可能存在的危险因素及应采取的防护措施等内容。

(二)要　求

1. 交底原则

(1)根据指导性、可行性、针对性及可操作性原则，提出足够细化可执行的操作及控制要求。

(2)确保与工作相关的全部人员都接受交底，并形成相应记录。

(3)交底内容要始终与技术方案保持一致，同时满足质量验收规范与技术标准。

(4)使用标准化的专业技术用语、国际制计量单位以及统一的计量单位；确保语言通俗易懂，必要时辅助插图或模型等措施。

(5)交底记录妥善保存，作为班组内业资料的内容之一。

2. 交底形式

安全交底可包括以下几种形式：

(1)书面交底：以书面交底形式向作业人员交底，通过双方签字，责任到人，有据可查。这种是最常见的交底方式，效果较好。

(2)会议交底：通过会议向作业人员传达交底内容，经过多工种的讨论、协商对技术交底内容进行补充完善，从而提前规避技术问题。

(3)样板或模型交底：根据各项要求，制作相应的样板或模型，以加深一线作业人员对工作的理解。

(4)挂牌交底：适用于人员固定的分项工程。将相关安全技术要求写在标牌上，然后分类挂在相应的作业场所。

以上几种形式的安全交底均需形成交底材料，由交底人、被交底人和安全员三方签字后留存备案。

(三)注意事项

安全交底过程需注意以下内容：

(1)作业人员到场后，必须参加安全教育培训及考核，考核不合格者不得进场。同时必须服从班组的安全监督和管理。

(2)进场人员必须按要求正确穿着和佩戴个人防护用品，严禁酒后作业。

(3)所有作业人员必须熟知本工种的安全操作规程和安全生产制度，不得违章作业，并及时制止他人违章作业，对违章指挥，有权拒绝。

(4)安全员须持证上岗，无证者不得担任安全员一职，坚持每天做好安全记录，保证安全资料的连续、完整，以备检查。

(5)作业班组在接受生产任务时，安全员必须组织班组全体作业人员进行安全学习，进行安全交底，未进行此项工作的，班组有权拒绝接受作业任务，并提出意见。

(6)安全员每日上班前，必须针对当天的作业任务，召集作业人员，结合安全技术措施和作业环境、设施、设备安全状况及人员的素质、安全知识，有针对性地进行班前教育，并对作业环境、设施设备认真检查，发现安全隐患，立即解决，有重大隐患的，立即上报，严禁冒险作业。作业过程中应经常巡视检查，随时纠正违章行为，解决新的隐患。

(7)认真查看作业附近的施工洞口、临边安全防护和脚手架护身栏、挡脚板、立网、脚手板的放置等安全防护措施，是否验收合格，是否防护到位。确认安全后，方可作业，否则，应及时通知有关人员进行处理。

第四节　特种作业的审核和审批

特种作业是指对操作者本人、他人及周围建(构)筑物、设备、设施、环境的安全可能造成危害的作业活动。排水管网的危险作业主要包括：有限空间作业、动火作业、临时用电作业、高处作业、吊装作业及国家明确的其他危险作业。

危险作业实行“先审批、后作业；谁审批、谁负责；谁主管、谁负责；谁监护，谁负责”原则，建立“及时申报、措施到位，专业审批、重点控制，属地管理、分级负责”管理机制。

一、危险作业的职责分工

各单位安全管理部门是危险作业的安全监督管理部门，负责危险作业审核及措施落实情况的监督、检查。

各单位业务管理部门按照职责分工，对其管理业务范围内的危险作业进行条件审核并签署意见。

危险作业申请单位(部室、车间、班组或相关方)是危险作业的安全责任主体，负责制定作业方案并落实现场防护措施，负责作业现场安全教育、安全交底、安全监护等工作。

二、危险作业的基本要求

各单位应当对从事危险作业的作业负责人、监护人员、作业人员、应急救援人员进行专项安全培训，培训合格后方可上岗，特种作业人员及特种设备作业人员应持证上岗。

作业前，作业负责人应针对危险性较大的项目编制作业方案，此类项目包括如下：

(1)涉及一级动火作业的作业项目。

(2)涉及二级及以上高处作业的作业项目。

(3)涉及一级吊装作业的作业项目。

(4)同时涉及两种及以上危险作业的作业项目。

(5)其他危险性较大的作业项目。

作业前，作业负责人应办理作业审批手续，并由相关责任人签名确认，包括如下：

(1)危险作业应由作业负责人提出申请，经项目负责人确认，相关管理部门审核通过，单位领导批准后方可实施。

(2)同一作业涉及进入有限空间、动火、高处作业、临时用电、吊装中的两种或两种以上时，应同时办理相应的作业审批手续，执行相应的作业要求。

(3)同一危险作业可根据作业内容、危险有害因素等方面的相似性，实施某一阶段的批量作业审批，原则上时效不超过 72h（有特殊情况说明的从其规定）。过程中作业的人员、环境、设备、内容、安全要求等任一条件可能或已经发生变化时，应重新办理审批。

(4) 相关方开展危险作业时，属地单位要求执行本单位危险作业审批的，相关方应按属地单位要求执行，项目完成后，危险作业审批表由属地单位收回存档；属地单位未要求执行本单位危险作业审批的，相关方应按照其内部管理程序办理审批手续。

(5) 在执行应急抢修、抢险任务等紧急情况时，在确保现场具备安全作业条件下，作业负责人应电话征得单位领导同意后方可实施危险作业。

(6) 审批表不得涂改且应保存至少 1 年以上。

(7) 未经审批，任何人不得开展危险作业。

在履行审批手续前，作业负责人应对作业现场和作业过程中可能存在的危险、有害因素进行辨识与评估，制定相应的安全措施。

作业前，应对安全防护设备、个体防护装备、安全警戒设施、应急救援设备、作业设备和工具进行安全检查，发现问题应立即处理。

作业前，作业负责人应根据工作任务特点有针对性地向全体作业人员进行书面交底，内容包括作业任务、作业分工、作业程序、危险因素、防护措施及应急措施等，并由作业负责人和全体作业人员签字确认。

作业人员应遵守有关安全操作规程，并按规定着装及正确佩戴相应的个体防护用品，多工种、多层次交叉作业应统一协调。

三、有限空间作业安全管理

排水管网作业环境中的有限空间主要包括：各类地下管线检查井、排水管道、暗沟、初期雨水池、集水池、泵前池、雨水调蓄池、闸门井、电缆沟等。

在有限空间场所出入口显著位置应设置安全警示标志。

作业单位应配置气体检测、通风、照明、通信等安全防护设备，呼吸防护用品、安全帽、安全带等个体防护装备，安全警戒设施及应急救援设备。设备设施应符合相应产品的国家标准或行业标准要求。防护设备以及应急救援设备设施应妥善保管，定期进行检验、维护，以保证设备设施的正常运行。

有限空间作业过程应按照《有限空间作业安全技术规范》（DB11/T 852—2019）执行，每个作业点监护人员不少于两人。

不具备有限空间作业安全生产条件的单位，不应实施有限空间作业，应将作业项目发包给具备安全生产条件的承包单位，并签订有限空间作业安全生产管理协议，明确双方安全职责。

根据作业事故风险特点，制定有限空间作业安全生产事故专项应急救援预案或现场处置方案，并至少每年进行 1 次应急演练。

有限空间作业过程中发生事故后，现场有关人员禁止盲目施救。应急救援人员实施救援时，应当做好自身防护，佩戴隔绝式呼吸器具、救援器材。

四、动火作业安全管理

应结合本单位实际情况划定动火区及禁火区，动火区不需办理动火作业审批手续，禁火区必须办理动火作业审批手续。

禁火区动火作业分为一级动火、二级动火两个级别，具体如下：

(1) 一级动火作业是指在易燃易爆生产装置、输送管道、储罐、容器等部位及其他特殊危险场所进行的动火作业。如污泥消化罐区、沼气脱硫装置及气柜区、燃气锅炉房、甲醇及液氧等化学品罐区、热水解罐区、加油站、有限空间、档案室等重点防火部位。

(2) 二级动火作业是指在厂区重要部位进行的除一级动火作业以外的动火作业。如变配电室、中控室、物资库房、化验室、地下管廊、污水泵站格栅间等重要场所。

(3) 遇节日、假日或其他特殊情况，动火作业应升级管理。

作业前应进行动火分析，动火分析应符合以下要求：

(1) 动火分析的监测点应有代表性，在较大的设备设施内动火，应对上、中、下各部位进行监测分析；在较长的物料管线上动火，应在彻底隔绝区域内分段分析。

(2) 在设备外部动火，应在不小于动火点 10m 范围内进行动火分析。

(3) 动火分析与动火作业间隔一般不超过 30min，如现场条件不允许，间隔时间可适当放宽，但不应超过 60min。

(4) 作业中断时间超过 60min，应重新分析，每日动火前均应进行动火分析；作业期间应随时进行检测。

(5) 使用便携式可燃气体检测仪或其他类似手段进行分析时，检测设备应经标准气体用品标定合格。

动火作业应符合以下规定：

(1) 动火作业应有专人监火，作业前应清除动火现场及周围的易燃物品，或采取其他有效安全防火措施，并配备消防器材，满足作业现场应急需求。

(2)动火点周围或其下方的地面如有可燃物、孔洞、窨井、地沟、水封等，应检查分析并采取清理或封盖等措施；对于动火点周围有可能泄漏易燃、可燃物料的设备，应采取隔离措施。

(3)凡在盛有或盛装过危险化学品的容器、管道等生产、储存设施上动火作业，应将其与生产系统彻底隔离，并进行清洗、置换，分析合格后方可作业。

(4)拆除管线进行动火作业时，应先查明其内部介质及其走向，并根据所要拆除管线的情况制订安全防火措施。

(5)在有可燃物构件和使用可燃物做防腐内衬的设备内部进行动火作业时，应采取防火隔绝措施。

(6)在使用、储存氧气的设备上进行动火作业时，设备内含氧量不应超过21%。

(7)动火期间距动火点30m内不应排放可燃气体；距动火点15m内不应排放可燃液体；在动火点10m范围内及用火点下方不应同时进行可燃溶剂清洗或喷漆等作业。

(8)使用气焊、气割动火作业时，乙炔瓶和氧气瓶均应直立放置，两者间距不应小于5m，两者与作业地点间距均不应小于10m，并应设置防晒设施。

(9)作业完毕应清理现场，确认无残留火种后方可离开。

(10)严禁带料、带压动火。

(11)5级以上(含5级)大风天气，禁止露天动火作业。

五、临时用电安全管理

临时用电安全管理应符合以下规定：

(1)临时用电实行“三级配电、两级保护”原则，开关箱应符合一机、一箱、一闸、一漏。属地单位用电管理部门应校验电气设备，提供匹配的动力源，一次线必须由属地单位电工搭接，二次线由作业单位电工搭接。

(2)在开关上接引、拆除临时用电线路时，其上级开关应断电上锁并加挂安全警示标志。

(3)临时用电必须按电气安全技术要求进行，应由属地单位用电管理部门检查验收后方可通电使用。

(4)临时用电设施必须做到人走断电，同时将配电箱或操作盘锁好。

(5)临时用电作业单位不应擅自向其他单位转供电或增加用电负荷，以及变更用电地点和用途。

(6)临时线路一次线到期由属地单位电工负责拆除。

(7)临时线路使用期限一般不超过15天，特殊情况下需延长使用时应办理延期手续，但最长不能超过一个月。基建施工项目的临时线路使用期限可按施工期确定。

架设临时用电线路应符合以下规定：

(1)在爆炸和火灾危害的场所架设临时线路时，应对周围环境进行可燃气体检测分析。当被测气体或蒸汽的爆炸下限大于或等于4%时，其被测浓度应不大于0.5%(体积分数)；当被测气体或蒸汽的爆炸下限小于4%时，其被测浓度应不大于0.2%(体积分数)。同时应使用相应防爆等级的电源及电气元件，并采取相应的防爆安全措施。

(2)临时线路应有一总开关，每一分路临时用电设施应安装符合规范要求的漏电保护器，移动工具、手持式电动工具应逐个配置漏电保护器和电源开关。

(3)临时线路必须采用绝缘良好的导线，线型应与负荷匹配。

(4)临时线路必须沿墙或悬空架设，穿越道路铺设时应加设防护套管及安全标志；悬空架设时应加设限高标志，线路最大弧垂与地面距离，在作业现场不低于2.5m，穿越机动车道不低于5m。

(5)临时线路必须设置在地面上的部分，应采取可靠的保护措施，并设置安全警示标志。

(6)现场临时用电配电盘、箱应有电压标识和危险标识，应有防雨措施，盘、箱、门应能牢靠关闭并能上锁。

(7)临时线路与其他设备、门窗、水管保证一定的安全距离。

(8)临时线路不得沿树木捆绑。临时线路与支撑物间、线与线间应有良好绝缘。

(9)临时用电设备应有可靠的接地(零)。

六、高处作业安全管理

高处作业分为一级、二级、三级和特级高处作业。具体如下：

(1)作业高度在$2m \leqslant h<5m$时，称为一级高处作业。

(2)作业高度在$5m \leqslant h<15m$时，称为二级高处作业。

(3)作业高度在$15m \leqslant h<30m$时，称为三级高处作业。

(4)作业高度在$h \geqslant 30m$时，称为特级高处作业。

高处作业应符合以下规定：

(1)在进行高处作业时，作业人员必须系好安全带、戴好安全帽，作业现场必须设置安全护梯或安全网(强度合格)等防护设施。同时应设监护人对高处作业人员进行监护，监护人应坚守岗位。

(2)高处作业的人员应熟悉现场环境和施工安全要求，患有职业禁忌证和年老体弱、疲劳过度、视力缺陷及酒后者等人员不得进行高处作业。

(3)进行高处作业的人员原则上不应交叉作业，凡因工作需要，必须交叉作业时，要设安全网、防护棚等安全设施，划定防护安全范围，否则不得作业。

(4)铺设易折、易碎、薄型屋面建筑材料(石棉瓦、石膏板、薄木板等)时，应铺设牢固的脚手板并加以固定，脚手板上要有防滑措施。

(5)高处作业所用的工具、零件、材料等必须装入工具袋，上下时手中不得拿物件，且必须从指定的路线上下，禁止从上往下或从下往上抛扔工具、物体或杂物等，不得将易滚易滑的工具、材料堆放在脚手架上，工作完毕时应及时将各种工具、零部件等清理干净，防止坠落伤人，上下输送大型物件时，必须使用可靠的起吊设备。

(6)进行高处作业前，应检查脚手架、跳板等上面是否有水、泥、冰等，如果有，要采取有效的防滑措施，当结冰、积雪严重而无法清除时，应停止高处作业。

(7)在临近有排放有毒有害气体、粉尘的放空管线或烟囱的场所进行高处作业时，作业点的有毒物浓度应在允许浓度范围内，并采取有效的防护措施。发现有毒有害气体泄漏时，应立即停止工作，工作人员马上撤离现场。

(8)高处作业地点应与架空电线保持规定的安全距离，作业人员活动范围及其所携带的工具、材料等与带电导线的最短距离大于安全距离(电压不大于10kV，安全距离为1.7m；电压为35kV，安全距离为2m；电压等级65~110kV，安全距离为2.5m；电压为220kV，安全距离为4m；电压为330kV，安全距离为5m；电压为500kV，安全距离为6m)。

(9)高处作业所用的脚手架，必须符合《建筑安装工程安全技术规程》的规定。

(10)高处作业所用的便携式木梯和便携式金属梯时，梯脚底部应坚实，不得垫高使用。踏板不得有缺挡。梯子的上端应有固定措施。立梯工作角度以75°±5°为宜。梯子如需接长使用，应有可靠的连接措施，且接头不得超过1处。连接后梯梁的强度，不应低于单梯梯梁的强度。折梯使用时上部夹角以35°~45°为宜，铰链应牢固，并应有可靠的拉撑措施。

(11)夜间高处作业应有充足的照明。

(12)遇有5级以上(含5级)大风、暴雨、大雾或雷电天气时，应停止高处作业。

七、吊装作业安全管理

吊装作业按吊装重物的质量分为两级。具体如下：

(1)一级吊装作业吊装重物的质量大于5t。

(2)二级吊装作业吊装重物的质量不大于5t。

(3)吊件质量虽不大于5t，但具有形状复杂、刚度小、长径比大、精密贵重、施工条件特殊的情况，吊装作业应按一级吊装作业管理。

(4)吊件质量虽不大于5t，但作业地点位于办公楼宇、职工宿舍、危险化学品等场所周围或临近输电线路时，吊装作业应按一级吊装作业管理。

吊装作业应符合以下规定：

(1)二级吊装作业应严格落实各项安全措施，可不用办理作业审批手续。

(2)各种吊装作业前，应预先在吊装现场设置安全警戒标识并设专人监护，非施工人员禁止入内。

(3)吊装作业前必须对各种起重吊装机械的运行部位、安全装置以及吊具、索具进行详细的安全检查，吊装设备的安全装置灵敏可靠。吊装前必须试吊，确认无误后，方可作业。

(4)吊装作业时，必须分工明确、坚守岗位，并按规定的联络信号，统一指挥。必须按规定负荷进行吊装，吊具、索具经计算选择使用，严禁超负荷运行。所吊重物接近或达到额定起重吊装能力时，应检查抽动器，用低高度、短行程试吊后，再平稳吊起。

(5)严禁利用管道、管架、电杆、机电设备等作吊装锚点。

(6)任何人不得随同吊装物或吊装机械升降。

(7)吊装作业现场的吊绳索、揽风绳、拖拉绳等应避免同带电线路接触，并保持安全距离。

(8)悬吊重物下方严禁站人、通行或工作。

(9)吊装作业中，夜间应有足够的照明。

(10)室外作业遇到大雪、暴雨、大雾及5级以上(含5级)大风时，应停止作业。

(11)在吊装作业中，有下列情况之一者不准吊装：指挥信号不明；超负荷或物体质量不明；斜拉重物；光线不足、看不清重物；重物下站人；重物埋在地下；重物紧固不牢，绳打结、绳不齐；棱刃物体没有衬垫措施；重物越人头；安全装置失灵。

第五节 突发安全事故的应急处置

一、通 则

一旦发生突发安全事故，发现人应在第一时间向直接领导进行上报，视实际情况进行处理，并视现场情况拨打119、120、999、110等社会救援电话。

二、常见事故应急处置

操作人员必须熟知的应急救援预案包括：火灾应急预案；机械伤害应急预案；有毒有害气体中毒应急预案；淹溺应急预案；高处坠落应急预案；触电应急预案。以下就常见事故应急措施做简要说明。

(一)中毒与窒息

有毒有害气体种类主要为硫化氢、一氧化碳、甲烷。窒息主要原因为受限空间内含氧量过低。一般处置程序如下：

1. 预　防

操作人员应掌握有毒有害气体相关知识，正确佩戴合适的防护用品，操作中持续进行气体含量检测，气体检测报警时，应撤离现场，及时上报。操作过程中出现污泥或污水泄漏情况，在不明情况下不得进入现场。

2. 报　警

一旦发现有人员中毒窒息，应马上拨打 120 或 999 救护电话，报警内容应包括：单位名称、详细地址、发生中毒事故的时间、危险程度、有毒有害气体的种类，报警人及联系电话，并向相关负责人员报告。

3. 救　护

救援人员必须正确穿戴救援防护用品后，确保安全后方可进入施救，以免盲目施救发生次生事故。迅速将伤者移至空旷通风良好的地点。判断伤者意识、心跳、呼吸、脉搏。清理口腔及鼻腔中的异物。根据伤者情况进行现场施救。搬运伤者过程中要轻柔、平稳，尽量不要拖拉、滚动。

(二)淹　溺

1. 救援要点

(1)强调施救者的自我保护意识。所有的施救者必须明确：施救者自己的安全必须放在首位。只有首先保护好自己，才有可能成功救人。否则非但救不了人，还有可能把自己的生命葬送。

(2)及时呼叫专业救援人员。专业救援人员的技能和装备是一般人所不具备的，因此发生淹溺时应该尽快呼叫专业急救人员(医务人员、涉水专业救生员等)，让他们尽快到达现场参与急救以及上岸后的医疗救助。

(3)充分准备和利用救援物品。救援物品包括救援所用的绳索、救生圈、救生衣及其他漂浮物(如木板、泡沫塑料等)、照明设备、医疗装备等，良好的救援装备能使救援工作事半功倍地完成，其效果要比徒手救援好得多。

(4)救援前与淹溺者充分沟通。得不到淹溺者的配合的救援不但很难成功，而且还能增加救援者的危险，因此救援者应首先充分与淹溺者沟通，这一点十分重要。沟通的方式可以通过大声呼唤，也可以通过手势进行，其主要沟通内容包括：告诉淹溺者救援已经在进行，鼓励淹溺者战胜恐惧，要沉着冷静，不要惊慌失措，放弃无效挣扎，还可以告诉淹溺者水中自救的方法，如向下划水的方法、踩水方法、除去身上的负重物等，同时特别还要告诉溺水者听从救援者的指挥，冷静下来配合营救，这样能取得事半功倍的效果。

2. 救援方式

1)伸手救援(不推荐)

该方法是指救援者直接向落水者伸手将淹溺者拽出水面的救援方法。适用于营救者与淹溺者的距离伸手可及同时淹溺者还清醒的情况。使用该法救援时存在很大的风险，救援者稍加不慎就容易被淹溺者拽入水中，因此不推荐营救者使用该方式救援落水者。

2)借物救援(推荐)

该方法是或借助某些物品(如木棍等)把落水者拉出水面的方法，适用于营救者距淹溺者的距离较近(数米之内)同时淹溺者还清醒的情况。其操作方法及注意点包括：救援者应尽量站在远离水面同时又能够到淹溺者的地方，将可延长距离的营救物如树枝、木棍、竹竿等物送至落水者前方，并嘱其牢牢握住。此时要注意避免坚硬物体给淹溺者造成伤害，应从淹溺者身侧横向移动交给溺者，不可直接伸向淹溺者胸前，以防将其刺伤。在确认淹溺者已经牢牢握住延长物时，救助者方能拽拉淹溺者。其姿势与伸手救援法一样，首先采取侧身体位，站稳脚跟，降低身体重心，同时叮嘱落水者配合并将其拉出。在拽拉过程中救援者如突然失去重心时应立即放开手，以免被落水者拽入水中。尽管救援者丧失了延伸物，但避免了落水，保障了自己的安全。此时应再想办法营救。

3)抛物救援(推荐)

该方法是指向落水者抛投绳索及漂浮物(如救生圈、救生衣、木板等)的营救方法，适用于落水者与营救者距离较远且无法接近落水者、同时淹溺者还处在清醒状态的情况。其操作方法及注意点包括：抛投绳索前要在绳索前端系有重物，如可将绳索前端打结或将衣服浸湿叠成团状捆于绳索前端，这样利于投掷。此外必须事先大声呼唤与落水者沟通，使其知道并能够抓住抛投物。抛投物应抛至落水者前方。所有的抛投物均最好有绳索与营救者相连，这样有利于尽快把落水者救出。此时营救者也应注意降低体位，重心向后，站稳脚跟，以免被落水者拽入水中。

4)游泳救援(不推荐)

该方法也称为下水救援，这是最危险的、不得已而为之的救援方法，只有在上述4种施救法都不可行时，才能采用此法。因此不推荐营救者使用该方式救援落水者。

3. 上岸后的溺水者救治

迅速检查患者，包括意识、呼吸、心搏、外伤等情况，根据伤者状态进行下一步处置：

(1)对意识清醒患者实施保暖措施，进一步检查患者，尽快送医治疗。

(2)对意识丧失但有呼吸心跳患者实施人工呼吸，确保保暖，避免呕吐物堵塞呼吸道。

(3)对无呼吸患者实施心肺复苏术。

(三)机械伤害

发生机械伤害事故后，应及时报告相关负责人员，同时根据现场实际情况，大致判明受伤者的部位，拨打120或999急救电话，必要时可对伤者进行临时简单急救。

处置过程中应关注周边是否有有毒有害气体、是否可能引发触电等危险源，采取有针对性安全技术措施，避免发生次生灾害，引发二次伤害。

处理伤口的原则如下：

(1)立刻止血：当伤口很深，流血过多时，应该立即止血。如果条件不足，一般用手直接按压可以快速止血。通常会在1~2min止血。如果条件允许，可以在伤口处放一块干净且吸水的毛巾，然后用手压紧。

(2)清洗伤口：如果伤口处很脏，而且仅仅是往外渗血，为了防止细菌的深入，导致感染，则应先清洗伤口。一般可以清水或生理盐水。

(3)给伤口消毒：为了防止细菌滋生，感染伤口，应对伤口进行消毒，一般可以消毒纸巾或者消毒酒精对伤口进行清洗，可以有效地杀菌，并加速伤口的愈合。

(四)触　电

1. 断开电源

发现有人触电时，应保持镇静，根据实际情况，迅速采取以下方式，尽快使触电者脱离电源，触电者未脱离电源前不可用人体直接接触触电者。

关闭电源开关、拔去插头或熔断器。

用干燥的木棒、竹竿等非导电物品移开电源或使触电者脱离电源。

用平口钳、斜口钳等绝缘工具剪断电线。

2. 紧急抢救

当触电者脱离电源后，如果触电者尚未失去知觉，则必须使其保持安静，并立即通知就近医疗机构医护人员进行诊治，密切注意其症状变化。

如果触电者已失去知觉，但呼吸尚存，应使其在通风位置仰卧，将上衣与腰带放松，使其容易呼吸，并立即拨打120或999急救电话呼叫救援。

若触电者呼吸困难，有抽筋现象，则应积极进行人工呼吸；如果触电者的呼吸、脉搏及心跳都已停止，此时不能认为其已死亡，应立即对其进行心肺复苏；人工呼吸必须连续不断地进行到触电者恢复自主呼吸或医护人员赶到现场救治为止。

(五)火灾的应急救援

1. 初期火灾扑救

初期火灾扑救的基本方法如下：

1)冷却灭火法

冷却灭火法，就是将灭火剂直接喷洒在可燃物上，使可燃物的温度降低到自燃点以下，从而使燃烧停止。用水扑救火灾，其主要作用就是冷却灭火。一般物质起火，都可以用水来冷却灭火。

火场上，除用冷却法直接灭火外，还经常用水冷却尚未燃烧的可燃物质，防止其达到燃点而着火；还可用水冷却建筑构件、生产装置或容器等，以防止其受热变形或爆炸。

2)隔离灭火法

隔离灭火法，是将燃烧物与附近可燃物隔离或者疏散开，从而使燃烧停止。这种方法适用于扑救各种固体、液体、气体火灾。

采取隔离灭火的具体措施很多。例如，将火源附近的易燃易爆物质转移到安全地点；关闭设备或管道上的阀门，阻止可燃气体、液体流入燃烧区；排除生产装置、容器内的可燃气体、液体，阻拦、疏散可燃液体或扩散的可燃气体；拆除与火源相毗连的易燃建筑结构，形成阻止火势蔓延的空间地带等。

3)窒息灭火法

窒息灭火法，即采取适当的措施，阻止空气进入燃烧区，或惰性气体稀释空气中的氧含量，使燃烧物质因缺乏或断绝氧而熄灭，适用于扑救封闭式的空间、生产设备装置及容器内的火灾。火场上运用窒息法扑救火灾时，可采用石棉被、湿麻袋、湿棉被、沙土、泡沫等不燃或难燃材料覆盖燃烧或封闭孔洞；用水蒸气、惰性气体(如二氧化碳、氮气等)充入燃烧区域；利用建筑物上原有的门以及生产储运设备上的部件来封闭燃烧区，阻止空气进入。但在采取窒息法灭火时，必须注意以下几点：

(1)燃烧部位较小，容易堵塞封闭，在燃烧区域内没有氧化剂时，适于采取这种方法。

(2)在采取用水淹没或灌注方法灭火时，必须考虑到火场物质被水浸没后所产生的不良后果。

(3)采取窒息方法灭火以后，必须确认火已熄灭，方可打开孔洞进行检查。严防过早地打开封闭的空间或生产装置，而使空气进入，造成复燃或爆炸。

(4)采用惰性气体灭火时，一定要将大量的惰性气体充入燃烧区，迅速降低空气中氧的含量，以达窒息灭火的目的。

4)抑制灭火法

抑制灭火法，是将化学灭火剂喷入燃烧区参与燃烧反应，中止链反应而使燃烧反应停止。采用这种方法可使用的灭火剂有干粉和卤代烷灭火剂。灭火时，将足够数量的灭火剂准确地喷射到燃烧区内，使灭火剂阻断燃烧反应，同时还要采取冷却降温措施，以防复燃。

在火场上，应根据燃烧物质的性质、燃烧特点和火场的具体情况，以及灭火器材装备的性能选择灭火方法。

2. 灭火设施的使用

1)灭火器的使用

灭火器是一种轻便、易用的消防器材。灭火器的种类较多，主要有水型灭火器、空气泡沫灭火器、干粉灭火器、二氧化碳灭火器以及1211灭火器等(图2-36)。

(1)空气泡沫灭火器的使用

空气泡沫灭火器主要适用于扑救汽油、煤油、柴油、植物油、苯、香蕉水、松香水等易燃液体引起的火灾。对于水溶性物质，如甲醇、乙醇、乙醚、丙酮等化学物质引起的火灾，只能使用抗溶性空气泡沫灭火器扑救。

作业人员可以手提或肩扛的形式迅速带灭火器赶到火场，在距离燃烧物6m左右的地方拔出保险销，一只手握住开启压把，另一只手紧握喷枪，用力捏紧开启压把，打开密封或刺穿储气瓶密封片，即可从喷枪口喷出空气泡沫。灭火方法与手提式化学泡沫灭火器相同。但在使用空气泡沫灭火器时，作业人员应使灭火器始终保持直立状态，切勿颠倒或横放使用，否则会中断喷射。同时作业人员应一直紧握开启压把，不能松手，否则也会中断喷射。

(2)手提式干粉灭火器的使用

手提式干粉灭火器适用于易燃、可燃液体、气体及带电设备的初起火灾，还可扑救固体类物质的初起火灾，但不能扑救金属燃烧的火灾。

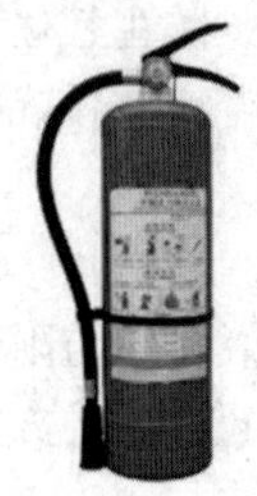
(a) 手持式干粉灭火器

(b) 手持式泡沫灭火器

(c) 手持式二氧化碳灭火器

(d) 推车式干粉灭火器

图 2-36 常用的灭火器

取出灭火器 → 拔掉保险销 → 一手握住压把一手握住喷管 → 对准火苗根部喷射（人站立在上风）

图 2-37 干粉灭火器的使用

如图2-37所示，灭火时，作业人员可以手提或肩扛的形式带灭火器快速赶赴火场，在距离燃烧处5m左右的地方放下灭火器开始喷射。如在室外，应选择在上风方向喷射。

如果使用的干粉灭火器是外挂式储气瓶或储压式的储气瓶，操作者应一只手紧握喷枪，另一只手提起储气瓶上的开启提环；如果储气瓶的开启是手轮式的，则应沿逆时针方向旋开，并旋到最高位置，随即提起灭火器。当干粉喷出后，迅速对准火焰的根部扫射。

如果使用的干粉灭火器是内置式或储压式的储气瓶，操作者应先一只手将开启把上的保险销拔下，然后握住喷射软管前端的喷嘴部，另一只手将开启压把压下，打开灭火器进行灭火。在使用有喷射软管的灭火器或储压式灭火器时，操作者的一只手应始终压下压把，不能放开，否则会中断喷射。

灭火时，操作者应对准火焰根部扫射。如果被扑救的液体火灾呈流淌燃烧状态时，应对准火焰根部由近而远并左右扫射，直至把火焰全部扑灭。如果可燃液体在容器内燃烧，操作者应对准火焰根部左右晃动扫射，使喷射出的干粉流覆盖整个容器开口表面。当火焰被赶出容器时，操作者应继续喷射，直至将火焰全部扑灭。

(3)推车式干粉灭火器的使用

推车式干粉灭火器主要适用于扑救易燃液体、可燃气体和电器设备的初起火灾。推车式干粉灭火器移动方便、操作简单，灭火效果好。

作业人员把灭火器拉或推到现场，用右手抓住喷粉枪，左手顺势展开喷粉胶管，直至平直，不能弯折或打圈；接着除掉铅封，拔出保险销，用手掌使劲按下供气阀门；再左手把持喷粉枪管托，右手把持枪把，用手指扳动喷粉开关，对准火焰根部喷射，不断靠前左右摆动喷粉枪，使干粉覆盖燃烧区，直至把火扑灭。

(4)二氧化碳灭火器的使用

二氧化碳灭火器适用于扑灭精密仪器、电子设备、珍贵文件、小范围的油类等引发的火灾，但不宜用于扑灭钾、钠、镁等金属引起的火灾。

作业人员将灭火器提或扛到火场，在距离燃烧物5m左右的地方，放下灭火器，并拔出保险销，一只手握住喇叭筒根部的手柄，另一只手紧握启闭阀的压把。对于没有喷射软管的二氧化碳灭火器，操作者应把喇叭筒往上扳70°~90°。使用时，操作者不能直接用手抓住喇叭筒外壁或金属连线管，防止手被冻伤。

灭火时，当可燃液体呈流淌状燃烧时，操作者将二氧化碳灭火剂的喷流由近而远对准火焰根部喷射。如果可燃液体在容器内燃烧，操作者应将喇叭筒提起，从容器一侧的上部向燃烧的容器中喷射，但不能将二氧化碳射流直接冲击可燃液面，以防止将可燃液体冲出容器而扩大火势。

(5)酸碱灭火器使用

酸碱灭火器适用于扑救木、棉、毛、织物、纸张等一般可燃物质引起的火灾，但不能用于扑救油类、忌水和忌酸物质及带电设备的火灾。

操作者应手提筒体上部的提环，迅速赶到着火地点，绝不能将灭火器扛在背上或过分倾斜灭火器，以防两种药液混合而提前喷射。在距离燃烧物6m左右的地方，将灭火器颠倒过来并晃动几下，使两种药液加快混合；然后一只手握住提环，另一只手抓住筒体下部的底圈将喷出的射流对准燃烧最猛烈处喷射。随着喷射距离的缩减，操作者应向燃烧处推进。

2)消火栓的使用

消火栓是一种固定的消防工具，主要作用是控制可燃物，隔绝助燃物，消除着火源。消火栓分为地上消火栓和地下消火栓。使用前需要先打开消火栓门，按下内部火警按钮。按钮主要用于报警和启动消防泵。使用步骤如图2-38所示，过程中需要人员配合使用，一人接好枪头和水带赶往起火点，另一人则接好水带和阀门口，再沿逆时针方向打开阀门使水喷出。

3. 电气灭火

由于电气火灾具有着火后电气设备可能带电，如不注意可能引起触电事故等特点，为此对电气灭火进行以下重要说明：

(1)电气灭火时，最重要的是先切断电源，随后采取必要的救火措施，并及时报警。

(a)打开或击碎消防箱门

(b)取出并展开消防水带

(c)一端连接消防栓

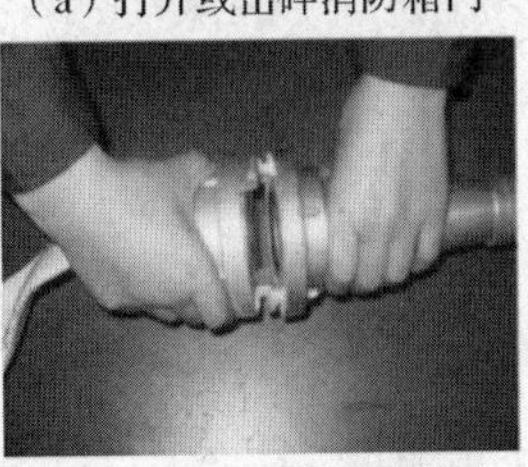
(d)另一端连接消防枪头

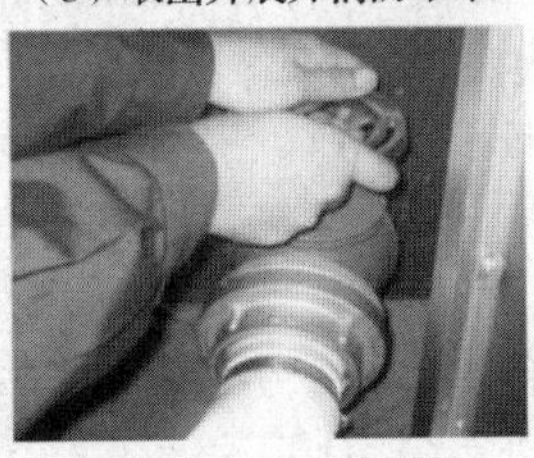
(e)打开消防栓阀门

(f)对准火焰根部进行灭火

图2-38　消火栓的使用

(2)进行电火处理时，必须选用合适的灭火器，并按要求进行操作，不得违规操作。应选用二氧化碳灭火器、1211灭火器或用黄沙灭火，但应注意不要将二氧化碳喷射到人体的皮肤及身体其他部位上，以防冻伤和窒息。在没有确定电源已被切断时，绝不允许用水或普通灭火器灭火，否则很可能发次生事故。

(3)为了避免触电，人体与带电体之间应保持足够的安全距离。

(4)对架空线路等设备进行灭火时，要防止导线断落伤人。

(5)如果带电导线跌落地面，要划出一定的警戒区，防止跨步电压伤人。

(6)电气设备发生接地时，室内扑救人员不得进入距故障点4m以内的区域，室外扑救人员不得接近距故障点8m以内的区域。

4. 火速报警

火灾初起，一方面要积极扑救，另一方面要迅速报警。

1)报警对象

(1)召集周围人员前来扑救，动员一切可以动员的力量。

(2)本单位消防与保卫部门，迅速组织灭火。

(3)公安消防队，报告火警电话119。

(4)出警报，组织人员疏散。

2)报警方法

(1)本单位报警利用呼喊、警铃等平时约定的方式。

(2)利用广播、固定电话和手机。

(3)距离消防队较近的可直接派人到消防队报警。

(4)消防部门报警。

3)火灾逃生自救

(1)火灾袭来时要迅速逃生，不要贪恋财物。

(2)平时就要了解掌握火灾逃生的基本方法，熟悉多条逃生路线。

(3)受到火势威胁时，要当机立断披上浸湿的衣物或被褥等向安全出口方向冲出去。

(4)穿过浓烟逃生时，要尽量使身体贴近地面，并用湿毛巾捂住口鼻。

(5)身上着火，千万不要奔跑，可就地打滚或用厚重的衣物压灭火苗。

(6)遇火灾不可乘坐电梯，要向安全出口方向逃生。

(7)室外着火，门已发烫，千万不要开门，以防大火蹿入室内，要用浸湿的被褥，衣物等堵塞门窗缝，并泼水降温。

(8)若所逃生线路被大火封锁，要立即退回室内，用打手电筒、挥舞衣物、呼叫等方式向窗外发送求救信号，等待救援。

(9)千万不要盲目跳楼，可利用疏散楼梯、阳台、落水管等逃生自救。也可用绳子把床单、被套撕成条状连成绳索，紧系在窗框、暖气管、铁栏杆等固定物上，用毛巾、布条等保护手心，顺绳滑下，或下到未着火的楼层脱离险境。

(六)高处坠落

事故发现人员，第一时间报告相关责任人，并根据情况拨打120或999救护电话。

高处坠落的应急措施如下：

(1)发生高空坠落事故后，现场知情人应当立即采取措施，切断或隔离危险源，防止救援过程中发生次生灾害。

(2)当发生人员轻伤时，现场人员应采取防止受伤人员大量失血、休克、昏迷等紧急救护措施。

(3)遇有创伤性出血的伤员，应迅速包扎止血，使伤员保持在头低脚高的卧位，并注意保暖。

(4)如果伤者处于昏迷状态但呼吸心跳未停止，应立即进行口对口人工呼吸，同时进行胸外心脏按压。昏迷者应平卧，面部转向一侧，维持呼吸道通畅，防止分泌物、呕吐物吸入。

(5)如果伤者心跳已停止，应进行心肺复苏。

(6)发现伤者骨折，不要盲目搬运伤者。

(7) 持续救护至急救人员到达现场，并配合急救人员进行救治。

(七)危险化学品烧伤和中毒

危险化学品具有易燃、易爆、腐蚀、有毒等特点，在使用过程中容易发生烧伤与中毒事故。化学危险品事故急救现场，一方面要防止受伤者烧伤和中毒程度的加深；另一方面又要使受伤者维持呼吸。

1. 化学性皮肤烧伤

对化学性皮肤烧伤者，应立即移离现场，迅速脱去受污染的衣裤、鞋袜等，并用大量流动的清水冲洗创面20~30min(如遇强烈的化学危险品，冲洗的时间要更长)，以稀释有毒物质，防止继续损伤和通过伤口吸收。

新鲜创面上不要随意涂抹油膏或红药水、紫药水，不要用脏布包裹。

黄磷烧伤时应用大量清水冲洗、浸泡或用多层干净的湿布覆盖创面。

2. 化学性眼烧伤

化学性眼烧伤者，应在现场迅速用流动的清水进行冲洗，冲洗时将眼皮掰开，把裹在眼皮内的化学品彻底冲洗干净。

现场若无冲洗设备，可将头埋入盛满清水的清洁盆中，翻开眼皮，让眼球来回转动进行清洗。

若电石、生石灰颗粒溅入眼内，应当先用蘸有石蜡油(液状石蜡)或植物油的棉签去除颗粒后，再用清水冲洗。

3. 危险化学品急性中毒

沾染皮肤中毒时，应迅速脱去受污染的衣物，并用大量流动的清水冲洗至少 15min，面部受污染时，要首先冲洗眼睛。

吸入中毒时，应迅速脱离中毒现场，向上风方向移至空气新鲜处，同时解开中毒者的衣领，放松裤带，使其保持呼吸道畅通，并要注意保暖，防止受凉。

口服中毒，中毒物为非腐蚀性物质时，可用催吐方法使其将毒物吐出。误服强碱、强酸等腐蚀性强的物品时，催吐反而会使食道、咽喉再次受到严重损伤，这时可服用牛奶、蛋清、豆浆、淀粉糊等。此时不能洗胃，也不能服碳酸氢钠，以防胃胀气引起胃穿孔。

现场如发现中毒者心跳、呼吸骤停，应立即实施人工呼吸和体外心脏按压术，使其维持呼吸、循环功能。

三、防护用品及应急救援器材

操作人员必须熟练使用防护用品及应急救援器材，具体包括：救援三脚架、正压式呼吸器、四合一气体检测仪、汽油抽水泵、排污泵(电泵)、对讲机、灭火器、消防栓及消防水带、五点式安全带、复合式洗眼器、防化服等。

四、事故现场紧急救护

(一)事故现场紧急救护的原则

1. 紧急呼救

当紧急灾害事故发生时，应尽快拨打电话 120、999、110 呼叫。

2. 先救命后治伤，先重伤后轻伤

在事故的抢救过程中，不要因忙乱或受到干扰，被轻伤员喊叫所迷惑，使危重伤员被耽误最后救出，本着先救命后治伤的原则。

3. 先抢后救、抢中有救，尽快脱离事故现场

在可能再次发生事故或引发其他事故的现场，如失火可能引起爆炸的现场、有害气体中毒现场，应先抢后救，抢中有救，尽快脱离事故现场，确保救护者与伤者的安全。

4. 先分类再后送

不管轻伤重伤，甚至对大出血、严重撕裂伤、内脏损伤、颅脑损伤伤者，如果未经检伤和任何医疗急救处置就急送医院，后果十分严重。因此，必须坚持先进行伤情分类，把伤员集中到标志相同的救护区，有的伤员需等待伤势稳定后方能运送。

5. 医护人员以救为主，其他人员以抢为主

救护人员应各负其责，相互配合，以免延误抢救时机。通常先到现场的医护人员应该担负现场抢救的组织指挥职责。

(二)事故现场紧急救护方法

1. 人工呼吸

人工呼吸适用于触电休克、溺水、有害气体中毒、窒息或外伤窒息等引起呼吸停止、假死状态者。

在施行人工呼吸前，要先将伤员运送到安全、通风良好的地点，将伤员领口解开，放松腰带，注意保持体温。腰背部要垫上软的衣服等。应先清除口中脏物，把舌头拉出或压住，防止堵住喉咙，妨碍呼吸。各种有效的人工呼吸必须在呼吸道畅通的前提下进行。

1)口对口或(鼻)吹气法

此法操作简便容易掌握，而且气体的交换量大，接近或等于正常人呼吸的气体量，效果较好。如图 2-39 所示，操作方法如下：

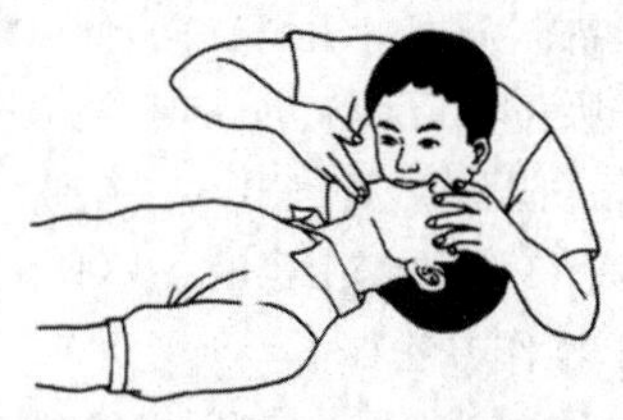

图 2-39　口对口人工呼吸法

(1)病人取仰卧位，即胸腹朝天，颈后部(不是头后部)垫一软枕，使其头尽量后仰。

(2)救护人站在其头部的一侧，自己深吸一口气，对着伤病人的口(两嘴要对紧不要漏气)将气吹入，造成吸气。为使空气不从鼻孔漏出，此时可用一手将其鼻孔捏住，在病人胸壁扩张后，即停止吹气，让病人胸壁自行回缩，呼出空气。这样反复进行，每分钟进行 14~16 次。如果病人口腔有严重外伤或牙关紧闭时，可对其鼻孔吹气(必须堵住口)，即为口对鼻吹气。注意吹起时切勿过猛、过短，也不宜过长，以占一次呼吸周期的 1/3 为宜。

2)俯卧压背法

该方法气体交换量小于口对口吹气法，但抢救成功率较高。目前，在抢救触电、溺水时，现场多用此

法。如图 2-40 所示，操作方法如下：

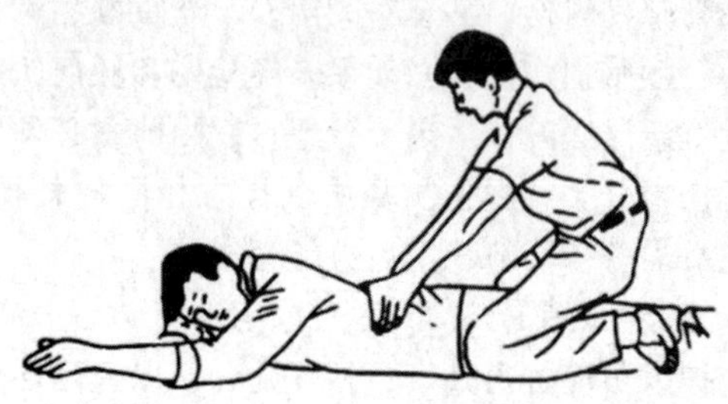

图 2-40 俯卧压背法

(1) 伤病人取俯卧位，即胸腹贴地，腹部可微微垫高，头偏向一侧，两臂伸过头，一臂枕于头下，另一臂向外伸开，以使胸廓扩张。

(2) 救护人面向其头，两腿屈膝跪于伤病人大腿两旁，把两手平放在其背部肩胛骨下角（大约相当于第七对肋骨处）、脊柱骨左右，大拇指靠近脊柱骨，其余 4 指稍开。

(3) 救护人俯身向前，慢慢用力向下压缩，用力的方向是向下、稍向前推压。当救护人的肩膀与病人肩膀将成一直线时，不再用力。在这个向下、向前推压的过程中，即将肺内的空气压出，形成呼气，然后慢慢放松全身，使外界空气进入肺内，形成吸气。

(4) 按上述动作，反复有节律地进行，每分钟 14~16 次。

3) 仰卧压胸法

此法便于观察病人的表情，而且气体交换量也接近于正常的呼吸量，但最大的缺点是，伤员的舌头由于仰卧而后坠，阻碍空气的出入，在淹溺、胸外伤、二氧化硫中毒、二氧化氮中毒时，不宜采用此法。如图 2-41 所示，操作方法如下：

(1) 病人取仰卧位，背部可稍垫起，使胸部凸起。

(2) 救护人员屈膝跪地于病人大腿两旁，把双手分别放于乳房下（相当于第六七对肋骨处），大拇指向内，靠近胸骨下端，其余四指向外。放于胸廓肋骨之上。

(3) 向下稍向前压，其方向、力量、操作要领与俯卧压背法相同。

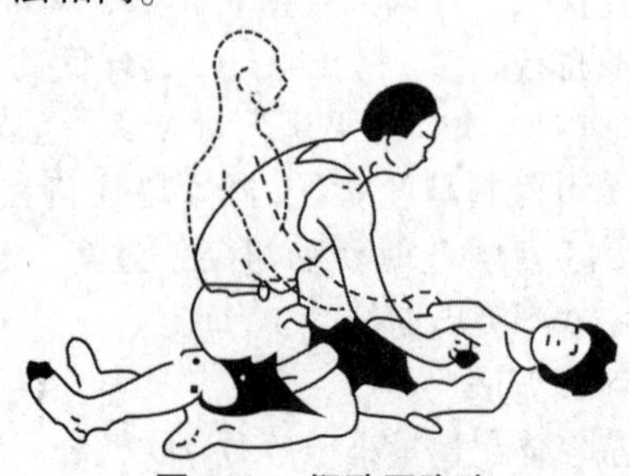

图 2-41 仰卧压胸法

2. 心脏复苏

首先判断患者有无脉搏。操作者跪于患者一侧，一手置于患者前额使头部保持后仰位，另一手以食指和中指尖置于喉结上，然后滑向颈肌（胸锁乳突肌）旁的凹陷处，触摸颈动脉。如果没有搏动，表示心脏已经停止跳动，应立即进行胸外心脏按压（图 2-42）。

(1) 确定正确的胸外心脏按压位置：先找到肋弓下缘，用一只手的食指和中指沿肋骨下缘向上摸至两侧肋缘于胸骨连接处的切痕迹，以食指和中指放于该切迹上，将另一只手的掌根部放于横指旁，再将第一只手叠放在另一只手的手背上，两手手指交叉扣起，手指离开胸壁。

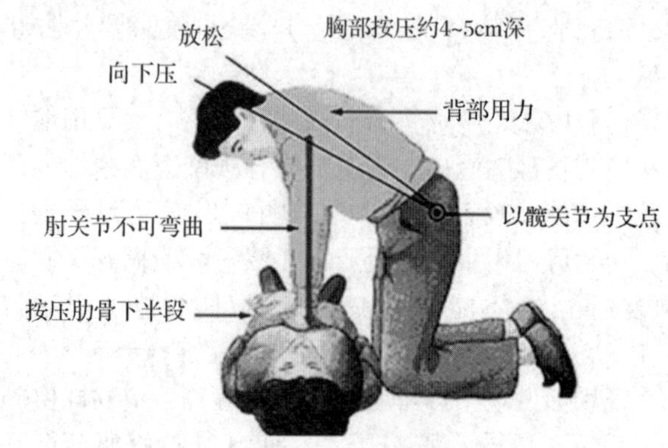

图 2-42 心脏复苏

(2) 施行按压：操作者前倾上身，双肩位于患者胸部上方正中位置，双臂与患者的胸骨垂直，利用上半身的体重和肩臂力量，垂直向下按压胸骨，使胸骨下陷 4~5cm，按压和放松的力量和时间必须均匀、有规律，不能猛压、猛松。放松时掌根不要离开按压处。

3. 心肺复苏

无心搏患者的现场急救，需采用心肺复苏术，现场心肺复苏术主要分为三个步骤：打开气道，人工呼吸和胸外心脏按压。一般称为 ABC 步骤，即：A——患者的意识判断和打开气道；B——人工呼吸；C——胸外心脏按压。

按压的频率为 80~100 次/min，按压与人工呼吸的次数比例为：单人复苏 15∶2，双人复苏 5∶1，依照此频次按 A-B-C 的顺序持续循环，周而复始进行，直至苏醒或医护人员到位。

4. 外伤止血

出血有动脉出血、静脉出血和毛细血管出血。动脉出血呈鲜红色，喷射而出；静脉出血呈暗红色，如泉水样涌出；毛细血管出血则为溢血。

出血是创伤后主要并发症之一，成年人出血量超过 800mL 或超过 1000mL 就可引起休克，危及生命；若为严重大动脉出血，则可能在 1min 内即告死亡。

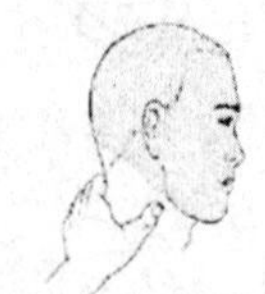
颈总动脉压迫（头面部出血）

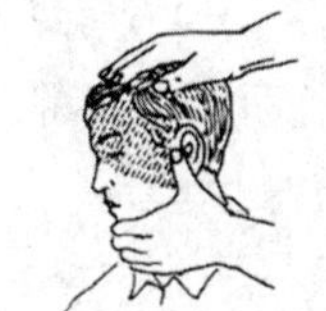
面动脉压迫（头顶部出血）

颞浅动脉压迫（颜面部出血）

尺桡动脉压迫（手部出血）

锁骨下动脉压迫（肩腋部出血）

肱动脉压迫（前臂出血）

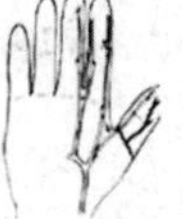
指动脉压迫（手指出血）

股动脉压迫（大腿以下出血）

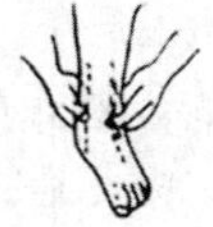
胫前后动脉压迫（足部出血）

图 2-43　指压止血法

因此，止血是抢救出血伤员的一项重要措施，它对挽救伤员生命具有特殊的意义。应根据损伤血管的部位和性质具体选用，常用的暂时性止血方法如下：

1）指压止血法（图 2-43）

紧急情况下用手指、手掌或拳头，根据动脉的分布情况，把出血动脉的近端用力压向骨面，以阻断血流，暂时止血。注意：此类方法只适用于头面颈部及四肢的动脉出血急救，压迫时间不能过长。

2）屈肢加垫止血法（图 2-44）

当前臂或小腿出血时，可在肘窝、腋窝内放以纱布垫、棉花团或毛巾、衣服等物品，屈曲关节，用三角巾作 8 字形固定，使肢体固定于屈曲位，可控制关节远端血流，但骨折或关节脱位者不能使用。

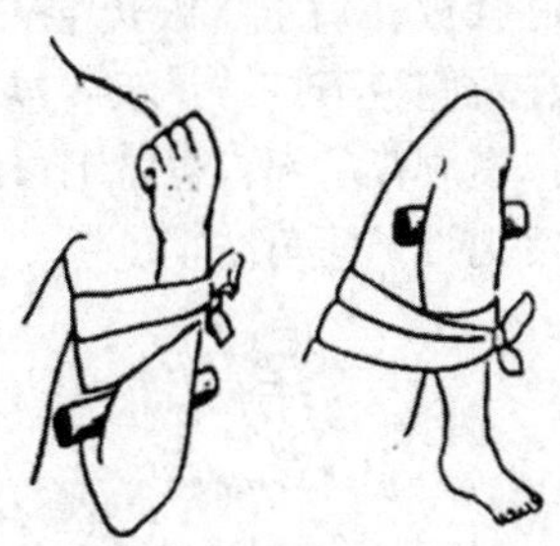

图 2-44　屈肢加垫止血法

3）止血带止血法（图 2-45）

一般用于四肢大动脉出血。可就地取材，使用软胶管、衣服或布条作为止血带，压迫出血伤口的近心端进行止血。止血带使用方法如下：

（1）在伤口近心端上方先加垫。

（2）急救者左手拿止血带，上端留 5 寸（约 16.5cm），紧贴加垫处。

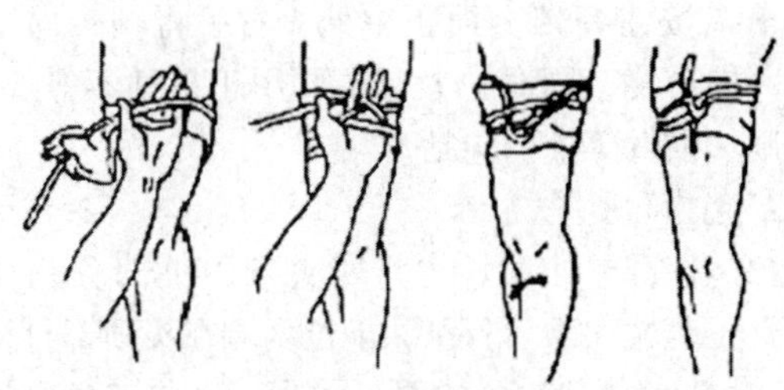

图 2-45　止血带止血法

（3）右手拿止血带长端，拉紧环绕伤肢伤口近心端上方两周，然后将止血带交左手中、食指夹紧。

（4）左手中、食指夹止血带，顺着肢体下拉成环。

（5）将上端一头插入环中拉紧固定。

（6）在上肢应扎在上臂的 1/3 处，在下肢应扎在大腿的中下 1/3 处。

使用止血带时应注意以下事项：

（1）上止血带的部位要在创口上方（近心端），尽量靠近创口，但不宜与创口面接触。

（2）在上止血带的部位，必须先衬垫绷带、布块，或绑在衣服外面，以免损伤皮下神经。

（3）绑扎松紧要适宜，太紧损伤神经，太松不能止血。

（4）绑扎止血带的时间要认真记录，每隔 0.5h（冷天）或者 1h 应放松 1 次，放松时间 1～2min。绑扎时间过长则可能引起肢端坏死、肾功能衰竭。

5. 创伤包扎

包扎的目的：保护伤口和创面，减少感染，减轻痛苦；加压包扎有止血作用；用夹板固定骨折的肢体时需要包扎，以减少继发损伤，也便于将伤员运送医院。

包扎时使用的材料主要包括绷带、三角巾、四头巾等，现场进行创伤包扎可就地取材，用毛巾、手帕、衣服撕成的布条等进行。包扎方法如下：

1)布条包扎法

(1)环形绷带包扎法：在肢体某一部位环绕数周，每一周重叠盖住前一周。主要用于手、腕、足、颈、额部等处以及在包扎的开始和末端固定时使用。

(2)螺旋形绷带包扎法：包扎时，作单纯的螺旋上升，每一周压盖前一周的1/2。主要用于肢体、躯干等处的包扎。

(3)8字形绷带包扎法：本法是一圈向上一圈向下的包扎，每周在正面和前一周相交，并压盖前一周的1/2。多用于肘、膝、踝、肩、髋等关节处的包扎。

(4)螺旋反折绷带包扎法：开始先用环形法固定一端，再按螺旋法包扎，但每周反折一次，反折时以左手拇指按住绷带上面正中处，右手将绷带向下反折，并向后绕，同时拉紧。主要用于粗细不等部位，如小腿、前臂等处的包括。

2)毛巾包扎法

(1)下颌包扎法：先将四头带中央部分托住下颌，上位两端在颈后打结，下位两端在头顶部打结。

(2)头部包扎法：如图2-46所示，将三角巾的底边折叠两层约二指宽，放于前额齐眉以上，顶角拉向枕后部，三角巾的两底角经两耳上方，拉向枕后，先作一个半结，压紧顶角，将顶角塞进结里，然后再将左右底角拉到前额打结。

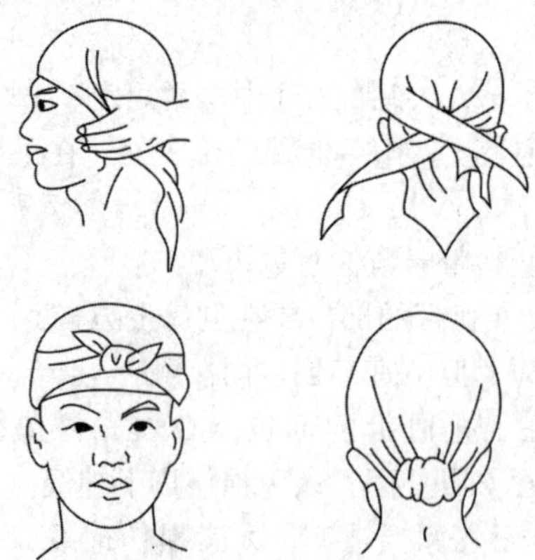

图2-46　头部包扎法

(3)面部包扎法：在三角巾顶处打一结，套于下颌部，底边拉向枕部，上提两底角，拉紧并交叉压住底边，再绕至前额打结。包完后在眼、口、鼻处剪开小孔。

(4)手、足包扎法：如图2-47所示，手(足)心向下放在三角巾上，手指(足趾)指向三角巾顶角，两底角拉向手(足)背，左右交叉压住顶角绕手腕(踝部)打结。

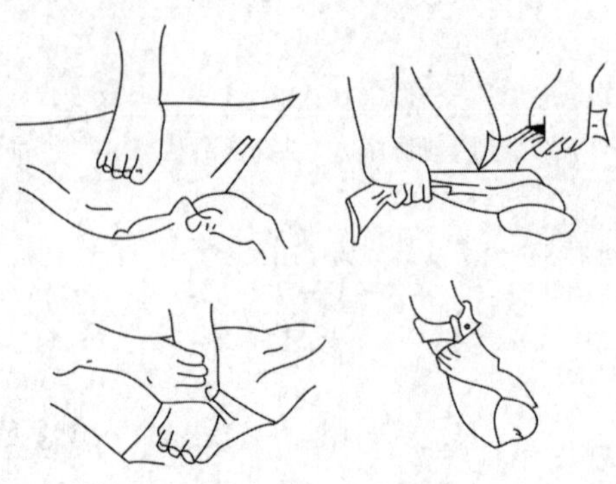

图2-47　足部包扎法

(5)胸部包扎法：如图2-48所示，将三角巾顶角向上，贴于局部，如系左胸受伤，顶角放在右肩上，底边扯到背后在后面打结；再将左角拉到肩部与顶角打结。背部包扎与胸部包扎相同，仅位置相反，结打于胸部。

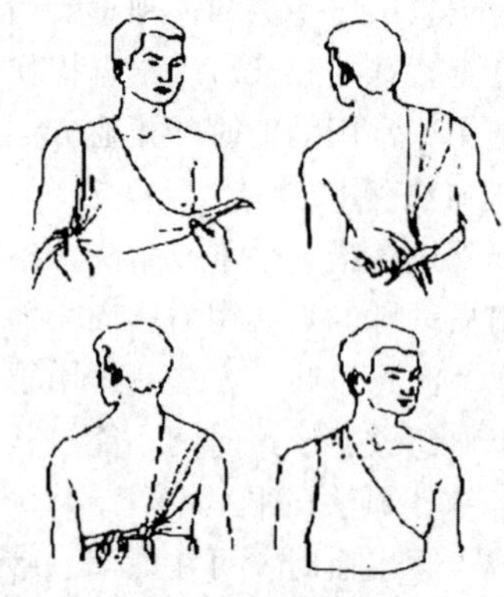

图2-48　胸部包扎法

(6)肩部包扎法：如图2-49所示，单肩包扎时，将毛巾折成鸡心状放在肩上，腰边穿带在上臂固定，前后两角系带在对侧腋下打结；双肩包扎时，将毛巾两角结带，毛巾横放背肩部，再将毛巾两下角从腋下拉至前面，然后把带子同角结牢。

图2-49　肩部包扎法

(7)腹部包扎法：将毛巾斜对折，中间穿小带，小带的两部拉向后方，在腰部打结，使毛巾盖住腹部。将上、下两片毛巾的前角各扎一小带，分别绕过大腿根部与毛巾的后角在大腿外侧打结。

6. 骨折固定

骨折固定可减轻伤员的疼痛，防止因骨折端移位而刺伤临近组织、血管、神经，也是防止创伤休克的有效急救措施。操作要点如下：

(1)急救骨折固定：常常就地取材，如各种木板、竹竿、树枝、木棍、硬纸板、棉垫等，均可作为固定代用品。

(2)锁骨骨折固定：最常用的方法是用三角巾将伤侧上肢托起固定。也可用8字形固定方法。即用绷带由健侧肩部的前上方，再经背部到患侧腋下，向前绕到肩部，如此反复缠绕8~10次。在缠绕之前，两侧腋下应垫棉垫或布块，以保护腋下皮肤不受损伤，血管、神经不受压迫。

(3)上臂骨折夹板固定：长骨骨折固定原则上是必须包括骨折两端的上下关节，其方法是就地取材，用木板、竹片等。根据伤员的上臂长短，取3块即可。上臂前面放置短板一块，后面放一块，上平肩下平肘，用绷带或布条上下固定。另将一块板托住前臂，使肘部屈曲90°，把前臂固定，然后悬吊于颈部。倘若没有木板等材料，可用伤员自己的衣服进行固定。即把伤侧衣服的腋中线剪开至肘部，衣服前片向上托起前臂，用别针固定在对侧胸部前。

(4)前臂骨折固定：常采用夹板固定法。即取3块小木板，根据前臂的长短分别置于掌、背面，在其下面托一块直(或平直)的小木板，上下用绷带或布条固定，然后将肘部屈曲90°，保持医生常说的“功能位”，用绷带悬吊于颈部。

(5)大腿的骨折固定：常用夹板固定法。即将两块有一定长度的木板，分别置于外侧自腋下至足跟，内侧自会阴部至踝部，然后分段用绷带固定。若现场无木板时也可采用自身固定法，即将伤肢与健肢捆扎在一起，两腿中间根据情况适当加些软垫。

(6)小腿骨折夹板固定：根据伤者的小腿的长度，取两块小木板，分别置于小腿的内、外侧，长度略过膝部，然后用绷带或者绳子予以固定。固定前应该在踝部、膝部垫以棉花、布类，以保护局部皮肤。

(7)脊柱骨折固定：脊柱骨折伤情较重，转送前必须妥善固定。对胸、腰椎骨折须取一块平肩宽的长木板垫在背部、胸部，用宽布带予以固定。颈椎骨折伤员的头部两侧应置以沙袋，或用枕头固定头部，使头部不能左右摆动，以防止或加重脊髓、神经的损伤。

7. 伤员搬运

搬运时应尽量做到不增加伤员的痛苦，避免造成新的损伤及并发症。现场常用的搬运方法有担架搬运法、单人或双人徒手搬运法等。

1)担架搬运法

担架搬运是最常用的方法，适用于路程长、病情重的伤员。担架的种类很多，有帆布担架(将帆布固定在两根长木棒上)、绳索担架(用一根长的结实的绳子绕在两根长竹竿或木棒上)、被服担架(用两件衣服或长大衣翻袖向内成两管，插入两根木棒后再将纽扣仔细扣牢)等。搬运时由3~4人将病人抱上担架，使其头向外，以便于后面抬的人观察其病情变化。

(1)如病人呼吸困难、不能平卧，可将病人背部垫高，让病人处于半卧位，以利于缓解其呼吸困难。

(2)如病人腹部受伤，要叫病人屈曲双下肢、脚底踩在担架上，以松弛肌肤、减轻疼痛。

(3)如病人背部受伤则使其采取俯卧位。

(4)对脑出血的病人，应稍垫高其头部。

2)徒手搬运法

当在现场找不到任何搬运工具而病人伤情又不太重时，可用此法搬运。常用的主要有单人徒手搬运和双人徒手搬运。

(1)单人徒手搬运法：适用于搬运伤病较轻、不能行走的伤员，如头部外伤、锁骨骨折、上肢骨折、胸部骨折、头昏的伤病员。

(2)双人徒手搬运法：一人搬托双下肢，一人搬托腰部。在不影响病伤的情况下，还可用椅式、轿式和拉车式。

第三章 基础知识

第一节 流体力学

流体力学是研究液体机械运动规律及其工程应用的一门学科。本节中介绍的流体力学知识主要包括在排水管渠水力计算、运行管理和防汛抢险中经常用到的基础概念和基础知识。

一、水的主要力学性质

物体运动状态的改变都是受外力作用的结果。分析水的流动规律，也要从分析其受力情况入手，所以研究水的流动规律，首先须对其力学性质有所了解。

(一)水的密度

密度是指单位体积物体的质量，常用符号ρ表示。物体密度ρ与物体质量m、体积V的关系可用公式$\rho=m/V$表示，密度单位为千克每立方米(kg/m^3)。

水的密度随温度和压强的变化而变化，但这种变化很小，所以一般把水的密度视为常数。采用在一个标准大气压下，温度为4℃时的蒸馏水密度来计算，此时$\rho_{水}=1.0\times10^3kg/m^3$。排水工程中，雨污水的密度一般也以此为常数，进行质量和体积的换算。

因为万有引力的存在，地球对物体的引力称为重力，以G表示，$G=mg$，其中g为重力加速度。而单位体积水所受到的重力称为容重，以γ表示，$\gamma=G/V=mg/V=\rho g$，单位为牛每立方米(N/m^3)。

(二)水的流动性

自然界的常见物质一般可分为固体、液体和气体三种形态，其中液体和气体统称为流体。固体具有确定的形状，在确定的剪切应力作用下将产生确定的变形。而水作为一种典型流体，没有固定的形状，其形状取决于限制它的固体边界。水在受到任意小的剪切应力时，就会发生连续不断的变形即流动，直到剪切应力消失为止。这就是水的易变形性，或称流动性。

(三)水的黏滞性与黏滞系数

水受到外部剪切力作用发生连续变形即流动的过程中，其内部相应要产生对变形的抵抗，并以内摩擦力的形式表现出来，这种运动状态下的抵抗剪切变形能力的特性称为黏滞性。黏滞性只有在运动状态下才能显示出来，静止状态下内摩擦力不存在，不显示黏滞性。

水的这种抵抗剪切变形的能力以黏滞系数$\nu_{水}$表示，也称黏度。黏滞系数随温度和压强的变化而变化，但随压强的变化甚微，对温度变化较为敏感。因此一般情况下，不同水温时的运动黏滞系数可按经验公式$\nu_{水}=0.01775/(1+0.0337t+0.000221t^2)$计算。其中，$t$为水温，以摄氏温度(℃)计，$\nu_{水}$以平方厘米每秒($cm^2/s$)计。

在排水管渠中，由于雨污水具有黏滞性的缘故，距离管渠内壁不同距离位置的水流流速不同。一般情况下，距离管渠内壁越近的水流速越小，距离管渠内壁越远的水流速越大，如圆形管道管中心处流速最大，管内壁处流速最小。

(四)水的压缩性与压缩系数

固体受外力作用发生变形，当外力撤除后(外力不超过弹性限度时)，有恢复原状的能力，这种性质称为物体的弹性。

液体不能承受拉力，但可以承受压力。液体受压后体积缩小，压力撤除后也能恢复原状，这种性质称为液体的压缩性或弹性。液体压缩性的大小以体积压缩系数β或体积弹性系数K来表示。

水在10℃下时，每增加一个大气压，体积仅压缩约十万分之五，压缩性很小。因此在排水工程中，一般不考虑水的压缩性。但在一些特殊情况下，必须考虑水受压后的弹力作用。如泵站或闸阀突然关闭，造成压力管道中水流速度急剧变化而引起水击等现象，应予以重视。

(五) 水的表面张力

自由表面上的水分子由于受到两侧分子引力不平衡，而承受的一个极其微小的拉力，称为水的表面张力。表面张力仅在自由表面存在，其大小以表面张力系数 σ 来表示，单位为牛每米(N/m)，即自由表面单位长度上所承受的拉力值。水温 20℃ 时，$\sigma=0.074$N/m。

在排水工程中，由于表面张力太小，一般来说对液体的宏观运动影响甚微，可以忽略不计，只有在某些特殊情况下才予以考虑。

二、水流运动的基本概念

(一) 水的流态

水的流动有层流、紊流和介于上述两者之间的过渡流三种流态，不同流态下的水流阻力特性不同，在水力计算前要先进行流态判别。流态采用雷诺数 Re 表示。当 $Re<2000$ 时，一般为层流；当 $Re>4000$ 时，一般为紊流；当 $2000\leqslant Re\leqslant 4000$ 时，水流状态不稳定，属于过渡流态。

一般情况下，排水管渠内的水流雷诺数 Re 远大于 4000，管渠内的水流处于紊流流态。因此，在对排水管网进行水力计算时，均按紊流考虑。

紊流流态又分为三个阻力特征区：阻力平方区(又称粗糙管区)、过渡区和水力光滑管区。在阻力平方区，管渠水头损失与流速平方成正比；在水力光滑管区，管渠水头损失约与流速的 1.75 次方成正比；而在过渡区，管渠水头损失与流速的 1.75~2.0 次方成正比。紊流三个阻力区的划分，需要使用水力学的层流底层理论进行判别，主要与管径(或水力半径)及管渠壁粗糙度有关。

在排水工程中，常用管渠材料的直径与粗糙度范围内，水流均处于紊流过渡区和阻力平方区，不会到达紊流光滑管区。当管壁较粗糙或管径较大时，水流多处于阻力平方区。当管壁较光滑或管径较小时，水流多处于紊流过渡区。因此，排水管渠的水头损失是水力计算中重要的内容。

(二) 压力流与重力流

压力流输水通过封闭的管道进行，水流阻力主要依靠水的压能克服，阻力大小只与管道内壁粗糙程度、管道长度和流速有关，与管道埋设深度和坡度等无关。

重力流输水通过管道或渠道进行，管渠中水面与大气相通，且水流常常不充满管渠，水流的阻力主要依靠水的位能克服，形成水面沿水流方向降低，称为水力坡降。重力流输水时，要求管渠的埋设高程随着水流水力坡度下降。

在排水工程中，管渠的输水方式一般采用重力流，特殊情况下也采用压力流，如提升泵站或调水泵站出水管、过河倒虹管等。另外，当排水管渠的实际过流超过设计能力时，也会形成压力流。

从水流断面形式看，由于圆管的水力条件和结构性能好，在排水工程中采用最多。特别是压力流输水，基本上均采用圆管。圆管也用于重力流输水，在埋于地下时，圆管能很好地承受土壤的压力。除圆管外，明渠或暗渠一般只能用于重力流输水，其断面形状有多种，以梯形和矩形居多。

(三) 恒定流与非恒定流

恒定流与非恒定流是根据运动要素是否随时间变化来划分的。恒定流是指水体在运动过程中，其任一点处的运动要素不随时间而变化的流动；非恒定流是指水体在运动过程中，其任一点处有任何一个运动要素随时间而变化的流动。

由于用水量和排水量的经常性变化，排水管渠中的水流均处于非恒定流状态，特别是雨水及合流制排水管网中，受降雨的影响，水力因素随时间快速变化，属于显著的非恒定流。但是，非恒定流的水力计算特别复杂，在排水管渠设计时，一般也只能按恒定流计算。

近年来，由于计算机技术的发展与普及，国内外已经有人开始研究和采用非恒定流计算给水排水管网的水力问题，而且得到了更接近实际的结果。

(四) 均匀流与非均匀流

均匀流与非均匀流是根据运动要素是否随位置变化来划分的。均匀流是指水体在运动过程中，其各点的运动要素沿流程不变的流动；非均匀流是指水体在运动过程中，其任一点的任何一个运动要素沿流程变化的流动。

在排水工程中，管渠内的水流不但多为非恒定流，且常为非均匀流，即水流参数往往随时间和空间变化。特别是明渠流或非满管流，通常都是非均匀流。

对于满管流动，如果管道截面在一段距离内不变且不发生转弯，则管内流动为均匀流；而当管道在局部分叉、转弯与截面变化时，管内流动为非均匀流。

均匀流的管道对水流阻力沿程不变，水流的水头损失可以采用沿程水头损失公式计算；满管流的非均匀流动距离一般较短，采用局部水头损失公式计算。

对于非满管流或明(暗)渠流，只要长距离截面不变，也可以近似为均匀流，按沿程水头损失公式进行水力计算；对于短距离或特殊情况下的非均匀流动则运用水力学理论按缓流或急流计算，或者用计算机模拟。

(五)水流的水头与水头损失

1. 水　头

水头是指单位重量的水所具有的机械能，一般用符号 h 或 H 表示，常用单位为米水柱(mH_2O)，简写为米(m)。水头分为位置水头、压力水头和流速水头三种形式。位置水头是指因为水流的位置高程所得的机械能，又称位能，以水流所处的高程来度量，用符号 Z 表示。压力水头是指水流因为压强而具有的机械能，又称压能，以压力除以相对密度所得的相对高程来度量，用符号 p/γ 表示。流速水头是指因为水流的流动速度而具有的机械能，又称动能，以动能除以重力加速度所得的相对高程来度量，用符号 $v^2/2g$ 表示。

位置水头和压力水头属于势能，它们两者的和称为测压管水头；流速水头属于动能。水在流动过程中，三种形式的水头(机械能)总是处于不断转换之中。排水管渠中的测压管水头较之流速水头一般大得多，因此在水力计算中，流速水头往往可以忽略不计。

2. 水头损失

因黏滞性的存在，水在流动中受到固定界面的影响(包括摩擦与限制作用)，导致断面的流速不均匀，相邻流层间产生切应力，即流动阻力。水流克服阻力所消耗的机械能，称为水头损失，用符号 h_w 表示。当水流受到固定边界限制做均匀流动时，流动阻力中只有沿程不变的切应力，称为沿程阻力。由沿程阻力所引起的水头损失称为沿程水头损失，用符号 h_f 表示。当水流固定边界发生突然变化，引起流速分布或方向发生变化，从而集中发生在较短范围的阻力称为局部阻力。由局部阻力所引起的水头损失称为局部水头损失，用符号 h_m 表示。实际应用中，水头损失应包括沿程水头损失 h_f 和局部水头损失 h_m，即 $h_w=\Sigma h_f+\Sigma h_m$。

从产生的原理可以看出，水头损失的大小与管渠过水断面的几何尺寸和管渠内壁的粗糙度有关。

粗糙度一般用粗糙系数 n 来表示，其大小综合反映了管渠内壁对水流阻力的大小，是管渠水力计算中的主要因素之一。

管渠过水断面的特性几何尺寸，称之为水力半径，用符号 R 来表示，单位为米(m)，其计算公式为 $R=A/\chi$。其中，A 为过水断面面积，单位为平方米(m^2)；χ 为过水断面与固定界面表面接触的周界，即湿周，单位为米(m)。当水流为圆管满流时，其湿周 χ 与圆管断面周长一致，$R=0.25d$，d 为圆管直径，单位为米(m)。水力半径是一个重要的概念，在面积相等的情况下，水力半径越大，湿周越小，水流所受的阻力越小，越有利于过流。

在排水工程中，由于管渠长度较长，沿程水头损失一般远远大于局部水头损失。所以在进行水力计算时，一般忽略局部水头损失，或将局部阻力转换成等效长度的沿程水头损失进行计算。

三、水静力学

液体静力学主要是讨论液体静止时的平衡规律和这些规律的应用。所谓“液体静止”指的是液体内部质点间没有相对运动，也不呈现黏性，至于盛装液体的容器，不论它是静止的、匀速运动的还是匀加速运动的都没有关系。

(一)液体静压力及其特性

当液体静止时，液体质点间没有相对运动，故不存在切应力，但却有压力和重力的作用。液体静止时产生的压力称为静水压力，即在静止液体表面上的法向力。

液体内单位面积 ΔA 上所受到的法向力为 ΔF，如图 3-1，则 ΔF 与 ΔA 之比，称为 ΔA 表面的平均静压强 p。当微小面积 ΔA 无限缩小为一点时，则其平均静压强的极限值就是该点的静压强，见式(3-1)：

$$p=\lim_{\Delta A\to 0}\frac{\Delta F}{\Delta A} \tag{3-1}$$

式中：p——液体内单位面积上的平均静压强，Pa；

ΔA——液体内的单位面积，m^2；

ΔF——液体内单位面积上受到的法向力，N。

由此可见，液体的静压力是指作用在某面积上的总压力，而液体的静压强则是作用在单位面积上的压力(图 3-1)。由于液体质点间的凝聚力很小，不能受拉，只能受压，所以液体的静压强具有两个重要特性：①静压强的方向指向受压面，并与受压面垂直；②静止液体内任一点的静压强在各个方向上均相等。

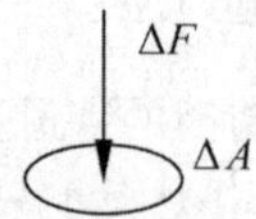

图 3-1　单位面积上的受力示意图

(二)水静力学基本方程

1. 静压基本方程式

在静止的液体中，取出一垂直的小圆柱体，如图3-2所示。已知自由液面(指液体与气体的交界面)压强为p_0，圆柱体顶面与自由液面重合，高为h，端面面积为$\triangle A$。

平衡状态下，$p\triangle A=p_0\triangle A+F_G$。这里的$F_G$即为液柱的重量，$F_G=\rho gh\triangle A$。由上述两式得出式(3-2)：

$$p=p_0+\rho gh=p_0+\gamma h \quad (3\text{-}2)$$

式中：p——静止液体内某点的压强，Pa；

p_0——液面压强，Pa；

g——重力加速度，N/kg；

h——小圆柱体高度，m；

γ——液体重力密度，N/m^3。

式(3-2)即为液体静力学的基本方程。

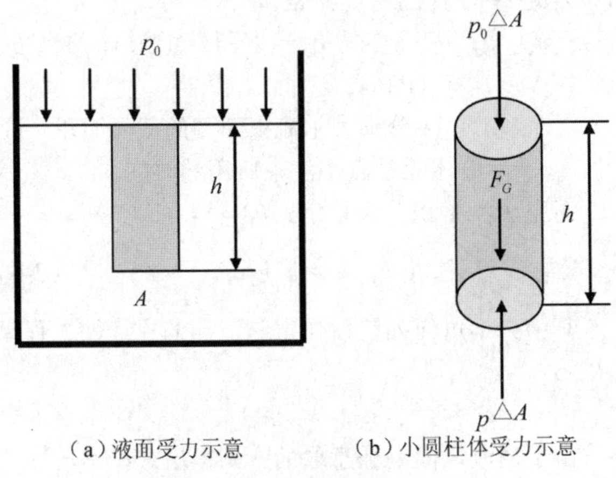

图3-2　静止液体的受力示意

由液体静压力基本方程可知：

(1)静止液体内任一点处的压强由两部分组成，一部分是液面上的压强p_0，另一部分是γ与该点离液面深度h的乘积。当液面上只受大气压强p_0作用时，点A处的静压强则为$p=p_0$。

(2)同一容器中同一液体内的静压强随液体深度h的增加而线性地增加。

(3)连通器内同一液体中深度h相同的各点压强都相等。由压强相等的组成的面称为等压面。在重力作用下静止液体中的等压面是一个水平面。

2. 静压力基本方程的物理意义

静止液体中单位质量液体的压力能和位能可以互相转换，但各点的总能量却保持不变，即能量守衡。

3. 帕斯卡原理

根据静力学基本方程，盛放在密闭容器内的液体，其外加压强p_0发生变化时，只要液体仍保持其原来的静止状态不变，液体中任一点的压强均将发生同样大小的变化。也就是说，在密闭容器内，施加于静止液体上的压强将以等值同时传到各点，这就是静压传递原理或称帕斯卡原理。

(三)静水压强的表示方法和单位

1. 表示方法

压强的表示方法有两种：绝对压强和相对压强。绝对压强是以绝对真空作为基准所表示的压强；相对压强是以大气压力作为基准所表示的压强。由于大多数测压仪表所测得的压强都是相对压强，故相对压强也称表压强。绝对压强与相对压强的关系为绝对压强=相对压强+大气压强。

如果液体中某点处的绝对压强小于大气压强，这时在这个点上的绝对压强比大气压强小的部分数值称为：真空度，即：真空度=大气压强-绝对压强。

2. 单　位

我国法定压强单位为帕斯卡，简称帕，符号为Pa，$1Pa=1N/m^2$。由于Pa太小，工程上常用其倍数单位兆帕(MPa)来表示，$1MPa=10^6Pa$。

压强单位和其他非法定计量单位的换算关系为：

1at(工程大气压)$=1kg\cdot f/cm^2=9.8\times10^4Pa$

$1mH_2O$(米水柱)$=9.8\times10^3Pa$

1mmHg(毫米汞柱)$=1.33\times10^2Pa$

1bar(巴)$=10^5Pa\approx1.02kg\cdot f/cm^2$

(四)液体静压力对固体壁面的作用力

静止液体和固体壁面相接触时，固体壁面上各点在某一方向上所受静压作用力的总和，便是液体在该方向上作用于固体壁面上的力。在液压传动计算中质量力可以忽略，静压处处相等，所以可认为作用于固体壁面上的压力是均匀分布的。

当固体壁面是一个曲面时，作用在曲面各点的液体静压力是不平行的，但是静压力的大小是相等的，因而作用在曲面上的总作用力在不同的方向也就不一样。因此，必须首先明确要计算的曲面上的力。

如图3-3所示，在曲面上的液压作用力F，就等

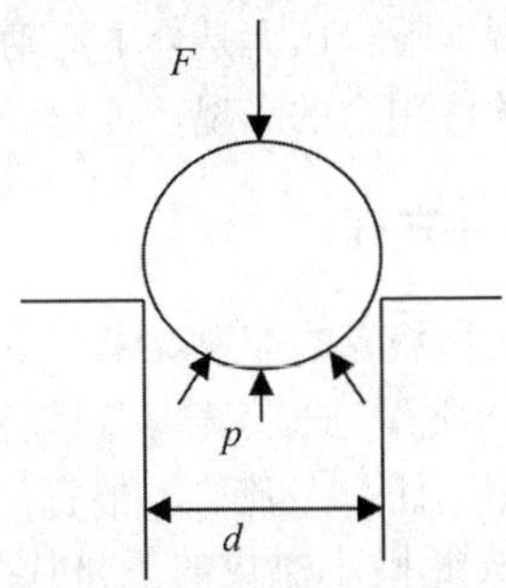

图3-3　曲面液压作用力示意

于压力作用于该部分曲面在垂直方向的投影面积 A 与压力 p 的乘积，其作用点在投影圆的圆心，其方向向上，即 $F=pA=p(\pi d^2/4)$。其中，d 为承压部分曲面投影圆的直径。

由此可见，曲面上液压作用力在某一方向上的分力等于静压力和曲面在该方向的垂直面内投影面积的乘积。

四、水动力学

（一）基本概念

1. 理想液体、实际液体、平行流动和缓变流动

（1）理想液体：既无黏性又不可压缩的液体称为理想液体。

（2）实际液体：实际的液体，既有黏性又可压缩。

（3）平行流动：流线彼此平行的流动。

（4）缓变流动：流线夹角很小或流线曲率半径很大的流动。

2. 迹线、流线、流束和通流截面

（1）迹线：流动液体的某一质点在某一时间间隔内在空间的运动轨迹。

（2）流线：表示某一瞬时，液流中各处质点运动状态的一条条曲线。

（3）流管和流束：封闭曲线中的这些流线组合的表面称为流管。流管内的流线群称为流束。

（4）通流截面：流束中与所有流线正交的截面称为通流截面。截面上每点处的流动速度都垂直于这个面。

3. 流量和流速

（1）流量：单位时间内通过某通流截面的液体的体积称为流量。

（2）流速：单位面积内通过某通流截面的流量称为流速。

4. 流体压力

考虑流体内部某一平面，当该平面两侧流体无相对运动时，面上任一单位面积所受到的作用力称为流体压力。从微观上看，压力是分子运动对容器壁面碰撞所产生的平均作用力的表现。

（二）连续性方程

质量守恒是自然界的客观规律，不可压缩液体的流动过程也遵守质量守恒定律。假设液体作定常流动，且不可压缩，任取一流管，根据质量守恒定律，在 dt 时间内流入此微小流束的质量应等于此微小流束流出的质量，如图 3-4 所示。

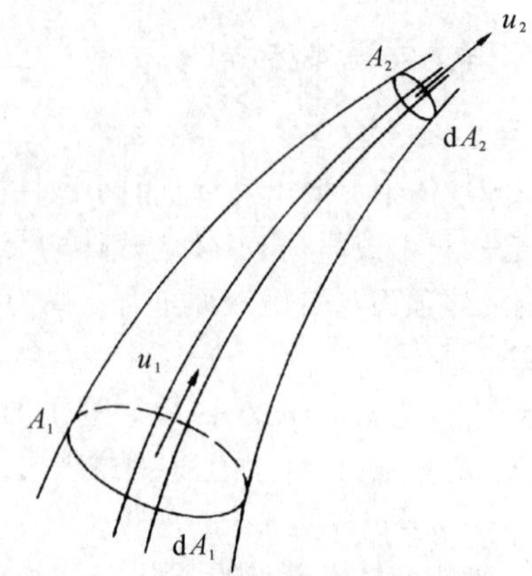

图 3-4　液体的微小流束连续性流动示意图

液体的连续性方程见式（3-3）：

$$\left.\begin{aligned}\rho u_1 \mathrm{d}A_1 dt = \rho u_2 \mathrm{d}A_2 \mathrm{d}t \\ u_1 \mathrm{d}A_1 = u_2 \mathrm{d}A_2\end{aligned}\right\} \tag{3-3}$$

式中：ρ——液体的密度，kg/m^3；

u_1、u_2——分别表示流束两端的液体的黏度，Pa·s；

A_1、A_2——分别表示流束两端的截面面积，m^2；

t——液体通过微小流束所用的时间，s。

对整个流管积分，得出式（3-4）：

$$\int_{A_1} u_1 \mathrm{d}A_1 = \int_{A_2} u_2 \mathrm{d}A_2 \tag{3-4}$$

其中，不可压缩流体作定常流动的连续性方程见式（3-5）：

$$v_1 A_1 = v_2 A_2 \tag{3-5}$$

由于通流截面是任意取的，则得出式（3-6）：

$$q = v_1 A_1 = v_2 A_2 = v_3 A_3 = \cdots\cdots = v_n A_n = \text{常数} \tag{3-6}$$

式中：v_1——流管通流截面 A_1 上的平均流速，m/s；

v_2——流管通流截面 A_2 上的平均流速，m/s；

q——流管的流量，m^3/s。

此式表明通过流管内任一通流截面上的流量相等，当流量一定时，任一通流截面上的通流面积与流速成反比。则任一通流断面上的平均流速为式（3-7）：

$$v_i = \frac{q}{A_i} \tag{3-7}$$

（三）伯努利方程

能量守恒是自然界的客观规律，流动液体也遵守能量守恒定律，这个规律是用伯努利方程的数学形式来表达的。

1. 理想液体微小流束的伯努利方程

为了研究方便，一般将液体作为没有黏性摩擦力的理想液体来处理。理想液体微小流束的伯努利方程见式（3-8）：

$$\frac{p_1}{\rho g}+z_1+\frac{u_1^2}{2g}=\frac{p_2}{\rho g}+z_2+\frac{u_2^2}{2g} \tag{3-8}$$

式中：$\frac{p}{\rho g}$——单位重量液体所具有的压力能，称为比压能，也叫作压力水头，m；

z——单位重量液体所具有的势能，称为比位能，也叫作位置水头，m；

$\frac{u^2}{2g}$——单位重量液体所具有的动能，称为比动能，也叫作速度水头，m。

对伯努利方程可作如下的理解：

(1)伯努利方程式是一个能量方程式，它表明在空间各相应通流断面处流通液体的能量守恒规律。

(2)理想液体的伯努利方程只适用于重力作用下的理想液体作定常活动的情况。

(3)任一微小流束都对应一个确定的伯努利方程，即对于不同的微小流束，它们的常量值不同。

伯努利方程的物理意义为：在密封管道内作定常流动的理想液体在任意一个通流断面上具有三种形成的能量，即压力能、势能和动能。三种能量的总和是一个恒定的常量，而且三种能量之间是可以相互转换的，即在不同的通流断面上，同一种能量的值是不同的，但各断面上的总能量值都是相同的。

2. 实际液体流束的伯努利方程

实际液体都具有黏性，因此液体在流动时还需克服由于黏性所引起的摩擦阻力，这必然要消耗能量。设因黏性而消耗的能量为 h_w，则实际液体微小流束的伯努利方程见式(3-9)：

$$\frac{p_1}{\rho}+z_1g+\frac{u_1^2}{2}=\frac{p_2}{\rho}+z_2g+\frac{u_2^2}{2}+h_wg \tag{3-9}$$

式中：p_1、p_2——液体的压强，Pa；

ρ——液体的密度，kg/m^3；

z_1、z_2——单位重量液体所具有的势能，称为比位能，也叫作位置水头，m；

g——重力加速度，m/s^2；

u_1、u_2——液体的黏度，Pa · s；

h_w——由液体黏性引起的能量损失，m。

3. 实际液体总流的伯努利方程

将微小流束扩大到总流，由于在通流截面上速度 u 是一个变量，若用平均流速代替，则必然造成动能偏差，故必须引入动能修正系数。于是实际液体总流的伯努利方程为式(3-10)：

$$\frac{p_1}{\rho}+z_1g+\frac{\alpha_1 v_1^2}{2}=\frac{p_2}{\rho}+z_1g+\frac{\alpha_2 v_2^2}{2}+h_wg \tag{3-10}$$

式中：α_1、α_2——动能修正系数，一般在紊流时 $\alpha=1$，层流时 $\alpha=2$。

4. 动量方程

动量方程是动量定理在流体力学中的具体应用。流动液体的动量方程是流体力学的基本方程之一，它是研究液体运动时作用在液体上的外力与其动量的变化之间的关系。液体作用在固体壁面上的力，用动量定理来求解比较方便。动量定理：作用在液体上的力的大小等于液体在力作用方向上的动量的变化率，见式(3-11)：

$$\sum F=\frac{\mathrm{d}(mu)}{\mathrm{d}t} \tag{3-11}$$

式中：F——作用在液体上作用力，N；

m——液体的质量，kg；

u——液体的流速，m/s。

假设理想液体作定常流动。任取一控制体积，两端通流截面面积为 A_1、A_2，在控制体积中取一微小流束，流束两端的截面面积分别为 $\mathrm{d}A_1$ 和 $\mathrm{d}A_2$，在微小截面上各点的速度可以认为是相等的，且分别为 u_1 和 u_2。动量的变化见式(3-12)：

$$\mathrm{d}(mu)=\mathrm{d}(mu)_2-\mathrm{d}(mu)_1=\rho\mathrm{d}q\mathrm{d}t(u_2-u_1) \tag{3-12}$$

式中：ρ——液体的密度，kg/m^3；

q——液体的流量，m^3/s；

t——液体通过微小流速所用的时间，s；

u_1、u_2——液体在两端通流截面上的流速，m/s。

微小流束扩大到总流，对液体的作用力合力见式(3-13)：

$$\sum F=\rho q(u_2-u_1) \tag{3-13}$$

将微小流束扩大到总流，由于在通流截面上速度 u 是一个变量，若用平均流速代替，则必然造成动量偏差，故必须引入动量修正系数 β。故对液体的作用力合力为式(3-14)：

$$\sum F=\rho q(\beta_2 v_2-\beta_1 v_1) \tag{3-14}$$

式中：β_1、β_2——动量修正系数，一般在紊流时 $\beta=1$，层流时 $\beta=1.33$。

五、基础水力

(一)沿程水头损失计算

管渠的沿程水头损失常用谢才公式计算，其形式见式(3-15)：

$$h_f=\frac{lv^2}{C^2R} \tag{3-15}$$

式中：h_f——沿程水头损失，m；

l——管渠长度，m；

v——过水断面的平均流速，m/s；

C——谢才系数，$\sqrt{m}$ /s；

R——过水断面水力半径，m。

对于圆管满流，沿程水头损失也可用达西公式计算，表示为式(3-16)：

$$h_f = \lambda \frac{l}{d} \frac{v^2}{2g} \tag{3-16}$$

式中：d——圆管直径，m；

g——重力加速度，m/s²；

λ——沿程阻力系数，$\lambda = 8g/C^2$，m。

沿程阻力系数或谢才系数与水流流态有关，一般只能采用经验公式或半经验公式计算。目前，国内外较为广泛使用的主要有舍维列夫公式、海曾-威廉公式、柯尔勃洛克-怀特公式和巴甫洛夫斯基公式等，其中国内常用的是舍维列夫公式和巴甫洛夫斯基公式。

(二)局部水头损失计算

局部水头损失见式(3-17)：

$$h_j = \zeta \frac{v^2}{2g} \tag{3-17}$$

式中：h_j——局部水头损失，m；

ζ——局部阻力系数，无量纲；

v——过水断面的平均流速，m/s。

不同配件、附件或设施的局部阻力系数详见表 3-1。

表 3-1 局部阻力系数(ζ)

配件、附件或设施	ζ	配件、附件或设施	ζ
全开闸阀	0.19	90°弯头	0.9
50%开启闸阀	2.06	45°弯头	0.4
截止阀	3~5.5	三通转弯	1.5
全开蝶阀	0.24	三通直流	0.1

(三)非满流管渠水力计算

非满流管渠水力计算的目的在于确定管渠的流量、流速、断面尺寸、充满度、坡度之间的水力关系。非满流管渠内的水流状态基本上都处于阻力平方区，接近于均匀流。所以，在非满流管渠的水力计算中一般都采用均匀流公式，即式(3-18)：

$$\left.\begin{aligned} v &= C\sqrt{Ri} \\ Q &= Av = AC\sqrt{Ri} = K\sqrt{i} \end{aligned}\right\} \tag{3-18}$$

式中：v——过水断面的平均流速，m/s；

C——谢才系数，$\sqrt{m}$ /s；

R——水力半径，m；

i——水力坡度(等于水面坡度，也等于管底坡度)，m/m；

Q——过水断面的平均流量，m³/s；

A——过水断面面积，m²；

K——流量模数，$K = AC\sqrt{R}$，其值相当于底坡等于 1 时的流量。

式(3-18)中的谢才系数 C 如采用曼宁公式计算，则可表示为式(3-19)：

$$\left.\begin{aligned} v &= \frac{1}{n}\sqrt[3]{R^2}\sqrt{i} \\ Q &= A\frac{1}{n}\sqrt[3]{R^2}\sqrt{i} \\ R &= R(D,\ h/D) \\ A &= A(D,\ h/D) \end{aligned}\right\} \tag{3-19}$$

式中：n——粗糙系数，无量纲。

D——过水管道管径，m；

H——过水断面水深，m；

h/D——充满度,%。

上述速度和流量的计算公式即为非满流管渠水力计算的基本公式。

在非满流管渠水力计算的基本公式中，有 Q、d、h、i 和 v 共 5 个变量，已知其中任意 3 个，就可以求出另外 2 个。由于计算公式的形式很复杂，所以非满流管渠水力计算比满流管渠水力计算要繁杂得多，特别是在已知流量、流速等参数求其充满度时，需要解非线性方程，手工计算非常困难。为此，必须找到手工计算的简化方法。常用简化计算方法有利用水力计算图表进行计算和借助满流水力计算公式并通过一定的比例变换进行计算等。

(四)无压圆管的水力计算

所谓无压圆管，是指非满流的圆形管道。在排水工程中，圆形断面无压均匀流的例子最为普遍，一般污水管道、雨水管道和合流管道中大多属于这种流动。这是因为它们既是水力最优断面，又具有制作方便、受力性能好等特点。由于这类管道内的流动都具有自由液面，所以常用明渠均匀流的基本公式对其进行计算。

圆形断面无压均匀流的过水断面如图 3-5 所示。设其管径为 d，水深为 h，定义 $\alpha = h/d = \sin(\theta/4)$，$\alpha$ 称为充满度，所对应的圆心角 θ 称为充满角(°)。

由几何关系可得各水力要素之间的关系为：

(1)过水断面面积 $A = \frac{d^2}{8}(\theta - \sin\theta)$。

(2)湿周 $\chi = \frac{d}{2}\theta$。

(3)水力半径 $R = \frac{d}{4}\left(1 - \frac{\sin\theta}{\theta}\right)$。

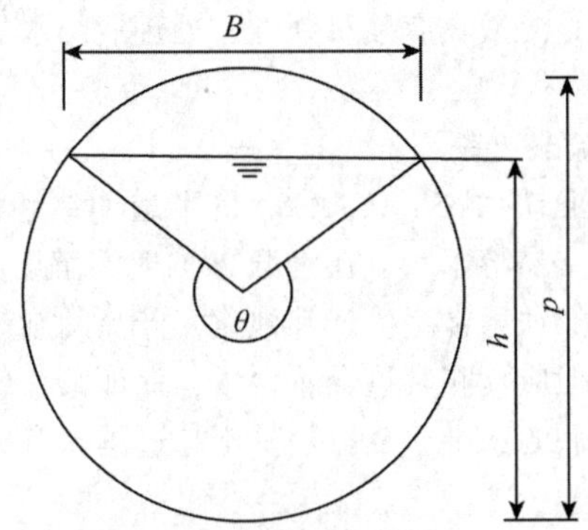

图 3-5　无压圆管均匀流的过水断面

代入式(3-19)，得出式(3-20)：

$$\left.\begin{aligned} v &= \frac{1}{n}\sqrt[3]{R^2}\sqrt{i} \\ Q &= \frac{1}{n}A\sqrt[3]{R^2}\sqrt{i} \end{aligned}\right\} \quad (3\text{-}20)$$

为便于计算，表 3-2 列出不同充满度时，圆形管道过水断面面积 A 和水力半径 R 的值。

表 3-2　不同充满度时圆形管道过水断面积和水力半径

充满度 (α)	过水断面积 (A)/m^2	水力半径 (R)/m	充满度 (α)	过水断面积 (A)/m^2	水力半径 (R)/m
0.05	$0.0147d^2$	$0.0326d$	0.55	$0.4426d^2$	$0.2649d$
0.10	$0.0400d^2$	$0.0635d$	0.60	$0.4920d^2$	$0.2776d$
0.15	$0.0739d^2$	$0.0929d$	0.65	$0.5404d^2$	$0.2881d$
0.20	$0.1118d^2$	$0.1206d$	0.70	$0.5872d^2$	$0.2962d$
0.25	$0.1535d^2$	$0.1466d$	0.75	$0.6319d^2$	$0.3017d$
0.30	$0.1982d^2$	$0.1709d$	0.80	$0.6736d^2$	$0.3042d$
0.35	$0.2450d^2$	$0.1935d$	0.85	$0.7115d^2$	$0.3033d$
0.40	$0.2934d^2$	$0.2142d$	0.90	$0.7445d^2$	$0.2980d$
0.45	$0.3428d^2$	$0.2331d$	0.95	$0.7707d^2$	$0.2865d$
0.50	$0.3927d^2$	$0.2500d$	1.00	$0.7845d^2$	$0.2500d$

注：表中 d 的单位为 m。

第二节　水化学

一、概　述

(一)水的含义

水(H_2O)是由氢、氧两种元素组成的无机物，在常温常压下为无色无味的透明液体。水是最常见的物质之一，是包括人类在内所有生命生存的重要资源，也是生物体最重要的组成部分。水在生命演化中起到了重要的作用。

(二)水化学的基本内容

水化学是研究和描述水中存在的各种物质(包括有机物和无机物)与水分子之间相互作用的物理化学过程。涉及化学动力学、热力学、化学平衡、酸碱化学、配位化学、氧化还原化学和它们之间相互作用等理论与实践，同时也会涉及有关物理学、地理学、地质学和生物学等相关知识。

(三)水化学的意义

研究水化学的意义主要包括：了解天然水的地球化学；研究水污染化学；开发给水工程；污水处理实现水的回归；发展水养殖；进行水资源保护和合理利用；研究海洋科学工程；研究腐蚀与防腐科学；进行水质分析与水环境监测；制定水质标准；研究水利工程与土木建筑等。

二、水化学反应

(一)中和反应

(1)中和反应：是指酸与碱作用生成盐和水的反应。例如氢氧化钠(俗称烧碱、火碱、苛性钠)可以和盐酸发生中和反应，生成氯化钠和水。

(2)实际应用：改变土壤的酸碱性、用于医药卫生、调节人体酸碱平衡、调节溶液酸碱性、处理工厂的废水等。

污水处理厂里的废水常呈现酸性或碱性，若直接排放将会造成水污染，所以需进行一系列的处理。碱性污水需用酸来中和，酸性污水需用碱来中和，如硫酸厂的污水中含有硫酸等杂质，可以用熟石灰来进行中和处理，生成硫酸钙沉淀物和水。

例如氢氧化钠被广泛应用于水处理。在污水处理厂，氢氧化钠可以通过中和反应减小水的硬度。在工业领域，是离子交换树脂再生的再生剂。氢氧化钠具有强碱性，且在水中具有相对高的可溶性。由于氢氧化钠在水中具有相对高的可溶性，所以容易衡量用量，被方便地使用在水处理的各个领域。

氢氧化钠被使用在水处理的方向有：消除水的硬度；调节水的 pH；对废水进行中和；通过沉淀消除水中重金属离子；离子交换树脂的再生。

(二)混　凝

混凝是指通过某种方法(如投加化学药剂)使水中胶体粒子和微小悬浮物聚集的过程，是水和废水处理工艺中的一种单元操作。凝聚和絮凝总称为混凝。凝聚主要指胶体脱稳并生成微小聚集体的过程，絮凝主要指脱稳的胶体或微小悬浮物聚结成大的絮凝体的过程。

影响混凝效果的主要因素如下：

(1)水温：水温对混凝效果有明显的影响。

(2)pH：对混凝的影响程度，视混凝剂的品种而异。

(3)水中杂质的成分、性质和浓度。

(4)水力条件。

混凝剂可归纳为如下两类：

(1)无机盐类：有铝盐(硫酸铝、硫酸铝钾、铝酸钾等)、铁盐(三氯化铁、硫酸亚铁、硫酸铁等)和碳酸镁等。

(2)高分子物质：有聚合氯化铝，聚丙烯酰胺等。

常用的混凝剂介绍如下：

(1)硫酸铝

硫酸铝常用的是 $Al_2(SO_4)_3 \cdot 18H_2O$，其分子量为 666.41，相对密度 1.61，外观为白色，光泽结晶。硫酸铝易溶于水，水溶液呈酸性，室温时溶解度大致是 50%，pH 在 2.5 以下。沸水中溶解度提高至 90% 以上。硫酸铝使用便利，混凝效果较好，不会给处理后的水质带来不良影响。当水温低时硫酸铝水解困难，形成的絮体较松散。

硫酸铝在我国使用最为普遍，大都使用块状或粒状硫酸铝。根据其中不溶于水的物质的含量可分为精制和粗制两种。硫酸铝易溶于水可干式或湿式投加。湿式投加时一般采用 10%~20% 的浓度(按商品固体重量计算)。硫酸铝使用时水的有效 pH 范围较窄，约在 5.5~8，其有效 pH 随原水的硬度的大小而异，对于软水 pH 在 5.7~6.6，中等硬度的水 pH 为 6.6~7.2，硬度较高的水 pH 则为 7.2~7.8。在控制硫酸铝剂量时应考虑上述特性。有时加入过量硫酸铝会使水的 pH 降至铝盐混凝有效 pH 以下，既浪费了药剂，又使处理后的水浑浊。

(2)三氯化铁

三氯化铁($FeCl_3 \cdot 6H_2O$)是一种常用的混凝剂，是黑褐色的结晶体，有强烈吸水性，极易溶于水，其溶解度随温度上升而增加，形成的矾花沉淀性能好，处理低温水或低浊水效果比铝盐好。我国供应的三氯化铁有无水物、结晶水合物和液体三种。液体、结晶水合物或受潮的无水物腐蚀性极大，调制和加药设备必须用耐腐蚀器材(不锈钢的泵轴运转几星期也即腐蚀，用钛制泵轴有较好的耐腐性能)。三氯化铁加入水后与天然水中碱度起反应，形成氢氧化铁胶体。

三氯化铁的优点是形成的矾花密度大，易沉降，低温、低浊时仍有较好效果，适宜的 pH 范围也较宽，缺点是溶液具有强腐蚀性，处理后的水的色度比用铝盐高。

(3)硫酸亚铁

硫酸亚铁($FeSO_4 \cdot 7H_2O$)是半透明绿色结晶体，俗称绿矾，易溶于水，在水温 20℃时溶解度为 21%。

硫酸亚铁通常是生产其他化工产品的副产品，价格低廉，但应检测其重金属含量，保证其在最大投量时，处理后的水中重金属含量不超过国家有关水质标准的限量。

固体硫酸亚铁需溶解投加，一般配置成 10% 左右的重量百分比浓度使用。

当硫酸亚铁投加到水中时，离解出的二价铁离子只能生成简单的单核络合物，因此，不如含有三价铁的盐那样有良好的混凝效果。残留于水中的 Fe^{2+} 会使处理后的水带色，当水中色度较高时，Fe^{2+} 与水中有色物质反应，将生成颜色更深的不易沉淀的物质(但可用三价铁盐除色)。根据以上所述，使用硫酸亚铁时应将二价铁先氧化为三价铁，然后再起混凝作用。通常情况下，可采用调节 pH、加入氯、曝气等方法使二价铁快速氧化。

当水的 pH 在 8.0 以上时，加入的亚铁盐的 Fe^{2+} 易被水中溶解氧氧化成 Fe^{3+}，当原水的 pH 较低时，可将硫酸亚铁与石灰、碱性条件下活化的活化硅酸等碱性药剂一起使用，可以促进二价铁离子氧化。当原水 pH 较低而且溶解氧不足时，可通过加氯来氧化二价铁。

硫酸亚铁使用时，水的 pH 的适用范围较宽，为 5.0~11。

(4)碳酸镁

铝盐与铁盐作为混凝剂加入水中形成絮体随水中杂质一起沉淀于池底，作为污泥要进行适当处理以免造成污染。大型水厂产生的污泥量甚大，因此不少人曾尝试用硫酸回收污泥中的有效铝、铁，但回收物中常有大量铁、锰和有机色度，以致不适宜再作混凝剂。

碳酸镁在水中产生 $Mg(OH)_2$ 胶体和铝盐、铁盐产生的 $Al(OH)_3$ 与 $Fe(OH)_3$ 胶体类似，可以起到澄清水的作用。石灰苏打法软化水站的污泥中除碳酸钙外，尚有氢氧化镁，利用二氧化碳气可以溶解污泥中的氢氧化镁，从而回收碳酸镁。

(5)聚丙烯酰胺(PAM)

聚丙烯酰胺为白色粉末或者小颗粒状物，密度为 $1.32g/cm^3$(23℃)，玻璃化温度为 188℃，软化温度接近 210℃，为水溶性高分子聚合物，具有良好的絮凝性，可以降低液体之间的摩擦阻力，不溶于大多数有机溶剂。本身及其水解体没有毒性，聚丙烯酰胺的毒性来自其残留单体丙烯酰胺（AM）。丙烯酰胺为神经性致毒剂，对神经系统有损伤作用，中毒后表现出肌体无力，运动失调等症状。因此各国卫生部门均有规定聚丙烯酰胺工业产品中残留的丙烯酰胺含量，一般为0.05%~0.5%。聚丙烯酰胺用于工业和城市污水的净化处理方面时，一般允许丙烯酰胺含量0.2%以下，用于直接饮用水处理时，丙烯酰胺含量需在0.05%以下。聚丙烯酰胺产品用途如下：

①用于污泥脱水可有效在污泥进入压滤之前进行污泥脱水，脱水时，产生絮团大，不粘滤布，压滤时不散，泥饼较厚，脱水效率高，泥饼含水率在80%以下。

②用于生活污水和有机废水的处理，在酸性或碱性介质中均呈现阳电性，这样对污水中悬浮颗粒带阴电荷的污水进行絮凝沉淀，澄清很有效。如生产粮食酒精废水、造纸废水、城市污水处理厂的废水、啤酒废水、纺织印染废水等，用阳离子聚丙烯酰胺要比用阴离子、非离子聚丙烯酰胺或无机盐类效果要高数倍或数十倍，因为这类废水普遍带阴电荷。

③用于以江河水作水源的自来水的处理絮凝剂，用量少，效果好，成本低，特别是和无机絮凝剂复合使用效果更好，它将成为治理长江、黄河及其他流域的自来水厂的高效絮凝剂。

聚丙烯酰胺可以应用于各种污水处理，针对生活污水处理使用聚丙烯酰胺一般分为两个过程，一是高分子电解质与粒子表面的电荷中和；二是高分子电解质的长链与粒子架桥形成絮团。絮凝的主要目的是通过加入聚丙烯酰胺使污泥中细小的悬浮颗粒和胶体微粒聚结成较粗大的絮团。随着絮团的增大，沉降速度逐渐增加。

（6）聚合氯化铝（PAC）

聚合氯化铝颜色呈黄色或淡黄色、深褐色、深灰色，树脂状固体。有较强的架桥吸附性能，在水解过程中，伴随发生凝聚、吸附和沉淀等物理化学过程。聚合氯化铝与传统无机混凝剂的根本区别在于传统无机混凝剂为低分子结晶盐，而聚合氯化铝的结构由形态多变的多元羧基络合物组成，絮凝沉淀速度快，适用pH范围宽，对管道设备无腐蚀性，净水效果明显，能有效去除水中色度、悬浮物（SS）、化学需氧量（COD）、生化需氧量（BOD）及砷、汞等重金属离子，广泛用于饮用水、工业用水和污水处理领域如下：

①净水处理：生活用水、工业用水。

②城市污水处理。

③工业废水、污水、污泥的处理及污水中某些杂质回收等。

④对某些处理难度大的工业污水，以聚合氯化铝为母体，掺入其他药剂，调配成复合聚合氯化铝，处理污水能得到良好的效果。

（三）氧化还原

1. 臭氧消毒

臭氧由三个氧原子组成，在常温下为无色气体，有腥臭。臭氧极不稳定，分解时产生初生态氧。

臭氧 $O_3=O_2+[O]$，$[O]$具有极强氧化能力，是氟以外的最活泼氧化剂，对具有较强抵抗能力的微生物如病毒、芽孢等都具有强大的杀伤力。$[O]$除具有强大杀伤力外，还具有很强的渗入细胞壁的能力，从而破坏细菌有机体结构导致细菌死亡。臭氧不能贮存，需现场边生产边使用。

臭氧在污水处理过程中除可以杀菌消毒外，还可以除色。

臭氧是一种强氧化剂，它能把有机物大分子分解成小分子，把难溶解物分解为可溶物，把难降解物质转化为可降解物质，把有害物质分解为无害物，从而达到污水净化的作用。污水处理中臭氧的特点如下：

（1）臭氧是优良的氧化剂，可以彻底分解污水中的有机物。

（2）可以杀灭包括抗氯性强的病毒和芽孢在内的所有病原微生物。

（3）在污水处理过程中，受污水pH、温度等条件的影响较小。

（4）臭氧分解后变成氧气，增加水中的溶解氧，改善水质。

（5）臭氧可以把难降解的有机物大分子分解成小分子有机物，提高污水的可生化性。

（6）臭氧在污水中会全部分解，不会因残留造成二次污染。

2. 紫外线消毒

紫外线具有杀菌消毒作用。其消毒优点如下：

（1）消毒速度快，效率高。

（2）不影响水的物理性质和化学成分，不增加水的臭和味。

（3）操作简单，便于管理，易于实现自动化。

紫外线消毒的缺点是：不能解决消毒后在管网中再污染问题，电耗较大，水中悬浮物杂质妨碍光线透射等。

3. 氯消毒

氯是一种黄绿色气体，在标准状态下，氯的密度约为空气密度的2.5倍，有特殊的强烈的刺鼻臭味，在常温常压下是气体，加压到5~7个大气压时就会变成液体。氯气极易溶于水。氯对人的呼吸器官有刺激性，浓度大时，起初引起流泪，每升空气中含有0.25mg浓度的氯气时，在其间停留30min即可致死，超过2.5mg/L浓度时，能短时间致死。氯气中毒能引起气管炎症，直至引起肺脏气肿、充血、出血和水肿，为防止氯气泄漏和中毒，需注意有关安全事项和操作规程。

氯消毒的目的是使致病的微生物失去活性，一般利用氯气或次氯酸。在再生水输向用户时要加入一定量的氯，以保证在运输过程中水不会被微生物污染，到达用户家中的余氯符合相关标准。

(四)气　提

气提即气提法，是指通过让废水与水蒸气直接接触，使废水中的挥发性有毒有害物质按一定比例扩散到气相中去，从而达到从废水中分离污染物的目的。

气提的基本原理：将空气或水蒸气等载气通入水中，使载气与废水充分接触，导致废水中的溶解性气体和某些挥发性物质向气相转移，从而达到脱除水中污染物的目的。根据相平衡原理，一定温度下的液体混合物中，每一组分都有一个平衡分压，当与之液相接触的气相中该组分的平衡分压趋于零时，气相平衡分压远远小于液相平衡分压，则组分将由液相转入气相。

(五)离子交换

离子交换是指借助于固体离子交换剂中的离子与稀溶液中的离子进行交换，以达到提取或去除溶液中某些离子的目的，是一种属于传质分离过程的单元操作。离子交换是可逆的等当量交换反应。

离子交换主要用于水处理(软化和纯化)；溶液(如糖液)的精制和脱色；从矿物浸出液中提取铀和稀有金属；从发酵液中提取抗生素以及从工业废水中回收贵金属等。

离子交换在水处理的应用如下：

(连续电除盐技术EDI)是一种将离子交换技术、离子交换膜技术和离子电迁移技术(电渗析技术)相结合的纯水制造技术。该技术利用离子交换能深度脱盐来克服电渗析极化而脱盐不彻底，又利用电渗析极化而使水发生电离产生H^+和OH^-实现树脂再生，来克服树脂失效后通过化学药剂再生的缺陷。EDI装置包括阴/阳离子交换膜、离子交换树脂、直流电源等设备。

EDI装置属于精处理水系统，一般多与反渗透(RO)配合使用，组成预处理、反渗透、EDI装置的超纯水处理系统，取代了传统水处理工艺的混合离子交换设备。EDI装置进水电阻率要求为0.025～0.5MΩ·cm，反渗透装置完全可以满足要求。EDI装置可生产电阻率15MΩ·cm以上的超纯水，具有连续产水、水质高、易控制、占地少、不需酸碱、环保等优点，具有广泛的应用前景。

第三节　水微生物学

一、概　述

(一)微生物的分类和特点

1. 分　类

根据一般概念，水中的微生物分成两类，即非细胞形态的微生物和细胞形态的微生物。非细胞形态的微生物主要指病毒包括噬菌体。细胞形态的微生物主要有原核生物和真核生物。原核生物主要包括细菌、放线菌和蓝藻。真核生物主要包括藻类、真菌(酵母菌和霉菌)、原生生物(肉足虫、鞭毛虫、纤毛类)和后生动物。

上述微生物中，大部分是单细胞的，其中藻类在生物学中属于植物学的范围，原生动物及后生动物属于无脊椎动物范围。严格地说，其中个体较大者，不属于微生物学范围。此外，还需注意一种用光学显微镜看不见的生物，例如病毒，一般显微镜无法分辨小于0.2μm的物体，而病毒个体一般小于0.2μm，可称为超显微镜微生物。

2. 特　点

微生物除具有个体非常微小的特点外，还具有下列几个特点：一是种类繁多。由于微生物种类繁多，因而对于营养物的要求也不相同。它们可以分别利用自然界中的各种有机物和无机物作为营养，使各种有机物合成分解成无机物，或使各种无机物合成复杂的碳水化合物、蛋白质等有机物。所以，微生物在自然界的物质过程中起着重要作用。二是分布广。微生物个体小而轻，可随着灰尘四处飞扬，因而广泛分布于土壤、空气和水体等自然环境中。因土壤中含有丰富的微生物所需的营养物质，所以土壤中微生物的种类或数量特别多。三是繁殖快。大多数微生物在几十分钟内可繁殖一代，即由一个分裂为两个，如果条件适宜，经过10h就可繁殖为数亿个。四是容易发生变异。这一特点使微生物较能适应外界环境条件的变化。

微生物的生理特性以及上述的四个特点，是废水生物处理法的依据，废水和微生物在处理构筑物中接触时，能作为养料的物质(大部分的有机化合物和某些含硫、磷、氮等的无机化合物），即被微生物利用、转化，从而使废水的水质得到改善。当然，在废水排入水体之前，还必须除去其中的微生物，因为微生物本身也是一种有机杂质。

在各类微生物中，细菌与水处理的关系最密切。细菌是微小的，单细胞的，没有真正细胞核的原核生物，其大小一般只有几微米大。一滴水里，可以包含好几万个细菌。所以要观察细菌的形态，必须要使用显微镜。但由于细菌本身是无色透明的，即使放在显微镜下看，还是比较模糊的，为了清楚地观察到细菌，目前已使用了各种细菌的染色法，把细菌染成红的、紫色或者其他颜色，这样在显微镜下，细菌的轮廓就很清楚了。细菌的外形和结构如下：

1）细菌的外形

细菌从外观、形状来看，可分为球菌、杆菌和螺旋菌三大类。

球菌按照排列的形式，又可分为单球菌、链球菌。细菌分裂后各自分散独立存在的，称单球菌；细菌分裂后成串的，称链球菌。产甲烷八叠球菌等都是球状细菌。球菌直径一般为0.5~2μm。

杆菌一般长1~5μm，宽0.5~1μm。布氏产甲烷杆菌、大肠杆菌、硫杆菌等都属于这一类细菌。

螺旋菌的宽度常在0.5~5μm，长度各异。常见的有霍乱弧菌、纤维狐菌等。

各类细菌在其初生时期或适宜的生活条件下，呈现它的典型形态，这些形态特征是鉴定菌种的依据之一。

2）细菌的结构

细菌的内部结构相当复杂。一般来说，细菌的构造分为基本结构和特殊结构两种。特殊结构只为一部分细菌所具有。

细菌的基本结构包括细胞壁和原生质体两部分。原生质体位于细胞壁内，包括细胞膜、细胞质、核质和内含物。细胞壁是细菌分类中最重要的依据之一。根据革兰氏染色法，可将细菌分为两大类，革兰氏阳性菌和革兰氏阴性菌。革兰氏阳性菌的细胞壁较厚，为单层，其组分比较均匀，主要由肽聚糖组成。革兰氏阴性菌的细胞壁分为两层。

（1）细胞壁：细胞壁是包围在细菌细胞最外面的一层富有弹性的结构，是细胞中很重要的结构单元，在细胞生命活动中的作用主要有：保持细胞具有一定的外观形状；可作为鞭毛的支点，实现鞭毛的运动；与细菌的抗原特性、致病性有关。

（2）细胞膜：细胞膜是一层紧贴着细胞壁而包围着细胞质的薄膜，其化学组成主要是脂类、蛋白质和糖类。这种膜具有选择性吸收的半渗透性，膜上具有与物质渗透、吸收、转送和代谢等有关的许多蛋白酶或酶类。

细胞膜的主要功能有：一是控制细胞内外物质的运送和交换；二是维持细胞内正常渗透压；三是合成细胞壁组分和荚膜的场所；四是进行氧化、磷酸化或光合磷酸化的产能基地；五是许多代谢酶和运输酶以及电子呼吸链主组分的所在地；六是鞭毛着生和生长点。

（3）细胞质：细胞质是一种无色透明而黏稠的胶体，其主要成分是水、蛋白质、核酸和脂类等。根据染色特点，可以通过观察染色均匀与否来判断细菌处于幼龄还是衰老阶段。

（4）核质：一般的细菌仅具有分散而不固定形态的核质。核或核质内几乎集中有全部与遗传变异有密切相关的某些核酸，所以常称核是决定生物遗传性的主要部分。

（5）内含物：内含物是细菌新陈代谢的产物，或是贮存的营养物质。内含物的种类和量随着细菌种类和培养条件的不同而不同，往往在某些物质过剩时，细菌就将其转化成贮存物质，当营养缺乏时，它们又被分解利用。常见的内含物颗粒有异染颗粒、硫粒等。例如，在生物除磷过程中，不动杆菌在好氧条件下利用有机物分解产生的大量能源，可过度摄取周边溶液中磷酸盐并转化成多聚偏磷酸盐，以异染颗粒的方式贮存于细胞内。许多硫磺细菌都能在细胞内大量积累硫粒，如活性污泥中常见的贝氏硫细菌和发硫细菌都能在细胞内贮存硫粒。

（6）细菌的特殊结构：荚膜、芽孢和鞭毛。

① 荚膜：在细胞壁的外边常围绕着一层黏液，厚薄不一。比较薄时称为黏液层，相当厚时，便称为荚膜。当荚膜物质相融合成一团块，内含许多细菌时，称为菌胶团。并不是所有的细菌都能形成菌胶团。凡是能形成菌胶团的细菌，则称为菌胶团细菌。不同的细菌形成不同形状的菌胶团。菌胶团细菌包藏在胶体物质内，一方面对动物的吞噬起保护作用，同时也增强了它随不良环境的抵抗能力。菌胶团是活性污泥中细菌的主要存在形式，有较强的吸附和氧化有机物的能力，在废水生物处理中具有较为重要的作用。一般来说，处理生活污水的活性污泥，其性能的好坏，主要可依据所含菌胶团多少、大小及结构的紧密程度来定。

② 芽孢：在部分杆菌和极少数球菌的菌体内能形成圆形或椭圆形的结构，称为芽孢。一般认为芽孢是某些细菌菌体发育过程中的一个阶段，在一定的环境条件下由于细胞核和核质的浓缩凝聚所形成的一种特殊结构。一旦遇上合适的条件可发育成新的营养

体。因此，芽孢是抵抗恶劣环境的一个休眠体。处理的有毒废水都有芽孢杆菌生长。

③ 鞭毛：是由细胞质而来的，起源于细胞质的最外层即细胞膜，穿过细胞壁伸出细菌体外。鞭毛也不是一切细菌所共有，一般的球菌都无鞭毛，大部分杆菌和所有的螺旋菌都有鞭毛。有鞭毛的细菌能真正运动，无鞭毛的细菌在液体中只能呈分子运动。

(二)微生物的生理特性

微生物的生理特性，主要从营养、呼吸、其他环境因素三方面来分析，微生物的营养是指吸收生长所需的各类物质并进行代谢生长的过程。营养是代谢的基础，代谢是生命活动的表现。

(1)微生物细胞的化学组分及生理功能：微生物细胞中最重要的组分是水，约占细胞总重量的85%，一般为70%~90%，其他10%~20%为干物质。干物质中有机物占90%左右，其主要代表元素是碳、氢、氧、氮、磷，另外约10%为无机盐分(或称灰分)。水分是最重要的组分之一，它的生理作用主要有溶剂作用、参与生化反应、运输物质的载体、维持和调节一定的温度等。无机盐，主要指细胞内存在的一些金属离子盐类。无机盐类在细胞中的主要作用是构成细胞的组成成分，酶的激活剂，维持适宜的渗透压，自氧型细胞的能源。

(2)碳源：凡是能提供细胞成分或代谢产物中碳素来源的各种营养物质称之为碳源。它分有机碳源和无机碳源两种，前者包括各种糖类、蛋白质、脂肪酸等，后者主要指CO_2。碳源的作用是提供细胞骨架和代谢物质中碳素的来源以及生命活动所需的能量。碳源的不同是划分微生物营养类型的依据。

(3)氮源：凡是能提供细胞组分中氮素来源的各种物质称为氮源。氮源也可分为两类：有机氮源(如蛋白质、氨基酸)和无机氮源。氮源的作用是提供细胞新陈代谢所需的氮素合成材料。极端情况下(如饥饿状态)，氮素也可为细胞提供生命所需的能量。这是氮源与碳源的不同。

(三)微生物的营养类型

微生物种类不同，它们所需的营养材料也不一样。根据碳源不同，微生物可分为自氧型和异养型两大类，有的微生物营养简单，能在完全含无机物的环境中生长繁殖，这类微生物属于自氧型。它们以二氧化碳或碳酸盐为碳素养料的来源(碳源)，铵盐或者硝酸盐作为氮素养料的来源(氮源)，用来合成自身成分，它们生命活动所需的能源则来自无机物或者阳光。有的微生物需要有机物才能生长，这类微生物属于异养型。它们主要以有机碳化物，如碳水化合物、有机酸等作为碳素养料的来源，并利用这类物质分解过程中所产生的能量作为进行生命活动所必需的能源。微生物的氮素养料则是无机的或有机氮化物。在自然界，绝大多数微生物都属于异养型。

根据生活所需能量来源不同，微生物又分为光能营养和化能营养两类。结合碳源的不同，则有光能自氧、化能自氧、化能异氧和光能异氧四类营养类型。

在应用微生物进行水处理过程中，应充分注意微生物的营养类型和营养需求，通过控制运行条件，尽可能地提供微生物所需的各类营养物质，最大限度地培养微生物的种类和数量，以实现最佳的工艺处理效果。如水处理中要注意进水中BOD：N：P比例。好氧生物处理中对BOD：N：P的比例要求一般为100：5：1。

(四)微生物的新陈代谢

微生物要维持生存，就必须进行新陈代谢。即指微生物必须不断地从外界环境摄取其生长与繁殖所必需的营养物质，同时，又不断地将自身产生的代谢产物排泄到外部环境中的过程。微生物的新陈代谢主要是通过呼吸作用来完成的。

根据与氧气的关系，微生物的呼吸作用分为好氧呼吸和厌氧呼吸两大类。由于呼吸类型的不同，微生物也就分为好氧型(需氧型或好气型)、厌氧型(厌气型)和兼性(兼气)型三类。好氧微生物生长时需要氧气，没有氧气就无法生存。它们在有氧的条件下，可以将有机物分解成二氧化碳和水，这个物质分解的过程称为好氧分解。厌氧微生物只有在没有氧气的环境中才能生长，甚至有了氧气还对其有毒害作用。它们在无氧条件下，可以将复杂的有机物分解成较简单的有机物和二氧化碳等，这个过程称为厌氧分解。兼性微生物既可在有氧环境中生活，也可在无氧环境中生长。在自然界中，大部分微生物属于这一类。

微生物新陈代谢的代谢产物有以下几种：气体状态，如二氧化碳、氢、甲烷、硫化氢、氨及一些挥发酸；有机代谢产物，如糖类、有机酸；分解产物，如氨基酸等；其他还有亚硝酸盐、硝酸盐等。

(五)微生物的生长繁殖

微生物在适宜的环境条件下，不断地吸收营养物质，并按照自己的代谢方式进行代谢活动，如果同化作用大于异化作用，则细胞质的量不断增加，体积得以加大，于是表现为生长。简单地说，生长就是有机体的细胞组分与结构在量方面的增加。

单细胞微生物如细菌，生长往往伴随着细胞数目的增加。当细胞增长到一定程度时，就以二分裂方式，形成两个基本相似的子细胞，子细胞又重复以上过程。在单细胞微生物中，由于细胞分裂而引起的个体数目的增加，称为繁殖。在一般情况下，当环境条件适合，生长与繁殖始终是交替进行的。从生长到繁殖是一个由质变到量变的过程，这个过程就是发育。

微生物生长最重要的因素是温度和 pH。根据最适宜生长温度的不同，微生物可分为低温、中温和高温三大类。一般来说，微生物在 pH 为中性(6~8)的条件下生长最好。微生物处于一定的物理、化学条件下，生长发育正常，繁殖速率也高；如果某一或某些环境条件发生改变，并超出了生物可以适应的范围时，就会对机体产生抑制乃至杀灭作用。

(六)影响微生物生长的环境因素

微生物的生长除了需要营养物质外，还需要适宜的生活条件，如温度、酸碱度、无毒环境等。

温度对微生物影响较大。大多数微生物生长的适宜温度在 20~40℃，但有的微生物喜欢高温，适宜的繁殖温度是 50~60℃，污泥的高温厌氧处理就是利用这一类微生物来完成的。按照温度不同，可将微生物(主要是细菌)分为低温性、中温性和高温性三类，见表 3-3。

表 3-3　水处理中不同微生物的适用工艺

类别	适宜生长温度/℃	适宜工艺
低温性微生物	10~20	水处理工艺
中温性微生物	20~40	污泥中温厌氧消化
高温性微生物	50~60	污泥好氧堆肥 污泥高温厌氧消化

对于微生物来说，只要加热超过微生物致死的最高温度，微生物就会死亡。因为，在高温下，构成微生物细胞的主要成分和推动细胞进行新陈代谢作用的生物催化剂，都是由蛋白质构成的，蛋白质受到高温，其机体会发生凝固，导致微生物死亡。

各类微生物都有适合自己的酸碱度。在酸性太强或碱性太强的环境中，一般不能生存。大多数微生物适宜繁殖的 pH 为 6~8。

各类微生物生活时要求的氧化还原电位条件不同。氧化还原条件的高低可用氧化还原电位 E 表示。一般好氧微生物要求 E 在+0.3~+0.4V 左右；而 E 值在+0.1V 以上均可生长；厌氧微生物则需要 E 值在+0.1V 以下才能生活。对于兼性微生物，E 值在+0.1V 以上，进行好氧呼吸；E 值在+0.1V 以下，进行无氧呼吸。在实际生产中，对于好氧分解系统，如活性污泥系统，E 值常在 200~600mV。对于厌氧分解处理构筑物，如污泥消化池，E 值应保持在-200~-100mV 的范围内。

除光合细菌外，一般微生物都不喜欢光。许多微生物在日光直接照射下容易死亡，特别是病原微生物。日光中具有杀菌作用的主要是紫外线。

二、水处理微生物

自然界中许多微生物具有氧化分解有机物的能力。这种利用微生物处理废水的方法称为生物处理法。由于在水处理过程中微生物对氧气要求不同，水的生物处理可分为好氧生物处理和厌氧生物处理两类。生物处理单元基本分为附着生长型和悬浮生长型两类。在好氧生物处理中，附着生长型所用反应器可以生物滤池为代表；而悬浮生长型则可以活性污泥法中的曝气池为代表。

(一)用于好氧处理的微生物

活性污泥中的微生物主要有假单胞菌、无色杆菌、黄杆菌、硝化菌等，此外还有钟虫、盖纤虫、累枝虫、草履虫等原生生物以及轮虫等后生生物。

生物滤池中的细菌主要有无色杆菌、硝化菌。原生动物中常见有钟虫、盖纤虫、累枝虫、草履虫等原生动物。此外，还有一些轮虫、蠕虫、昆虫的幼虫等。

(二)用于厌氧处理的微生物

厌氧生物处理是在无氧条件下，借助厌氧微生物(包括兼性微生物)，主要是靠厌氧菌(包括兼性菌)作用来进行的。起作用的细菌主要有两类，发酵菌和产甲烷菌。

发酵菌，是有兼性的，也有厌氧的，在自然界中数量较多，而产甲烷菌则是严格的厌氧菌，且专业性强，其对温度和酸碱度的反应都相当敏感。温度变化或环境中的 pH 稍超过适宜的范围时，就会在较大程度上影响到有机物的分解。

一般的产甲烷菌都是中温的，最适宜的温度在 25~40℃，高温性产甲烷菌的适宜温度则在 50~60℃。产甲烷菌生长最适宜的 pH 范围约为 6.8~7.2，如 pH 低于 6 或高于 8，细菌的生长繁殖将受到极大影响。

产甲烷细菌有多种形态，有球形、杆形、螺旋形和八叠球形。《伯杰氏系统细菌学手册》第九版，将近年来的产甲烷菌的研究成果进行进行总结，建立以系统发育为主的甲烷菌最新分类系统，产甲烷菌可分为 5 个大目，分别为甲烷杆菌目、甲烷球菌目、甲烷微菌目、甲烷八叠球菌目、甲烷火菌目。上述 5 个目的产甲烷菌可继续分为 10 个科与 31 个属。

目前，在厌氧消化反应器中，研究应用较多的是甲烷菌中的甲烷鬃毛菌属（*Methanosaeta*）和甲烷八叠球菌（*Methanosarcina*）这两种菌属。在工业应用中，*Methanosaeta* 在高进液量、快流动性的反应器（如 UASB）中适用广泛，而 *Methanosarcina* 对于液体流动性比较敏感，主要用于固定和搅动的罐反应器。

此外，温度不同，甲烷菌属也不同。在高温厌氧消化器中就多见甲烷微菌目和甲烷杆菌目的甲烷菌。

（三）用于厌氧氨氧化的细菌

在缺氧条件下，以亚硝酸氮为电子受体，将氨氮为电子供体，将亚硝酸氮和氨氮同时转化为氮气的过程，称为厌氧氨氧化。执行厌氧氨氧化的细菌成为厌氧氨氧化菌。目前已发现的厌氧氨氧化菌均属于浮霉状菌目。

厌氧氨氧化菌形态多样，呈球形、卵形等，直径 0.8~1.1μm。厌氧氨氧化菌是革兰氏阴性菌，细胞外无荚膜，细胞壁表面有火山口状结构，少数有菌毛。

厌氧氨氧化菌为化能自养型细菌，以二氧化碳作为唯一碳源，通过将亚硝酸氧化成硝酸来获得能量，并通过乙酰辅酶 A（乙酰-CoA）途径同化二氧化碳。虽然有的厌氧氨氧化菌能够转化丙酸、乙酸等有机物质，但它们不能将其用作碳源。

厌氧氨氧化菌对氧敏感，只能在氧分压低于 5% 氧饱和的条件下生存，一旦氧分压超过 18% 氧饱和，其活性即受抑制，但该抑制是可逆的。

厌氧氨氧化菌的最佳生长 pH 为 6.7~8.3，最佳生长温度为 20~43℃。厌氧氨氧化菌对氨和亚硝酸的亲和力常数都低于 1×10^{-4} g/（N · L）。基质浓度过高会抑制厌氧氨氧化菌活性，见表 3-4。

表 3-4 基质对厌氧氨氧化菌的抑制浓度

基质	抑制浓度/（mmol/L）	半抑制浓度/（mmol/L）
NH_4^+-N	70	55
NO_2^--N	7	25

注：半抑制浓度代表抑制 50% 厌氧氨氧化活性的基质浓度。

由于厌氧氨氧化同时需要氨和亚硝酸 2 种基质，在实验室反应器中或在污水处理厂构筑物中，当溶解氧浓度较低时，厌氧氨氧化菌可与好氧氨氧化菌共同存在，互惠互利。好氧氨氧化菌产生的亚硝酸用作厌氧氨氧化菌的基质，而厌氧氨氧化菌消耗亚硝酸，则可解除亚硝酸对好氧氨氧化菌的抑制。

厌氧氨氧化菌是一种难培养的微生物，生长缓慢。据科学家研究表明，在 30~40℃下，其倍增时间为 10~14d。如果对培养条件优化，可以缩短培养时间。但由于至今未能成功分离到纯的菌株，在某种方面制约了其应用。

（四）用于堆肥的微生物

堆肥本质上是在微生物的作用下，将废弃的有机物中的有机质，分解并转化，合成腐殖质的过程。

按照堆肥过程中的需氧程度可分为好氧堆肥和厌氧堆肥。在堆肥的不同时期，微生物种类和数量不同。

好氧堆肥的过程如图 3-6 所示。

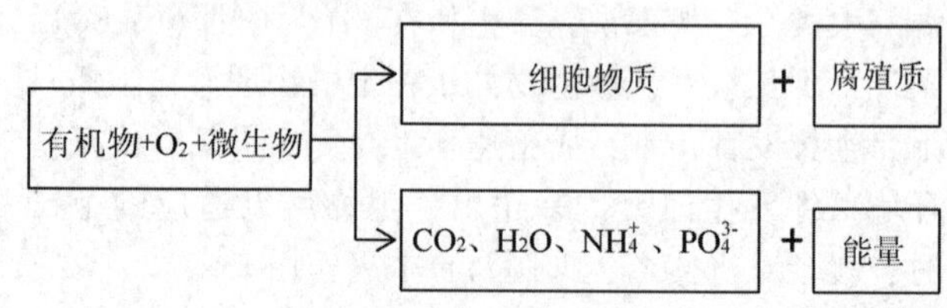

图 3-6 好氧堆肥过程

1. 好氧堆肥微生物

好氧堆肥中，参与有机物生化降解的微生物包括两类：嗜温菌和嗜热菌。嗜温菌的适宜温度范围为 25~40℃，嗜热菌的适宜温度单位为 40~50℃。好氧堆肥按照温度变化，主要分为三个阶段：升温、高温和腐熟阶段。各阶段的微生物见表 3-5。

表 3-5 堆肥常见的微生物

堆肥阶段	优势微生物	种类
升温期	假单胞菌	细菌
	芽孢杆菌	
	酵母菌	真菌
	丝状真菌	
高温期	芽孢杆菌	细菌
	卡诺菌	
	链霉素	放线菌
	单孢子菌	
降温期	担子菌	真菌
	子囊菌	
	芽孢杆菌	细菌
	假单胞菌	

堆肥初期，堆层呈中温，故称中温阶段。此时，嗜温性微生物活跃，主要增殖的微生物为细菌、真菌和放线菌。堆层温度上升到 45℃以上，进入高温阶段，此时，嗜温性微物受到抑制，甚至死亡，而嗜热性微生物逐渐替代嗜温性微生物的活动。在 50℃左右活动的主要是嗜热性真菌和放线菌；60℃时，仅有嗜热性放线菌与细菌活动；70℃以上，微生物大量死亡进入休眠状态，进入降温阶段。主要是在内源呼吸期，微生物活性下降，发热量减少，温度下降，嗜温

性微生物再占优势，使残留难降解的有机物进一步分解，腐殖质不断增多且趋于稳定，堆肥进入腐熟阶段。

堆肥方式不同，堆肥中的优势微生物种类也不同，见表 3-6。

表 3-6　不同堆肥方式中的菌落情况

堆肥方式	初期优势菌	中期优势菌	后期优势菌
条垛式	蛭弧菌、梭菌细菌、芽孢杆菌属	β-变形菌、硝化细菌、梭状芽孢杆菌	β-变形菌、梭状芽孢杆菌、类芽孢杆菌
槽式	海洋底泥食冷菌、腐生螺旋体属、丝孢菌属	类链球菌、柱顶孢霉	类链球菌

由于微生物在堆肥过程中的角色非常重要，所以，在工程实践中，也有添加微生物菌剂的实例。通过添加微生物菌剂，提高优势菌群数量，提升有机质降解率，缩短熟化周期，提升系统效率。

2. 厌氧堆肥微生物

厌氧堆肥中有复杂有机物降解的步骤包括水解、酸化、产乙酸和产甲烷四个步骤，参与反应的微生物有水解菌、酸化菌、产乙酸菌、氢甲烷菌和乙酸甲烷菌等几个主要类群。

据研究，在厌氧堆肥中，厌氧菌将污泥中的氮转化成植物可吸收的氨氮，所以可以用厌氧堆肥过程中污泥中氨氮的变化来衡量厌氧堆肥的效果。如图 3-7 所示。

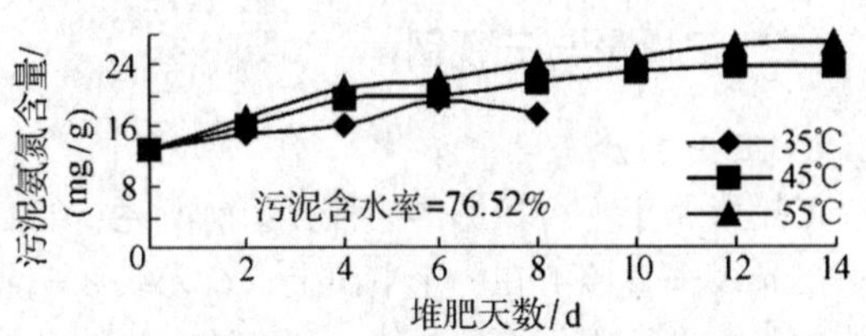

图 3-7　厌氧堆肥中不同堆肥时间污泥中氨氮的变化

此外，实验表明，污泥厌氧堆肥的最佳温度为 55℃，污泥含水率为 80%左右，堆肥时间在 6d 左右。

第四节　工程识图

一、识图基本概念

(一) 投影概念

物体在光源的照射下会出现影子。投影的方法就是从这一自然现象中抽象出来，并随着科学技术的发展而发展起来的。在制图中，把光源称为投射中心，光线称为投射线，光线的射向称为投射方向，落影的平面(如地面、墙面等)称为投影面，影子的轮廓称为投影，用投影表示物体的形状和大小的方法称为投影法。

由一点放射的投影线所产生的投影称为中心投影，由相互平行的投影线所产生的投影称为平行投影。根据投影线与投影面的角度关系，平行投影又分为正投影和斜投影，如图 3-8、图 3-9 所示。

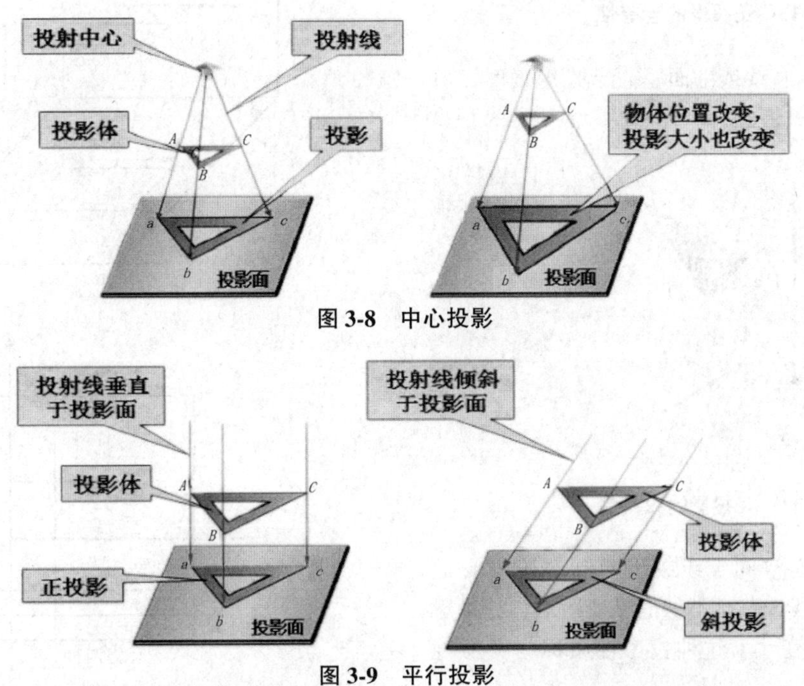

图 3-8　中心投影

图 3-9　平行投影

（二）正投影与三视图

1. 正投影原理

正投影属于平行投影的一种，如前所述，如有一束平行光线垂直照射在一个平面上，在光线和平面之间放置一个平行于平面的物体，那么这个物体必然在这个平面上留下一个与这个物体形状相同，大小相等的影子。在工程制图中把这束平行的光线称为投影线，把这个平面称为投影面，把这个物体称为投影体，而且这个影子就是该物体的正投影。将物体用平行投影法分别投到一个或多个互相垂直的投影面上，这样所得到的图形称为正投影图。

2. 正投影性质

一般的工程图纸都是按照正投影的原理绘制的，即假设投影线互相平行并垂直于投影面。正投影具有以下基本性质：

（1）全等性：当空间直线或平面平行于投影面时，其投影反映直线的实长或平面的实形，这种投影性质称为全等性（图 3-10）。

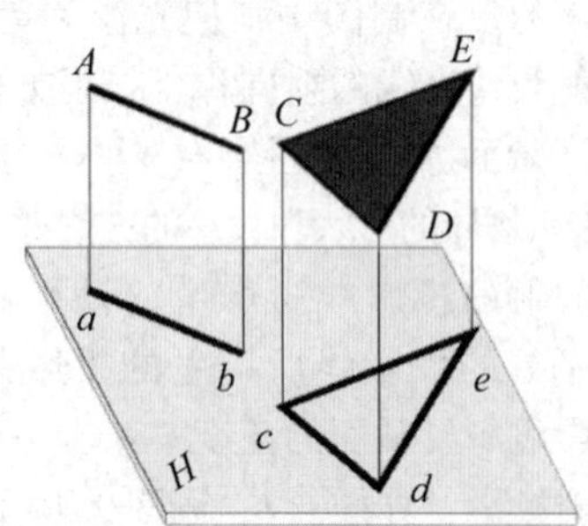

图 3-10 正投影的全等性

（2）积聚性：当直线或平面垂直于投影面时，其投影积聚为一点或一条直线，这种投影性质称为积聚性（图 3-11）。

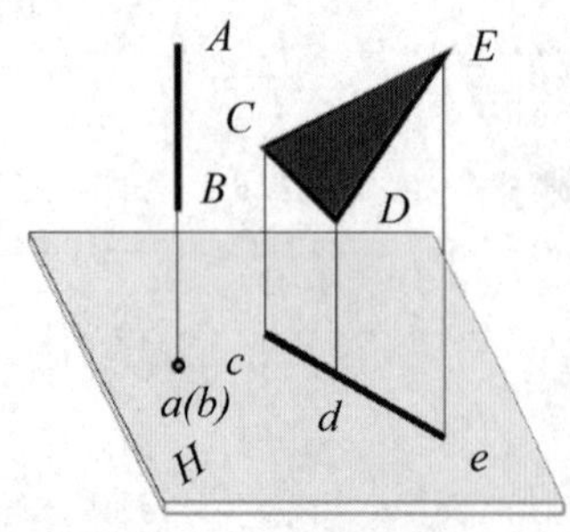

图 3-11 正投影的积聚性

（3）类似性：当空间直线或平面倾斜于投影面时，其投影仍为直线或与之类似的平面图形，其投影的长度变短或面积变小，这种投影性质称为类似性（图 3-12）。

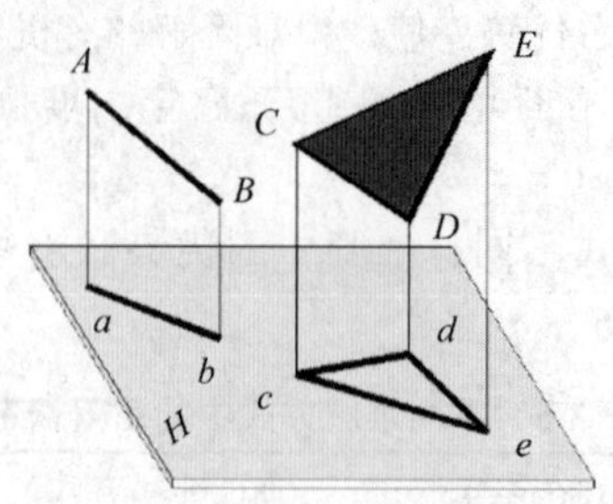

图 3-12 正投影的类似性

3. 三视图

由几何学可知，一个物体由长、宽、高三维的量构成，因此可用三个正投影面分别反映出物体含有长度的正立面（*V*）、含有宽度的水平面（*H*）、含有高度的侧立面（*W*）的三维不同外形表面，分别表示出物体形状，称为该物体三面投影。其正面投影称正视图、水平投影称俯视图、侧面投影称侧视图。而投影面之间交线称为投影轴。*H* 面与 *V* 面交线为 *X* 轴、*H* 与 *W* 面交线为 *Y* 轴、*V* 与 *W* 面交线为 *Z* 轴，*X*、*Y*、*Z* 三轴交于一点 *O* 称为原点。

该物体三面投影可完全表达出某工程构筑物可见部分的轮廓外部形状；并可根据各部位尺寸，按照一定比例画在图纸上，这就是工程图中的三视图，如图 3-13 所示。三视图特性见表 3-8。

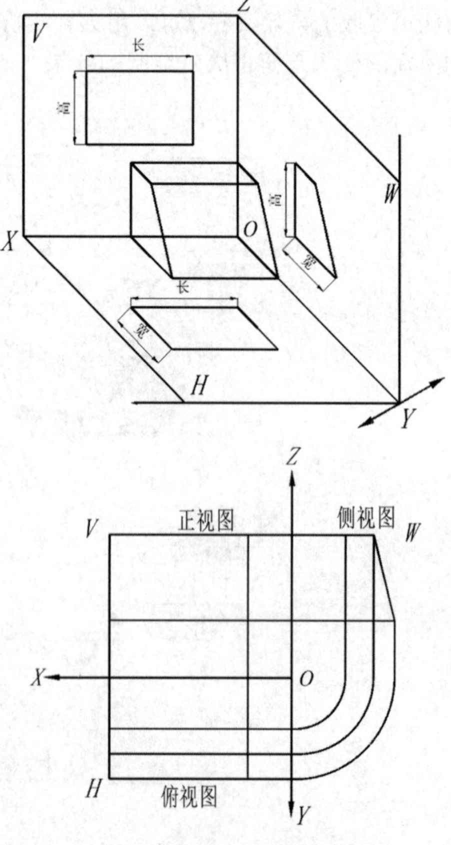

图 3-13 正视图

表 3-8　三视图特性

名称	特征	三视图	简化视图
长方体	各表面是长方形且相邻各面互相垂直		
六棱柱	顶、底面是正六边形，六个棱面是长方形且与顶、底面垂直		
圆柱	两端面是圆，表面四周是柱面，且和两端面垂直		
圆锥	端面是点、底面是圆、表面是锥面，轴线和底面垂直		
圆台	两端面是大小不同的圆，表面是锥面，轴线与端面垂直		
球	球体从各方面看都是圆		
圆筒	它可看成圆柱体中间再去掉一个圆柱体		

(1)正视图：由物体正前方向，反映物体表面形状的投影面，称为正面图或正视图。在此投影面上，能反映出物体长度、高度尺寸和形状。

(2)俯视图：由物体上面俯视，反映出物体宽度表面形状的投影面，称为平面图或俯视图。在此投影图上，能反映出物体宽度与长度尺寸和形状。

(3)侧视图：由物体侧面方向反映物体高度表面形状的投影面，称为侧面图或侧视图，在此投影图上，能反映出物体高度和宽度尺寸与形状。

(三)轴测投影原理与方法

1. 轴测投影原理

正投影可以表达物体的长、宽、高的尺寸与形状，为此通常分别画出三个方向(立、平、侧)视图。而每一种视图又分别表示物体某一方向尺寸与表面形状，但整个物体形状与尺寸不能完整地表示出来。轴测投影和正投影一样，是物体对于一个平面采用平行投影法画出的立体图形，但可以直接表示出物体形状和长、宽、高三个方向的尺寸。因此其直观性强，缺点是量度性差，一般只用于指导少数特殊或新构筑物的施工。

2. 轴测投影方法

轴测图的关键是“轴”和“测”的两个问题。“轴”是用三个方向坐标反映物体放置的位置方向。“测”是在各方向坐标轴上，按照一定比例量测物体尺寸，反映出物体的尺寸状况。如果三测比例相同称为等测投影。其中二测比例相同称为二测投影。三测比例均不相同称为三测投影。一般轴测投影有两种表示方法，即正轴测投影和斜轴测投影。现分述如下：

1)正轴测投影

正轴测投影或称为等角轴测投影，其原理是 X、Y、Z 三根坐标轴的轴间角相等，均为 120°。其轴向变形系数相等，均为 1∶1，如图 3-14 所示。

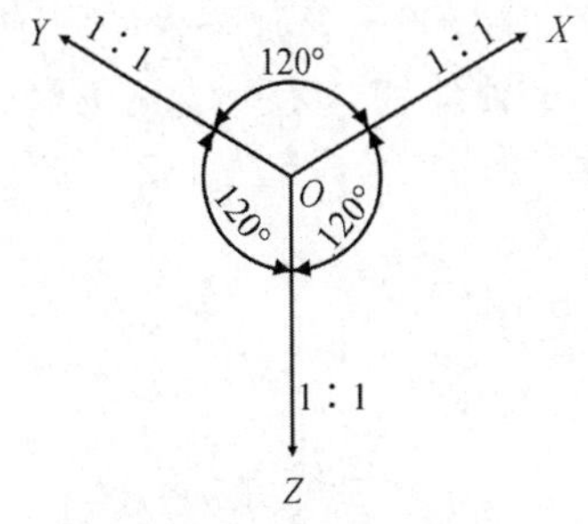

图 3-14　正轴测投影图

例如：物体的三视图如图 3-15 所示，用正轴测投影表示此物体，如图 3-16 所示。

2)斜轴测投影

斜轴测投影原理是 X、Y、Z 三根坐标轴的轴间角不等，轴变形系数也不同。即其中有轴方向坐标尺寸，按其余两轴的 1/2、2/3 或 3/4 比例来反映实物

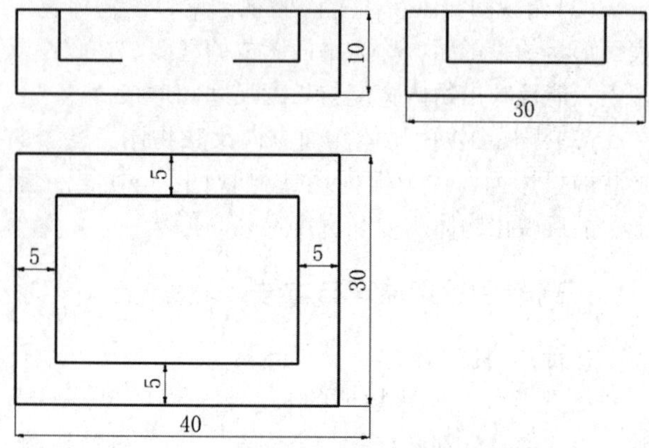

图 3-15 物体三视图(单位：mm)

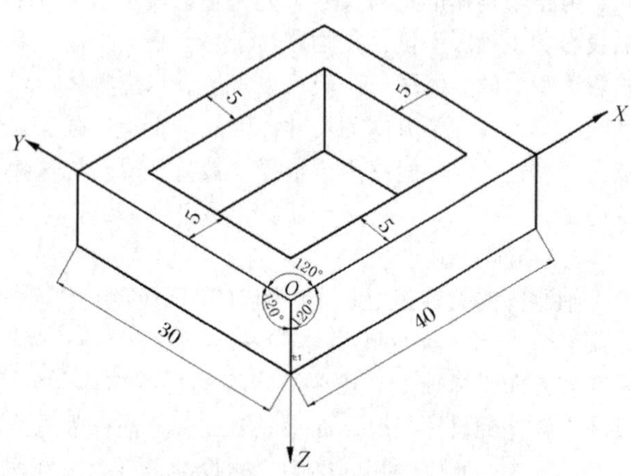

图 3-16 物体正轴测图(单位：mm)

尺寸。根据物体不同面平行于轴测投影面状况，可分为正面斜轴测投影和水平斜轴测投影两种，现分述如下：

(1)正面斜轴测投影

物体的正立面平行于轴测投影面，其投影反映为实形，X、Z 轴平行于投影面均不变形为原长，其轴间角为 90°，Y 轴斜线与水平线夹角为 30°、45° 或 60°，轴变形系数一般考虑定为 1/2，如图 3-17 所示。

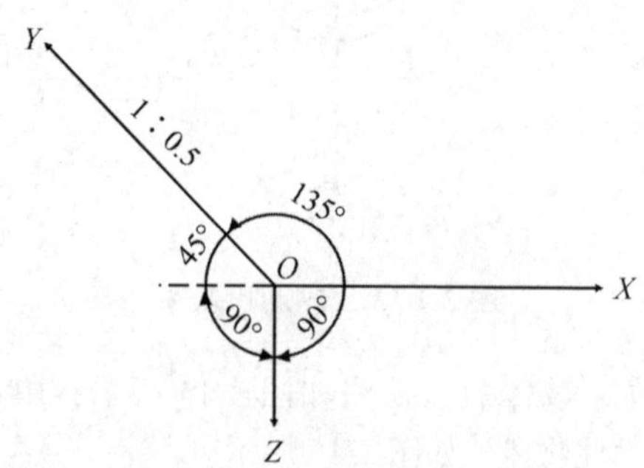

图 3-17 正面斜轴测投影图

例如：将图 3-15 对应的物体用正面斜轴测投影表示，如图 3-18 所示。

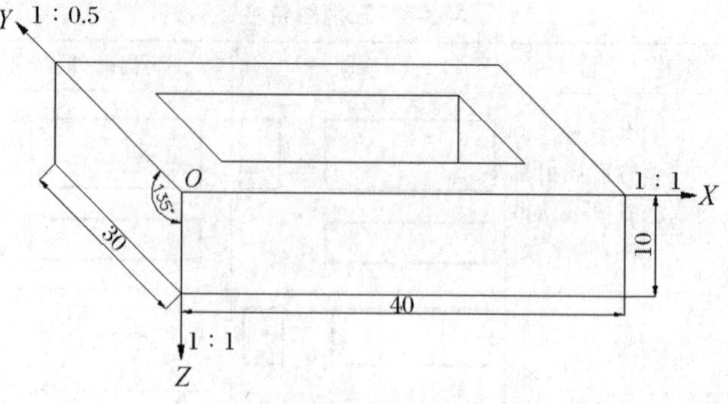

图 3-18 正面斜轴测图(单位：mm)

(2)水平斜轴测投影

物体的水平面平行于轴测投影面，其投影反映实形，X、Y 轴平行轴测投影面均不变形为原长，其轴间角为 90°，与水平线夹角为 45°，Z 轴为垂直线，轴变形系数一般考虑定为 1/2，如图 3-19 所示。

若平面垂直于投影面，其投影成为直线。

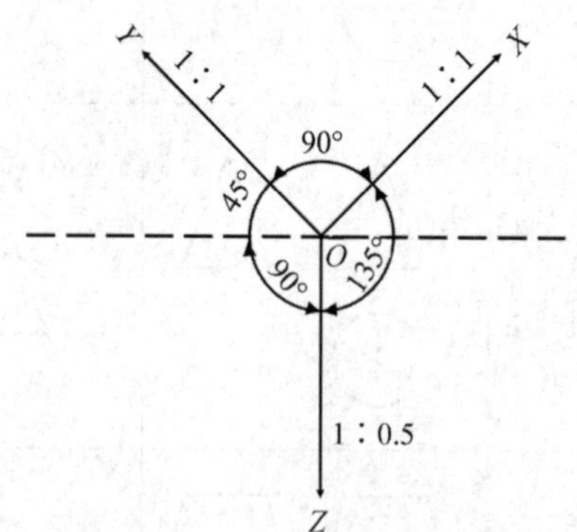

图 3-19 水平斜轴测投影

依上所述，当给出投影条件在投影面上时，可以得出投影体与投影相互几何图形特性和变化。

例如：将图 3-15 对应的物体用水平斜轴测投影表示，如图 3-20 所示。

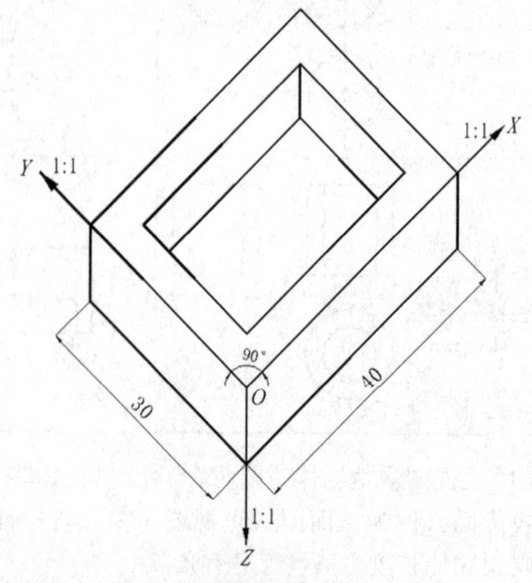

图 3-20 水平斜轴测图(单位：mm)

(四)标高投影

1. 投影概念

在排水工程中，经常需要在一个投影面上给出地面起伏和曲面变化形状，即给出物体垂直与水平两个方向变化情况。这就需要用标高投影方法来解决。一般物体水平投影确定后，它的立面投影主要是提供投影物体的高度位置。如果投影物体各点高度已知后，将空间的点按正投影法投影到一个水平面上，并标出高度数值，使在一个投影面上表示出点的空间位置，即可确定物体形状与大小，此种方法称为标高投影。

如图 3-21 所示，若空间 A 点距水平面(H)有 4 个单位，则 A 点在 H 面投影 a_4 按其水平基准面的尺寸单位和绘图比例就可确定 A 点空间位置，即自 a_4 引水平基准面(H)垂直线按比例大小量取 4 个单位定出空间 A 点的高度。

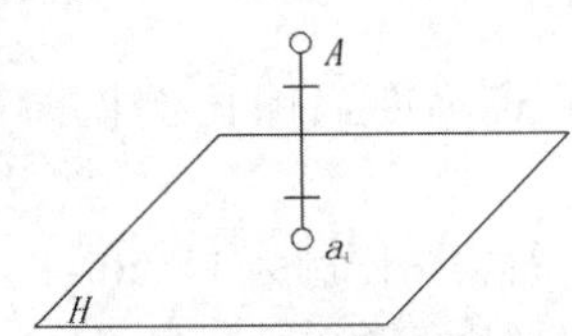

图 3-21　点标高投影

2. 地面标高投影——等高线

物体相同高度点的水平投影所连成的线，称为等高线。一般采用一个水平投影面，用若干不同的等高线来显示地面起伏或曲面形状(图 3-22)。

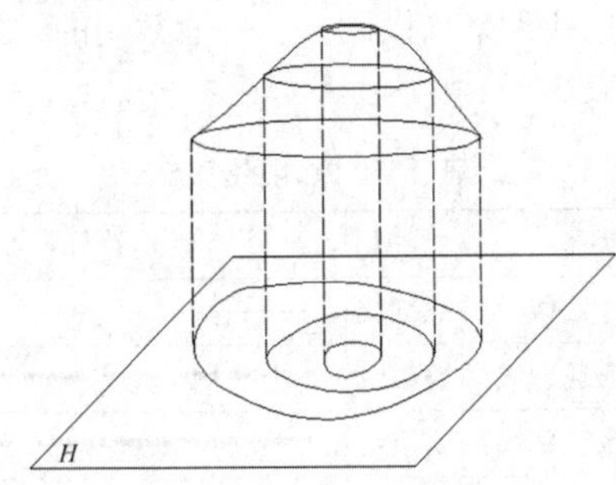

图 3-22　地形图

地面标高投影特性如下：

(1)等高线是某一水平面与地面交线，因此它必是一条闭合曲线。

(2)每条等高线上高程相等。

(3)相邻等高线之间的高度差都相等。

(4)相邻等高线之间间隔疏远程度，反映着地表面或物体表面倾斜程度。

(五)剖面图

三视图可以清楚地表示出构造物可见部分的外形轮廓与尺寸。其构造物内部看不见的部分一般用虚线来表示；但是当物体内部比较复杂，在三视图上用大量虚线来表示，会使图形不清晰。因此采用切断开的办法，把物体内部需要的部分的构造状况暴露出来，使大多数虚线变成实线，采用这种方法绘出所需要物体某一部位切断面的视图称为剖视图。只表示出切断面的图形称为剖面图，简称剖面。所以剖面图是用来表示物体某一切开部分断面形状的。因此剖面与剖视的区别在于：剖面图只绘出切口断面的投影，而剖视图则即绘出切口断面又绘出物体其余有关部分结构轮廓的投影。现将剖视情况分述如下。

1. 按剖开物体方向分类

可分为纵剖面和横剖面，如图 3-23 所示。

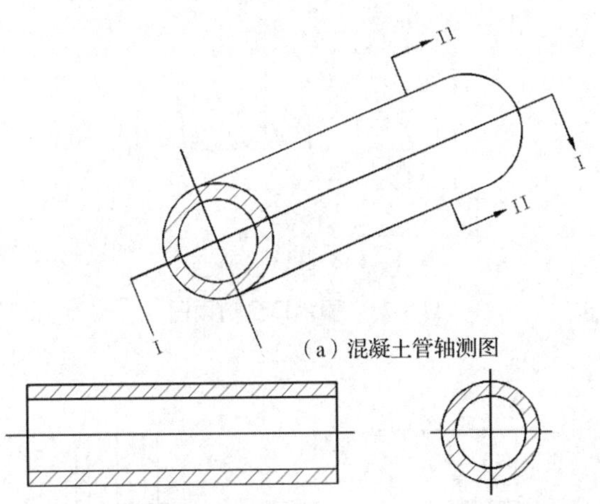

图 3-23　物体纵剖面和横剖面图

2. 按剖视物体的方法分类

(1)全剖视：由一个剖切平面，把某物体全部剖开所绘出的剖视图。它能清楚地表示出物体内部构造。一般当物体外形比较简单，而内部构造比较复杂时，采用全剖视(图 3-24)。

(2)半剖视：当物体有对称平面时，垂直于对称平面的投影面上的投影，可以由对称中心线为界，一半画出剖视图来表示物体内部构造情况，另一半画出物体原投影图，用以表示外部形状，这种剖面方法叫半剖视。如图 3-25 所示，有一混凝土基础，其三面图左右都对称，为了同时表示基础外形与内部构造情况，采用半剖视方法。

(3)局部剖视：如只表示物体局部的内部构造，不需全剖或半剖，但仍保存原物体外形视图，则采取局部剖视方法，称为局部剖视图。

(4)斜剖视：当物体形状与空间有倾斜度时，为了表示物体内部构造的真实形状，可采用斜剖视方法来表示。

(5)阶梯剖视：由两个或两个以上的相互平行的剖切平面进行剖切，用这种方法所绘出的图形叫阶梯

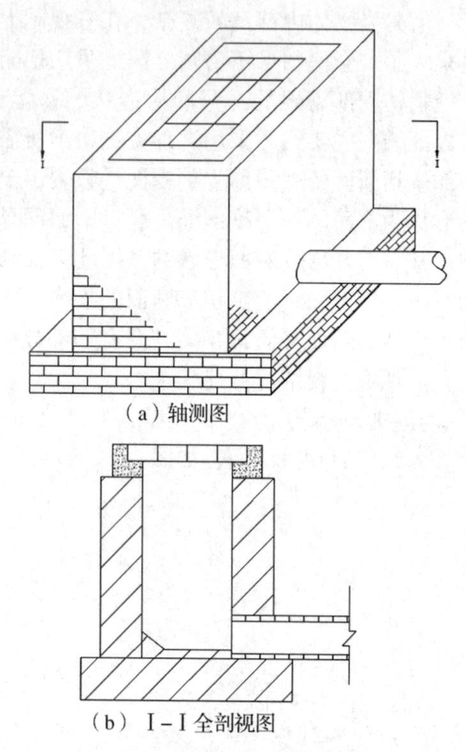

（a）轴测图

（b）Ⅰ－Ⅰ全剖视图

图 3-24　雨水口全剖面图

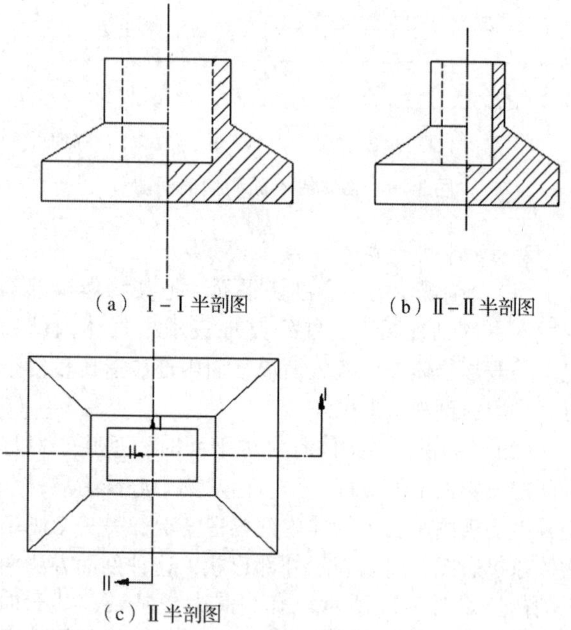

（a）Ⅰ－Ⅰ半剖图　　（b）Ⅱ－Ⅱ半剖图

（c）Ⅱ半剖图

图 3-25　半剖面

剖视图。

（6）旋转剖视：用两个相交的剖切平面，剖切物体后，并把它们旋转到同一平面上，用这种剖视方法所得到的剖视图，称为旋转剖视图。

3. 按剖面图在视图上的位置分类

（1）移出剖面：剖面图绘在视图轮廓线外，称为移出剖面。

（2）重合剖面：剖面图直接绘在视图轮廓线内，称为重合剖面。

二、识图基本知识

（一）图纸尺寸、比例、方向

在工程图纸上除绘出物体图形外，还必须注明各部分的尺寸大小。我国统一规定，工程图一律采用法定计量单位。由于排水工程以及构筑物各部分实际尺寸很大，而图纸尺寸有限，这就必须把实际尺寸加以缩小若干倍数后，才能绘在图纸上并加以注明。而图纸比例尺寸大小，以图纸上所反映构造物的需要而定，一般情况下采用以下比例：

（1）排水系统总平面图比例为 1∶2000 或 1∶5000。

（2）排水管道平面图比例为 1∶500 或 1∶1000。

（3）排水管道纵断面图比例纵向为 1∶50 或 1∶100。

（4）排水管道横断面图比例横向为 1∶500 或 1∶1000。

（5）附属构筑物图比例为 1∶20~1∶100。

（6）结构大样比例为 1∶2~1∶20。

图纸上地形、地物、地貌的方向，以图纸指北针为准，一般为上北、下南、左西、右东。

（二）线　条

为了使图纸上地形地物主次清晰，应用各种粗、细、实、虚线条来加以区分。一般常用的线条双有下数种，见表 3-9。

表 3-9　常用的线条

线条类型	线型	符号
构筑物中心线	点细线	—·—·—·—
构筑物隐蔽轮廓线	虚粗线	━ ━ ━ ━
构筑物主要轮廓线	实粗线	━━━━━
地物地貌现状和标注尺寸线	最细线	————

（三）图　例

为了便于统一识别同一类型图纸所规定出统一的各种符号来表示图纸中反映的各种实际情况。

1. 地形图符号

在地形图中一般可分地物符号、地貌符号和注记符号三种。

1）地物符号

地面上铁路、道路、水渠、管道、房屋、桥梁等地物，在图上按比例缩小后标注出来，被称为比例符号。它反映地物尺寸、方向、位置。但有些地物按比例缩小后画不出来而且又很重要，如独立树木、水井、窑洞、路口等，只能标注位置、方向，不能反映出尺寸大小称为非比例符号。然而比例符号和非比例符号不是固定不变的，它们与图纸选用的比例大小有关，一般地物符号有下列数种，见表3-10。

表 3-10 地物符号

类型		符号	类型	符号
三角点		点号 标高	台阶	
导线点		点号 标高	地下管道检查井	
水准点		点号 标高	消火栓	
雨水口	平箅式	单 双 多	边坡	
	偏沟式	单 双 多	堤	
	联合式	单 双 多	地下管线：街道规划管线	
	平立结合式	单 双 多	地下管线：上水管道	
房屋建筑物			地下管线：污水管道	
临时建筑物			地下管线：雨水管道	
一般照明杆			地下管线：燃气管道	
高压电力杆			地下管线：热力管道	
铁路			地下管线：电信管道	
道路			地下管线：电力管道	
水渠			电缆：照明	
桥梁			电缆：电信	
窑洞			电缆：广播	
围墙			工业管道	
临时围墙				

2) 地貌符号

表示地形起伏变化和地面自然状况的各种符号，一般有以下数种，见表 3-11。

3) 注记符号

在工程图上，用文字表示地名、专用名称等；用数字表示屋层层数、地势标高和等高线高程；用箭头表示水流方向等都称为注记符号。

2. 地形图图例

在地形图中图例一般分为建筑材料图例和排水附件图例。

1) 建筑材料图例

用以表示构筑物的材料结构情况，见表 3-12。

表 3-11　地貌符号

类型	符号	类型	符号
一般土路		土埂	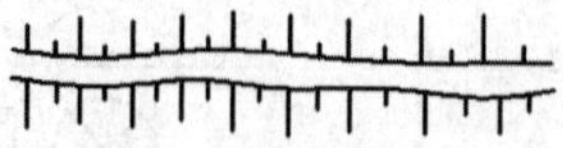
人行小道		沟渠	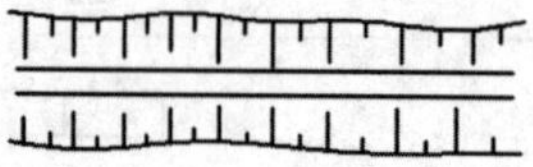
坟地	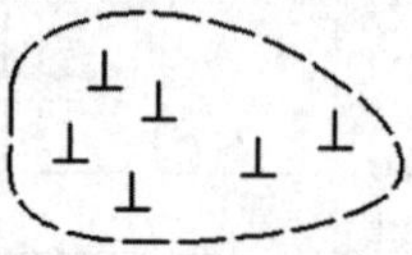	固然边坡	
土坡梯田	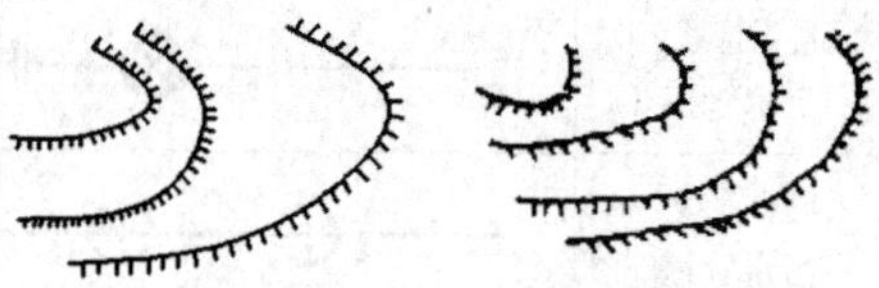	等高线	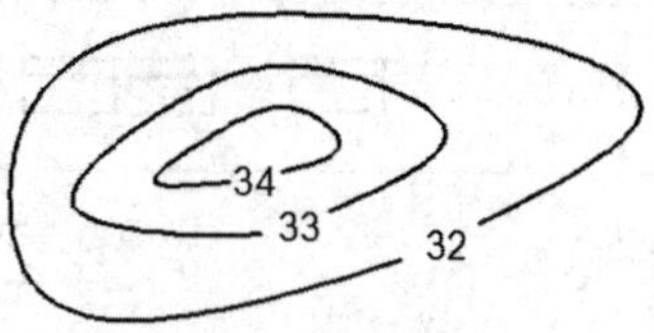 34 33 32

表 3-12　建筑材料图例

类型	符号	类型	符号
素土夯实 (密实土壤)	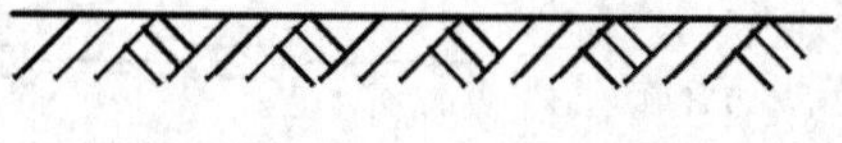	块石砌体	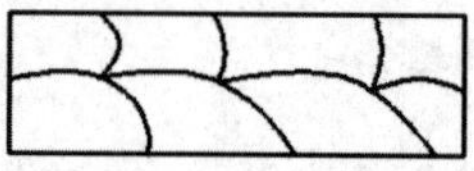
级配砂石	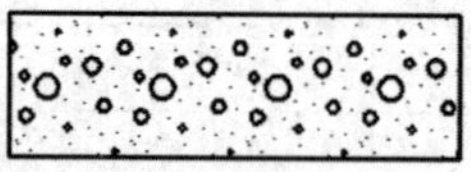	碎石底层	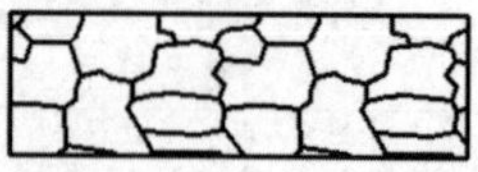
水泥混凝土	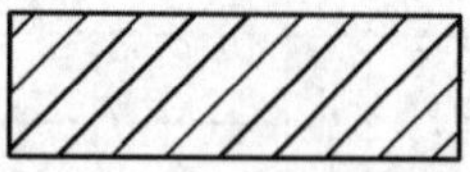	沥青路面	
砂土	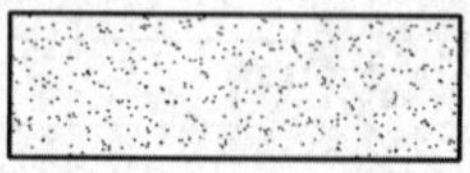	砖、条石砌体	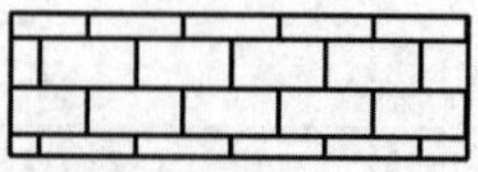
石灰石	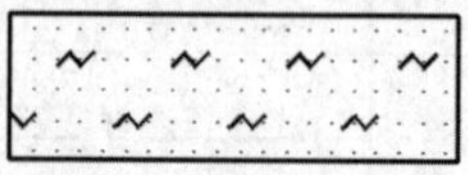	木材	
石材	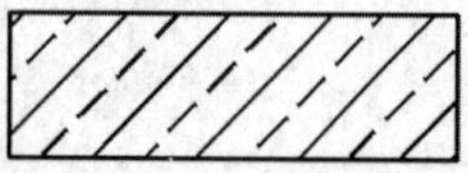		

2）排水附件图例

（1）管道附件的图例（表3-13）

表3-13　管道附件的图例

名称	图例
管道固定支架	
管道滑动支架	
挡墩	
Y型除污器	

（2）管道连接的图例（表3-14）。

表3-14　管道连接的图例

名称	图例	备注
法兰连接		
管堵		
法兰堵盖		
三通连接		
四通连接		
盲板		
管道交叉		在下方和后面的管道应断开

（3）阀门的图例（表3-15）。

表3-15　阀门的图例

名称	图例	备注	名称	图例	备注
闸阀			气动阀		
角阀			减压阀		左侧为高压端
三通阀			旋塞阀	平面　系统	
四通阀			底阀		
截止阀	DN≥50　DN＜50		球阀		
电动阀			隔膜阀		
液动阀			气开隔膜阀		

（续）

名称	图例	备注	名称	图例	备注
气闭隔膜阀			弹簧安全阀	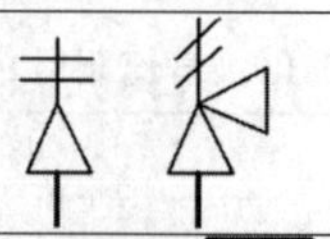	
温度调节阀	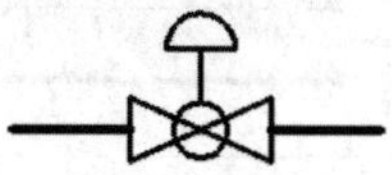		平衡锤安全阀	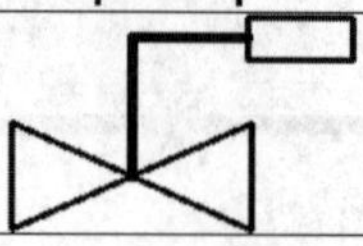	
压力调节阀			自动排气阀	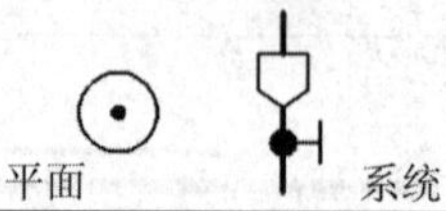 平面 系统	
电磁阀			浮球阀	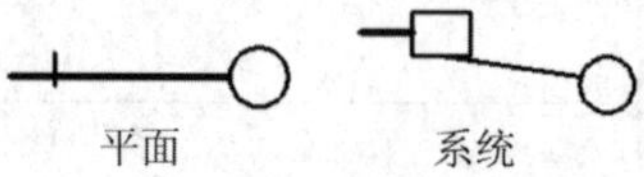 平面 系统	
止回阀			延时自闭冲洗阀		
消声止回阀			吸水喇叭口	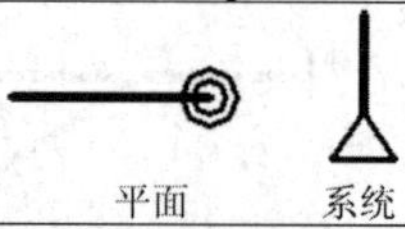 平面 系统	
蝶阀			疏水器		

（4）排水构筑物的图例（表3-16）。

表3-16　排水构筑物

名称	图例	备注	名称	图例	备注
雨水口		单口	水封井		
		双口	跌水井	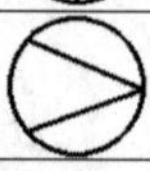	
阀门井 检查井			水表井		

（5）排水专用所用仪表的图例（表3-17）。

表3-17　排水专用所用仪表的图例

名称	图例	名称	图例
温度计		压力表	
自动记录压力表		压力控制器	
水表		自动记录流量计	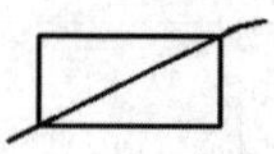
转子流量计	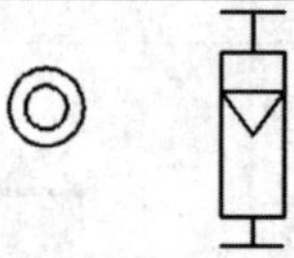	真空表	

（续）

名称	图例	名称	图例
温度传感器	— — -[T]- — —	压力传感器	— — -[P]- — —

(四) 尺寸标注

工程图中，除了依比例画出建筑物或构筑物等的形状外，还必须标注完整的实际尺寸，以作为施工的依据。图样的尺寸应由尺寸界线、尺寸线、尺寸起止符号和尺寸数字组成。

尺寸标注由有以下几点组成：

(1) 尺寸界线：表明所标注的尺寸的起止界线。

(2) 尺寸线：用来标注尺寸的线称为尺寸线。

(3) 尺寸起止符号：尺寸线与尺寸界线的交点为尺寸的起止点，起止点上应画出尺寸起止符号。

(4) 尺寸数字：图上标注的尺寸数字是物体的实际尺寸，它与绘图所用的比例无关；尺寸数字字高一般为 3. 5mm 或 2. 5mm。尺寸线的方向有水平、竖直和倾斜三种。

基本几何体一般应标注长、宽、高三个方向的尺寸。具有斜截面和缺口的几何体，除应注出基本几何体的尺寸外，还应标注截平面的定位尺寸。截平面的位置确定后，立体表面的截交线是也就可以确定，所以截交线必标注尺寸。

三、排水工程识图

排水管道工程图一般有排水系统总平面图、管道平面图、管道纵断面图、管道横断面图和排水管道附属构筑物结构图五种。

(一) 排水系统总平面图

排水系统总平面图表示某一区域范围内，排水系统的现状和管网布置情况，其具体内容包括：

(1) 流域面积：在地形总平面图上，反映出总干管流域面积范围，确定出水流方向。

(2) 流域面积范围内水量分布：依地形状况，划分出各管段的排水范围，水流方向。各段支线排水面积之和应等于总干管的流域面积。

(3) 管网布置和干支线设置情况：根据流域面积和水量分布，确定出管网布置和支干线设置。总平面图示例如图 3-26 所示。

(二) 管道平面图

管道平面图主要表示管道和附属构筑物在平面上的位置，其示例如图 3-27 所示，具体内容如下：

1) 排水管道的位置及尺寸：管道的管径和长度，排水管道与周围地物的关系。

2) 管道桩号：桩号排列自下游开始，起点为 K 0 +000，向上游依次按检查井间距排列出管道桩号，直到上游末端最后一个检查井作为管道终点桩号。

3) 检查井位置与编号如下：

(1) 检查井位置一般应用三种方法来表示：栓点法、角度标注法、直角坐标法。

(2) 检查井的井号编制是自上游起始检查井开始，依次顺序向下游方向进行编号，直到下游末端检查井为止。

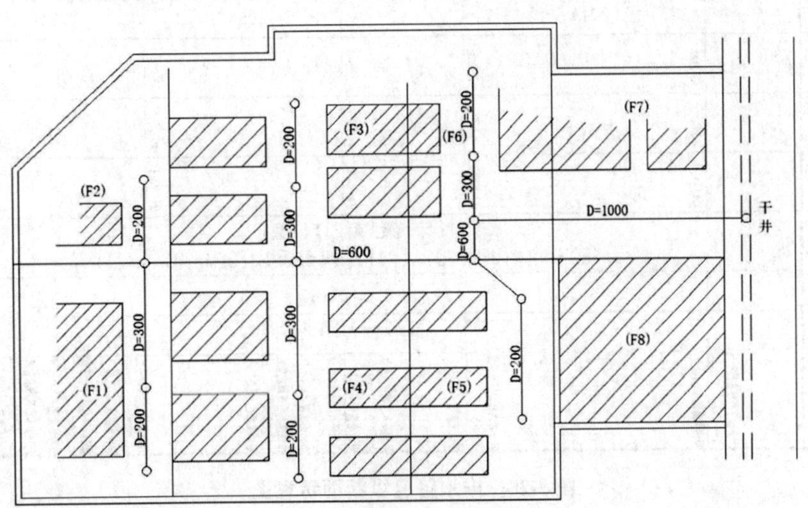

图 3-26　排水系统总平面图示例

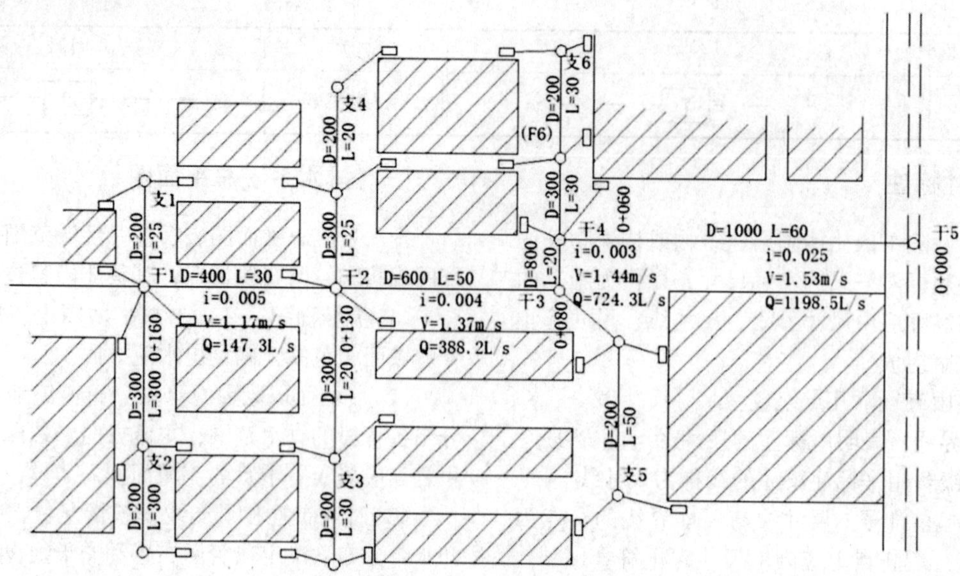

图 3-27 管道平面图示例

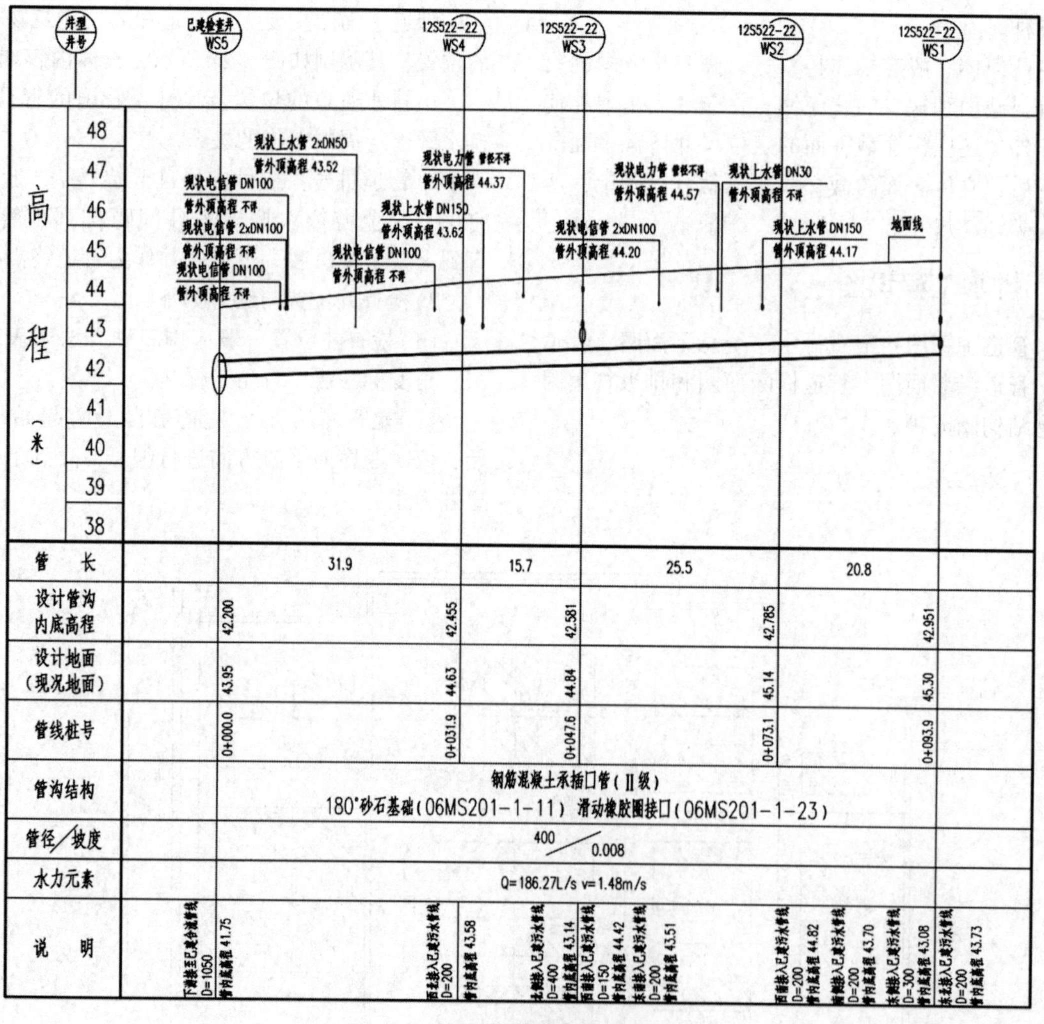

井型/井号

高程（米）：48、47、46、45、44、43、42、41、40、39、38

现状上水管 2xDN50 管外顶高程 43.52
现状电信管 DN100 管外顶高程 不详
现状电信管 2xDN100 管外顶高程 不详
现状电信管 DN100 管外顶高程 不详
现状电力管 管径不详 管外顶高程 44.37
现状上水管 DN150 管外顶高程 43.62
现状电信管 DN100 管外顶高程 不详
现状电信管 2xDN100 管外顶高程 44.20
现状电力管 管径不详 管外顶高程 44.57
现状上水管 DN30 管外顶高程 不详
现状上水管 DN150 管外顶高程 44.17
地面线

井型/井号	已建检查井 WS5		12S522-22 WS4		12S522-22 WS3		12S522-22 WS2		12S522-22 WS1
管长		31.9		15.7		25.5		20.8	
设计管沟内底高程	42.200		42.455		42.581		42.785		42.951
设计地面（现况地面）	43.95		44.63		44.84		45.14		45.30
管线桩号	0+000.0		0+031.9		0+047.6		0+073.1		0+093.9
管沟结构	钢筋混凝土承插口管（Ⅱ级） 180°砂石基础（06MS201-1-11） 滑动橡胶圈接口（06MS201-1-23）								
管径/坡度	400/0.008								
水力元素	Q=186.27L/s v=1.48m/s								
说明	下游排至已建合流管线 D=1050 管内底高程 41.75		西北接入已建污水管线 D=200 管内底高程 43.58		北侧接入已建污水管线 D=400 管内底高程 43.14 西南接入已建污水管线 D=150 管内底高程 44.42 东南接入已建污水管线 D=200 管内底高程 43.51		西南接入已建污水管线 D=200 管内底高程 44.82 南侧接入已建污水管线 D=200 管内底高程 43.70 东侧接入已建污水管线 D=300 管内底高程 43.08		东北接入已建污水管线 D=200 管内底高程 43.73

图 3-28 排水管道纵断面示意图

4)进、出水口的内容如下：

(1)进、出水口的地点位置与结构形式。

(2)雨水口的地点位置、数量与形式。

(3)雨水口支管的位置、长度、方向与接入的井号。

(4)管道及其附属构筑物与地上、地下各种建筑物、管线的相对位置(包括方向与距离尺寸)。

(5)沿线临时水准点设置的位置与高程情况。

(三)管道纵断面图

主要表示管道及附属构筑物的高程与坡降情况，如图3-28所示。具体内容如下：

1)排水管道的各部分位置与尺寸

(1)管径与长度：管道总长度与各种管径长度，决定于管网布置中干管与各支管的长度，它取决于汇水区域的水量分布情况。各种井距间的管道长度，取决于检查井的设置情况。

(2)高程与坡度：高程包括地面高程和管底高程，表示管道埋深与覆土情况。坡降表示管道中水力坡降与合理坡降的情况。

2)管道结构状况

(1)管道种类与接口处理：所使用的管道材料及断面形式包括普通混凝土管、钢筋混凝土管、砖砌方沟等。接口处理方法包括钢丝网水泥砂浆抹带接口、沥青卷材接口、套环接口等。

(2)管道基础和地基加固处理：管道基础包括混凝土通基(90°、135°、180°)等。地基加固处理包括人工灰土、砂石层、河卵石垫层等。

3)检查井的井号、类型与作用

(1)检查井的井号：自上游向下游顺序排列，区分出干线井与支线井的井号。

(2)检查井类型：如圆形井、方形井、扇形井。并区分出雨水井、污水井与合流井。

(3)检查井作用：如直线井、转弯井、跌水井、截流井等。

4)管道排水能力：表示出各井距间管道的水力元素即流量(Q)、流速(V)的状况，给使用与养护管理方面提供出最基本数据。

5)进出水口、雨水口、支线接入检查井的井号、标高、位置与预留管线的方向、管径等。

6)管道与各种地下构筑物和管线的标高、相互位置关系。

7)临时设置的水准点位置与高程等。

(四)管道横断面图

主要表示排水管道在城市街道上水平与垂直方向具体位置。反映排水管道同地上、地下各种建筑物和管线相对位置与相互关系的状况，以及排水管道合理布置的程度(图3-29)。

(五)管道与附属构筑物示意图

建筑物排放的污水和雨水的管道结构图，一般都是利用三视图原理和各种剖视方法来反映下水道构筑物的结构状况，一般常用下列结构图：

(1)管道基础与管道接口结构图(图3-30)

(2)进出水口、雨水口示意图(图3-31)

(3)检查井示意图(以矩形为例、图3-32)

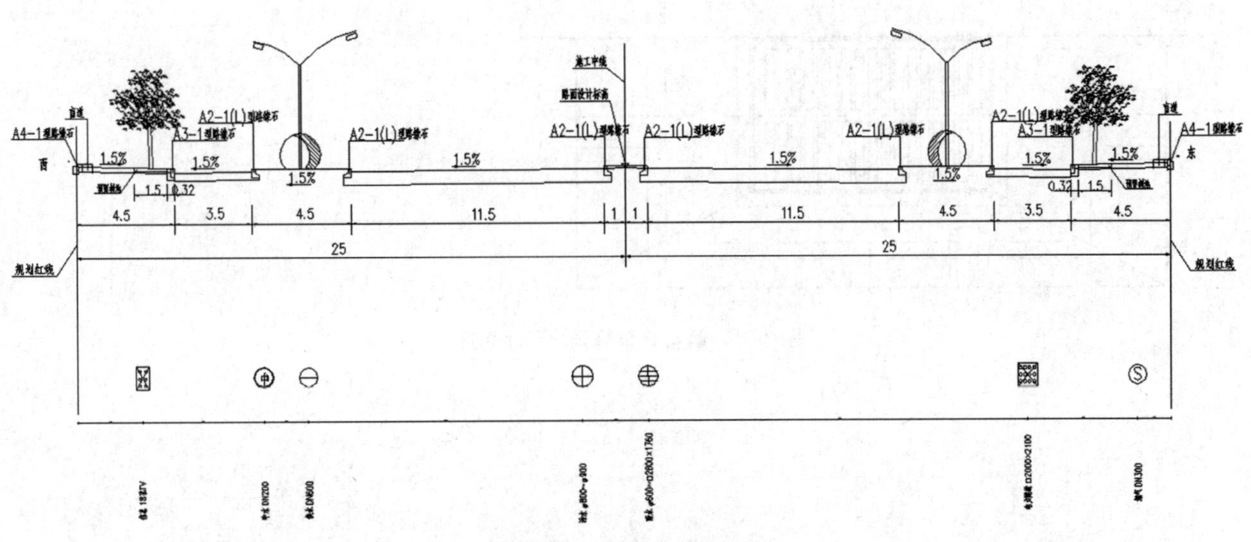

图3-29　管道横断面示意图

1:2.5水泥砂浆抹带
三角灰座实
(大管径是时可用砖堵住)
90°
带基相接处凿毛
抹成椭圆形
K
t
1:3水泥砂浆捻缝

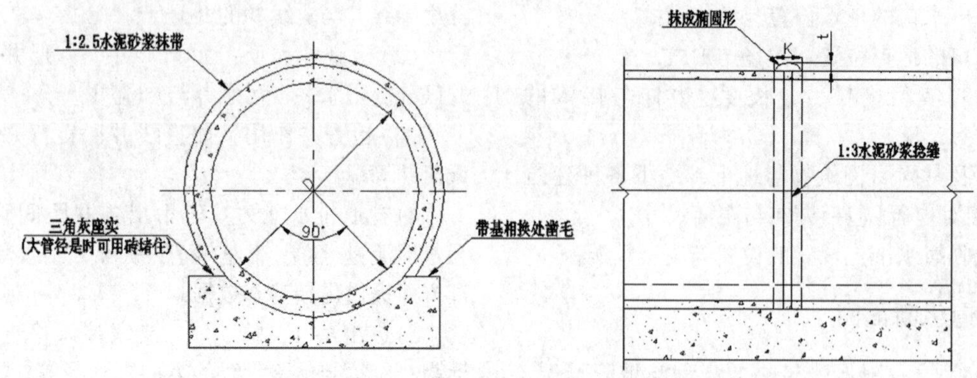

图 3-30　90°混凝土基础水泥砂浆抹带接口示意图

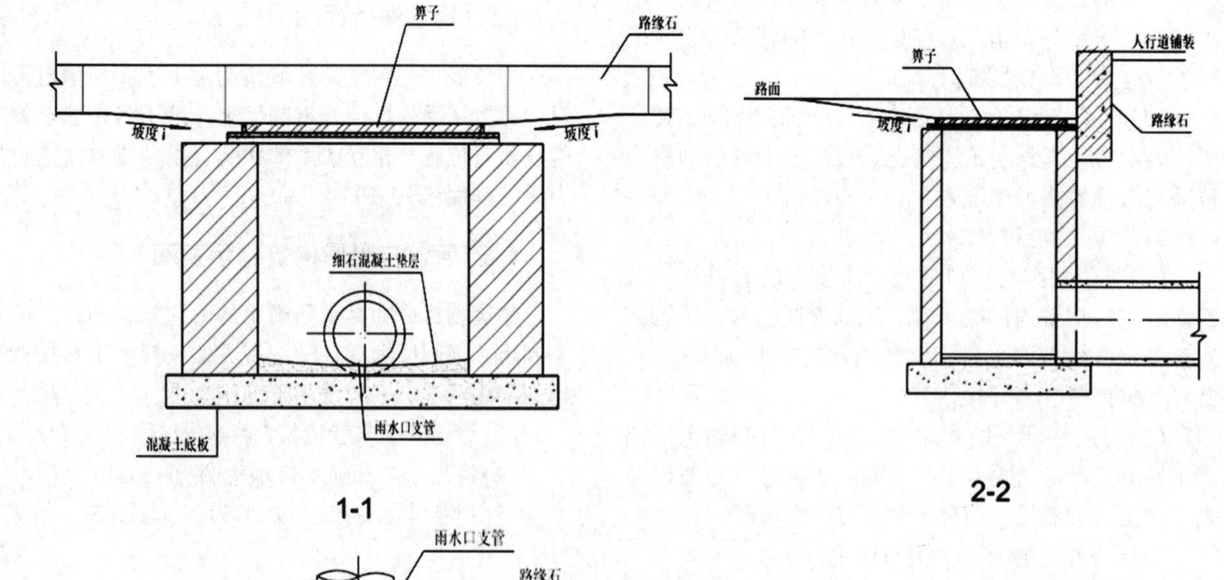

箅子
路缘石
坡度i
坡度i
细石混凝土垫层
雨水口支管
混凝土底板
1-1
人行道铺装
箅子
路面
坡度i
路缘石
2-2
雨水口支管
路缘石

图 3-31　偏沟式单箅雨水口示意图

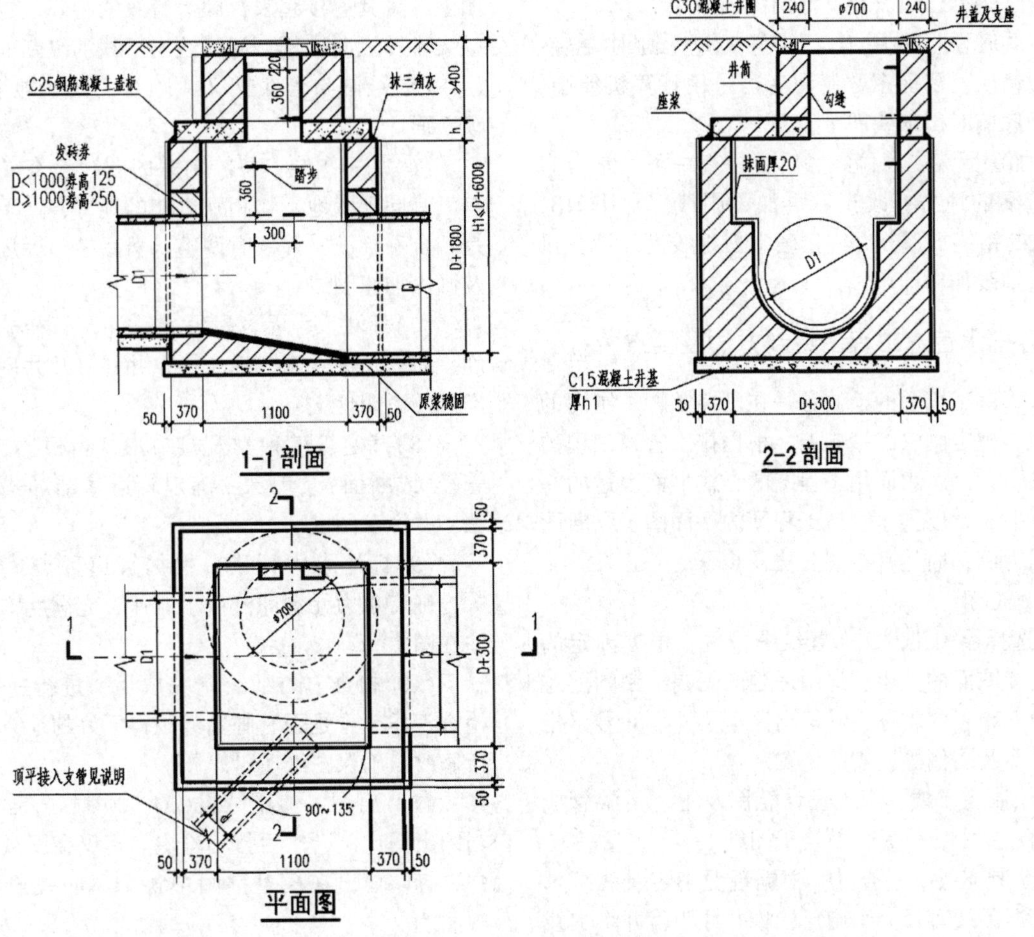

图 3-32　矩形检查井示意图

(4)钢筋混凝土盖板配筋示意图(图 3-33)。

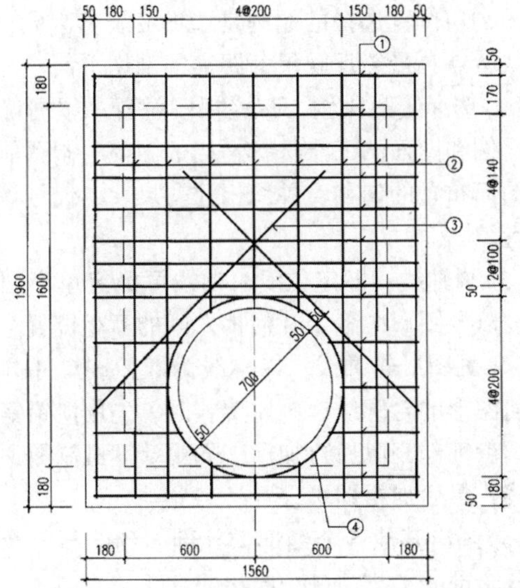

图 3-33　矩形检查井盖板配筋示意图

(5)管道加固示意图(图 3-34)。

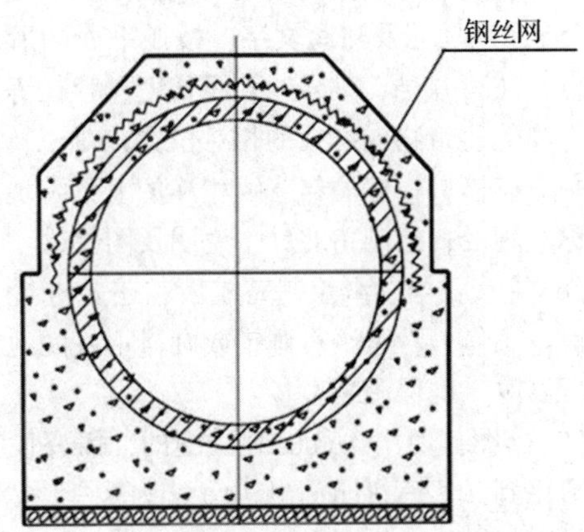

图 3-34　普通混凝土管满包混凝土加固示意图
(覆土<0.7m，H=6~8m)

四、排水工程制图

(一)制图的步骤

(1)图面布置：首先考虑好在一张图纸上要画几个图样，然后安排各个图样在图纸上的位置。图面布置要适中、匀称，以获得良好的图面效果。

(2)画底图：常用 H～3H 等铅笔，画时要轻、细，以便修改。目前多数制图者已采用计算机绘图，因此，画底稿时用细线即可。

(3)加深图线：底稿画好后要检查一下，是否有错误和遗漏的地方，改正后再加深图线。常用 HB、B 等稍软的铅笔加深，并应正确掌握好线型。计算机绘图时将细线加粗即可。

(二)排水管道工程图绘制方法及要点

排水管道工程图的绘制，是在已经掌握了制图的基本原理与规定画法的基础上，根据排水管道工程的设计要求、设计思想而用工程图的形式书面表达的一种方法。下面就以排水管道工程图的平面图、纵断图及结构图为例，简述其绘制方法及步骤。

1. 平面图

(1)选择绘图比例，布置绘图位置：根据确定的绘图比例和图面的大小，选用适当的图幅。制图前还应考虑图面布置的均称，并留出注写尺寸、井号、指北针、说明及图例等所需的位置。

(2)绘制主干线：根据设计意图及上、下游管线位置，确定主干线位置，并绘于图纸上。

(3)绘制支线及检查井：根据现况确定支线接入位置，根据干线管径大小确定检查井井距，并将支线及检查井绘制于图面上。

(4)加粗图线：检查绘制完的图线，将不需要的线条除去，按国标规定的线型及画法加粗图线。

(5)标注尺寸及注写文字：按照平面图所应包括的内容，注写井号、桩号、管线长度、管径等；标注管线与其他建筑物或红线的相对位置，对于转折点的检查井应有栓桩；标注与管线相连的上下游现况管线的名称及管径；绘制指北针、说明及图例。

(6)检查：当图纸绘制完成后，还要进行一次全面的检查工作，看是否有画错或画得不好的地方，然后进行修改，确保图纸质量。

(7)出图：使用 AutoCAD 画图的，需要设置适当的出图比例，然后打印输出。

2. 纵断图

(1)确定绘图比例：根据管线长度及管径大小，确定纵断图绘制的横向及纵向比例。

(2)确定并绘制高程标尺：根据所确定的纵向比例及下游管的埋深，绘制高程标尺。

(3)绘制现况地面线：按照实测的地面高程，根据不同的纵横向比例，绘出现况地面线。

(4)绘制管线纵断面：根据下游管底高程，按照所确定的坡度，计算出各检查井的管底高程，并标于图上，将其连接起来，即为管线的管底位置。根据管径大小及纵向比例，即可绘出管线的纵断面图。

(5)绘制与管线交叉或顺行的其他地下物的横、纵断面。

(6)加粗图线：将绘制完的图线检查一下，看看有没有同现状地下物相互影响的地方，上下游相接处是否合乎标准，并及时调整。然后按国标规定的线型及画法加粗图线。

(7)标注尺寸及注写文字：注写管径、长度、坡度、高程及桩号等。标注检查井井号及井型。注写水准点及说明性文字。

(8)确定管道种类及接口形式：根据管道材料、管径(或断面)及埋深，确定管道基础形式、接口方法，并标于图上。

(9)标注水力元素：根据管道种类、管道坡度等，确定水力元素即流量、流速、充满度，并将其标注在图中。

(10)检查：图纸绘制完成后，进行一次全面的检查工作，看是否有画错或画得不好的地方，然后进行修改，确保图纸质量。

(11)出图：使用 AutoCAD 画图的，需要设置适当的出图比例，然后打印输出。建议在图纸空间布局中，打印输出在模型空间中各个不同视角下产生的视图。

3. 结构图

(1)选择最能表达设计要求的视图：根据构筑物的特点，选适宜的剖视图。任何剖视图都要确定剖切位置，剖切位置选择的原则是选择最能表达结构物几何形状特点、最能反映尺寸距离的剖切平面。

(2)选择绘图比例，布置视图位置：根据确定的绘图比例和图面的大小选择适当的图幅，制图前还应考虑图面布置的匀称，并留出注写尺寸、代号等所需的位置。

(3)画轴线：即定位线。轴线可确定单个图形的位置，以及图形中各个几何体之间的互相位置。

(4)画图形轮廓线：以轴线为准，按尺寸画出各个几何图形的轮廓线，画轮廓线时，先用淡铅笔轻轻画出，待细部完成后再加深。如用计算机制图，先使用细线，最后加粗即可。

(5)画出其他各个细部：凡剖切到的部分及可见到的各个部分，均需一一绘出。

(6)加深图线：底稿完成以后要检查一下，将不需要的线条擦去，按国标规定的线型及画法加深图线。例如：凡剖切到的轮廓线为 0.6～0.8mm 的粗实线，未剖到的轮廓线为 0.4mm 的中实线，尺寸标注线为 0.2mm 的细实线等。总的要求是轮廓清楚、线型准确、粗细分明。

(7)标注尺寸及注写文字：尺寸标注必须做到正确、完整、清晰、合理。不论图形是缩小还是放大，图样中的尺寸仍应按实物实际的尺寸数值注写，标注尺寸应先画尺寸界线，尺寸线和起止点，再注写尺寸数字。

(8)检查：当图样完成后，还要进行一次全面的检查工作，看是否有画错或画得不好的地方，然后进行修改，确保图纸质量。

(9)出图：使用 AutoCAD 画图的，需要设置适当的出图比例，然后打印输出。建议在图纸空间布局中打印输出在模型空间中各个不同视角下产生的视图。

五、排水工程竣工图绘制

目前，大部分竣工图的编制是利用施工图来编制的。竣工图的编制工作，可以说是以施工图为基础，以各种设计变更文件及实测实量数据为补充修改依据而进行的。竣工图反映的实际施工的最终状况。

(一)绘制排水管道竣工图的技术要求

平面图的比例尺一般采用 1：500~1：2000。平面图中应包括平面图绘制一般要素外，还应绘制以下内容：

(1)管线走向、管径(断面)、附属设施(检查井、人孔等)、里程、长度等，以及主要点位的坐标数据。

(2)主体工程与附属设施的相对距离及竣工测量数据。

(3)现状地下管线及其管径、高程。

(4)道路永中、路中、轴线、规划红线等。

(5)预留管、口及其高程、断面尺寸和所连接管线系统的名称。

纵断面图内容，应包括相关的现状管线、构筑物(注明管径、高程等)，以及根据专业管理的要求补充必要的内容。

(二)竣工图的绘制方法

绘制竣工图以施工图为基本依据，按照施工图改动的不同情况，采用重新绘制或利用施工图改绘成竣工图。

1. 重新绘制

有以下情况应重新绘制竣工图：

(1)施工图纸不完整，而具备必要的竣工文件资料。

(2)施工图纸改动部分，在同一幅图中覆盖面积超过 1/3，以及不宜利用施工图改绘清楚的图纸。

(3)各种地下管线(小型管线除外)。

2. 利用施工图改绘竣工图

有以下情况可利用施工图改绘成竣工图：

(1)具备完整的施工图纸。

(2)局部变动，如结构尺寸、简单数据、工程材料、设备型号等及其他不属于工程图形改动，并可改绘清楚的图纸。

(3)施工图图形改动部分，在同一幅图中覆盖图纸面积不超过 1/3。

(4)小区支、户线工程改动部分，不超过工程总长度的 1/5。

利用施工图改绘竣工图的基本方法有如下两种：

(1)杠改法：对于少量的文字和数字的修改，可用一条粗实线将被修改部分划去。在其上方或下方(一张图纸上要统一)空白行间填写修改后的内容(文字或数字)。如行间空白有限，可将被修改点全部划去，用线条引到空处，填写修改后的情况。对于少量线条的修改，可用“×”号将被修改掉的线条划去，在适当的位置上画上修改后的线条，如有尺寸应予标注。

(2)贴图更改法：施工图由于局部范围内文字、数字修改或增加较多、较集中，影响图面清晰；线条、图形在原图上修改后使图面模糊不清，宜采用贴图更改法。即将需修改的部分用别的图纸书写绘制好，然后粘贴到被修改的位置上。重大工程一般宜采用贴图更改法。

不论用何种方法绘制排水管道工程的竣工图，如设计管道轴线发生位移、检查井增减、管底标高变更或管径发生变化等，除均应注明实测实量数据外，还应在竣工图中注明变更的依据及附件，共同汇集在竣工资料内，以备查考。

当检查井仍在原设计管线的中心线位置上，只是沿中心线方向略有位移，且不影响直线连接时，则只需在竣工图中注明实测实量的井距及标高即可。

(三)竣工图编制的注意事项

竣工图的编制必须做到准确、完整和及时，图面应清晰，并符合长期安全保管的档案要求，具体应注意以下几点：

(1)完整性：即编制范围、内容、数量应与施工图相一致。在施工图无增减的情况下，必须做到有一张施工图，就有一张相应的竣工图；当施工图有增加时，竣工图也应相应增加；当施工图有部分被取消时，则需在竣工图中反映出取消的依据；当施工图有变更时在竣工图中应得到相应的变更。如施工中发生质量事故，而作处理变更的，亦应在竣工图中明确表示。

(2)准确性：增删、修改必须按实测实量数据或原始资料准确注明。数据、文字、图形要工整清晰，隐蔽工程验收单、业务联系单、变更单等均应完整无缺，竣工图必须加盖竣工图标记章，并由编制人及技术负责人签证，以对竣工图编制负责。标记章应盖在图纸正面右下角的标题栏上方空白处，以便于图纸折叠装订后的查阅。

(3)及时性：竣工图编制的资料，应在施工过程中及时记录、收集和整理，并作妥善的保管，以便汇集于竣工资料中。

第四章
城镇排水系统概论

第一节　排水系统的作用与发展概况

一、排水系统的作用

人们在生活和生产中，使用着大量的水。水在使用过程中会受到不同程度的污染，改变原有的化学成分和物理性质，这些水称作污水或废水。废水按照来源可以分为生活污水、工业废水和降水。工业废水和生活污水含有大量有害、有毒物质和多种细菌，严重污染自然环境，传播各种疾病，直接危害人民身体健康。自然降水若不能及时排除，也会淹没街道而中断交通，使人们不能正常进行生活和生产。在城市和工业企业中，应当有组织且及时地排除上述废水和雨水，否则可能污染和破坏环境，甚至形成公害，影响生活和生产以及威胁人民健康。废水和雨水的收集、输送、处理和排放等设施以一定方式组合成的总体，称为排水系统。

二、城镇排水系统发展概况

(一) 国外排水行业的发展概况

1. 创建阶段

19 世纪，中期西方国家先后发展了现代城市给水排水系统。英国早期的排水工艺只是建造管渠工程，将污水、废水和雨水直接排入水体。到 1911 年德国已建成 70 座污水处理厂，在其后的半个世纪里城市排水系统的发展较为缓慢，例如，1957 年西德的家庭污水入网率仅 50%，1961 年日本东京仅为 21.2%。

2. 发展和治理阶段

20 世纪 60—70 年代开始，西方国家投入大量财力铺设污水管道，修建污水处理厂，提高污水的收集率和处理率，并对工业污水、污水处理厂尾水的排放作了严格的控制(又称“点源”治理)。例如：1979 年东京污水入网率达到 70%；1987 年前西德污水的入网率已达到 95%，污水处理率达到 86.5%，城市居民人均污水管长达 4m。然而城市水环境的质量仍然不尽人意，研究中发现，传统的排水观念造成人们长期以来认为，合流管渠中的污水被暴雨稀释(稀释比约 1∶5~1∶7)，溢流后不会再危害水体，事实上并非如此。1960—1962 年，在英国北安普敦的调查发现，暴雨之初，原沉淀在合流管渠内的污泥被大量冲起，并经溢流井溢入水体即所谓的“第一次冲刷”。此后，人们提高了溢流井内的堰顶高程以减少溢流量，但这样做又增加了管渠内的沉积物，一旦被更大暴雨冲起、挟入溢流，进入水体仍然会造成污染。

3. 暴雨管理阶段

为了进一步改善城市水体的水质，自 20 世纪 70 年代起都在致力于此项工作。首先是对雨污混合污水在溢流前进行调节、处理及处置，使之溢流后对水体的水质影响在控制的目标之内。例如美国一些州，要求混合污水在溢流之前就地做一级处理，并对每个溢流口因超载而未加处理的混合污水溢流次数加以限制(如华盛顿州每个溢流口每年 1 次，旧金山市为 4 次)；其次是对污染严重地区雨水径流的排放做了更严格的要求，如工业区、高速公路、机场等处的暴雨雨水要经过沉淀、撇油等处理后才可以排放。在已有二级污水处理厂的合流制排水管网中，适当的地点建造新型的调节、处理设施(滞留池、沉淀池等)是进一步减轻城市水体污染的关键性补充措施。它能拦截暴雨初期“第一次冲刷”出来的污染物送往污水处理厂处理，减少混合污水溢流的次数、水量和改善溢流的水质，以及均衡进入污水处理厂混合污水的水量和水质，它也能对污染物含量较多的雨水作初步处理。

国外的实践表明，为了进一步改善受纳水体的水质，将合流制改造为分流制，其费用高昂且效果有限，而在合流制系统中建造上述补充设施则较为经济而有效。国外排水体制的构成中带有污水处理厂的合流制仍占相当高的比例，如西德 1987 年其比例为 71.2%，且该国专家认为通常应优先采用合流制，分流制要建造两套完整的管网，耗资大、困难多，只在条件有利时才采用。至 20 世纪 80 年代末，西德建成的调节池已达计划容量的 20%，虽然其效果难以量化，但是送到处理厂的污泥量增加了、河湖的水质有了显著的改善。据估计，用这种方式处理雨水的费用与用污水处理厂不相上下。

为了实现对暴雨雨水的管理，必须对雨水径流过程有更深入的认识、准确的预测和模拟。目前常用的排水系统水力模拟软件有：①英国环境部及全国水资源委员会的沃林福特软件(Wallingford)，它是在 20 世纪 60 年代的过程线方法——TRRL 程序的基础上发展起来的，可用于复杂径流过程的水量计算和模拟、管理设计优化，并含有修正的推理方法。②美国陆军工程师兵团水文学中心的“暴雨”模型(Storage, Treatment, Over flow, Runoff Model, 简称 STORM)，该程序可以计算径流过程、污染物的浓度变化过程，适用于工程规划阶段对流域长期径流过程的模拟。③美国环保局的雨水管理模型(Storm Water Management Model, 简称 SWMM)，它能模拟降雨和污染物质经过地面、排水管网、蓄水和处理设施，最终到达受纳水体的整个运动、变化的复杂过程，可作单一事件或长期连续时期的模拟。④德国汉诺威水文研究所的 HE 软件(HYSTEM-EXTRAN, 简称 HE)，可用于模拟排水管网中的降雨径流过程和污染物扩散过程，是全德国境内使用最广泛的流体动力学排水管网计算程序，可以计算水力基础数据如径流量和水位，以及污染物在地表和管网中的扩散过程。这些雨水模型软件在西方国家城市排水工程中的应用已非常普遍。例如，早在 1975 年英国就有 96% 的雨水管渠设计使用了 TRRL 程序，而在现阶段的暴雨雨水管理中更是离不开计算机和相关软件了。

(二) 中国古代排水事业的发展概况

1. 中国古代排水管渠的起源与发展

人类在公元前 2500 年创造了古代的排水管道，在 20 世纪初期创造了污水处理，在 20 世纪中期创造了水回用技术。排水工程的内涵由排水管道发展到水处理，由水处理发展到再生水循环回用，前后有将近 4500 多年的历史。在此期间中国的先民们首先在史前龙山文化时期造就了陶土排水管道，开创了人类的排水工程事业。城垣排水是古代文化的重要组成部分，也是人类文明的重要进程。

2. 中国古代排水管道种类及特点

中国最早的城垣遗址，出现在史前新石器时代的晚期。当时城垣内的排水系统，主要是地面自流，明沟排水。

进入了铜石并用时代的晚期时，由于封闭型城垣的长期发展以及民们物质文化水平的提高，河南省淮阳市平粮台的先民们(约为公元前 2500 年)，首先将城垣中的雨水，由地面自流排水发展为采用小型地下陶土排水管。从此在排水系统中开创性地增加了排水管道的内涵。

随着历史的变革与社会的发展，社会生产力得到了解放，排水管道逐步得到了发展。偃师商城是商代前期(其年代约为公元前 1600—公元前 1400 年)的都城遗址，城垣内开始出现了石砌排水暗沟；有较狭窄的全部用石块垒砌的小型石砌排水暗沟遗迹；也有沿城内的路网、贯通全城完整的大型石、木结构排水暗沟遗迹。

到了西汉时，已步入封建社会，并已进入铁器时代。社会生产力又有了长足的发展，城垣规模不断扩大。汉长安城的排水管道设施种类繁多，有圆形陶土排水管、五角形陶土排水管，并首次出现了拱形砖结构的砖砌排水暗沟，这是中国最早修建的大型砖砌排水暗沟。

由此可见，排水管道在城垣建设中已经形成不可缺少的一项基础设施。

为了纵观古代排水管道发展的历程，表 4-1 按照纪年体系整理出“中国古代排水管道遗迹资料表”。

依照表 4-1 的资料及有关文史、考古的报道，从公元 2500 年到公元前 190 年，前后约 2300 年，排水管道先后出现了陶土排水管道、木结构排水暗沟、石砌排水暗沟、卵石排水暗沟以及砖砌排水暗沟等 5 个种类，现依次叙述如下。

表 4-1 中国古代排水管道遗迹资料表

时代分期	朝代与纪年	排水管道名称	管道种类概要
铜石并用时代晚期	相当文献记载的史前帝喾时代(约公元前 2500 年，河南龙山文化时期)	平粮台陶土排水管道	三孔圆形陶土排水管(倒品字形)、每孔断面 $0.04m^2$、总断面 $0.12m^2$
青铜时代早期	夏王朝中、后期，商代前期(公元前 1900—公元前 1500 年)	二里头木结构排水暗沟	木结构排水暗沟、石砌排水暗沟及圆形陶土排水管

（续）

时代分期	朝代与纪年	排水管道名称	管道种类概要
青铜时代中期	商代前期（公元前1600—公元前1400年）	偃师商城石砌排水暗沟	石砌排水暗沟（木盖板）、断面$3.0m^2$及木结构排水暗沟、圆形陶土排水管
	商代前期（公元前1600—公元前1400年）	郑州商城石砌排水暗沟	石砌排水暗沟及圆形陶土排水管
	商代后期（公元前1300—公元前1046年）	安阳殷墟陶土排水管道	圆形陶土排水管
青铜时代晚期	西周时期（公元前11世纪）	沣京陶土排水管道	圆形陶土排水管
	西周时期（约公元前1045年）	琉璃河燕都卵石排水暗沟	卵石排水暗沟、断面$0.84m^2$及圆形陶土排水管
	西周时期（约公元前900年）	周原卵石排水暗沟	卵石排水暗沟及圆形陶土排水管
	西周时期（约公元前850年）	齐国故城石砌排水暗沟	15孔石砌排水暗沟（每孔断面$0.2m^2$）、总断面$3.0m^2$及圆形陶土排水管
	东周时期（公元前770—公元前256年）	雒邑陶土排水管道	圆形陶土排水管
	东周时期（公元前403—公元前221年）	燕下都陶土排水管道	圆形陶土排水管
铁器时代	战国末期至秦王朝时期（公元前247—公元前208年）	秦皇陵陶土排水管道	五孔五角形陶土排水管（每孔断面$0.11m^2$）、总断面$0.55m^2$及圆形陶土排水管
	秦王朝时期（公元前221—公元前206年）	阿房宫陶土排水管道	三孔圆形陶土排水管（品字形）、总断面$0.12m^2$及五角形陶土排水管
	汉朝时期（公元前195—公元前190年）	汉长安城砖砌排水暗沟	砖砌排水暗沟（顶部发砖券）、断面$2.24m^2$及五角形陶土排水管、圆形陶土排水管
	隋唐时期（581—582年）	唐长安城砖砌排水暗沟	砖砌排水暗沟（顶部发砖券）、断面$1.04m^2$及圆形陶土排水管

1）陶土排水管道

已发现的陶土排水管道有两种类型陶土排水管道：一种为圆形陶土管，另一种为五角形陶土管。

圆形陶土管，此管道很原始，从没有榫口，发展到有管套承插接口。从每节管长35~45cm，到每节管长100cm。从直管到三通管，再到直角弯管。经过漫长的岁月，陶土管逐步得到改进与完善。

圆形陶土管的内径一般为22cm，断面面积约为$0.04m^2$。它的管径小，能够排泄的雨水流量也少，所以只适宜用于排除流量较小的地区。

由于大型圆形陶土管制作困难，也易压碎，为增大排水流量，先民们巧妙地拼装成三孔圆形陶土管，用以排除大流量。这种三孔圆形陶土管，前后发掘出正“品”字形和倒“品”字形两种拼装的形式，如图4-1、图4-2所示。

图4-1　平粮台三孔圆形陶土排水管道（倒“品”字形）

图4-2　阿房宫三孔圆形陶土排水管道（正“品”字形）

除了圆形陶土管，另一类型是五角形陶土管。五角形陶土管是在秦汉时期形成的，该管道通高45~47cm，底边宽40~43cm，管壁厚7cm，全长65~68cm。它的单孔断面面积约为$0.11m^2$。它是圆形陶土管断面面积的3倍，相应排水的流量也较大，并且可以简单地拼装成两孔、三孔、四孔、五孔等形式（单孔构造如图4-3所示）。从而进一步提高排水流量，适应不同层次的流量需求。这种陶土管采用的是预制装配式结构，构思非常独特巧妙。它的缺点是制造复杂、管壁厚、成本高。

图 4-3 咸阳市西汉帝陵五角形陶土排水管道(单孔)

2)木结构排水暗沟

这是继"平粮台陶土排水管道"之后，发掘出最早的另一种排水暗沟。这是在当时的生产条件下，采用丰富的天然木材，巧妙搭建成的排水暗沟，以便适应大流量排水时的需求。这种排水暗沟，显然比较原始，不能耐久，流水也不顺畅。

3)石砌排水暗沟

石砌排水暗沟，在夏商周时期主要是采用天然石块即毛石垒砌而成，有如下三种形式：

第一种形式是较狭窄的石砌排水暗沟；暗沟的两侧沟墙及盖板，均采用天然石块垒砌，如"二里头石砌排水暗沟"及"郑州商城石砌排水暗沟"。

第二种形式是沟体较宽的石砌排水暗沟，暗沟的两侧沟墙用天然石块垒砌，并且在沟墙中夹砌木桩，支撑上面的木梁，木梁上再铺木材作为沟顶盖板，形成暗沟。贯通偃师商城的石砌排水暗沟就是这种类型。

第三种形式是多孔石砌排水暗沟。在原齐国故城，发掘出一座15孔石砌排水暗沟。15个矩形石砌水孔，分上、中、下3层排列。水孔一般高50cm、宽40cm。每孔的两侧沟墙、盖板、底板均是采用天然石块互相搭接、垒砌而成。下层水孔的沟顶盖板，是上层水孔的底板(图4-4)。齐国先民们巧妙地采用

图 4-4 原齐国故城 15 孔石砌排水暗沟

多孔石砌暗沟，使过水总面积达到了 $3m^2$，满足了排除大流量雨水时的需求。避开由于排水流量大，若采用大型单孔暗沟，带来沟顶盖板建筑结构的技术难题。这座石砌排水暗沟，水力条件合理、石材耐久，说明设计是成功的。缺点是体积庞大、不易清理。

4)卵石排水暗沟

这也是利用天然材料砌筑的排水暗沟。它是采用天然鹅卵石作为暗沟底部与侧墙的建筑材料，木材作为沟顶盖板，堆砌而形成较大的排水管道。

5)砖砌排水暗沟

汉长安城的砖砌排水暗沟，是中国目前发掘出最早的一座砖砌排水暗沟。暗沟的两侧墙体和底板、采用砖石混合结构，石材采用料石。顶部用发砖券，为拱形砖结构。这种拱形砖顶科学地解决了大型排水暗沟顶部的建筑结构问题。这在排水管道建筑结构的发展，是一项很有意义的突破。

根据以上的阐述，中国古代排水管道发展中的特点，大致有以下3个：

(1)圆形陶土管，一直是延续应用最广泛的一种排水管道，在各个朝代、各个时期、不同地区的城垣、皇宫以及庭院中，都曾发掘出许多这种管道。

(2)早期的矩形排水暗沟，由于缺乏有效的生产技术手段，大多数是采用天然木材、天然石块、天然鹅卵石等建造而成。夏商周时期，在一些古城遗址中，出现了许多木结构排水暗沟、石砌(毛石)排水暗沟以及卵石排水暗沟的遗迹。

(3)为适应排除大流量雨水的需求，人们一直在追求排水管道的变革和改进。由于城垣在不断扩大、建筑规模在增大、排水流量也在大幅增加。为了适应排除城垣中出现的大流量雨水，先民们对排水管道采取了许多加大管道、增加排水断面的工程措施；从三孔圆形陶土排水管到五孔五角形陶土排水管道，再到15孔石砌排水暗沟，再到采用天然材料建造矩形排水暗沟，一直到建造拱形砖顶的砖砌排水暗沟等变化。显然，先民们一直在探求解决能够排除大流量雨水，而且又性能最佳的排水管道。

砖砌排水暗沟的出现，是排水管道发展中的重要突破。西汉初年(公元前195—公元前190年)，在汉长安城遗址中，出现了最早的砖砌排水暗沟。为了分析砖砌排水暗沟形成及其发展的历史背景，表4-2将汉代以来砖砌排水暗沟的遗迹状况予以整理。

表 4-2 砖砌排水暗沟发掘资料表

朝代	时间	地点	排水管道概要
西汉	公元前 202—公元 9 年	西安	西面城墙至城门附近的城墙下，发掘出断面尺寸宽约 1.2m，高约 1.4m 的砖砌排水暗沟；另外在南面城墙西安门附近的城墙下，也发掘出一座宽约 1.6m，高约 1.4m 的砖砌排水暗沟。两座暗沟的沟墙、底板是用砖和石材砌筑。顶部都用发砖券，为拱形砖结构的砖砌排水暗沟
六朝(吴、东晋、宋、齐、梁、陈)	229—589 年	南京	在建康宫城遗址中，发现了一条穿过道路的拱顶砖砌排水暗沟，可能是东晋时修建
隋、唐	581—582 年	西安	含光门遗址以西的城墙下，发掘出一座大型砖砌排水暗沟，其沟顶采用的是拱形结构，沟宽 0.6m，全高 1.8m，沟墙与拱顶的砖砌体结构厚度均为 0.95 m。沟内设有三根 10cm 方铁粗柱作为铁栅，防范外人穿过
	618—907 年	洛阳	在唐东都洛阳定鼎门遗址的西城墙下部，也发现了一处相同类型的砖砌排水暗沟，其沟顶也是采用拱形结构，暗沟内也设有铁栅防范外人穿过
北宋	960—1127 年	赣州	著名的福寿砖砌排水暗沟，简称福寿沟。福寿沟宽约 0.9m，高约 1.8m，其中福沟长约 11.6km，寿沟长约 1 km，福寿沟的主沟总长约 12.6km，沟墙为砖砌体，沟顶为石盖板，全城采用地下管道排除雨水。这是古代赣州的重要排水基础设施，且直到 20 世纪 50 年代仍然在养护、维修使用中
南宋	1127—1279 年	杭州	南宋临安御街遗址(今杭州中山中路南段)中，发掘出两处砖砌排水暗沟。一处内宽 0.3m，高 0.9m，长约 2.15m。沟壁为砖砌体，沟顶覆盖石板。另一处内宽 0.15m，高 0.15m，长约 2.15m。沟壁用长方砖平砌，再用相同规格的长方砖封盖，长方砖的规格为 33cm×10cm×5cm
	1162—1233 年		南宋临安恭圣仁烈皇后庭院遗迹中，发掘出一条砖砌排水暗沟和庭院以外相通。暗沟为方形，宽 0.3m，高 0.29m。沟底、沟壁均为砖砌体，沟顶用透雕的方砖封堵。透雕花纹为假山、松枝和两只猴子
元	1206—1368 年	北京	健德门以西(今花园路段)发掘出一处砖砌排水暗沟的水关，基础由 7 层条石垒砌而成，顶部的拱券和两壁均为青砖砌筑，洞高 3.45m。其中有一块条石上刻有“至元五年(1268 年)二月石匠作头”的标记
			肃清门以北(今学院路西端)也发掘出一处砖砌排水暗沟水关，暗沟宽 2.5m，直墙高 1.25m；全高 2.5m，暗沟顶部的拱券直径 2.5m。沟底和两壁用条石铺砌，拱顶为砖砌体。暗沟按照宋代“营造法式”设计、施工。暗沟内设有菱形铁栅棍，铁栅棍的间距为 10~15cm，防范外人穿过
			光照门以南(今东土城转角楼处)也发掘出一处与肃清门处相同的拱券砖砌排水暗沟水关遗址
明清	1368—1911 年	北京	所有排水主干渠，穿过城墙下的水关排入护城河时，大部分也是采用砖砌排水暗沟。在内城就有 6 座排水水关，其中 5 座采用拱顶式砖砌排水暗沟，另外 1 座采用过梁式砖砌排水暗沟，沟墙均为砖砌体，沟顶为条石盖板。每座水关均设 2~3 层铁栅栏，防范外人穿过。根据乾隆五十一年(1786 年)的丈量统计数据，明清时期北京城区的砖砌暗沟和排水明渠等，当时总计长达 429km
		汉口	乾隆四年(1739 年)汉口开埠时，首先在汉正街修建了一条长 3441m，宽、高各 1.66m 的砖砌方形排水暗沟，上盖花岗岩长条石，条石的顶面作为路面，每隔 20m 留一窨井，上盖铁板，便于清掏
		上海	19 世纪开埠初，租界在辟路的同时，在路旁挖明沟或建暗渠。同治元年(1862 年)起，英租界先从当时的中区(今黄浦区东部)开始进行规划和建设雨水排水管道；其中延安东路前身为洋泾浜(即小河沟)。19 世纪 60 年代起，在其系统内，工部局在广东路、山东路、云南南路等地区修建了砖砌排水暗沟。19 世纪中叶，工部局在泥城浜(今西藏中路)排水系统内，修建了芝罘路、劳合路(今六合路)和广西路等砖砌排水暗沟
		天津	光绪二十七年(1901 年)开埠期间，拆毁了旧城墙，改建为四条环城马路，同时填平了城濠。于光绪二十九年(1903 年)，为解决填平后城内排水出路，在南城濠建造了第一条大型砖砌排水暗沟，名“官沟”

从上述的资料中可以看出：砖砌排水暗沟在古代城垣排水系统中，已逐渐发展成为重要的通用排水设施。

3. 古代城垣排水系统的布局及特点

由于城垣文化的发展，社会经济的需求，导致排水管道的出现与增多，同时又陆续充实、组成了比较完整的排水系统。

1) 排水系统的主要功能及设施

史前城垣中的排水系统，主要是采用地面自流的排水方式。自从龙山文化时期平粮台出现了陶土排水管以后，古代城垣中的排水系统开始进入采用明渠和地下排水管道两者相结合的阶段。

古代，在生活过程中产生的泔水一般是随意洒泼到庭院或排入渗井。粪便排除的方式，从宫廷到平民，大多地区都采用干厕。粪便的收集和清运，或背或挑，或车运或船运至粪场，经简易处置后多作农肥。潜水、粪便的这种传统清除方式，一直沿用到清朝末年，也很少有水冲厕所，更没有排除生活污水、粪便的专用污水管道。因此，古代城垣中的排水系统，其主要功能是排除雨水。

当时的城区，人口密度一般都较低，与排水系统相关联的河湖水体，自然净化的能力较强，水质清澈，基本未受污染。

2) 城垣排水系统的布置方式

古代在城垣中布置的排水系统，在商周时期已经逐步形成两种基本方式。第一种方式是排水系统的主干线采用明渠，沿主干线接收两旁的排水管道、支沟的排水后，当主干线的排水明渠，在穿过城墙下的水关时采用排水暗沟，然后再接入尾闾河段。第二种方式是排水系统的主干线采用管道、暗沟，沿干管接收支线的排水后，直接穿过城墙排入护城河。

古代城垣中的排水系统，常用的是第一种布置方式，并一直沿用到近代。

由于城垣的扩大与发展，各种排水设施也日趋完善，雨水经城区路网中的明渠或排水干管将宫廷、院落、街道的排水支管以及支沟的雨水汇流后，再通过预埋在城墙下的管道、暗沟，排入护城河，形成排水系统与路网系统相互结合的布局。并逐步发展为与引水系统、湖泊雨水调蓄等系统互相结合、更为完整的规划布置。

3) 古代排水系统中的雨水调蓄方式

在汉长安城中，排水系统与之相连的湖泊雨水调蓄系统，主要是进行径流调节，其作用是拦洪削峰，以保持下游管渠的流量在一定的范围内正常运行。这是在古代湖泊雨水调蓄系统中出现的第一种调蓄方式，也是通用的一种调蓄方式。另外还有第二种调蓄方式，调蓄目的是待机排水，古城赣州的调蓄系统就是采用了这种调蓄方式。

如前所述，北宋赣州古城的福寿沟是全城排除雨水的主要地下管道，其设施非常完整。赣州位于江西省的章江与贡江的交汇处，排水暗沟共有12个出口，就近分别进入章、贡两江。在各个出口处，共建造了12座“水窗”。“水窗”即为拍门，它是一种单向阀。它的功能是：当章、贡两江水位高时自动关闭拍门面板，防止江水倒灌。两江水位低时自动打开拍门面板，将暗沟中的雨水排入章、贡两江。在福寿沟所经之处又和沿线众多的湖泊，池塘连成一体，组成了排水网络中的蓄水库，形成湖泊雨水调蓄系统。调蓄的目的是当江河水位达到一定的高度时，利用“水窗”临时将雨水拦蓄在湖泊、池塘以及管渠中，待江河水位下降后再行排除，形成待机排水系统。巧妙地根据章、贡两江水位适时地排除城区的积水。

另外赣州古城是宋代一座封闭型的砖砌城垣。当发生水灾时，可以阻挡洪水进入城内。而章、贡两江的洪水，由于排水暗沟出口处造有“水窗”，可以阻挡江水倒流到城内，因而古城可以减轻或避免灾害，使城内保持稳定。赣州古城的各种排水设施，构思独特、设计巧妙，形成了有特点的、可调蓄的排水系统。

从以上的资料可以看出：古代当时对排水系统和与之相连的湖泊雨水调蓄系统，已具备了完整的、科学的规划设计手段。

4) 古代排水系统中的附属设施

随着排水管道的应用与发展，排水系统中的附属设施也逐渐增多，如在二里头古城遗址中发掘出石砌渗水井。在齐国故城出现了排水明渠穿过城墙下的“水关”。在秦咸阳发现有排水池，池中有地漏，下接90°弯曲的陶土管，弯曲的陶土管再与排水管道相连。在汉长安城长乐宫的皇宫庭院遗址中，发现其管线中设置有沉砂井。在唐长安城含光门遗址的砖砌排水暗沟水关内，设有3根10cm方铁粗柱作为铁栅，防范外人穿过铁栅水关设施(图4-5)。在赣州古城的砖砌排水暗沟出口处造有“水窗”，可防止江水倒灌。

在北京故宫的庭院排水系统中，发现有“沟眼”“钱眼”。“沟眼”是地面明沟遇有台阶或建筑物，在

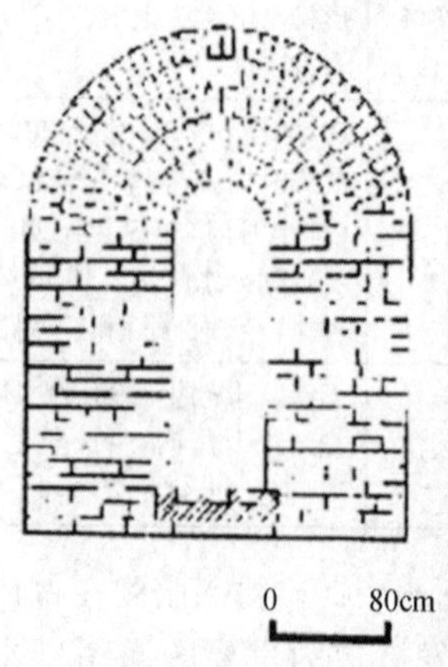

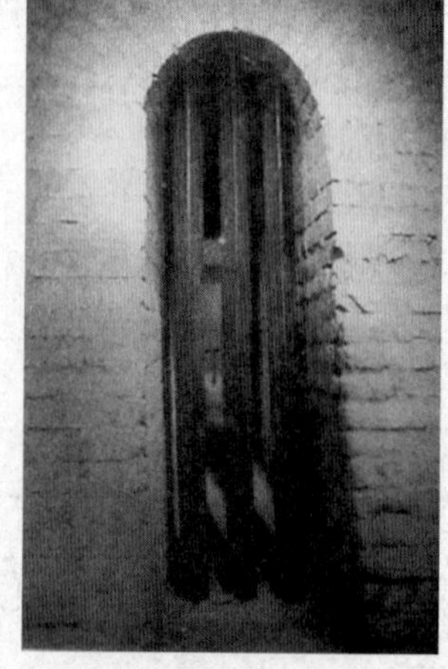

图4-5　唐长安城含光门砖砌排水暗沟

(左图为砖砌体结构断面示意图)

其下设置的过水涵洞设施，“钱眼”是雨水由地面流进地下管道的入口设施，这种入水口多为方石板雕成明、清铜币形，即外圆中方的 5 个空洞，可以进水，也就是雨水口。在乾隆年代，汉口汉正街的砖砌排水暗沟中，每隔 20m 有一座窨井(检查井)，上盖铁板，便于清掏等。

5) 中国古代排水管道在世界文明进展中的历史意义

中国是世界上最早出现排水管道的国家，早期在世界各地，先后出现了三种陶土管道：在公元前2500 年左右，中国河南省的平粮台古城遗址，首先出现了圆形陶土排水管。在公元前 1650—公元前1450 年，文明古国希腊的克里特岛出现了圆锥形陶土排水管道。在公元前 211 年左右时，中国陕西省西安市的秦始皇陵，出现了五角形陶土排水管道。很明显中国是世界上最早出现这种承插管道接口的国家。平粮台出现的圆形陶土排水管，它的连接方式，采用的是承插接口。这种接口方式，设计工艺非常巧妙，彼此套接，就可成为一条管道。是一个非常先进的接口方式，它在制作上有特殊的要求。管体和管头接口的同心度、管壁厚度等，必须按设计规定严格执行。陶土管的承插接口方式，已经延续使用了数千年，一直沿用至今。目前在许多其他管材的圆形管道接口中，如铸铁管道、塑料管道、预应力钢筋混凝土管道、球墨铸铁管道等，也都是采用这种接口方式。

(三) 中国当代排水事业的发展概况

中华人民共和国成立以后，随着城市和工业建设的发展，城市排水工程的建设有了很大的发展。为了改善人民居住区的卫生环境，中华人民共和国成立初期，除对原有的排水管渠进行疏浚外，曾先后修建了北京龙须沟、上海肇家浜、南京秦淮河等十几处管渠工程。在其他许多城市也有计划地新建或扩建了一些排水工程。在修建排水管渠的同时，还开展了污水、污泥的处理和综合利用的科学研究工作，修建了一些城市污水处理厂。

改革开放以后，随着城市化进程的加快和国家对环境保护重视程度的不断加强，城市水环境污染问题日益得到重视。国家适时调整政策，规定在城市政府担保还贷条件下，准许使用国际金融组织、外国政府和设备供应商的优惠贷款，推动了一大批城市新建排水设施，较好的控制了城市水污染。同时，立法要求建设、完善城市排水管网和污水处理设施，并对社会环境质量标准，以及结合中国经济、技术条件，对制定国家及地方的污染物排放标准等工作做出了规定。并制定排污收费制度，开始征收排污费和城市排水设施有偿使用费，明确要求城市排水设施有偿使用费专款专用，用于排水设施的维修养护、运行和建设。城市排水设施建设得到较快发展，各城市修建的排水工程数量不断增加，工程规模不断加大，我国城市排水管道总量有了大幅地提高。

进入 21 世纪以来，我国排水事业有了长足进步，在环境保护和污水治理方面也取得了一定的经验，但由于历史欠账太多，总体水平仍然比较落后，与发达国家相比尚有差距。

第二节　排水系统体制

一、排水系统体制

在城市和工业企业中的生活污水、工业废水和雨水可以采用同一管道系统来排除，也可采用两个或两个以上各自独立的管道系统来排除，这种不同的排除方式所形成的排水系统称为排水体制。排水体制一般分为合流制、分流制和混流制。

(一) 合流制排水体制

合流制排水体制指将生活污水、工业废水和雨水混合在同一个管渠内排除的系统。最早出现的合流制排水系统，是将收集的混合污水不经处理直接就近排入水体，国内外很多老城市以往几乎都是采用这种合流管道系统。

但由于污水未经无害化处理就排放，使受纳水体遭受严重污染。现在常采用末端截流方式对合流制排水系统进行分流改造。这种系统是在临河岸边建造一条截流干管，同时在合流干管与截流干管相交前或相交处设置截流井和溢流井，并在截流干管下游修建污水处理厂。晴天和降雨初期所有污水和雨污混合水可通过截流管道输送至污水处理厂，经处理后排入水体。随着降雨的延续，雨水径流量也逐渐增加，当雨污混合水的流量超过截流管的截流能力后，将有部分雨污混合水经溢流井溢出，直接排入水体(图 4-6)。截流式合流制排水系统实现了晴天和降雨初期污水不入河，但降雨过程中仍会有部分雨污混合水未经处理直接排放入河，对受纳水体造成污染，这是它的严重缺点。

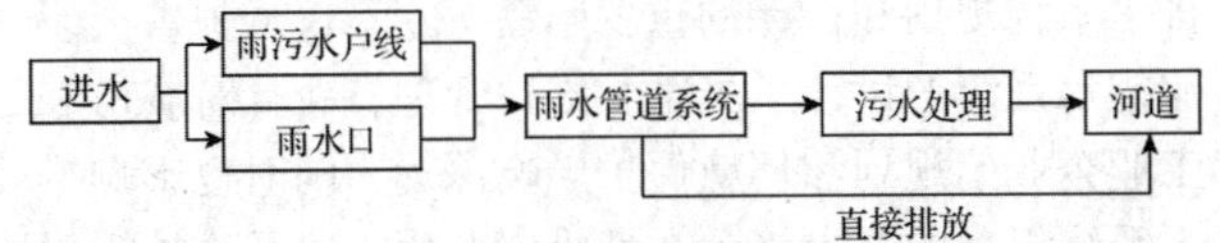

图 4-6　合流制排水体制

目前，国内外在对合流制排水系统实施分流制改造时，普遍采用末端截流式分流方式，但在条件允许的情况下，应对采取末端截流式分流的合流制系统的溢流污染进行调蓄控制。

（二）分流制排水体制

分流制排水体制是指将生活污水、工业废水和雨水分别在两个或两个以上各自独立的管道内排除的系统。由于排除雨水方式的不同，分流制排水系统又分为分流制和不完全分流制两种排水系统。

1. 完全分流制

按污水性质，采用两个各自独立的排水管渠系统进行排除。生活污水与工业废水流经同一管渠系统，经过处理，排入外界水体；而雨水流经另一管渠系统，直接排入外界水体。新建大中城市多采用完全分流排水体制(图 4-7)。

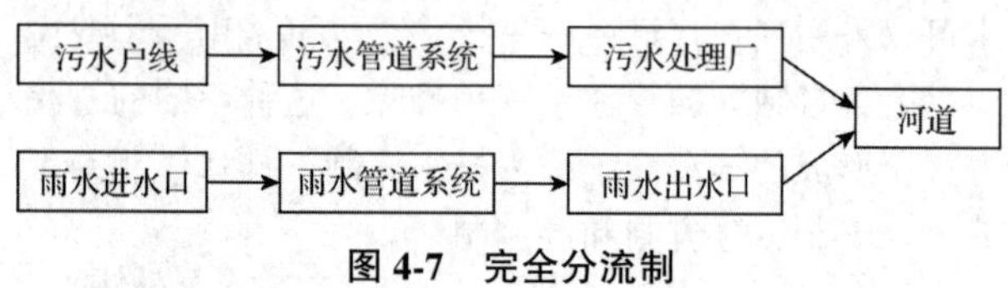

图 4-7　完全分流制

2. 不完全分流制

完全分流制具有污水排水系统和雨水排水系统，而不完全分流只具有污水排水系统，未建完整雨水排水系统。雨水沿天然地面、街道边沟、原有沟渠排泄，或者为了补充原有雨水渠道输水能力的不足而建部分雨水管道，待城市进一步发展完善后，再修建雨水排水系统，变成完全分流制(图 4-8)。

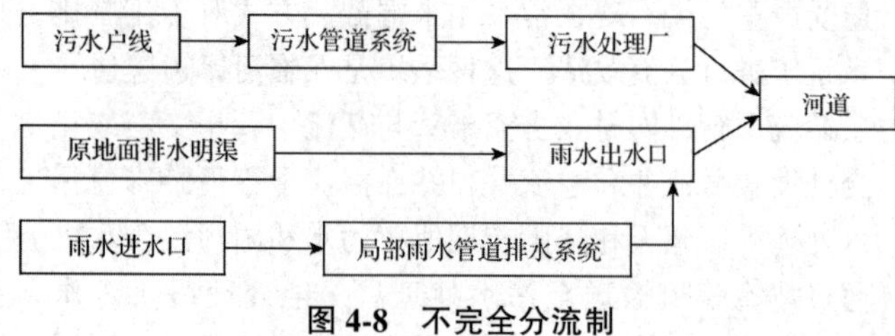

图 4-8　不完全分流制

（三）混流制排水体系

混流制排水体制是指在同一城市内，有时因地制宜的分成若干个地区，采用各不相同的多种排水体制。

合理地选择排水系统的体制，是城市和工业企业排水系统规划和设计的重要问题。它不仅从根本上影响排水系统的设计、施工、维护管理，而且对城市和工业企业的规划和环境保护影响深远，同时也影响排水系统工程的总投资和初期投资费用，以及维护管理费用。通常，排水系统体制的选择应首先满足环境保护的需要，根据当地条件通过技术、经济比较后确定。因此，应当根据城市和工业企业发展规划、环境保护、地形现状、原有排水工程设施、污水水质与水量、自然气候与受纳水体等因素，在满足环境卫生条件下，综合考虑确定。

二、排水系统组成

（一）城市污水排水系统

城市污水排水系统包括室内污水管道系统及设备、室外污水管道系统、污水泵站及压力管道、污水处理厂、出水口及事故排出口。

1. 室内污水管道系统及设备

其作用是收集生活污水，并将其送至室外居住小区的污水管道中。在住宅及公共建筑内，各种卫生设备既是人们用水的容器，也是承受污水的容器，还是生活污水排水系统的起端设备。生活污水从这里经水封管、出户管等室内管道系统流入室外居住小区管道系统。

2. 室外污水管道系统

分布在地面下的依靠重力流输送污水至泵站、污水处理厂或水体的管道系统。它包括居住小区管道系统和街道管道系统，以及管道系统上的附属构筑物。

居住小区污水管道系统（亦称专用污水管道系统）指敷设在居住小区内，连接建筑物出户管的污水管道系统。它分为接户管、小区支管和小区干管。接户管是指布置在建筑物周围接纳建筑物各污水出户管的污水管道。小区污水支管是指布置在居住组团内与接户管连接的污水管道，一般布置在组团内道路下。小区污水干管是指在居住小区内接纳各居住组团内小区支管流来污水的污水管道。一般布置在小区道路或市政道路下。居住小区污水排入城市排水系统时，其水质必须符合《污水排入城镇下水道水质标准》。居住小区污水排出口的数量和位置，要取得城镇排水主管部门的同意。

街道污水管道系统（亦称公共污水管道系统）指敷设在街道下，用以排除从居住小区管道排出的污水，一般由支管、干管、主干管等组成。支管是承受居住小区干管流来的污水或集中流量排出污水的管道。干管是汇集输送支管流来污水的管道。主干管是汇集输送由两个或两个以上干管流来污水，并把污水输送至泵站、污水处理厂或通至水体出水口的管道。

污水管道系统上常设的附属构筑物有检查井、跌水井、倒虹管等。

3. 污水泵站及压力管道

污水一般以重力流排除，但往往受地形等条件的限制而无法排除，这时就需要设泵站。压送从泵站出来的污水至高地自流管道的承压管段称为压力管道。

4. 污水处理厂

处理和利用污水、污泥的一系列构筑物及附属构筑物的综合体称为污水处理厂。城市污水处理厂一般设置在城市河流的下游地段，并与居民点或公共建筑保持一定的卫生防护距离。

5. 出水口及事故排出口

污水排入水体的渠道和出口称为出水口，它是整个城市污水排水系统的终点设施。事故排出口是指在污水排水系统的途中，在某些易于发生故障的组成部分前，所设置的辅助性出水渠，一旦发生故障，污水就通过事故排出口直接排入水体。

(二)工业废水排水系统

1. 车间内部管道系统和设备

主要用于收集各生产设备排出的工业废水，并将其排送至车间外部的厂区管道系统中。

2. 厂区管道系统

敷设在工厂内，用以收集并输送各车间排出的工业废水的管道系统。厂区工业废水的管道系统，可根据具体情况设置若干个独立的管道系统。

3. 污水泵站及压力管道

主要用于将厂区管道系统内的废水提升至废水处理站。

4. 废水处理站

废水处理站是厂区内回收和处理废水与污泥的场所。在管道系统上，同样也设置检查井等附属构筑物。在接入城市排水管道前宜设置检测设施。

(三)雨水排水系统

1. 建筑物的雨水管道系统和设备

主要用于收集工业、公共或大型建筑的屋面雨水，将其排入室外雨水管渠系统中。

2. 居住小区或工厂雨水管渠系统

用于收集小区或工厂屋面和道路雨水，并将其输送至街道雨水管渠系统中。

3. 街道雨水管渠系统

用于收集街道雨水和承接输送用户雨水，并将其输送至河道、湖泊等水体中。

4. 排洪沟

排洪沟指为了预防洪水灾害而修筑的沟渠。在遇到洪水灾害时能够起到泄洪作用。一般多用于矿山企业生产现场，也可用于保护某些建筑物或者工程项目的安全，提高抵御洪水侵害的能力。

5. 出水口

出水口是指管渠排入水体的排水口，有多种形式，常见的有一字式、八字式和门字式。

第三节　常见排水设施

一、排水管渠

排水管渠是城市排水系统的核心组成部分，一般分为管道和沟渠两大类。

二、检查井

检查井是连接与检查管道的一种必不可少的附属构筑物，其设置的目的是为了使用与养护管渠的需要。

(一)检查井设置条件

检查井的设置条件如下：

(1)管道转向处。

(2)管道交汇处。

(3)管道断面和坡度变化处。

(4)管道高程改变处。

(5)管道直线部分间隔距离为30~120m。其间距大小决定于管道性质、管径断面、使用与养护上的要求而定。

检查井在直线管渠段上的最大间距，一般可按表4-3选用。

表4-3　检查井最大间距

管径或暗渠净高/mm	最大间距/m	
	污水管道	雨水(合流)管道
200~400	40	50
500~700	60	70
800~1000	80	90
1100~1500	100	120
1500~2000	120	120

注：数据参照GB 50014—2006。

(二)检查井类型

(1)圆形(井直径 Φ=1000~1100mm)：一般用于管径 D<600 mm管道上。

(2)矩形(井宽 B=1000~1200mm)：一般用于管径 D>700mm管道上。

(3)扇形(井扇形半径 R=1000~1500mm)：一般用于管径 D>700mm管道转向处。

(三)检查井与管道的连接方法

(1)井中上下游管道相衔接处：一般采取工字式接头，即管内径顶平相接和管中心线相接(流水面平接)。不论何种衔接都不允许在井内产生壅水现象。

(2)流槽设置：为了保持整个管道有良好的水流条件，直线井流槽应为直线型，转弯与交汇井流槽应成为圆滑曲线型，流槽宽度、高度、弧度应与下游管径相同，至少流槽深度不得小于管径的1/2，检查井底流槽的形式如图4-9所示。

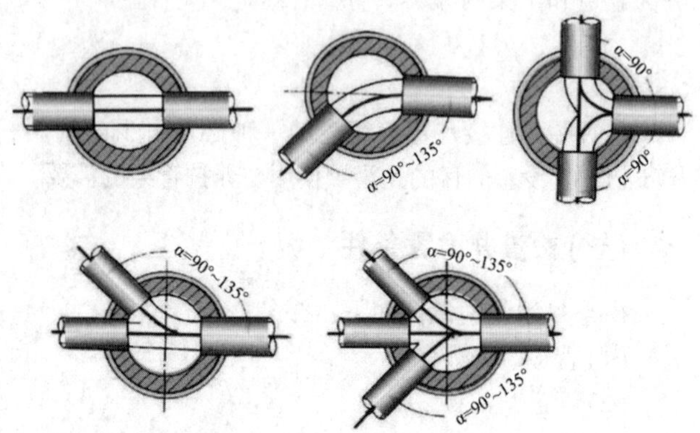

图 4-9 检查井底流槽的形式

(四)检查井构造及材料

检查井井身的构造一般有收口式和盖板式两种。收口式检查井，是指在砌筑到一定高度以后，逐行回收渐砌渐小直至收口至设计井口尺寸的形式，一般可分为井室、渐缩部和井筒三部分。盖板式检查井，是指直上直下砌筑到一定高度以后，加盖钢筋混凝土盖板，在盖上留出与设计井口尺寸一致的圆孔的形式，可分为井室和井筒两部分。

为了便于人员检修出入安全与方便，其直径不应小于0.7m，井室直径不应小于1m，其高度在埋深许可时一般采用1.8m。

检查井井身可采用砖、石、混凝土或钢筋混凝土、砌块等材料。检查井井盖一般为铸铁或钢筋混凝土材料，在车行道上一般采用铸铁。为防止雨水流入，盖顶略高出地面。井座采用铸铁、钢筋混凝土或混凝土材料制作。

三、雨水口

雨水口是在雨水管渠或合流管渠上收集雨水的构筑物。雨水口的设置位置应能保证迅速有效的收集地面雨水。一般应在交叉路口、路侧边沟的一定距离处以及没有道路边石的低洼地方设置，以防止雨水漫过道路或造成道路及低洼地区积水而妨碍交通。

雨水口的构造包括进水箅、井筒和连接管三部分，如图4-10所示；箅条交错排列的进水箅如图4-11所示。

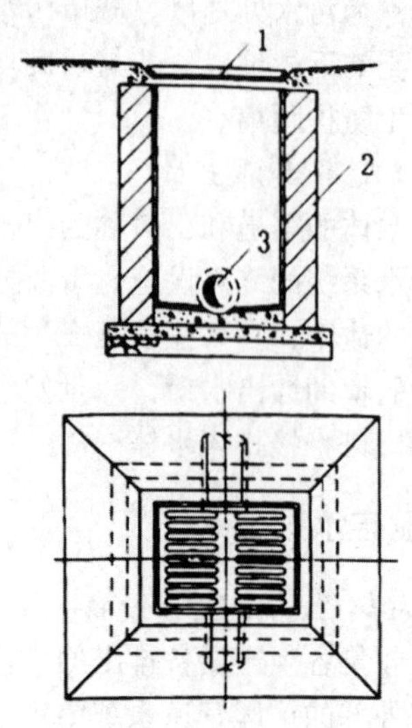

1-进水箅；2-井筒；3-连接管。

图 4-10 平箅雨水口

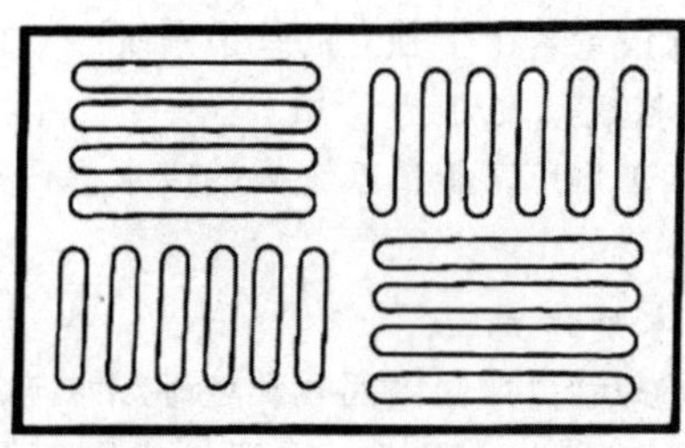

图 4-11 箅条交错排列的进水箅

雨水口的进水箅可用铸铁或钢筋混凝土、石料制成。采用钢筋混凝土或石料进水箅可节约钢材，但其进水能力远不如铸铁进水箅，有些城市为加强钢筋混凝土或石料进水箅的进水能力，把雨水口处的边沟沟底下降数厘米，但给交通造成不便，甚至可能引起交通事故。

雨水口按进水箅在街道上的设置位置可分为：①边沟雨水口，进水箅稍低于边沟底水平放置；②边石雨水口，进水箅嵌入边石垂直放置；③联合式雨水口，在边沟底和边石侧面都安放进水箅。各类又分为单箅、双箅、多箅等不同形式，双箅联合式雨水口如图4-12所示。

雨水口的井筒可用砖砌或用钢筋混凝土预制，也可采用预制的混凝土管。雨水口的深度一般不宜大于1m，在有冻胀影响的地区，雨水口的深度可根据经验适当加大。

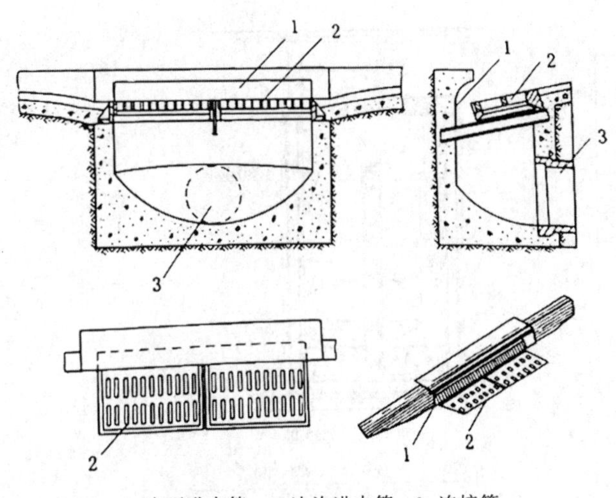

1-边石进水箅；2-边沟进水箅；3-连接管。

图 4-12　双箅联合式雨水口

雨水口的底部可根据需要做成有沉泥井或无沉泥井的形式，有沉泥井的雨水口可截留雨水所夹带的沙砾，避免它们进入管道造成淤塞。但是沉泥井往往需要经常清除，增加养护工作量，通常仅在路面较差、地面积秽很多的街道或菜市场等地方，才考虑设置有沉泥井的雨水口。

雨水口以连接管与街道排水管渠的检查井相连。当排水管直径大于 800mm 时，也可在连接管与排水管连接处不另设检查井，而设连接暗井。连接管的最小管径为 200mm，坡度一般为 0.01，长度不宜超过 25mm，接在同一连接管上的雨水口一般不宜超过 3 个。

四、特殊构筑物

(一)跌水井

跌水井也叫跌落井，是设有消能设施的检查井。当上下游管道高差大于 1m 时，为了消能，防止水流冲刷管道，应设置跌水井。跌水井的跌水方式与构造如下：

1. 跌水方式

(1)内跌水：一般跌落水头较小，上游跌水管径不大于跌落水头，在不影响管道检查与养护工作的管道上采用(图 4-13)。

(2)外跌水：对于跌落水头差与跌水流量较大的污水管和合流管道上，为了便于管道检查与养护工作，一般都采用外跌水方式(图 4-14)。

2. 跌水井构造

一般跌水井一次跌落不宜过大，需跌落的水头较大时，则采取分级跌落的办法，跌水井分竖管式、竖

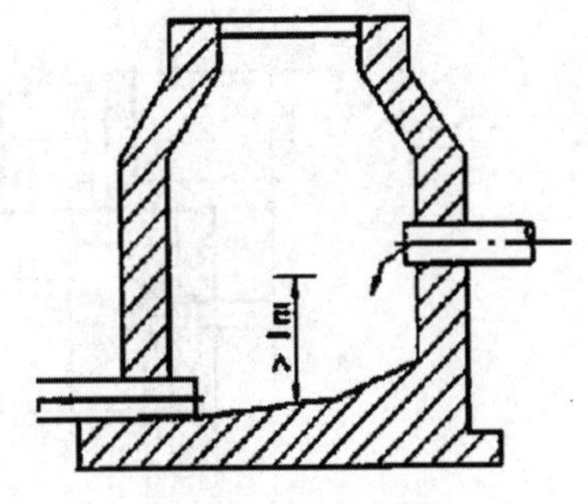

图 4-13　内跌水井

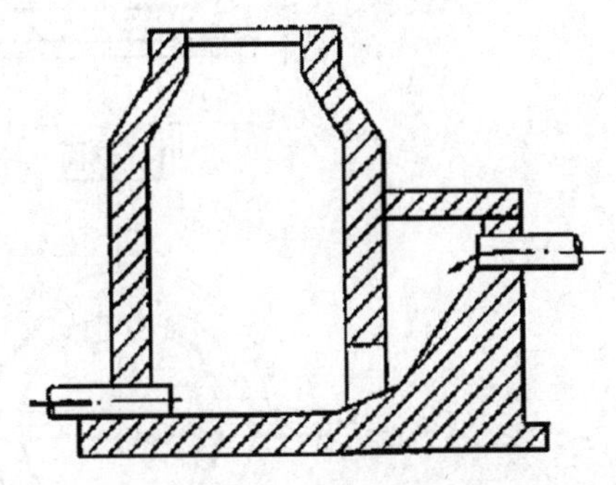

图 4-14　外跌水井

槽式、阶梯式三种(图 4-15~图 4-17)。

(二)溢流井

溢流井一般用于合流管道，当上中游管道的水量达到一定流量时，由此井进行分流，将过多的水量溢流出去，以防止由于水量过分集中某一管段处而造成倒灌、检查井冒水危险或污水处理厂和抽水泵站发生超负荷运转现象。通常溢流井采用跳堰和溢流堰两种形式，如图 4-18 所示。

(三)截流井

在改造老城区合流制排水系统时，一般在合流管道下游地段与污水截流管相交处设置截流井，使其变成截流式合流制排水系统。截流井的主要作用是正常情况下截流污水，当水量超过截流管负荷时进行安全溢流。常见截流井形式有堰式、槽式、槽堰结合式、漏斗式等(图 4-19)。

(四)冲洗井

在污水与合流管道较小管径的上、中游段，或管道起始端部管段内流速不能保证自净时，为防止管道淤塞可设置冲洗井，以便定期冲洗管道。冲洗井中的水量，可采用上游污水自冲或自来水与污水冲洗，达到疏通下水道的目的即可。

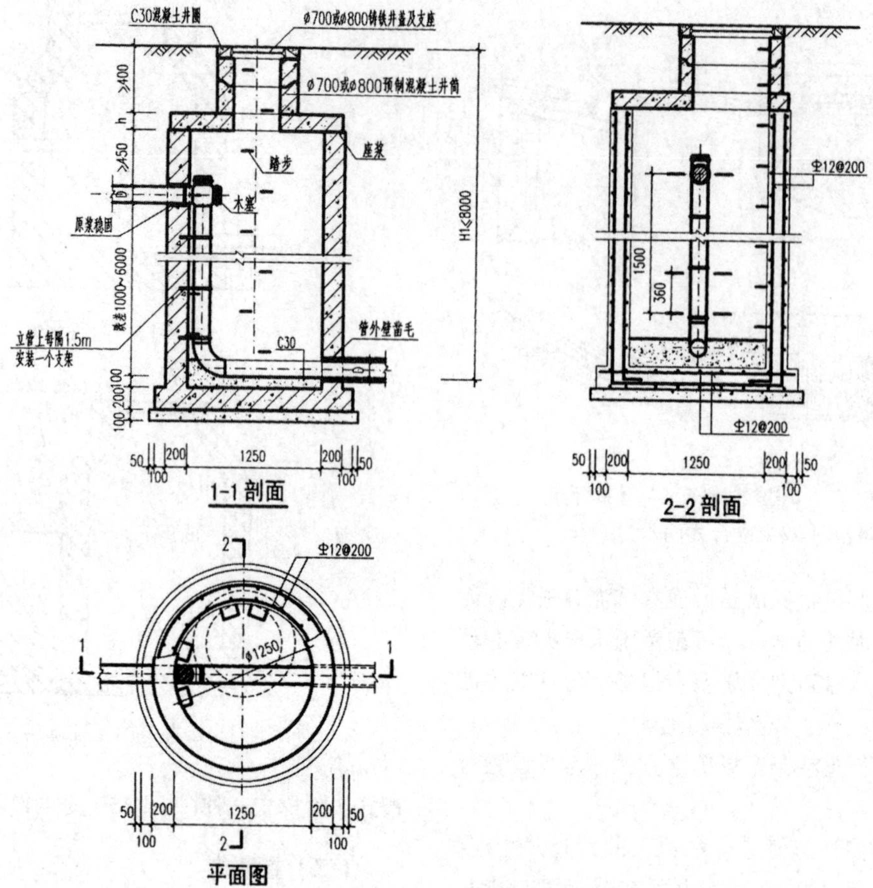

图 4-15 竖管式跌水井平面示意图

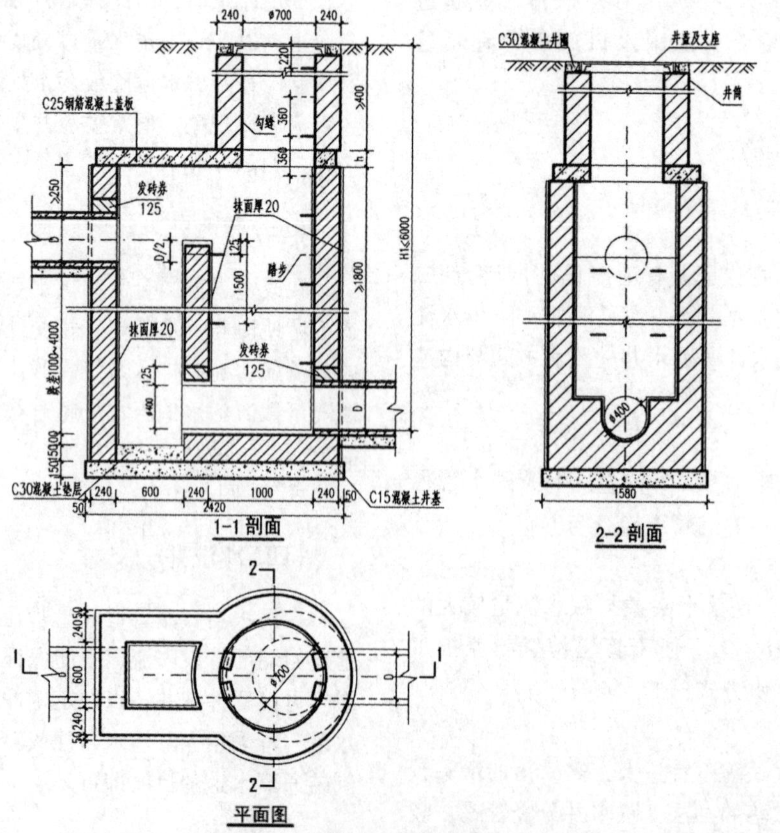

图 4-16 竖槽式跌水井平面示意图

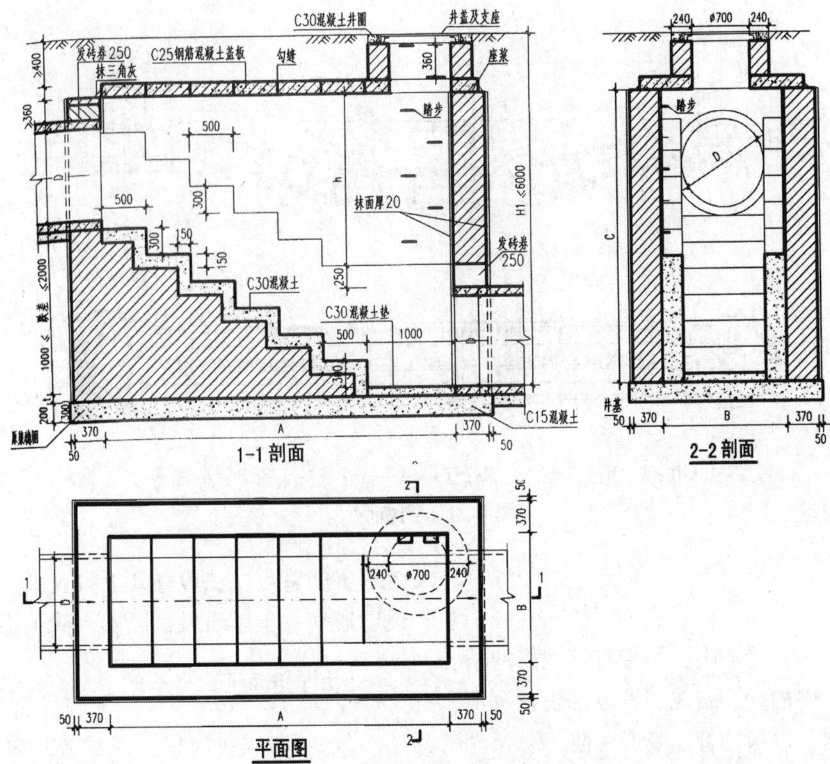

C30混凝土井圈
井盖及支座
发砖券250
C25钢筋混凝土盖板
勾缝
抹三角灰
座浆
踏步
抹面厚20
发砖券
250
C30混凝土
C30混凝土垫
C15混凝土
H1≤6000
1-1 剖面
2-2 剖面
井基
平面图
ϕ700

图 4-17　阶梯式跌水井平面示意图

合流管
隔墙
溢流管
污水截流井
合流管
溢流管
（a）跳堰式截流井
（b）溢流堰式溢流井

图 4-18　溢流井形式

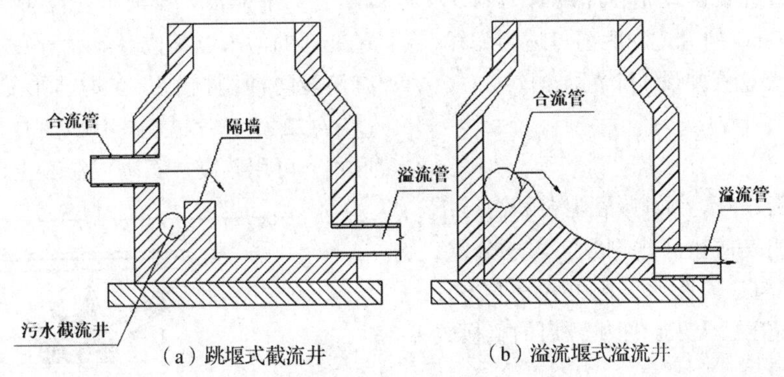

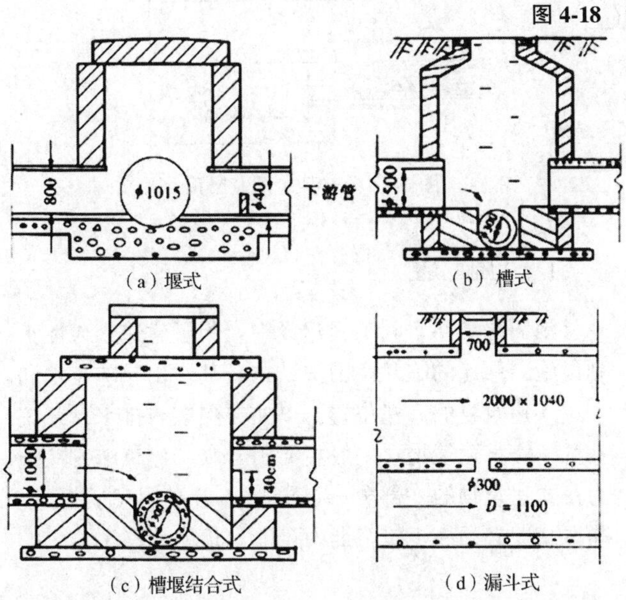

ϕ1015
下游管
（a）堰式
（b）槽式
700
2000×1040
ϕ300
D=1100
（c）槽堰结合式
（d）漏斗式

图 4-19　截流井形式

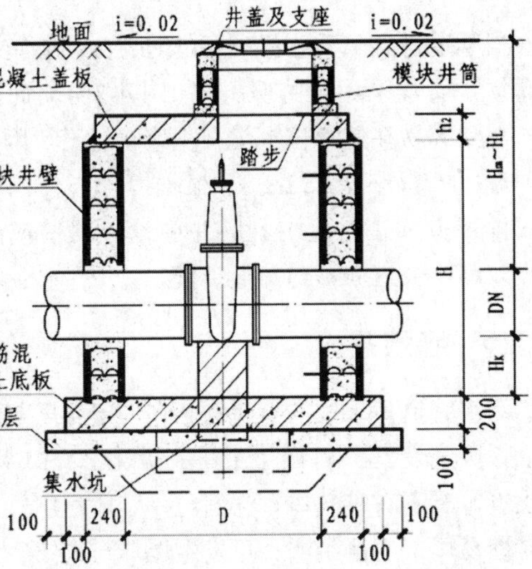

地面
i=0.02
井盖及支座
i=0.02
钢筋混凝土盖板
模块井筒
踏步
模块井壁
钢筋混
凝土底板
垫层
集水坑

图 4-20　闸井

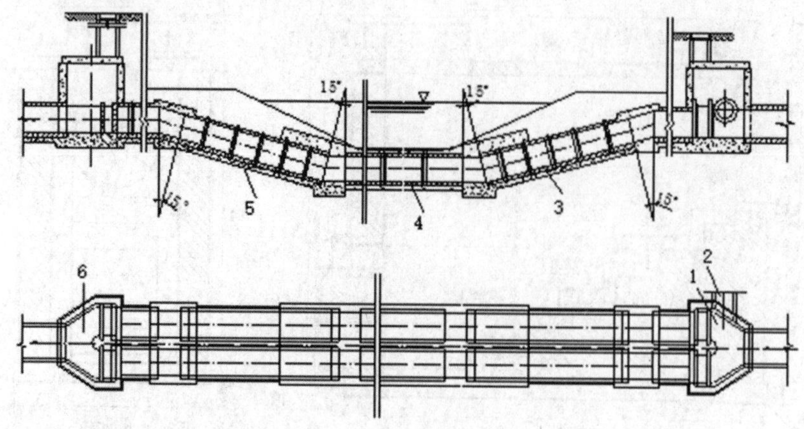

1-进水井；2-事故排除；3-下行管；4-平行管；5-上行管；6-出水井。

图 4-21 倒虹吸

(五)沉砂井

沉泥井主要用于排水管道中，是带有沉泥槽的检查井。可将排水管道中的砂、淤泥、垃圾等物在沉泥槽中沉淀，方便清理，以保持管道畅通无阻。

应根据各地情况，在排水管道中每隔一定距离的检查井和泵站前一检查井设沉泥槽，深度宜为0.3~0.5m。对管径小于600mm的管道，距离可适当缩短。设计上一般相隔2~3个检查井设1个沉泥槽。

(六)闸 井

闸井一般设于截流井内、倒虹吸管上游和沟道下游出水口部位，其作用是防止河水倒灌、雨期分洪，以及维修大管径断面沟道时断水，闸井(图4-20)，一般有叠梁板闸、单板闸、人工启闭机开启的整板式闸，也有电动启闭机闸。

(七)倒虹吸

当管道遇到障碍物必须穿越时，为使管道绕过某障碍物，通常采用倒虹吸方式(图4-21)。此处水流中的泥沙容易在此部位沉淀淤积堵塞管道。因此一般设计流速不得小于1.2m/s。根据养护与使用要求应设双排管道。并在上游虹吸井中设有闸槽或闸门装置，以利于管道养护与疏通工作。

(八)通气井

污水管道污水中的有机物，在一定温度与缺氧条件下，厌气发酵分解产生甲烷、硫化氢、二氧化碳、氯化氢等有毒有害气体，它们与一定体积空气混合后极易燃易爆。当遇到明火可发生爆炸与火灾，为防止此类事故发生和保护下水道养护人员操作安全，对有此危害的管道，在检查井上设置通风管或在适宜地点设置通气井予以通风，以确保管道通风换气。

(九)排河口

(1)淹没式排河口：这种方式多用于排放污水和经混合稀释的污水。

(2)非淹没式排河口：此种多用于排放雨水或经过处理的污水。其位置应设置在城市水体下游，并且有消能防冲刷措施。在构造形式上，一般为一字式(图4-22)、八字式(图4-23)和门字式(图4-24)三种形式，可用砖砌、石砌或混凝土砌筑。

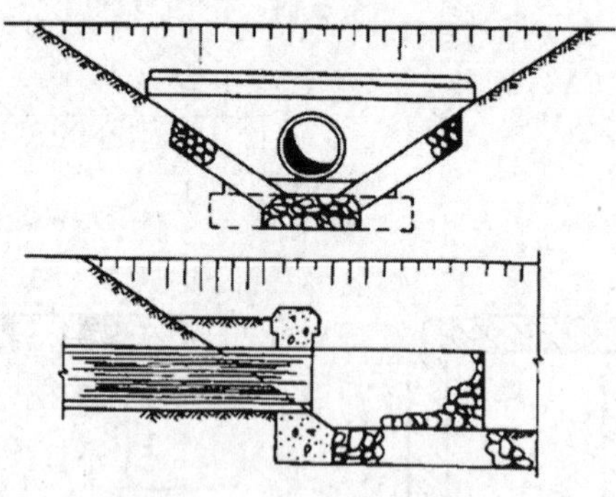

图 4-22 一字式管道出口

(十)围 堰

围堰是指在水利工程建设中，为了建造永久性水利设施，修建的临时性围护结构。其作用是防止水和土进入建筑物的修建位置，以便在围堰内排水，开挖基坑，修筑建筑物。一般主要用于水工建筑中，除作为正式建筑物的一部分外，围堰一般在用完后拆除。围堰高度必须高于施工期内可能出现的最高水位。

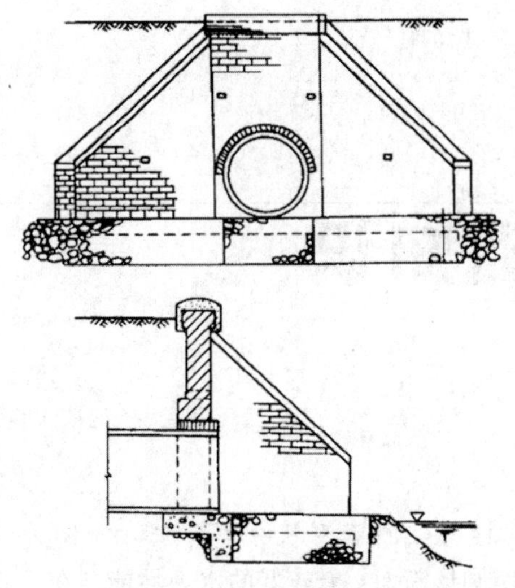

图 4-23　八字式管道出口

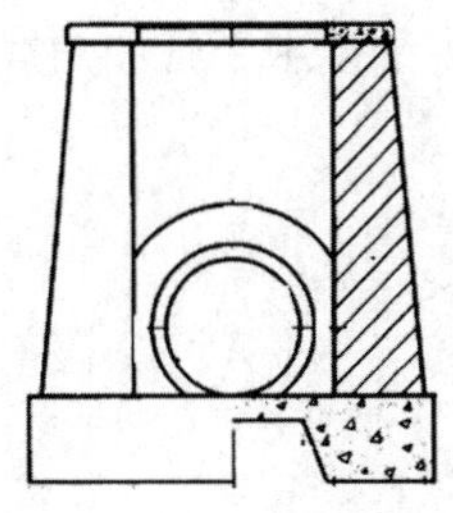

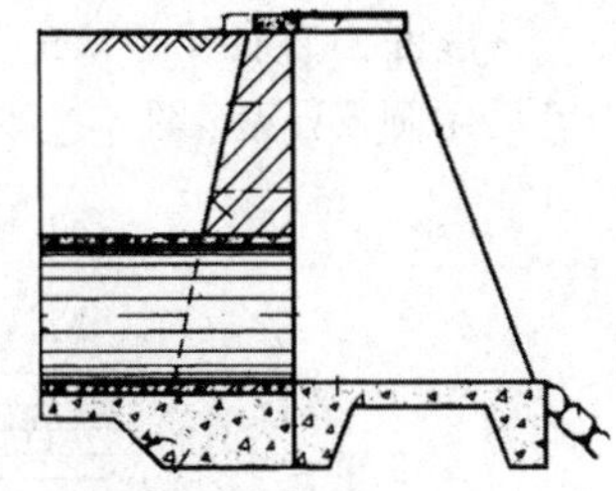

图 4-24　门字式管道出口

五、泵　站

当管道的上游水头低、下游水头高时，为使上游低水头改变成下游高水头，需要在变水头的部位加设抽水泵站，采用人为的方法提高管道中的水位高度。抽水泵站一般可分为雨水泵站、污水泵站与合流泵站三类，并由以下部分组成：

(1)泵房建筑：设泵站的地点，泵房的建筑结构形式。

(2)进水设施：包括格栅和集水池。

(3)抽水设备：水泵，水泵型号、流量、扬程、功率应满足上游来水所需抽升水量和抽升高度的要求；电动机，电动机功率应稍大于水泵轴功率，其大小要相互适应。

(4)管道设施：进水管道、出水管道和安全排水口。

(5)电气设备：包括电器启动和制动逆行控制系统。

(6)起重吊装设备：用以适应设备安装与维修工作需要。

六、调蓄池

调蓄池一般分为雨水调蓄池和合流调蓄池。

雨水调蓄池是一种用于雨水调蓄和储存雨水的收集设施，占地面积大，可建造于城市广场、绿地、停车场等公共区域的下方，也可以利用现有的河道、池塘、人工湖、景观水池等设施。主要作用是把雨水径流的高峰流量暂时存入其中，待流量下降后，再从雨水调蓄中将雨水慢慢排出，以削减洪峰流量，实现雨水利用，避免初期雨水对下游受纳水体的污染，控制面源污染。特别是在下凹式桥区、雨水泵站附近设置带初期雨水收集池的调蓄池，既能规避雨水洪峰，实现雨水循环利用，避免初期雨水污染，又能对排水区域间的排水调度起到积极作用。

合流调蓄池主要设置于合流制排水系统的末端，采用调蓄池将截流的合流污水进行水量和水质调蓄，既能减少对污水处理厂造成冲击负荷，保证污水处理厂的处理效果，又能提高截流量、减少合流制溢流对水体的污染。

第五章

排水管线基础知识

第一节　排水管线的分类与分级

一、排水管线的分类

1. 按管线的材质分类

按管线材质分为球墨铸铁管、钢管与镀锌钢管、混凝土管、塑料管、复合管及新型材料管几大类(图5-1)。

(a) 球墨铸铁管

(b) 钢管

(c) 混凝土管

(d) 高密度聚乙烯（HDPE）管

(e) 聚乙烯（PE）管

(f) 玻璃钢夹砂管

图 5-1　各种管道材质

2. 按管线断面形状分类

(1)圆形断面：有较好的水力性能，在一定坡度下断面具有最大水力半径，因此流速大，流量也大。圆形断面便于预制、抗外荷载能力强、施工养护方便。一般断面直径小于 2m。上中游排水干管和户线均可采用圆形断面(图 5-2)。

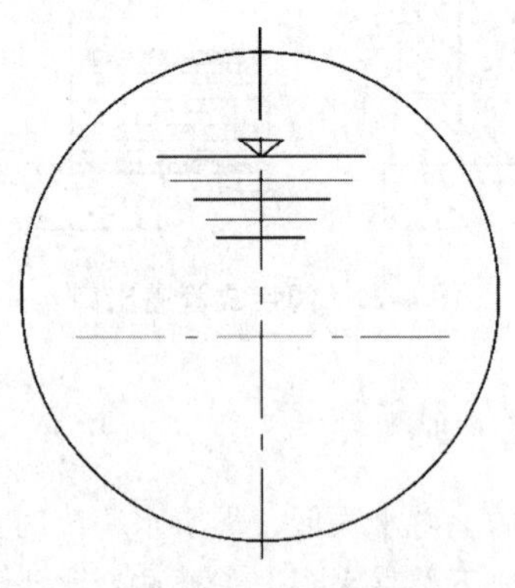

图 5-2　圆形断面

(2)拱形断面：能承受较大外荷载力，适用于大跨度过水断面大的主干沟道，能够承担较大流量的雨水与合流排水系统内的污水(图 5-3)。

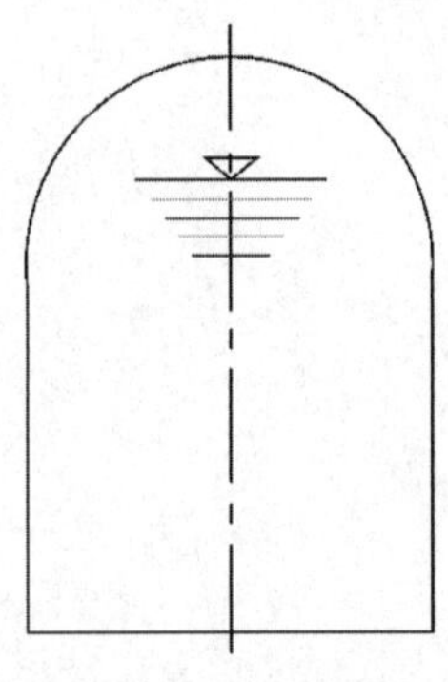

图 5-3　拱形断面

(3)矩形断面：可以就地浇制或砌筑，其断面宽度与深度可根据排水量大小而变化。除圆形断面外，矩形断面是最常采用的一种断面形式(图 5-4)。

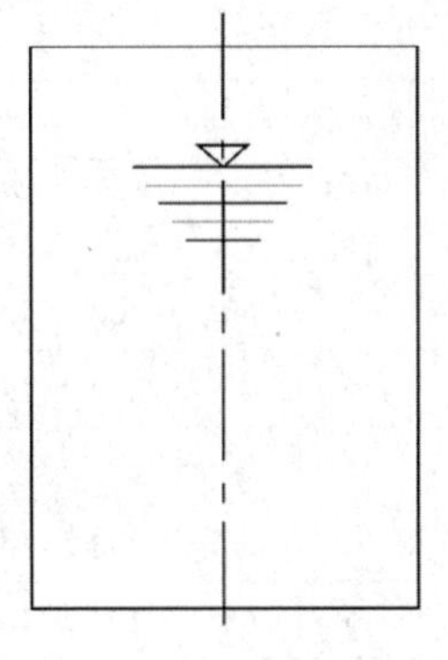

图 5-4　矩形断面

(4)梯形断面：适用于明渠排水，能适应水量大、水量集中的地面雨水排除(图 5-5)。

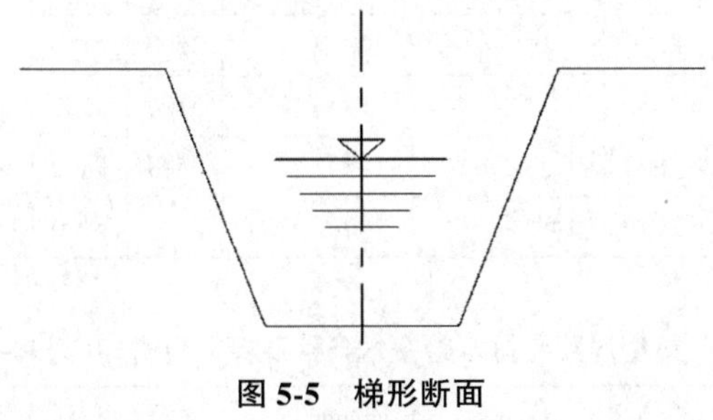

图 5-5　梯形断面

二、排水管线的分级

(一)排水管线的管径分级

排水管线按管径分级，可分为小型管、中型管、大型管、特大型管，见表 5-1。

表 5-1　排水管道的管径划分

类型	小型管	中型管	大型管	特大型管
管径/mm	$D<600$	$600\leqslant D\leqslant 1000$	$1000<D\leqslant 1500$	$D>1500$
方形管道横截面积/m^2	$S<0.3$	$0.3\leqslant S\leqslant 0.8$	$0.8<S\leqslant 1.8$	$S>1.8$

(二)排水管线以排水功能级别标准分级

通过对辖区内排水管网的运行状况进行系统性的梳理，掌握其具体的运行脉络，并根据设施承载的排水功能将管道划分为户线—支线—次干线—干线(按上下游关系排列)4 个功能级别。

户线：连接排水户与支管或次干管的排水管道。

支线：收集沿线排水户来水，并将来水输送至下游次干线的排水管道。

次干线：接纳支线来水及输送上游管段来水，下游接入干线的排水管道。

干线：接纳流域内来水，并将来水直接输送至河道或污水处理厂的雨污水管道。

根据以上 4 种管道的功能级别，沿次干线向上游直至户线进行梳理，进而从整个排水系统中分离出另一个服务范围较小的、相对独立的、新的排水系统。这些相对独立的排水系统称为子系统或小流域。小流域管理便于更有针对性地开展管网养护运营工作，实现排水管网生产运行的系统化管理、设施评估和成本管控的精细化管理、作业班组和生产设备物资的标准化配置以及养护生产作业的规范化管控。

第二节　排水管线的组成与构造

一、排水管线的材料

(一)管线材料要求

排水管线必须具有足够的强度，以承受外部的荷载和内部的水压，外部荷载包括土壤的重量，即静荷载，以及由于车辆运行所造成的动荷载。压力管及倒虹吸管一般要考虑内部水压。自流管道发生淤塞时或雨水管线系统的检查井内充水时，也可能引起内部水压。此外，为了保证排水管道在运输和施工中不致破裂，也必须使管道具有足够的强度。

排水管线应具有能抵抗污水中杂质的冲刷和磨损的作用，应该具有抗腐蚀的性能，以免在污水或地下水的侵蚀作用(酸、碱或其他)下加快损坏。

污水管线应不透水，以防止污水渗出或地下水渗入。如污水从管线渗出至土壤，将污染地下水或邻近水体，或破坏管道及附近房屋的基础。地下水渗入管线，不但降低了管线的排水能力，而且将增大污水泵站及污水处理厂的运行负荷。

排水管线的内壁应整齐光滑，使水流阻力尽量减小。

排水管线应就地取材，并考虑到预制管件及快速施工的可能，以便尽量降低管线的造价及运输和施工的费用。

(二)常用管线类型

1. 混凝土管和钢筋混凝土管

混凝土管和钢筋混凝土管适用于排除雨水、生活污水、工业废水的无压力流管道，此外，钢筋混凝土管及预应力钢筋混凝土管亦可用作泵站的压力管及倒虹管。按材料与所承受的荷载不同可分为混凝土管、轻型钢筋混凝土管、重型钢筋混凝土管 3 种。管口通常有承插式、企口式、平口式，如图 5-6 所示。

(a)承插式

(b)企口式

(c)平口式

图 5-6 常见混凝土管接口

混凝土管的管径一般小于300mm，长度多为1m，适用于管径较小的无压管。当管径大于300mm，管道埋深较大或敷设在土质条件不良地段，为抗外压，通常采用钢筋混凝土管。混凝土管、轻型混凝土管、重型混凝土管的技术条件及标准规格分别见表5-2~表5-4。

表 5-2 混凝土排水管技术条件及标准规格(JG 130—67)

公称内径/mm	管体尺寸/mm		外压试验/(kg/m)	
	最小管长	最小壁厚	安全载荷	破坏载荷
75	1000	25	2000	2400
100	1000	25	1600	1900
150	1000	25	1200	1400
200	1000	27	1000	1200
250	1000	33	1200	1500
300	1000	40	1500	1800
350	1000	50	1900	2200
400	1000	60	2300	2700
450	1000	67	2700	3200

表 5-3 轻型钢筋混凝土排水管道技术条件及标准规格

公称内径/mm	管体尺寸/mm		套环/mm			外压试验/(kg/m)		
	最小管长	最小壁厚	填缝宽度	最小壁厚	最小管长	安全载荷	裂缝荷载	破坏载荷
100	2000	25	15	25	150	1900	2300	2700
150	2000	25	15	25	150	1400	1700	2200
200	2000	27	15	27	150	1200	1500	2000
250	2000	28	15	28	150	1100	1300	1800
300	2000	30	15	30	150	1100	1400	1800
250	2000	33	15	33	150	1100	1500	2100
400	2000	35	15	35	150	1100	1800	2400
450	2000	40	15	40	200	1200	1900	2500
500	2000	42	15	42	200	1200	2000	2900
600	2000	50	15	50	200	1500	2100	3200
700	2000	55	15	55	200	1500	2300	3800
800	2000	65	15	65	200	1800	2700	4400
900	2000	70	15	70	200	1900	2900	4800
1000	2000	75	18	75	250	2000	3300	5900
1100	2000	85	18	85	250	2300	3500	6300
1200	2000	90	18	90	250	2400	3800	6900
1350	2000	100	18	100	250	2600	4400	8000
1500	2000	115	22	115	250	3100	4900	9000
1650	2000	125	22	125	250	3300	5400	9900
1800	2000	140	22	140	250	3800	6100	11100

(续)

表 5-4 重型混凝土排水管技术条件及标准规格(JG 130—67)

公称内径/mm	管体尺寸/mm		套环/mm			外压试验/(kg/m)		
	最小管长	最小壁厚	填缝宽度	最小壁厚	最小管长	安全载荷	裂缝荷载	破坏载荷
300	2000	58	15	58	150	3400	3600	4000
350	2000	60	15	60	150	3400	3600	4400
400	2000	65	15	65	150	3400	3800	4900
450	2000	67	15	67	200	3400	4000	5200
550	2000	75	15	75	200	3400	4200	6100
650	2000	80	15	80	200	3400	4300	6300
750	2000	90	15	90	200	3600	5000	8200
850	2000	95	15	95	200	3600	5500	9100
950	2000	100	18	100	250	3600	6100	11200
1050	2000	110	18	110	250	4000	6600	12100
1300	2000	125	18	125	250	4100	8400	13200
1550	2000	175	18	175	250	6700	10400	18700

混凝土和钢筋混凝土管便于就地取材，可以在专门的工厂预制，也可在现场浇筑，制造方便。而且可根据抗压的不同要求，制成无压管、低压管、预应力管等，所以在排水管道系统中得到普遍应用。

混凝土管和钢筋混凝土管的主要缺点是抵抗酸、碱侵蚀及抗渗性能较差、管节短、接头多、施工复杂。在地震烈度大于8度的地区及饱和松砂、淤泥和淤泥土质、冲填土、杂填土的地区不宜敷设。另外大管径混凝土管的自重大，不便搬运。

2. 陶土管

陶土管又称缸瓦管，由塑性黏土制成。为了防止在焙烧过程中产生裂缝，通常按一定比例加入耐火黏土及石英砂，经过研细、调和、制坯、烘干、焙烧等过程制成。根据需要可制成无釉、单面釉、双面釉的陶土管，如图 5-7。若采用耐酸黏土和耐酸填充物，还可以制成特种耐酸陶土管。一般制成圆形断面，有承插式和平口式两种形式。

图 5-7　带釉陶土管

普通陶土排水管最大内径可到 300mm，有效长度 800mm，适用于居民区，室外排水管。耐酸陶瓷管内径一般在 400mm 以内，最大可做到 800mm，管节长度有 300mm、500mm、700mm、1000mm 等。

带釉的陶土管内外壁光滑，水流阻力小，不透水性好，耐磨损，抗腐蚀。但陶土管质脆易碎，不宜远途运输，不能受内压，抗弯抗拉强度低，不宜敷设在松土中或埋深较大的地方。此外，陶土管管节短，需要较多的接口，增加施工步骤和费用。由于陶土管耐酸抗腐蚀性好，适用于排除酸性废水或管外有侵蚀性地下水的污水管道。

3. 金属管

常用的金属管有铸铁管及钢管。室外重力流排水管道一般很少用金属管，只有当排水管道承受高内压、高外压或对渗漏要求特别高的地方，如排水泵站的进出水管、穿越铁路、河道的倒虹管或靠近给水管道和房屋基础时，才采用金属管。在地震烈度大于 8 度或地下水位高，流沙严重的地区也采用金属管。金属管质地坚固，抗压、抗震、抗渗性能好；内壁光滑，水流阻力小；管道每节长度大，接头少。但钢管价格昂贵，抵抗酸碱腐蚀及地下水侵蚀的能力差。因此，在采用钢管时必须涂刷耐腐蚀的涂料并注意绝缘。

4. 浆砌砖、石或钢筋混凝土大型管

排水管道的预制管管径一般小于 2m，实际上当管道设计断面大于 1.5m 时，通常就会在现场建造大型排水渠道。建造大型排水渠道常用的建筑材料有砖、石、陶土块、混凝土块、钢筋混凝土块和钢筋混凝土等。采用钢筋混凝土时，要在施工现场支模浇制，采用其他几种材料时在施工现场主要是铺砌或安装。

渠道的上部称作渠顶，下部称作渠底，常和基础做在一起，两壁称作渠身。矩形大型排水渠道，由混凝土和砖两种材料建成。基础用 C15 混凝土浇筑，渠身用 M7.5 水泥砂浆砌 Mu10 砖（M7.5 是指水泥砂浆的强度等级，即每平方毫米水泥砂浆所承受的力为 7.5MPa 以上；Mu10 指的是砖的强度等级，即每平方毫米砖所承受的力为 10MPa 以上），渠顶采用钢筋混凝土盖板，内壁用 1∶3 水泥砂浆抹面 20mm 厚。这种渠道的跨度可达 3m，施工也较方便。

砖砌渠道在国内外排水工程中应用较早。常用的断面形式有圆形、矩形、半椭圆形等。可用普通砖或特制的楔形砖砌筑。当砖的质地良好时，砖砌渠道能抵抗污水或地下水的腐浊作用，很耐久。因此能用于排放有腐蚀性的废水。

在石料丰富的地区，常采用条石、方石或毛石砌筑渠道。通常将渠顶砌成拱形，渠底和渠身扁光、勾缝，以使水力性能良好。

5. 高密度聚乙烯（HDPE）双壁波纹管

高密度聚乙烯（HDPE）双壁波纹管，是一种具有环状结构外壁和平滑内壁的新型管材，80 年代初在德国首先研制成功。排水用高密度聚乙烯双壁波纹管材是以聚乙烯树脂为主要原料，加入适量助剂，经挤出成型。具有重量轻、排水阻力小、耐腐蚀、施工方便等优点。

二、排水管线接口

排水管道的不透水性和耐久性，在很大程度上取决于敷设管道时接口的质量。管道接口应具有足够的强度、不透水、能抵抗污水或地下水的侵蚀并有一定的弹性。根据接口的弹性，一般分为柔性、刚性和半柔半刚性 3 种接口形式。

柔性接口允许管道纵向轴线交错 3～5mm 或交错一个较小的角度，而不致引起渗漏。常用的柔性接口有沥青卷材及橡皮圈接口。沥青卷材接口用在无地下水、地基软硬不一、沿管道轴向沉陷不均匀的无压管道上。橡胶圈接口使用范围更加广泛，特别是在地震区，对管道抗震有显著作用。柔性接口施工复杂，造价较高。在地震区采用具有独特的优越性。

刚性接口不允许管道有轴向的交错。但比柔性接口施工简单、造价较低，常用的刚性接口有水泥砂浆抹带接口、钢丝网水泥砂浆抹带接口。刚性接口抗震性能差，用在地基比较良好，有带型基础的无压管道上。

半柔半刚性接口介于上述两种接口形式之间，使用条件与柔性接口类似。常用的是预制套环石棉水泥接口。

(一)刚性接口

1. 水泥砂浆抹带接口

如图 5-8 所示。在管道接口处用 1∶3 水泥砂浆抹成半椭圆形或其他形状的砂浆带，带宽 120～150mm。一般适用于地基土质较好的雨水管道，或用于地下水位以上的污水支线上。企口管、平口管、承插管均可采用此种接口。

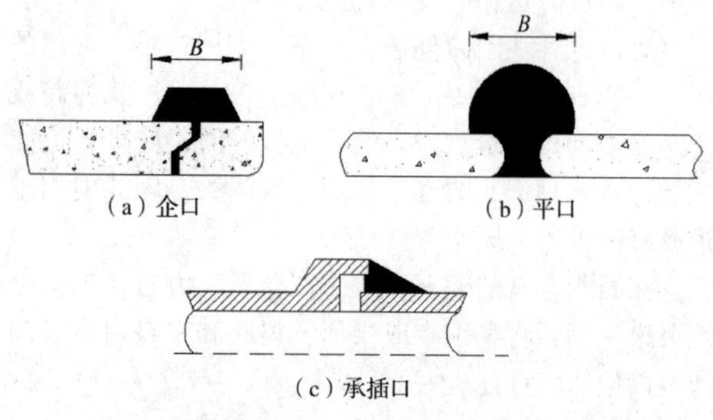

图 5-8　水泥砂浆抹带接口

2. 钢丝网水泥砂浆抹带接口

如图 5-9 所示。将抹带范围的管外壁凿毛，抹 1∶3 厚 15mm 水泥砂浆一层，中间采用 20 号 10 间钢丝网一层，两端插入基础混凝土中，上面再抹厚 10mm 砂浆一层适用于地基土质较好的具有带形基础的雨水、污水管道上。

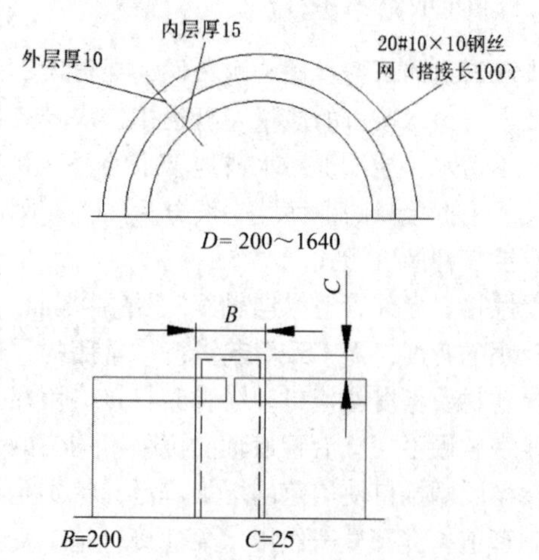

图 5-9　钢丝网水泥砂浆抹带接口(单位：mm)

(二)柔性接口

1. 石棉沥青卷材接口

如图 5-10 所示。石棉沥青卷材为工厂加工，沥青玛碲重量配比为沥青∶石棉∶细砂＝7.5∶1∶1.5。先将接口处管壁刷净烤干，涂上冷底子油一层，再刷沥青玛碲脂厚 3mm，包上石棉沥青卷材，再涂 3mm 厚的沥青砂玛碲脂，叫“三层做法”。若再加卷材和沥青砂玛碲脂各一层，便叫“五层做法”。一般适用于地基沿管道轴向沉陷不均匀地区。

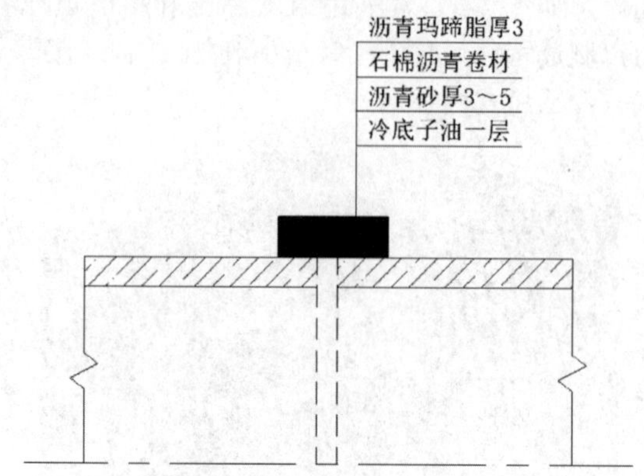

图 5-10　石棉沥青卷材接口(单位：mm)

2. 橡胶圈接口

如图 5-11 所示。接口结构简单，施工方便，适用于施工地段土质较差、地基硬度不均匀或地震地区。

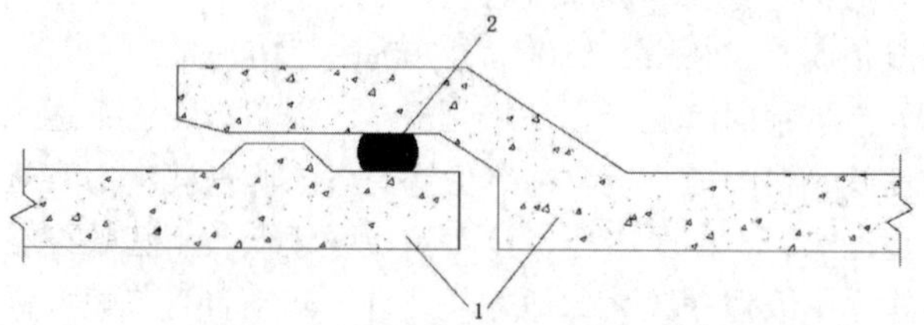

1–橡胶圈；2–管壁。

图 5-11　橡胶圈接口

(三)半刚半柔性接口

预制套环石棉水泥(或沥青砂)接口，如图 5-12 所示。石棉水泥重量比为水∶石棉∶水泥＝1∶3∶7(沥青砂配比为沥青∶石棉∶砂＝1∶0.67∶0.67)。适用于地基不均匀地段，或地基经过处理后管道可能产生不均匀沉陷且位于地下水位以下，内压低于 10m 的管道上。

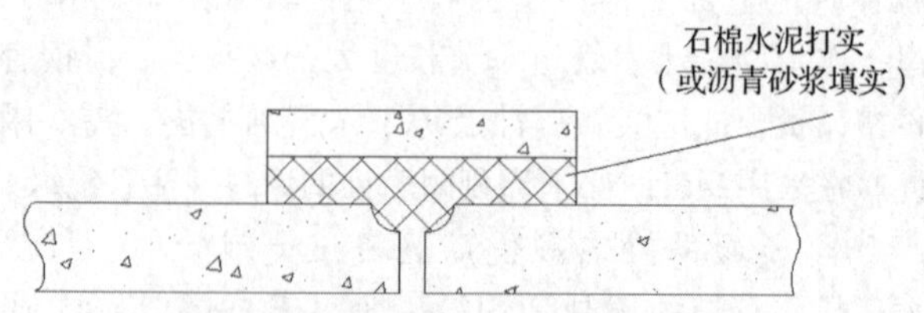

图 5-12　预制套环石棉水泥(或沥青砂)接口

(四)顶管施工常用的接口形式

(1)混凝土(或铸铁)内套环石棉水泥接口，如图5-13所示，一般只用于污水管道。

(2)沥青油毡、石棉水泥接口，如图5-14所示。

(3)麻辫(或塑料圈)石棉水泥接口，如图5-15所示，一般只用于雨水管道。

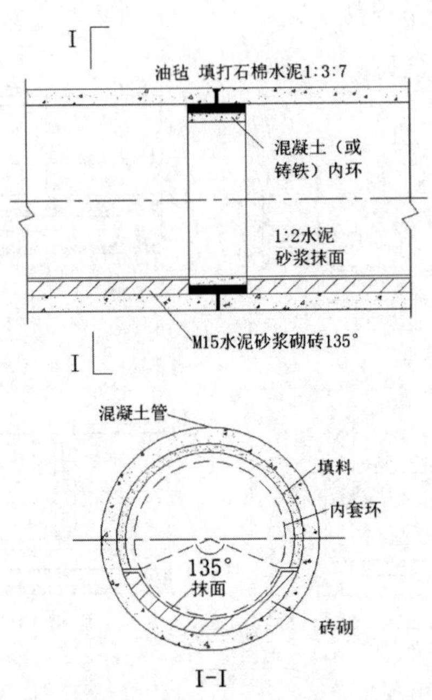

图5-13 混凝土(或铸铁)内套环石棉水泥接口

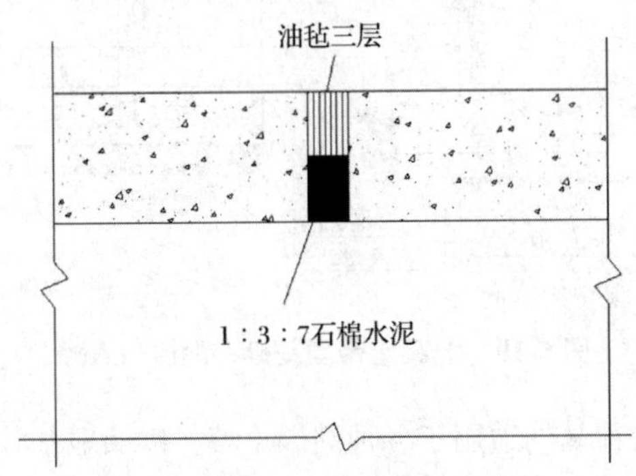

图5-14 沥青油毡、石棉水泥接口

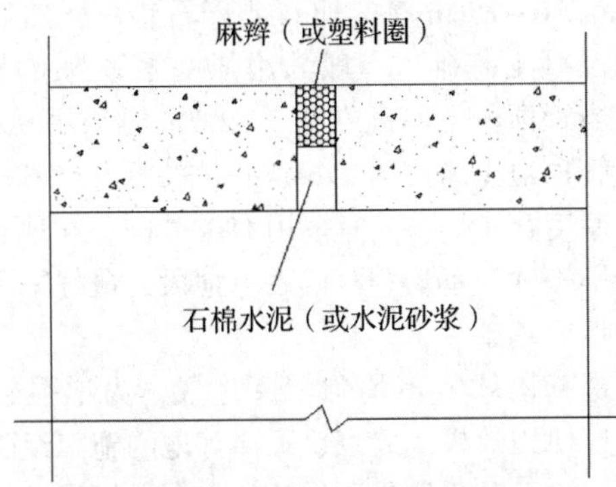

图5-15 麻辫(或塑料圈)石棉水泥接口

除上述常用的管道接口外，在化工、石油、冶金等工业的酸性废水管道上，需要采用耐酸的接口材料。目前可使用环氧树脂浸石棉绳的防腐蚀接口材料，使用效果良好。也有使用玻璃布和煤焦油、高分子材料配制的柔性接口材料等。目前国内外主要采用承插口加橡皮圈及高分子材料的柔性接口。

三、排水管线基础

排水管道的基础一般由地基、基础和管座3个部分组成，如图5-16所示。

地基是指沟槽底的土壤部分。它承受管道和基础的重量、管内水重、管上土压力和地面上的荷载。基础是指管道与地基间经人工处理过的或专门建造的设施，其作用是将管道较为集中的荷载均匀分布，以减少对地基单位面积的压力，或由于土的特殊性质的需要，为使管道安全稳定的运行而采取的一种技术措施，如原土夯实、混凝土基础等。管座是管道下侧与基础之间的部分，设置管座的目的在于可使管道与基础连成一个整体，以减少对地基的压力和对管道的反作用力。管座包角的中心角越大，基础所受的单位面积的压力和地基对管道作用的单位面积的反作用力越小。

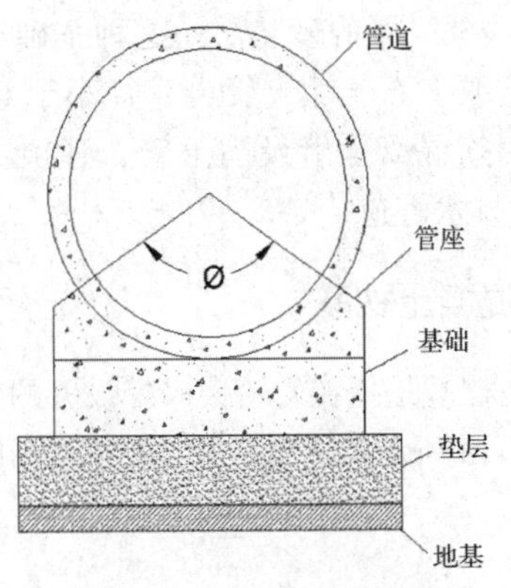

图5-16 管道基础断面

为保证排水管道系统能安全正常运行，除管道工艺本身设计施工应正确外，管道的地基与基础要有足够的承受荷载的能力和可靠的稳定性。否则排水管道可能产生不均匀沉陷，造成管道错口、断裂、渗漏等现象，导致对附近地下水的污染，甚至影响附近建筑物的基础。目前常用的管道基础有以下3种：

(一)砂土基础

砂土基础包括弧形素土基础及砂垫层基础，如图5-17所示。弧形素土基础是在原土上挖一弧形管槽(通常采用90°弧形)，管道落在弧形管槽里。这种基础适用于无地下水、原土能挖成弧形的干燥土壤，管道直径小于 600mm 的混凝土管、钢筋混凝土管、陶土管，管顶覆土厚度为 0.7~2.0m 的污水管道，不在车行道下的次要管道及临时性管道。

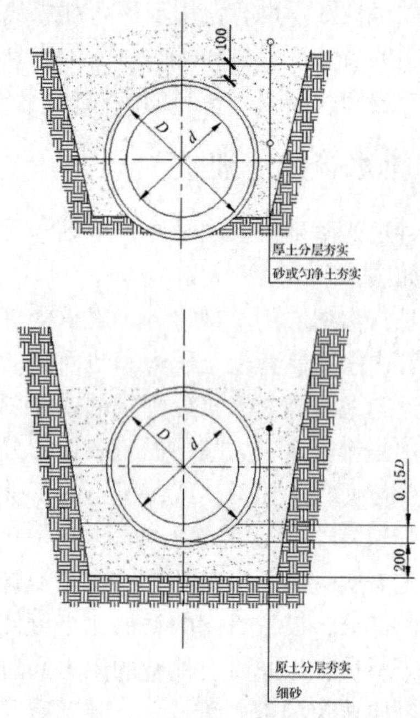

图 5-17　砂土基础(单位：mm)

砂垫层基础是在挖好的弧形管槽上，用带棱角的粗砂填 10~15cm 厚的砂垫层。这种基础适用于无地下水、岩石或多石土壤，管道直径小于 600mm 的混凝土管、钢筋混凝土管及陶土管，管顶覆土厚度为 0.7~2m 的排水管道。

(二)混凝土枕基

混凝土枕基是指在管道接口处设置的管道局部基础，如图 5-18 所示。通常在管道接口下用 C8 混凝土

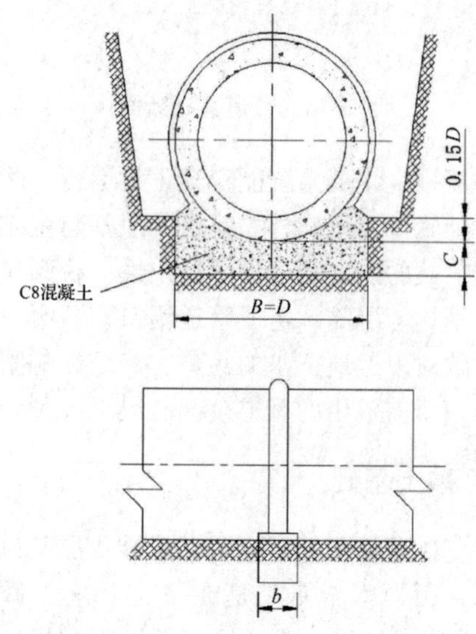

图 5-18　混凝土枕基(单位：mm)

做成枕状垫块。此种基础适用于干燥土壤中的雨水管道及不太重要的污水支管。常与素土基础或砂垫层基础同时使用。

(三)混凝土带形基础

混凝土带形基础是沿管道全长铺设的基础。按管座的形式不同，可分为 90°、135°、180°三种管座基础，如图 5-19 所示。

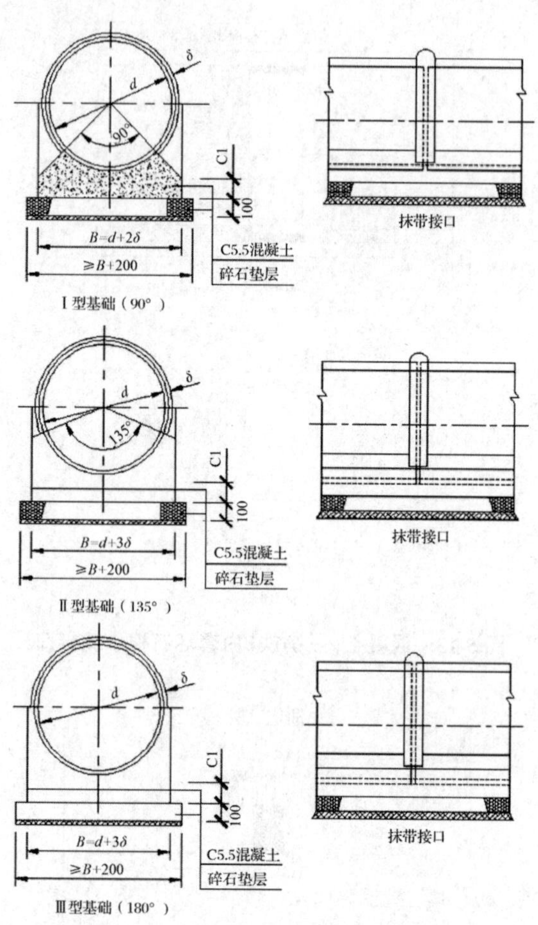

图 5-19　混凝土带型基础(单位：mm)

这种基础适用于各种潮湿土壤，以及地基软硬不均匀的排水管道，适用管径为 200~2000mm，无地下水时在槽底原土上直接浇混凝土基础。有地下水时常在槽底铺 10~15cm 厚的卵石或碎石垫层，然后再在上面浇混凝土基础，一般采用强度等级为 C15 的混凝土。当管顶覆土厚度在 0.7~2.5m 时采用 90°管座基础；管顶覆土厚度为 2.6~4m 时采用 135°基础；管顶覆土厚度在 4.1~6m 时采用 180°基础。在地震区或土质特别松软、不均匀沉陷严重地段，最好采用钢筋混凝土带形基础。

对地基松软或不均匀沉降地段，为增强管道强度，保证使用效果，北京、天津等地的施工经验是对管道基础或地基采取加固措施，接口采用柔性接口。

第三节　排水设施施工基础知识

城市排水管道作为城市发展过程中的基础措施，与城市的正常运行及发展息息相关，对城市的水资源安全、控制水资源污染及防洪排涝等十分重要，排水管道作为城市运行的重要保障，需要确保其施工的质量，熟悉排水设施施工的工法，掌握排水设施的验收标准，对排水工程施工有重要的意义，并且对排水设施巡查员管控设施本身质量及周边施工影响至关重要。

一、排水管道

汇集和排放污水、废水和雨水的管渠及其附属设施所组成的系统。包括干管、支管以及通往处理厂的管道，无论修建在街道上或其他任何地方，只要是起排水作用的管道，都应作为排水管道统计。

(一)排水管道敷设条件

(1)不同直径的管道在检查井内的连接，宜采用管顶平接或水面平接。

(2)管道转弯和交接处，其水流转角不应小于90°。

(3)管道基础应根据管道材质、接口形式和地质条件确定，对地基松软或不均匀沉降地段，管道基础应采取加固措施。

(4)管道接口应根据管道材质和地质条件确定，污水和合流污水管道应采用柔性接口。当管道穿过粉砂、细砂层并在最高地下水位以下，或在地震设防烈度为7度及以上设防区时，必须采用柔性接口。

(5)设计排水管道时，应防止在压力流情况下使接户管发生倒灌。

(6)污水管道和合流管道应根据需要设通风设施。

(7)管顶最小覆土深度，应根据管材强度、外部荷载、土壤冰冻深度和土壤性质等条件，结合当地埋管经验确定。管顶最小覆土深度宜为：人行道下0.6m，车行道下0.7m。

(8)一般情况下，排水管道宜埋设在冰冻线以下。当该地区或条件相似地区有浅埋经验或采取相应措施时，也可埋设在冰冻线以上，其浅埋数值应根据该地区经验确定，但应保证排水管道安全运行。

(9)道路红线宽度超过40m的城市干道，宜在道路两侧布置排水管道。

(10)重力流管道系统可设排气和排空装置，在倒虹管、长距离直线输送后变化段宜设置排气装置。设计压力管道时，应考虑水锤的影响。在管道的高点以及每隔一定距离处，应设排气装置；排气装置有排气井、排气阀等，排气井的建筑应与周边环境相协调。在管道的低点以及每隔一定距离处，应设排空装置。

(11)承插式压力管道应根据管径、流速、转弯角度、试压标准和接口的摩擦力等因素，通过计算确定是否在垂直或水平方向转弯处设置支墩。

(12)压力管接入自流管渠时，应有消能设施。

(13)管道的施工方法，应根据管道所处土层性质、管径、地下水位、附近地下和地上建筑物等因素，经技术经济比较，确定采用开槽、顶管或盾构施工等。

(二)排水管道的最大设计充满度

排水管道的最大设计充满度是指在设计流量下，雨污水在管道中的水深 h 和管径 D(或渠深 H)的比值。

重力流污水管道应按非满流计算，其最大设计充满度，应按规范规定取值，见表5-5。

表5-5　最大设计充满度

管径或渠高/mm	最大设计充满度
200~300	0.55
350~450	0.65
500~900	0.70
≥1000	0.75

注：1. 在计算污水管道充满度时，不包括短时突然增加的污水量，但当管径小于或等于300mm时，应按满流复核。

2. 雨水管道和合流管道应按满流计算。

(三)排水管道的最小管径和最小设计坡度

排水管道的最小管径与相应最小设计坡度，宜按相关规范规定取值，见表5-6。

表5-6　最小管径与相应最小设计坡度

管道类别	最小管径/mm	相应最小设计坡度
污水管	300	塑料管0.002，其他管0.003
雨水管和合流管	300	塑料管0.002，其他管0.003
雨水口连接管	200	0.01

二、排水管渠

(一)排水管渠的附属构筑物

排水管渠系统的附属构筑物包括：雨水口、截流井、检查井、跌水井、倒虹管、出水口等。

1. 雨水口

雨水口是在雨水管渠或河流管渠上收集雨水的构筑物。

雨水口的形式、数量和布置，应按汇水面积所产生的流量、雨水口的泄水能力和道路形式确定。立箅式雨水口的宽度和平箅式雨水口的开孔长度和开孔方向应根据设计流量、道路纵坡和横坡等参数确定。雨水口宜设置污物截留设施，合流制系统中的雨水口应采取防止臭气外溢的措施。

雨水口间距宜为25~50m。连接管串联雨水口个数不宜超过3个。雨水口连接管长度不宜超过25m。

当道路纵坡大于0.02时，雨水口的间距可大于50m，其形式、数量和布置应根据具体情况和计算确定。坡段较短时可在最低点处集中收水，其雨水口的数量或面积应适当增加。

2. 截流井

在截流式合流制管渠系统中，通常在合流管渠与截流干管的交汇处设置截流井。

截流井的位置，应根据污水截流干管位置、合流管渠位置、溢流管下游水位高程和周围环境等因素确定。截流井宜采用槽式，也可采用堰式或槽堰结合式。管渠高程允许时，应选用槽式，当选用堰式或槽堰结合式时，堰高和堰长应进行水力计算。截流井溢流水位，应在设计洪水位或受纳管道设计水位以上，当不能满足要求时，应设置闸门等防倒灌设施。截流井内宜设流量控制设施。

3. 检查井

检查井便于对管渠系统作定期检查和清通。在管渠交汇、转弯、管渠尺寸或坡度改变、跌水等处以及相隔一定距离的直线管渠段上设置。包括井底、井身、井盖。

检查井的位置，应设在管道交汇处、转弯处、管径或坡度改变处、跌水处以及直线管段上每隔一定距离处。检查井在直线管段的最大间距应根据疏通方法等具体情况确定，一般宜按规范表规定取值。

表5-7 检查井最大间距

管径或暗渠净高/mm	最大间距/m	
	污水管道	雨水(合流)管道
200~400	40	50
500~700	60	70
800~1000	80	90
1100~1500	100	120
1600~2000	120	120

检查井各部尺寸，应符合下列要求：井口、井筒和井室的尺寸应便于养护和检修，爬梯和脚窝的尺寸、位置应便于检修和上下安全；检修室高度在管道埋深许可时一般为1.8m，污水检查井由流槽顶起算，雨水(合流)检查井由管底起算。

检查井井底宜设流槽。污水检查井流槽顶可与0.85倍大管管径处相平，雨水(合流)检查井流槽顶可与0.5倍大管管径处相平。流槽顶部宽度宜满足检修要求。

位于车行道的检查井，应采用具有足够承载力和稳定性良好的井盖与井座。

检查井宜采用具有防盗功能的井盖。位于路面上的井盖，宜与路面持平；位于绿化带内井盖，不应低于地面。

在污水干管每隔适当距离的检查井内，需要时可设置闸槽。

接入检查井的支管(接户管或连接管)管径大于300mm时，支管数不宜超过3条。

在排水管道每隔适当距离的检查井内和泵站前一检查井内，宜设置沉泥槽，深度宜为0.3~0.5m。

4. 跌水井

跌水井为具有消能设施的检查井。管道跌水水头为1.0~2.0m时，宜设跌水井；跌水水头大于2.0m时，应设跌水井。管道转弯处不宜设跌水井。

5. 倒虹管

排水管渠遇到河流、山涧、洼地及地下构筑物等障碍物时，不能按原有的坡度埋设，而是按下凹的折线方式从障碍物下通过，这种管道称为倒虹管，倒虹管由进水井、下行管、平行管、上行管和出水井等组成。

通过河道的倒虹管，一般不宜少于两条；通过谷地、旱沟或小河的倒虹管可采用一条。通过障碍物的倒虹管，还应符合与该障碍物相交的有关规定。

倒虹管的设计，应符合下列要求：最小管径宜为200mm；管内设计流速应大于0.9m/s，并应大于进水管内的流速，当管内设计流速不能满足上述要求时，应增加定期冲洗措施，冲洗时流速不应小于1.2m/s；倒虹管的管顶距规划河底距离一般不宜小于1.0m，通过航运河道时，其位置和管顶距规划河底距离应与当地航运管理部门协商确定，并设置标志，遇冲刷河床时应考虑防冲措施；倒虹管宜设置事故排出口。

合流管道设倒虹管时，应按旱流污水量校核流速。

倒虹管进出水井的检修室净高宜高于2m。进出水井较深时，井内应设检修台，其宽度应满足检修要求。当倒虹管为复线时，井盖的中心宜设在各条管道的中心线上。

倒虹管进出水井内应设闸槽或闸门。

倒虹管进水井的前一检查井，应设置沉泥槽。

6. 出水口

出水口分为淹没式出水口、一字式出水口和八字式出水口。

排水管渠出水口位置、形式和出口流速，应根据受纳水体的水质要求、水体的流量、水位变化幅度、水流方向、波浪状况、稀释自净能力、地形变迁和气候特征等因素确定。

出水口应采取防冲刷、消能、加固等措施，并视需要设置标志。

(二)常用排水管渠

1. 混凝土管和钢筋混凝土管

排水管道系统中普遍应用。可预制，也可现场浇制，但抗渗性、抗腐蚀性较差。

2. 金属管

金属管道坚固，抗压、抗震、抗渗性能好，且内壁光滑、管节长；但其价格昂贵，抗酸碱腐蚀及地下水侵蚀能力差。当排水管道承受高内压，高外压时；对渗漏要求特别高的地方；地震烈度大的地方。

3. 陶土管

陶土管道内外壁光滑，水流阻力小，不透水性好，耐磨损，抗腐蚀；但其质脆易碎，不宜远距离运送；不能受内压，抗弯抗拉强度低；管节短，接口多。适用于排除酸性废水或管外有侵蚀性地下水的污水管道。

4. 排水管渠

排水管渠可使用砖石、陶土块、钢筋混凝土等材料现场建造。适用性较强，其断面形式包括圆形、矩形、半椭圆形等。

5. 塑料管、硬聚氯乙烯管、聚乙烯管

塑料管属于柔性管道，其柔性接口适用各种地基；塑料管内壁光滑，输送液体时摩阻明显小于混凝管，且耐腐蚀性强，抗酸碱，密封性能好，耐老化；安装时，重量轻、长度大、接头少，对管沟和基础的要求低；塑料管工程总造价较低。

(三)排水管渠常用的断面形式

(1)圆形：承受荷载能力强，稳定；水力半径大，过水能力强；可预制，省工省料，利于大规模生产；运输安装方便。

(2)矩形：大断面大流量可深埋、可浅埋；承受荷载能力差；费工费料；可现场施工，技术要求低；梯形断面；常用于地面明渠、城郊明渠；造价低，维护施工方便；水力条件不好。

(四)排水管渠的最小设计流速

污水管道在设计充满度时为 0.6m/s；雨水管道和合流管道在满流时为 0.75m/s；明渠为 0.4m/s。

第四节　排水设施施工及验收标准

自 2009 年 5 月 1 日起，排水管道施工及验收执行中华人民共和国住房和城乡建设部发布的国家标准《给水排水管道工程施工及验收规范》(GB 50268—2008)。

一、施工工艺

排水管(渠)工程主要施工工艺包括管道开槽施工、顶管施工等。

(一)管道开槽施工(图 5-20)

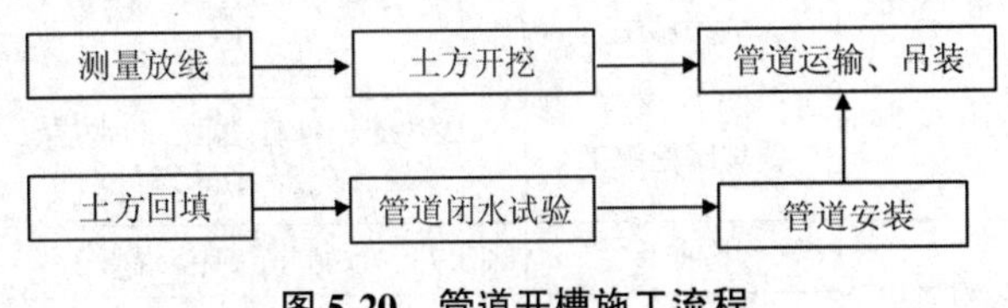

图 5-20　管道开槽施工流程

(二)顶管施工(图 5-21)

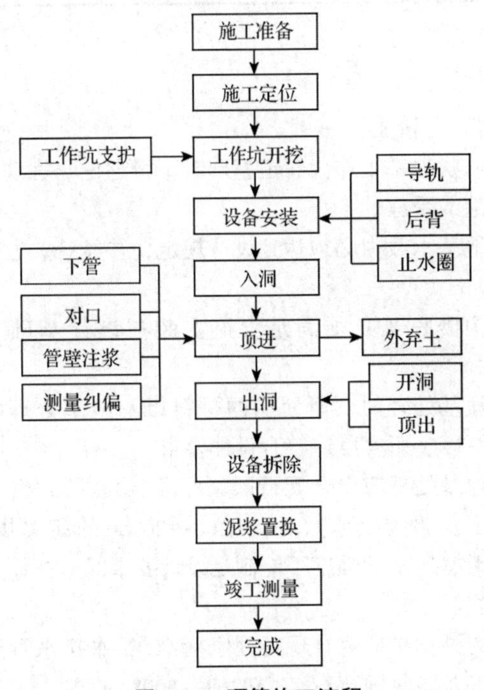

图 5-21　顶管施工流程

二、验收标准

排水管(渠)工程一般分为6项分部工程、16项分项工程，见表5-8。

表5-8 排水管(渠)工程

分部工程	子分部工程	分项工程
土方	沟槽土方	沟槽开挖、沟槽回填
	基坑土方	基坑开挖、基坑回填
基础	混凝土基础	垫层、平基、管座
	土、砂及沙砾基础	摊铺、压实
开(挖)槽施工主体结构	管道铺设	非金属管道铺设、金属管道铺设、PVC-U管道铺设、倒虹吸管铺设、接口
	土渠	土方开挖
	现浇管(渠)	模板、钢筋、混凝土浇筑
	预制装配式渠道	构件预制与安装
	砌筑渠道	砖、石砌筑
非开(挖)槽施工主体结构	顶管施工	后背墙、导轨安装、管道顶进
	盾构施工	管片预制与安装、管片拼装、掘进
	浅埋暗挖施工	土层开挖、初期衬砌、防水层、二衬混凝土
附属构筑物	检查井	砌筑井、预制井、现浇混凝土井
	雨水口	雨水口及支管安装
	进出水口构筑物	护坡、护底、挡土墙
闭水	管(渠)道闭水试验，隧道闭水试验	

(一)土　方

1. 沟槽土方开挖

原状地基土作为管道基础时不得超挖、扰动、受水浸泡或受冻。

地基承载力必须达到设计规定，并经有关方签字确认。

沟槽底宽必须满足管道安装与设计基础宽度要求。

地基处理时，所使用的材料以及地基处理的宽度、厚度、压实度应符合设计要求。

地基处理应符合现行国家标准《给水排水管道工程施工及验收规范》(GB 50268—2008)的相关规定，管道天然地基的强度不能满足设计要求时应按设计要求加固。

沟槽支护应符合现行国家标准《给水排水管道工程施工及验收规范》(GB 50268—2008)的相关规定。沟槽的支撑形式，支护结构强度、刚度、稳定性、支拆方法及安全措施应符合施工设计要求。

沟槽边坡平整稳定，边坡坡度应符合设计的规定。沟槽开挖允许偏差见表5-9。

表5-9 沟槽开挖允许偏差表

项目		允许偏差/mm	检验频率		检验方法
			范围	点数	
槽底高程	重力流管道基础	±10	两井之间	3	用水准仪测量
	非重力流有压管道基础	±20			
槽底中线每侧宽度		不小于规定	两井之间	6	挂中线用钢尺量测，每侧计3点
沟槽边坡		不陡于规定	两井之间	6	用坡度尺量测，每侧计3点

沟槽开挖边坡按照管径的大小、开挖深度等计算确定，挖出的土离槽口尽量远，一般为2m以上，堆土高度宜小于1.5m，或者尽量远离槽口堆放，以减小土的压力对沟槽的影响(图5-22)。

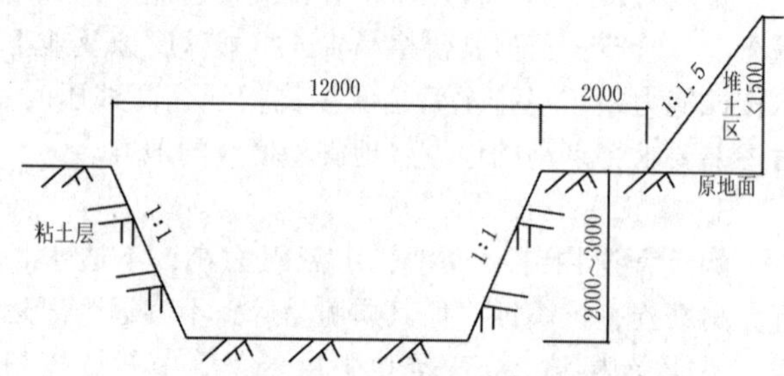

图5-22 土方开挖断面示意图

2. 沟槽土方回填

回填材料及压实度应符合设计要求、刚性管道沟槽回填土压实度(表5-10)及柔性管道沟槽回填土压实度的要求(表5-11)。槽底至管顶以上500mm范围内，不得回填淤泥、腐殖土、有机物、冻土及大于50mm的砖、石、木块等杂物，具体如下：

槽内应无积水、积泥，沟槽不得带水回填。管道沟槽两侧同时回填，两侧回填面高差不宜大于规定或设计要求，且应分层夯实并检测。

柔性管道的变形率不得超过设计要求或规范规定，管壁不得出现纵向隆起、环向扁平和其他变形情况。

柔性管道接口处、防腐绝缘层周围，应采用细粒土回填。

采用石灰土、砂、沙砾等材料回填时，其质量应符合设计要求及有关标准规定。回填时管道及附属构筑物无应损伤、沉降、位移。

(二)基　础

1. 混凝土基础

(1)地基承载力必须符合设计要求。

(2)混凝土基础的强度符合设计要求及相关规范规定。

(3)混凝土表面应平整、直顺。

(4)混凝土基础外光内实，无严重缺陷；混凝土基础的钢筋数量、位置准确。

(5)混凝土与管节结合牢固、密实，不得有空洞。

管道基础允许偏差应符合表5-12的规定。

表5-10　刚性管道沟槽回填土压实度

项目				最低压实度/%		检验频率		检验方法
				重型击实标准	轻型击实标准	范围	点数	
石灰土类垫层				93	95	两井之间或1000m²	每层每侧一组(每组3点)	用环刀法检查或采用现行国家标准《土工试验方法标准》(GB/T 50123—2019)中其他方法
沟槽在路基范围外	胸腔部分	管侧		87	90			
		管顶以上50cm		87±2(轻型)				
	其余部分			≥90(轻型)或按设计规定				
	农田或绿地范围表层			不宜压实，预留沉降量，表面整平				
沟槽在路基范围内	胸腔部分	管侧		87	90	两井之间或1000m²	每层每侧一组(每组3点)	用环刀法检查或采用现行国家标准《土工试验方法标准》(GB/T 50123—2019)中其他方法
		管顶以上50cm		87±2(轻型)				
	由路槽底算起的深度范围/mm	≤800	快速路及主干路	95	98			
			次干路	93	95			
			支路	90	92			
		>800~1500	快速路及主干路	93	95			
			次干路	90	92			
			支路	87	90			
		>1500	快速路及主干路	87	90			
			次干路	87	90			
			支路	87	90			

注：表中重型击实标准的压实度和轻型击实标准的压实度，分别以相应的击实标准实验法求得的最大干密度为100%。

表5-11　柔性管道沟槽回填土压实度表

槽内部位		压实度/%	回填材料	检查数量		检查方法
				范围	点数	
管道基础	管底基础	≥90	中、粗砂	—	—	用环刀法检查或采用现行国家标准《土工试验方法标准》(GB/T 50123—2019)中其他方法
	管道有效支撑角范围	≥95		每100m	每层每侧一组(每组3点)	
管道两侧		≥95	中、粗砂、碎石屑，最大粒径小于40mm的沙砾或符合要求的原土	两井之间或每1000 m²		
管顶以上500mm	管道两侧	≥90				
	管道上部	85±2				
管顶以上500mm		≥90	原回填土			

表 5-12 管道基础允许偏差

项目				允许偏差/mm	检验频率		检验方法
					范围	点数	
垫层	中线每侧宽度			不小于设计规定	每个验收批	每 10m 测 1 点，且每井段不少于 3 点	挂中心线用钢尺检查，每侧 1 点
	高程			0~15			用水准仪测量
	厚度			不小于设计要求			用钢尺测量
混凝土基础、管座	平基	中心线每侧宽度		+100			挂中心线用尺量，每侧计 1 点
		高程	管基	0~10			用水准仪测量
			渠基	±10			
		厚度		不小于设计要求			用钢尺量
	管座	肩宽		+10，-5			挂高程线用钢尺量测，每侧 1 点
		肩高		±10			
蜂窝面积				≤1%	20m	1	用尺量蜂窝总面积与该侧面总面积比较

2. 土、砂及砂石基础

采用原状地基的承载力需符合设计要求，地基不得受挠动。

砂及砂石基础的地基承载力、砂石材料质量、砂石基础的压实度必须符合设计要求。

原状地基、砂石基础材料与管道外壁间接触均匀，无空隙。

土、砂或砂石基础其厚度与支承角侧边高应不小于设计规定。土、砂及砂石基础允许偏差见表 5-13。

表 5-13 土、砂及砂石基础允许偏差表

项目		允许偏差/mm	检验频率		检验方法
			范围	点数	
高程	压力管道	±20	每个验收批	每 10m 测 1 点，且不少于 3 点	水准仪测量
	无压管道	0，-15			
基础厚度		不小于设计要求			钢尺测量
基础宽度		不小于设计要求			钢尺测量
支承角侧边高		不小于设计要求			钢尺测量

注：1. 土基础包括土弧、素土平基。

2. 砂基础应为中粗砂基础。

3. 砂石基础包括人工级配和天然级配砂石，其最大粒径≤32mm；碎石，其最大粒径≤25mm。

(三)开(挖)槽施工主体结构

1. 管道铺设

管材、管件、橡胶圈等主要材料应符合设计要求、产品标准及现行国家有关标准，管材不得有影响结构安全的裂缝，管口不得有残缺。

无压管道坡度必须符合设计要求，不得无坡或倒坡。

柔性接口的橡胶圈安装位置应准确，不得扭曲、外漏；沿圆周各点应与承口端面等距。

管底腋角回填应符合设计规定，并应与管体均匀接触；承口工作坑内回填沙砾应密实，并与承口外壁均匀接触。

管体应垫稳，管口间隙应均匀，管道内不得有泥土、砖石、砂浆、木块等杂物。

管道铺设允许偏差表应符合表 5-14 规定。

表 5-14 管道铺设允许偏差表

项目	允许偏差/mm		检验频率		检验方法
	刚性接口	柔性接口	范围	点数	
中心位移	≤10	≤10	两井之间	2	挂中心线用尺测量
管内底高程	±10	D≤1000±10；D>1000±15	两井之间	2	用水准仪测量
相邻管内底错口	≤3	D≤1000≤3；D>1000≤5	两井之间	3	用钢尺量

注：1. 表中 D 为管道内径，单位为 mm。

2. D≤700mm 时，其相邻管内底错口在施工中控制，不计点数。

2. 钢筋混凝土管道接口

柔性接口的胶圈物理性能及截面形式应符合设计规定，安装及橡胶圈位置正确，无扭曲、外漏现象；双道橡胶圈的单口水压试验合格。

刚性接口所用材料、配合比及强度应符合规范和设计要求，不得有开裂、空鼓、脱落现象。

抹带接口的钢丝网应无锈、无油垢，搭接长度应符合设计要求。

管道接口的填缝应符合设计要求，密实、光洁、平整。

预应力管与预制检查井采用刚性连接时，检查井井壁预留孔与管外壁的间隙填塞应密实，外壁抹角光

滑，里口砂浆抹顺。

预应力管道与预制检查井采用柔性接口时，橡胶圈应平顺、无扭，就位于承、插口工作面上。

抹带接口允许偏差应符合表 5-15 规定。

表 5-15　抹带接口允许偏差表

项目	允许偏差/mm	检验频率		检验方法
		范围	点数	
宽度	+5，0	两井之间	2	用钢尺量测
厚度	+5，0	两井之间	2	用钢尺量测

3. 现浇钢筋混凝土管(渠)

钢筋、混凝土、所用原材料及止水带应符合国家现行有关标准规定，并符合设计要求。

混凝土的抗压、抗渗、抗冻性能应符合现行国家标准《混凝土结构工程质量验收规范》(GB 50204—2015)和设计要求。

安装现浇结构的模板与支架时，其基础应具有足够的承载能力。

应保证模板的结构尺寸和相互位置的准确性，模板应具有足够的稳定性、刚性和强度。模板支设应板缝严密，不得漏浆。

模板安装质量允许偏差应符合表 5-16 规定。

表 5-16　模板安装质量允许偏差表

项目		允许偏差/mm	检验频率		检验方法
			范围	点数	
轴线位置	基础	≤10	每段构筑物	4	用经纬仪测量纵、横各计 2 点
	墙板	≤5			
相邻两板表面高低差	刨光模板、钢模	≤2		4	用尺量取较大值
	不刨光模板	≤4			
表面平整度	刨光模板、钢模	≤3		4	用 2m 直尺
	不刨光模板	≤5			
垂直度	墙、板	0.1%H 且≤6		2	用垂线或经纬仪检验
	基础	+10，-20		3	用尺量长、宽、高各计 1 点
截面尺寸	墙、板	+3，-5		2	用尺量长、宽、高各计 1 点
中心位置	预埋管、件及止水带	≤3	每件(孔、洞)	2	用尺量取纵、横向偏差较大值
	预留洞	≤5		1	

渠底、墙面、板面光洁，不得有蜂窝、露筋等现象。

侧墙的变形缝应与底板的变形缝对正，垂直贯通。

止水带、填料及其位置应符合设计要求，安装应牢固、闭合，与变形缝垂直及墙板体中心对正，且浇筑混凝土过程中保证止水带不变位、不垂、不浮，止水带附近的混凝土振捣密实。

钢筋安装质量允许偏差应符合表 5-17 的规定。

表 5-17　钢筋安装质量允许偏差表

项目			允许偏差/mm	检验频率		检验方法
				范围	点数	
受力钢筋	间距		±10	每段构筑物	2	用钢尺量两端、中间各一点，取较大值
	排距		1±5			
	保护层厚度	基础	±10			用钢尺量
		侧墙	±3			
绑扎箍筋、横向钢筋间距			±20	每段构筑物	2	用钢尺量连续三档，取较大值
钢筋弯起点的位置			±20			用钢尺量
预埋件	中心线位置		≤3	每件	1	用钢尺量
	水平高差		+3，0			用钢尺和塞尺量

注：1. 检查预埋件中心位置时，应沿纵、横两个方向测量，并取其中的较大值。

2. 钢筋试验取样应符合现行北京市地方标准《市政基础设施工程资料管理规程》(DB11/T 808—2011)附录 A 的规定。

现浇混凝土及钢筋混凝土管(渠)质量允许偏应符合表 5-18 规定。

表 5-18　现浇混凝土及钢筋混凝土管(渠)质量允许偏差

项目	允许偏差/mm	检验频率		检验方法
		范围	点数	
渠底高程	±10	20m	1	用水准仪测量
盖板断面尺寸	符合设计规定	20m	2	用尺量宽、厚各计 1 点
盖板压墙尺寸	±10	20m	2	用尺量，每侧计 1 点
墙高	±10	20m	2	用尺量，每侧计 1 点
墙高渠底中线每侧宽	±10	20m	2	用尺量，每侧计 1 点
墙面垂直度	≤8	20m	2	用垂线检验，每侧计 1 点
墙面平整度	≤10	20m	2	用 2m 直尺或小线量取较大值，每侧计 1 点
墙厚	+10，0	20m	2	用尺量，每侧计 1 点

4. 构件安装

进入现场的预制构件，其外观质量、尺寸偏差及结构性能应符合标准图或设计的要求。

预制构件与结构之间的连接及使用材料应符合设计要求。

预制构件的外观质量不应有严重缺陷。经检查发现扭曲、损坏的构件不得使用。

预制构件的外观质量不应有一般缺陷。对已经出现的一般缺陷，应按技术处理方案进行处理，并重新检查验收。

在构件和相应的支承结构上应标有中心线、标高等控制尺寸，并应按标准图或设计文件校核预埋件及连接钢筋等，并作出标志。

构件安装位置准确，外观平顺，嵌缝严密。

墙板安装允许偏差见表 5-19。

表 5-19 墙板安装允许偏差表

项目	允许偏差/mm	检验频率		检验方法
		范围	点数	
中心线偏移	≤10	每块	2	拉线用尺量
墙板、拱顶内顶面高程	±5		2	用水准仪测量
墙板垂直度	0.15%H且≤5		4	用垂线
板间高差	≤5		4	用尺量
杯口底、顶宽度	+10，−5		2	用尺量

注：表中 H 为墙板全高，单位为 mm。

顶板安装允许偏差见表 5-20。

表 5-20 顶板安装允许偏差表

项目	允许偏差/mm	检验频率		检验方法
		范围	点数	
相邻板内顶面错台	≤10	每座通道	20%板缝	用尺量

(四) 附属构筑物

1. 检查井

地基承载力必须符合设计规定。

砖、混凝土模块与砂浆强度等级必须符合设计要求。

井室、盖板混凝土抗压强度必须符合设计要求。

塑料检查井的规格尺寸应符合设计与施工文件的要求，未作规定的应符合现行国家和行业产品标准的要求，并应有产品合格证书。

井圈、井盖选用符合国家规范及设计要求，标志明显。

井周回填必须符合设计要求。

砌筑井井壁应位置准确。砖砌井井壁要灰浆饱满，灰缝平直，不得有通缝、瞎缝，抹面应压光，不得有空鼓、裂缝等现象。混凝土模块砌筑井井壁的灌孔混凝土必须连续灌注，不宜留施工缝，振捣夯实，不得漏振、过振。

井内流槽应平顺、圆滑，不得有建筑垃圾等杂物。

井室盖板尺寸及预留孔位置应准确，压墙尺寸符合设计要求，勾缝整齐。

井圈、井盖应完整无损，安装稳固，位置准确。

井室内未接通备用支线管口应封堵。

踏步应安装牢固，位置正确。

井室穿墙管应做好防沉降“切管”处理。

预制井的预制井段、构件的接缝及企口灌浆应饱满。

现浇井的井室位置及预留孔、预埋件应符合设计要求。

现浇井的底板、墙面、顶板的混凝土应振捣密实，表面平整、光滑，不得有裂缝、蜂窝、麻面、漏振现象。

检查井质量要求及允许偏差应符合表 5-21 规定。

表 5-21 检查井质量要求及允许偏差

项目			允许偏差/mm	检验频率		检验方法
				范围	点数	
井室尺寸	长、宽、高		±20	每座	2	用尺量长、宽各计1点
	直径、高					
井筒直径			±20	每座	2	用尺量
井口高程	农田或绿地		±20	每座	1	用水准仪测量
	路面		与道路规定一致	每座	1	用水准仪测量
井底高程	安管	D≤1000	±10	每座	1	用水准仪测量
		D>1000	±15	每座	1	
	顶管	D<1500	+10，−20	每座	1	用水准仪测量
		D≥1500	+20，−40	每座	1	
踏步安装	水平及垂直间距、外漏长度		±10	每座	1	用尺量取偏差较大者
脚窝	高、宽、深		±10	每座	1	用尺量取偏差较大者
溜槽宽度			±10	每座	1	用尺量

注：1. 表中 D 为管径，单位为 mm。

2. 接入检查井的支管管口露出井内壁不大于 2cm。

3. 农田、绿地中的井室应按有关规范要求高出地面。

塑料检查井质量要求及允许偏差应符合表 5-22 规定。

表 5-22　塑料检查井质量要求及允许偏差表

项目		允许偏差/mm	检验频率		检验方法
			范围	点数	
井室基础	高程	+10，−20	每座	2	用水准尺测量
	厚度			1	用水尺量
井壁管径向变形		≤0.03D_i	每座	1	井壁管内径等于500mm是用圆形心轴法检测；井壁管内径不小于800mm时用尺量
井壁垂直度		≤3%H	每座	1	用垂线、钢尺测量
井口高程		与道路规定一致	每座	4	用水准仪测量
井底高程		+10，−20	每座	2	用水准仪测量
井位中心		≤15	每座	1	用经纬仪测量
井底座的主管接口高程		±10	每座	2	用水准仪测量
支管接口高程		+10，−20	每个孔口	2	用水准仪测量

注：D_i 为管内径，H 为井深。

2. 雨水口

雨水口位置及高程符合道路设计要求，位置准确，安装不得歪扭。

井框、井箅必须完整无损、安装平稳、牢固。

井周回填符合设计要求。

支管应直顺，管内应清洁，不得有错口、舌头灰、反坡、凹兜存水及破损现象。管头露出井内壁不大于 2cm，断口不得朝井内。

内壁勾缝应直顺坚实，不得漏勾、脱落。

雨水口、支管允许偏差表应符合表 5-23 规定。

表 5-23　雨水口、支管允许偏差

项目	允许偏差/mm	检验频率		检验方法
		范围	点数	
井框与井壁吻合	≤10	每座	1	用尺量取较大值
井口高	0，−10		1	井框与路面比用钢尺量
雨水口位置与路边线平行	≤10		1	用钢尺量取较大值
井内尺寸（长、宽）	+20，10		1	用钢尺量取较大值
井内支、连管管口底高程	0，−20			用钢尺量取较大值

(五) 闭水试验

管道闭水试验控制要点：所试验管段按井距分隔，带井试验；管道及检查井外观质量验收合格，质检资料齐全；管道两端砌砖封堵，用 1∶2 水泥砂浆抹面，必须养护 3～4d 达到一定强度后，再向闭水段的检查井内注水，注水的试验水位应为试验段上游管内顶以上 2m，如井高不足 2m，将水灌至上游井室高度。注水过程中同时检查管堵、管带、井身，为无漏水还是严重渗水，再浸泡管和井 1～2d 后进行闭水试验；将水灌至规定的水位后，开始记录，对渗水量的测定时间应不少于 30min，根据井内水面的下降值计算渗水量，渗水量不超过规定的允许渗水量即为合格。具体如下：

污水管道、雨污水合流管道、倒虹吸管和设计有闭水要求的其他排水管道，必须进行闭水试验。

试验管段应按井距分离，带井试验，抽样选取。管道外观不得有漏水现象。

无压管道闭水试验时，试验管段应符合下列规定：

(1) 管道及检查井外观质量已验收合格。

(2) 闭水试验应在灌渠回填土前，地下水位控制在管底以下，沟槽内无积水。

(3) 全部预留管（孔）封堵严密，管道两端堵板承载力经核算应大于水压力的合力，并封堵坚固，不得渗水。

(4) 顶管施工，其注浆孔封堵且管口按设计要求处理完毕。

排水灌渠闭水检验频率应符合表 5-24 及相关要求。

表 5-24　排水管（渠）闭水检验频率表

项目		允许偏差	检验频率		检验方法
			范围	点数	
倒虹吸管		渗水量≤表 5-25 规定	每道	1	灌水计算渗水量
管径/mm	D<700		每个井段	1	
	D=700～2400		每 3 个井段抽检一段	1	
	D=2500～3000		每 5 个井段抽检一段	1	

注：1. 管径 700～2400mm，检验频率按上表规定，如工程不足 3 个井段时，亦抽检 1 个井段，不合格者全线进行闭水检验。

2. 管径 2500～3000mm，检验频率按上表规定，不合格者，加倍抽取井段再做检验。如仍不合格者，则全线进行闭水检验。

3. 如现场缺少试验用水时，当管内径小于 700mm，可按井段数量的 1/3 抽检进行闭水试验，但须经建设、设计、监理单位确认。当现场水源确有困难，可采用单口试压方法，但是须确认管材符合设计要求后，才能进行单口试压。单口试压标准参见相关标准。

管渠闭水试验应符合下列规定：

(1) 闭水试验的水位，应为试验段上游管道内顶以上 2m，如上游内顶至检查井的高度小于 2m 时，闭水试验水位可至井筒为止，但不得小于 0.5m。

(2) 实验管段灌满水后浸泡时间，钢筋混凝土灌渠不得少于 24h，化工管不得少于 12h。

管渠闭水试验应按照表 5-25 进行。

表 5-25 排水管(渠)闭水试验允许渗水量

管径/mm	排水管(渠)允许渗水量/[m^3/(24h·km)]
<150	6
200	12
300	18
400	20
500	22
600	24
700	26
800	28
900	30
1100	32
1200	34
1300	36
1400	38
1500	40
1600	42
1700	44
1800	46
1900	48
2000	50

不开槽施工的排水管渠闭水试验的实测渗水量应小于或等于按计算所得允许渗水量。

不开槽施工的内径大于或等于 1500mm 钢筋混凝土管道或等效内径的灌渠，设计无要求且地下水位高于管道顶部时，可采用内渗法测渗水量；符合下列规定时，则管道抗渗性能满足要求，不必再进行闭水试验。

(1)管壁不得有线流、渗漏现象。

(2)对有水珠、渗水部位应进行抗渗处理。

(3)管道内渗水允许值 $q \leq 2L/(m^2 \cdot d)$。

在水源短缺情况下，不开槽施工的排水管渠闭水试验应采用抽样法进行，但段长不得小于 50m。试验段经 24h 浸泡后进行渗水量检测，测定小于允许渗水量时，闭水试验合格，视为全线合格。否则加倍抽取管渠段进行闭水试验。

第五节 排水管线设计基础知识

一、排水管线的布置

排水管线的布置应依据地形坡降，出水口位置、排水体制、使用要求、水文地质条件、城镇街道及建筑物布局、地下管线状况、城市建设发展等综合因素，采取比较方案、进行技术经济论证与可行性分析来确定管道系统布置方式。不同排水体制管道系统布置的方法如下：

(一)污水管道系统

从有利于管道的使用、养护与管理的角度考虑，一般污水管道敷设在次要街道或人行道，并靠近工厂建筑物某一侧。具体布置如下：

(1)扇形布置：当地形有较大的倾斜，为保持管道中有一个理想的坡度，减少管道跌水而采用的一种管网布置方法，如图 5-23 所示。

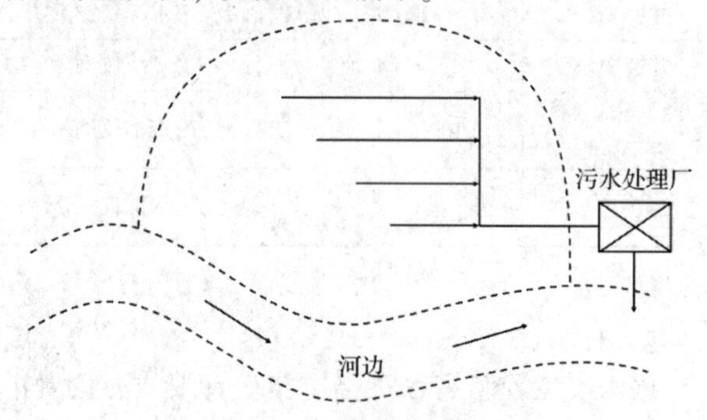

图 5-23 扇形布置(单位：mm)

(2)分区布置：当地形高差相差很大，污水不能以重力流形式排至污水处理厂时，可分别在高地区和低地区布置管道，再应用跌水构筑物或抽水泵站将不同地区各系统管道联在一起，使全地区污水排至污水处理厂。如图 5-24 所示。

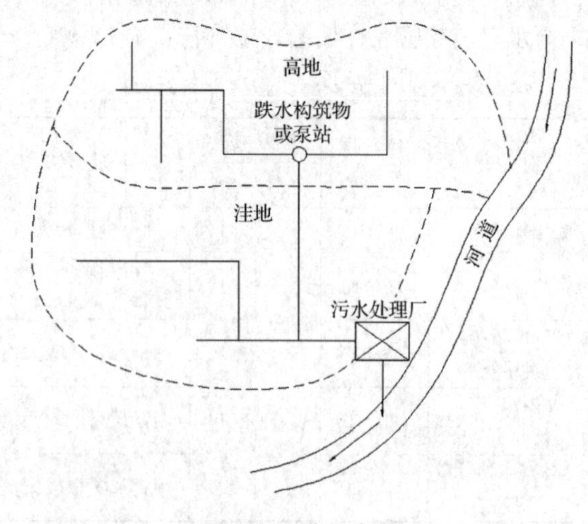

图 5-24 分区布置

(二)雨水管道系统

按地形来划分排水地区，使不经过处理的雨水以分散和直接较快的方式排入就近河道或水体，并应以与地形相适应，与街道倾斜坡度相一致为原则来布置雨水管道。一般有下列两种形式：

(1)正交布置：依据地形倾斜状况、地面水的流向来布置管道，如图 5-25 所示。

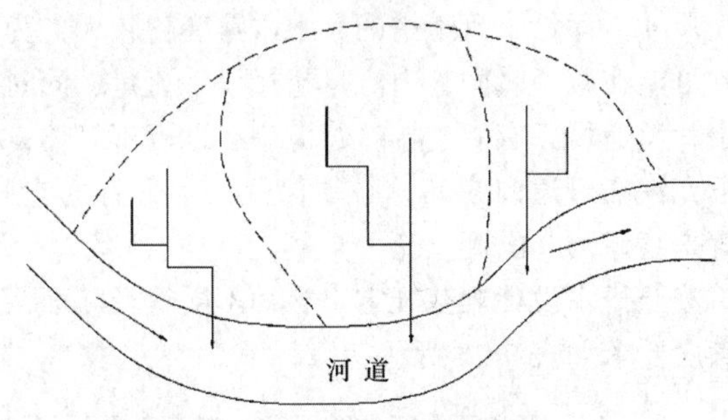

图 5-25　正交布置

(2)分散布置：当地形向外面四周倾斜或排水地区较为分散时，采用此方式布置管道，如图 5-26 所示。

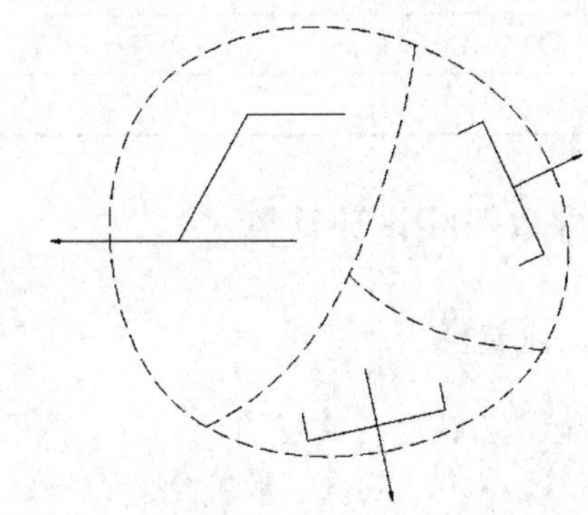

图 5-26　分散布置

(三)合流制管道系统

合流制管道系统在上中游用一条管道收集所有污水和雨水，在中下游末端修筑用于截流污水的管道，把日常污水输送至污水处理厂，在降雨期，混合雨污水将污水稀释到一定程度溢流排入河道，如图 5-27 所示。

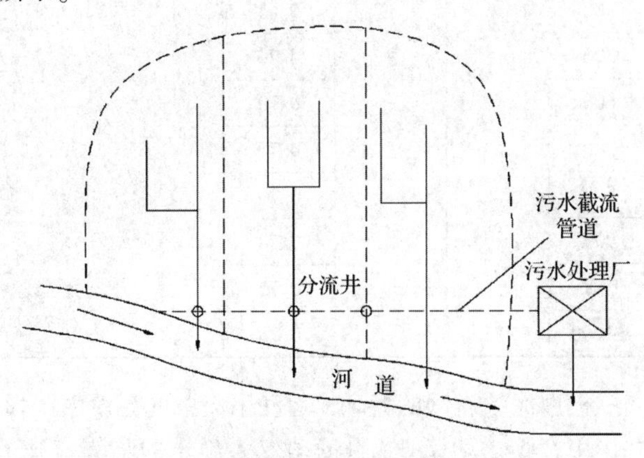

图 5-27　截流布置

(四)截流制管道系统

截流制管道系统又称为干沟式截流系统。它是在分流制排水系统的基础上，将雨水排水系统中旱季时少量混入的污水和雨季时的初期雨水进行截流，进入污水管网系统一并收集输送至污水处理厂进行处理，如图 5-28 所示。

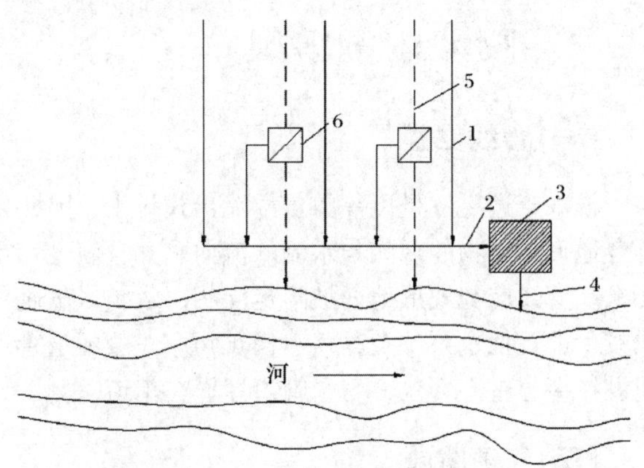

1-污水干管；2-污水主干管；3-污水处理设施；4-尾水排放口；5-雨水干管系统；6-溢流井。

图 5-28　截流布置

(五)一般街道居民区排水管网布置

一般街道居民区排水管网布置通常有 3 种形式，如图 5-29 所示。

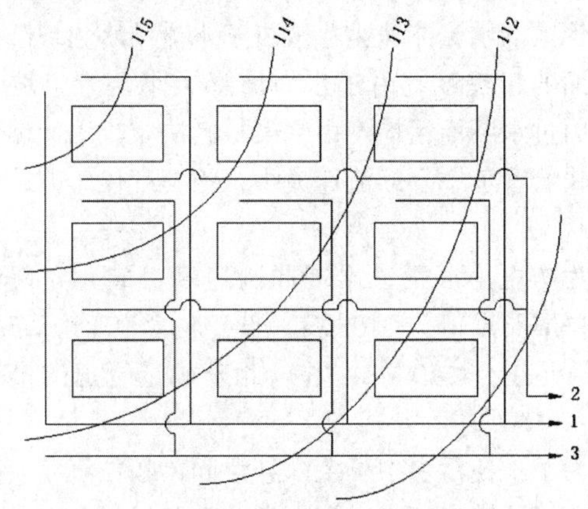

图 5-29　排水管网形式

(1)环绕式：此种布置管线长、投资大、不经济，但使用方便。

(2)贯穿式：此种形式使街道的发展受限制，一般用于已建成的街道居民区。

(3)低边式：管道布置在街坊最低一边街道上，街坊内污水流向低边污水管，充分利用地形现状，因此较容易布置且经济，尤其在合流管道上得到广泛采用。

排水管道一般不采用环网状布置，一旦出现水量过大，超过管道排水负荷量或管道发生堵塞就会造成污水漫流，淹没街道，污染环境，影响交通，从而造成损失。因此在重要地区排水管道系统必须加设安全出水口，或在各管道系统之间设置连通管，平时两条管道各自排水，一旦其中有一条管道系统发生故障时，水流可以从安全出水口或连通管排出，保证发生故障的管道系统能够正常排水。

二、排水设计一般原则

(一)管线位置

排水管道一般是以重力自由流出式排水，因此要符合地形、地物的现状与水流的流向、并且满足使用要求。管线应与地形地面坡降走向相一致，尽量避免或减少设置抽水泵站及其跌水构筑物。一般雨水管道埋设在街道中心部位，污水管道埋设在街道一侧。

(二)管道断面

管道断面需满足以下 3 个条件：

1. 可排除该地区的雨污水量

雨水径流量的大小主要取决于该地区降雨强度及其地面汇水区域状况，生活污水量主要取决于该地区人口密度及其生活方式，工业废水主要取决于此地区的工厂生产产品状况等因素。

2. 满足管道对坡度的要求

管渠的水流流速大小取决于水流的水力坡降与过水断面的粗糙度。由于水力坡降大小由管道坡度决定，而过水断面粗糙度由管渠材料决定，因此坡度大小反映着管道中心的流速大小，粗糙度仅影响着管道流速状况。

为防止排水管道出现冲刷速度，最大允许流速为：一般明渠 V_{max}≤10m/s、非金属管道 V_{max}≤5m/s、金属管道 V_{max}≤10m/s，并以此来确定管道的最大坡度值。

为了不使污水中可沉降悬浮固体颗粒沉淀淤积管道，须保证排水管道中有一个自净能力的允许最小流速，一般明渠 V_{min}≥0.4m/s、雨水与合流管道满流时 V_{min}≥0.75m/s；污水管道在设计充满度下 V_{min}≥0.6m/s，并以此来确定管道最小坡度值。

为了保持管道水流流速变化平稳，管道坡度变化要均匀，以使水流流速自上游向下游逐渐增大。管道坡度必须具有一个合理坡降。

3. 符合管道的充满度

管道充满度表示管道中水深(h)与管径断面尺寸(d)的比值，即充满度=h/d。

这就是说管道充满度的变化，反映着管道中水深的变化，它对管道中流量与流速大小有不同程度影响，这与过水断面大小和水流与管壁接触表面积的水流阻力大小的形成有关。

一般情况下，雨水与合流管道以满流来决定管道断面尺寸，而污水管道中的污水水量变化较大，为防止有可能在某一瞬间管内流量超过设计流量，同时为便于管道通风，有利于排除管道中有毒有害气体，污水不允许在管道内充满，必须保留一个适宜的空间，这就是管道的充满度。

按照排水设计规范规定出各种不同管径断面污水充满度要求如表 5-26 所示。

表 5-26 各种不同管径断面污水充满度要求

管径/mm	充满度/(h/d)
150~300	0.6
400~500	0.7
600~900	0.75
≥1000	0.8

三、排水管线设计计算

(一)污水管线

1. 流速、充满度、坡度

污水管线最大设计流速、最大设计充满度，最小设计流速见表 5-27。

表 5-27 污水管线最大设计流速、最大设计充满度、最小设计流速

管径/mm	最大设计流速/(m/s)		最大设计充满度	在最大设计充满度下最小设计流速/(m/s)
	金属管	非金属管		
200	≤10	≤5	0.55	0.60
300			0.55	
400			0.65	
500			0.70	
600			0.70	
700			0.70	
800			0.70	
900			0.70	
1000			0.75	
>1000			0.75	

根据泥沙运动的概念，运动水流中的泥沙由于惯性作用，其止动流速(由运动变为静止的临界流速)在0.35~0.40m/s(沙粒径 d=1mm)左右，大于止动流速就不会沉淀，但在过小流速下所沉淀的泥沙要使

它从静止变为着底运动的开动流速需较大，要从着底运动变为不着底运动或扬动的流速则需更大，扬动流速约为止动流速的 2.4 倍，设计中主要考虑止动流速。

经大量实地观测，得到平坦地区不淤流速一般在 0.4~0.5m/s，它与上述止动流速值相近似，鉴于此在平坦地区的一些起始管段用略小的流速与管坡设计不致产生较多淤积，当流量与流速增大时已沉淀的微小泥粒也会被扬动随水下流，但因此可降低整个下游管系的埋深，在地形不利的情况下，起始管段的管坡与流速可以考虑适当降低。

2. 设计最小管径及最小坡度

污水管设计最小管径及最小坡度见表 5-28。

表 5-28　污水管设计最小管径及最小坡度

类型	位置	设计最小管径/mm	设计最小坡度
工业废水管道	在厂区内	200	0.004
生活污水管道	在厂区内	200	0.004
	在街坊内	200	0.004
	在城市街道下	300	0.003

3. 最小覆土厚度与冰冻层内埋深

管道最小覆土厚度，在车行道下一般不小于 0.7m；但在土壤冰冻线很浅（或冰冻线虽深，但有保温及加固措施）时，在采取结构加固措施，保证管道不受外部荷载损坏情况下，也可小于 0.7m，但应考虑是否需保温。

冰冻层内管道埋设深度，无保温措施时，管内底可埋设在冰冻线以上 0.15m。有保温措施或水温较高的管道，管内底埋设在冰冻线以上的距离可以加大，其数值应根据该地区或条件相似地区的经验确定。

（二）雨水管线

1. 雨水管

重力流管道按满流计算，并应考虑排放水体水位顶托的影响。

管道满流时最小设计流速一般不小于 0.75m/s，如起始管段地形非常平坦，最小设计流速可减小到 0.6m/s，最大允许流速同污水管道。

雨水管与合流管不论在街坊和厂区内或在街道下，最小管径均宜为 300mm，最小设计坡度为 0.003。雨水口连接管管径不宜小于 200mm，坡度不小于 0.01。

管道最小覆土参照污水管道的规定。

2. 雨水明渠

雨水明渠主要指平时无水的雨季排水明渠。

（1）断面：根据需要和条件，可以采用梯形或矩形。梯形明渠最小底宽不得小于 0.3m。用砖石或混凝土块铺砌的明渠边坡，一般采用 1：0.75~1：1.0。

（2）流速：明渠最小设计流速一般不小于 0.4m/s。

（3）超高：一般不宜小于 0.3m，最小不得小于 0.2m。

（4）折角与转弯：明渠线路转折和支干渠交接处，其水流转角不应小于 90°；交接处须考虑铺砌。转折处必须设置曲线，曲线的中心线半径一般不宜小于水面宽的 5 倍，铺砌明渠不小于水面宽的 2.5 倍。

（5）跌水：土明渠跌差小于 1m，流量小于 2000L/s 时，可用浆砌块石铺砌，厚度 0.3m。土明渠跌差大于 1m，流量大于 200L/s 时，按水工构筑物设计规范计算。明渠在转弯处一般不宜设跌水。

（三）合流管线

1. 流速、充满度、坡度

生活污水量的总变化系数可采用 1。

工业废水宜采用最大生产班内的平均流量。

短时间内工厂区淋浴水的高峰流量不到设计流量的 30%时，可不予计入。

雨水设计重现期可适当地高于同一情况下的雨水管道设计标准。

在按晴天流量校核时，工业废水量和生活污水量的计算方法，同污水管道。

设计充满度按满流计算。设计流速、最小坡度、最小管径、覆土要求等设计数据以及雨水口等构筑物同雨水管道。但最热月平均气温大于或等于 25℃的地区，合流管的雨水口应考虑防臭、防蚊蝇的措施。

旱季流量的管内流速，一般不小于 0.2~0.5m/s，对于平底管道，宜在沟底做低水流槽。

在压力流情况下，须保证接户管不致倒灌。

2. 水力计算

须合理地确定溢流井的位置和数目。水力计算方法同分流制中雨水管道。按总设计流量设计，用旱季流量校核。

第六节　排水管线运行维护

一、主要内容

为了使排水管网及附属构筑物经常处于完好状态，保持排水通畅，更加充分地发挥排水系统的排水能力，必须对排水系统进行日常维护。排水管网运行维护工作范围包括：雨污水管道、合流制管道、检查井、雨水口、雨水口支管、截流井、倒虹吸、排河口、机闸等设施的日常清理、维护、维修等。排水管网运行维护的作用是通过合理的维护保证排水管网的使用功能，保障城市公共排水的安全稳定运行及安全度汛。主要工作内容包括：

(一)管道疏通

管道疏通是指，通过水力疏通、机械疏通、人力掏挖等方法清除管道内的淤泥，保持管道的正常使用功能。

水力疏通方法是使用冲洗池、高压射流车或管道拦蓄等方式，利用水流对管道进行冲洗，将上游管道中的污泥排入下游检查井，再采用吸泥车抽吸、清运。这种方法操作简单，安全风险低且功效较高，目前已得到广泛应用。

当管道淤堵严重，淤泥已黏结密实，水力冲洗的效果不好时，需要采用机械疏通或人力掏挖。

(二)附属构筑物维护

附属构筑物维护是指，通过对检查井、截流井、倒虹吸、闸井、雨水口及排河口进行清理；对井筒、踏步、井室、流槽等部位的损坏进行维修；对丢失或损坏的排水检查井井盖或雨水箅子进行补装和更换等日常维护作业，保持附属构筑物的正常使用功能。

(三)附属设备维护

管道附属设备维护是指，对安装在管渠内的拦蓄自冲洗设备、水力转刷等管道自冲洗设备以及对管道液位、流量、气体、视频监控等在线监测设备，定期进行检查、清理、维护及更换电池等工作，保障相关设备的正常使用功能。

(四)日常巡查

管线设施日常巡查是指，定期对排水管渠井盖、附属构筑物及管道运行情况进行巡视和检查；定期通过强制通风等手段，对排水管渠内有毒有害气体进行释放。

二、常用方法

(一)管道水力清淤疏通

1. 原理及条件

(1)原理：用人为的方法，提高管道中的水头差，增加水流压力、加大流速和流量来清洗管道中的沉积物，也就是用较大流速来分散或冲刷管道中可推移的沉积物，用较大流量挟带输送污水中可沉淀的悬浮物质。而人为加大的流速流量，必须超过管道的设计流速流量，才有实际意义。各种粒径的泥砂在水中产生移动时所需要的最小流速见表5-29：

表5-29 各种粒径的泥砂在水中产生移动时所需要的最小流速表

泥砂情况	产生移动最小流速/(m/s)
粉砂	0.07
细砂	0.2
中砂	0.3
粗砂(<5mm)	0.7
砾石(10~30mm)	0.9

(2)条件：按水力清淤疏通原理，管道的水力条件应满足水量充足，如自来水、再生水、河水、污水等，水量、管道断面与积泥情况要相互适应，管道要具有良好的坡度等条件。一般情况下，管径200~1200mm的管道断面，具有较好的冲洗效果。

在单条管道上冲洗应从管道上游开始，在一个排水系统上冲洗应由支线开始，有条件的可在几条支线上同时冲洗，以支线水量汇集冲洗干线，并使用吸泥车配合吸泥。

2. 冲洗井冲洗

在排水管道上游，建设专用冲洗井，依靠地形高差，使冲洗井底高程高于管道底高程，并通过制造水头差来加大冲洗井水流流速，对下游管道进行冲洗。冲洗井一般修建在管道上游段，常用于自身坡度较小，不能保证自净流速的小管径管道。冲洗井可利用自来水、雨污水、再生水、河湖水等作为水源，定期冲洗管道(图5-30)。

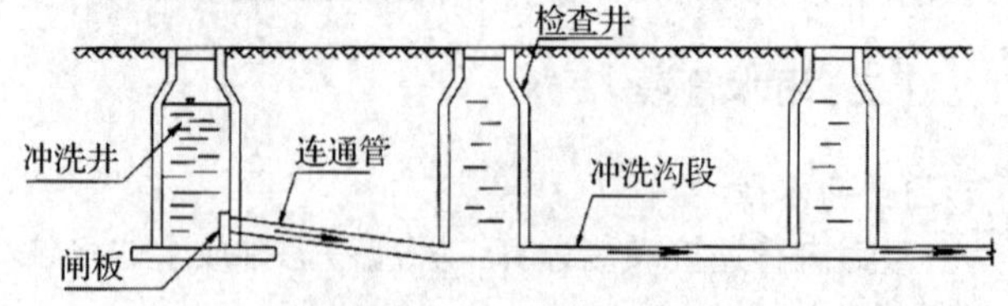

图5-30 冲洗井冲洗

3. 拦蓄冲洗

(1)人工拦蓄冲洗：在某一管段上，根据管内存泥情况，选择合适的检查井为临时集水井，使用管塞或橡胶气堵等工具堵塞下游管道口，并设置绳索固定和牵引管塞或橡胶气堵。当上游管道水位上涨到要求高度后，拔出管塞或气堵，让大量污水利用水头压力，以高流速冲洗下游管道。这种冲洗方法，由于切断了水流，可能使上游沟段产生新的沉积物；但在打开管塞放水时，由于积水而增加了上游沟段的水力坡度，也使得上游沟段的流速增大，从而带走一些上游沟段中的沉积物(图 5-31)。

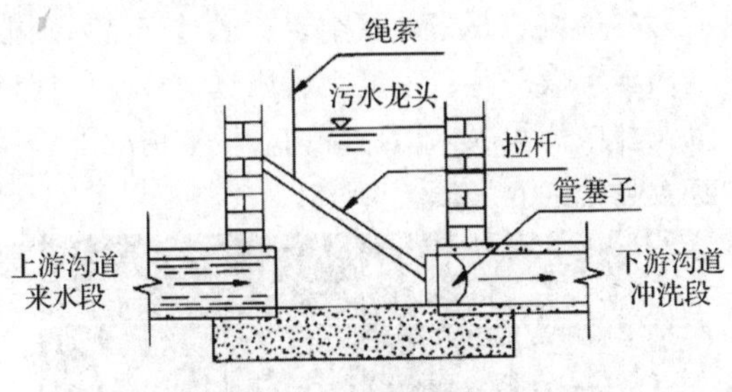

图 5-31　人工拦蓄自冲洗

(2)机械拦蓄自冲洗：在排水管道通过安装拦蓄机械，拦蓄管道上游来水，当拦蓄水量达到一定高度时，自动或手动控制打开拦蓄盾，对下游一定距离的管道进行水力冲洗，达到管道疏通清淤的目的。一般情况下，可以清理设备安装点以上 150m 及以下 150m 管线。机械拦蓄自冲洗的特点是，利用小流量雨污水即可实现频繁的管道冲洗，有效防止了管道中污染物的沉积。

(二)管道机械清淤疏通

当管道淤积沉淀物较多时，一般的水力疏通方法无法解决，需使用机械对管道内的积泥和堵塞物进行清理疏通。常用的机械清淤疏通方法有人力绞车疏通、机械绞车疏通、高压射流车疏通和吸污车疏通等。

1. 人力绞车疏通

人力绞车被广泛应用于清理排水管道中的淤泥及杂物，具有操作简单、便于运输及维护保养、不需要电力及燃油(气)、节能环保等优点，是排水管道清淤的常用机械，适用管径为 200~600mm(图 5-32)。

图 5-32　人力绞车

作业时，一般在目标管段上下游检查井位置，分别设置一台绞车，利用钢丝绳将管道内的疏通工具与地面两台绞车进行连接，通过人力转动绞车绞盘，以达到牵引管道内的疏通工具对管道进行清理的目的。上下游两台绞车中，一台为牵引绞车，另一台为复位绞车，牵引绞车和复位绞车除传动比不同外，其余结构均完全相同(图 5-33)。

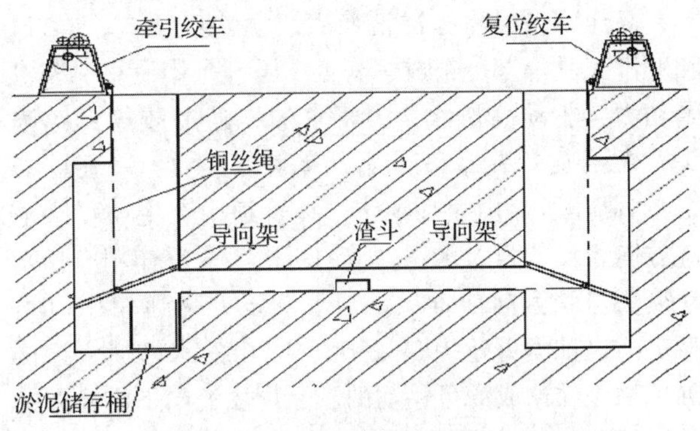

图 5-33　人力绞车疏通工法示意图

2. 机械绞车疏通

机械绞车疏通原理与人力绞车疏通原理基本相同，区别在于由电力、液压站等机械代替人力提供动力，通过控制面板进行操作，减少了人力劳动，操作简单轻便。同时机械绞车在使用中，复位端以井口导向轮替代复位绞车，利用卷筒缠绕钢丝绳牵引管道内疏通工具，并设换向机构实现往复运动，使清淤更彻底、快捷。适用管径为 200~600mm(图 5-34、图 5-35)。

图 5-34　机械绞车

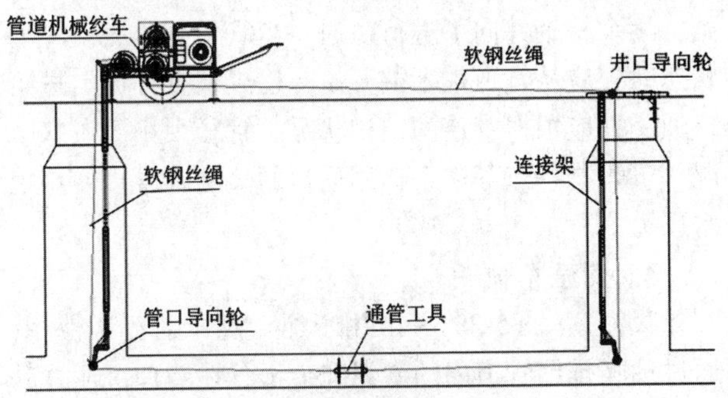

图 5-35　机械绞车疏通工法示意图

3. 高压射流车疏通

高压射流车是目前最为常用的机械疏通设备，如图5-36，一般由汽车底盘改装，由水罐、机动卷管器、高压水泵、高压冲洗胶管、射水喷头（图5-37）和冲洗工具等部分组成，其工作原理是用汽车引擎供给动力，驱动高压水泵，将水加压通过胶管到达喷头。高压喷头头部和尾部设有射水喷嘴（一般6~8个），高压水流由喷嘴射出，在管道内产生与喷头前进方向相反的强力水柱，借助所产生的反作用力，带动喷头与胶管向前推进。当水泵压力达到6MPa时，喷头前进推力可达190~200N，喷出的水柱使管道内沉积物松动，成为可移动的悬浮物质流向下游检查井或沉泥井。当喷头到达上游管口时，应减少射水压力，卷管器自动将胶管抽回，同时边卷管边射水，将残存的沉淀物全部冲刷到检查井或沉泥井内。

图5-36 高压射流车

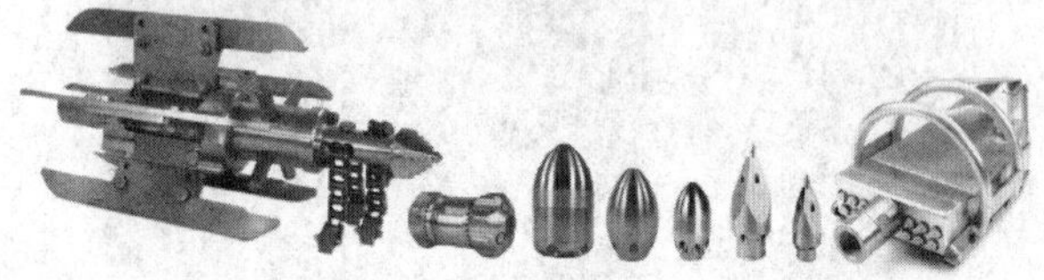

图5-37 射水喷头

通过重复上述流程进行反复冲洗，直到目标管段冲洗干净后，再转移到下一管段作业。一般情况下，高压射流车作业时，应在目标管段下游检查井或沉泥井内，配合使用吸泥车将沉积物清理排出管道。

一般情况下，高压射流车作业应从管道起始端开始，逐个检查井向下进行疏通，当管道处于完全阻塞状态时，应从管道最末端开始，逐个检查井向上进行疏通，并应根据管道的结构状况、管径大小、淤塞状况、沉积物特点等因素选用适当的喷头，合理使用射水压力。

4. 吸泥车使用

吸泥车（图5-38）一般用于配合高压射流车使用，通过抽吸排出管道内的淤泥和杂物，在清理沉泥井和旋流沉砂装置等特定条件下也可独立使用。常用的吸泥车有风机式和真空式两种类型，均是利用汽车自身动力，一种方式是带动离心高压风机旋转，使吸污管口处产生高压高速气流，污泥在其作用下被送入储泥罐内；另一种方式是带动真空泵，通过气路系统把罐内空气抽出形成一定真空度，应用真空负压原理将管道或沉泥井中污泥吸入储泥罐内。一般情况下，吸泥车的有效吸程为6~7m。

图5-38 吸泥车

（三）管道人工清淤疏通

当管道清淤疏通受到作业环境等因素影响，无法使用水力疏通或机械疏通时，可采用人工清淤疏通（图5-39）。人工清淤疏通时，必须严格按照有限空间作业相关安全要求执行。一般人工清淤疏通适用于管径大于1000mm的管线。

图5-39 人工清淤

在开展人工清淤前，应充分了解作业现场环境及清淤管道的断面尺寸、充满度、流速、沉积深度、户线接入等情况，并编制详细的清淤作业方案及应急预案，保障清淤作业的安全、高效开展。

第七节 我国有关城镇排水的标准规范

一、《室外排水设计规范（2016年版）》（GB 50014—2006）

《室外排水设计规范》于2006年1月18日公布，

自2006年6月1日起实施。2011年8月4日号公布其2011年版，2014年3月1日公布其2014年版，2016年6月28日公布其2016年版。相关重点条款如下：

4.1.3　管渠材质、管渠构造、管渠基础、管道接口，应根据排水水质、水温、冰冻情况、断面尺寸、管内外所受压力、土质、地下水位、地下水侵蚀，性、施工条件及对养护工具的适应性等因素进行选择与设计。

4.1.4　输送腐蚀性污水的管渠必须采用耐腐蚀材料，其接口及附属构筑物必须采取相应的防腐蚀措施。

4.1.5　当输送易造成管渠内沉析的污水时，管渠形式和断面的确定，必须考虑维护检修的方便。

4.1.6　工业区内经常受有害物质污染的场地雨水，应经预处理达到相应标准后才能排入排水管渠。

4.1.7　排水管渠系统的设计，应以重力流为主，不设或少设提升泵站。当无法采用重力流或重力流不经济时，可采用压力流。

4.1.9　污水管道、合流污水管道和附属构筑物应保证其严密性，应进行闭水试验，防止污水外渗和地下水入渗。

4.1.12　排水管渠系统中，在排水泵站和倒虹管前，宜设置事故排出口。

二、《给水排水管道工程施工及验收规范》(GB 50268—2008)

《给水排水管道工程施工及验收规范》(GB 50268—2008)于2008年10月15日公布，自2009年5月1日起实施。相关重点条款如下：

3.1.15　给排水管道工程施工质量控制应符合下列规定：

1. 各分项工程应按照施工技术标准进行质量控制，每分项工程完成后，必须进行检验；

2. 相关各分项土程之间，必须进行交接检验，所有隐蔽分项工程必须进行隐蔽验收，未经检验或验收不合格不得进行下道分项工程。

4.1.9　给排水管道铺设完毕并经检验合格后，应及时回填沟槽。回填前，应符合下列规定：

1. 预制钢筋混凝土管道的现浇筑基础的混凝土强度、水泥砂浆接口的水泥砂浆强度不应小于5MPa；

2. 现浇钢筋混凝土管渠的强度应达到设计要求；

3. 混合结构的矩形或拱形管渠，砌体的水泥砂浆强度应达到设计要求；

4. 井室、雨水口及其他附属构筑物的现浇混凝土强度或砌体水泥砂浆强度应达到设计要求；

5. 回填时采取防止管道发生位移或损伤的措施；

6. 化学建材管道或管径大于900mm的钢管、球墨铸铁管等柔性管道在沟槽回填前，应采取措施控制管道的竖向变形；

7. 雨期应采取措施防止管道漂浮。

三、《城镇给水排水技术规范》(GB 50788—2012)

《城镇给水排水技术规范》(GB 50788—2012)于2012年5月28日公布，自2012年10月1日起实施。相关重点条款如下：

4.1.10　对于产生有毒有害气体或可燃气体的泵站、管道、检查井、构筑物或设备进行放空清理或维修时，必须采取确保安全的措施。

4.3.3　操作人员下井作业前，必须采取自然通风或人工强制通风使易爆或有毒气体浓度降至安全范围；下井作业前，操作人员应穿戴供压缩空气的隔离式防护服；井下作业期间，必须采用连续的人工通风。

4.3.4　应建立定期巡视、检查、维护和更新排水管渠的制度，并应严格执行。

4.4.1　排水泵站应安全、可靠、高效地提升、排除雨水和污水。

4.4.2　排水泵站的水泵应满足在最高使用频率时处于高效区运行，在最高工程扬程和最低工作扬程的整个工作范围内安全稳定运行。

4.4.3　抽送产生易燃易爆和有毒有害气体的室外污水泵站，必须独立设置，并采取相应的安全防护措施。

4.4.4　排水泵站的布置应满足安全防护、机电设备安装、运行和检修的要求。

四、《城镇排水管渠与泵站维护技术规程》(CJJ 68—2007)

《城镇排水管渠与泵站维护技术规程》(CJJ 68—2007)于2007年3月9日公布，自2007年9月1日起实施。

五、《城镇排水管道检测与评估技术规程》(CJJ 181—2012)

《城镇排水管道检测与评估技术规程》(CJJ 181—2012)于2012年7月19日公布，自2012年12月1日起实施。

六、《城镇排水管道维护安全技术规程》(CJJ 6—2009)

《城镇排水管道维护安全技术规程》(CJJ 6—2009)于2009年10月20日公布，自2010年7月1日起实施。

七、《城镇排水设施气体的检测方法》(CJ/T 307—2009)

《城镇排水设施气体的检测方法》(CJ/T 307—2009)于2009年4月7日公布，自2009年10月1日起实施。

八、《污水排入城镇下水道水质标准》(CJ 343—2010)

《污水排入城镇下水道水质标准》(CJ343—2010)于2010年7月29日公布，自2011年1月1日起实施。

第六章
排水管线巡查检测基础知识

第一节 排水管线巡查

城镇排水设施的巡查工作是设施保护的第一道防线，需要专业的巡查管理队伍，完善的巡管体制，全面的设施巡查技能，在设施保护过程中通过对排水设施管理事件的有效掌握和高效处置，为排水设施的管控打好基础。本章主要介绍设施巡查及处置、巡查方式及管理等方面的内容。

一、基本规定

排水管道检查应包括外部巡视、内部检测、运行监测、专项检查等。

排水管道检查的现场作业以符合《城镇排水管道维护安全技术规程》（CJJ 6—2009）、《城镇排水管渠与泵站运行、维护及安全技术规程》（CJJ 68—2016）、《城镇排水管道检测与评估技术规程》（CJJ 181—2012）、《占道作业交通安全设施设置技术要求》（DB11/854—2012）、《地下有限空间作业安全技术规范　第1部分：通则》（DB11/852. 1—2012）、《爆炸性环境　第2部分：由隔爆外壳“d”保护的设备》（GB 3836. 2—2010）。

现场使用的检查设备以及需固定安装在井盖以下的监测设备、仪表，其安全性能应符合现行 GB 3836. 2—2010 的有关规定。

排水管道检查所用的仪器和设备应有产品合格证、检定机构的有效检定（校准）证书。新购置、经过大修或长期停用后新启用的设备，检查作业前应进行检定和校准。

现场检查时，应避免对管道结构造成损伤。

管道检查作业宜与卫星定位系统和地理信息系统配合使用，将检查成果通过坐标与排水设施进行关联。

针对掩埋的井盖，当具有准确坐标数据时，宜利用卫星定位系统或测量技术进行现场定位，将井盖设施恢复至正常。

排水管道运营单位应建立排水管道检查计划、作业记录及管理台账，并对检查结果进行统计和分析。

在排水管道检查作业过程中，如发现检查井井盖、雨水箅子缺失或严重损坏，或排水管道严重破损导致道路下沉、空洞或有较大塌陷风险时，必须及时安放护栏和警示标志，并立即报相关运营单位进行处置。检查人员要对现场做好看护，直至处置人员到达现场完成交接后方可离开。

排水管道检查作业如需对排水设施进行封堵、导水等操作，可能影响周边排水户正常排水时，应及时告知受影响的排水户，并按时恢复通水。

二、外部巡视

（一）一般规定

外部巡视对象包括管道以及检查井、雨水口、排水口等附属构筑物。

排水管道外部巡视应每天进行，每周至少巡视一遍。具体的巡视周期根据管道所在地区重要性和设施本身重要性及运行情况确定。重要活动、节假日期间，应按照保障要求提高巡视频次。

排水口的巡视应每天进行。重要地区、重点河道的排水口宜每日一巡；已完成治理的其他河道排水口宜每周一巡；其他未完成治理河道的排水口宜每季度一巡。

每年汛前应进行一次排水防涝设施专项检查，汛中应加大巡视频次。

排水管道保护范围内有施工作业时，巡视周期应结合工程进展情况动态调整，保证损害及影响排水管道运行的行为能够及时发现、及时处置。

外部巡视区域的设置应覆盖管理范围内所有排水管道，不得有遗漏，宜根据管道所属流域和设施上下游连接关系分区域开展。

每个巡视区域应有明确的责任人，并配置相应固定的设备、车辆、工器具等；每个区域应编制巡视作业手册，明确该区域范围内的巡视路线、巡视频次、巡视重点等。

巡视人员应按照规定的路线进行巡视，外部巡视发现的缺陷应及时在巡视日志中进行详细记录并留影像资料。

(二)巡查工作内容

从发现病害和设施破坏两方面开展巡查管理工作。主要工作内容如下：

1)熟悉巡查区域内与排水设施相关情况，并对施工信息及进展、道路坍塌与排水设施的关系进行跟踪。

2)发现排水设施病害情况、损害排水设施的行为，按要求程序及时处置上报。

(1)排水设施病害情况包括：污水冒溢；雨水口积水；井盖、雨水口箅子缺损；管道坍塌；排河口异常排放等。

(2)排水设施破坏情况包括：擅自占压、拆卸、移动排水设施；穿凿、堵塞排水设施；向排水设施倾倒垃圾、粪便、渣土、施工废料、污水处理产生的污泥等废弃物；向排水管网排放超标污水、有毒有害及易燃易爆物质；在排水设施用地范围内取土、爆破、埋杆、堆物；擅自接入公共排水管网；其他损害排水设施的行为。

(三)巡视内容

管道外部巡视应包括表6-1内容。

表6-1　管道外部巡视内容

对象	缺陷
管道	管道上方及周边路面沉降塌陷
	保护范围内违章施工
	管道私接
	违章占压

检查井外部巡视应包括表6-2内容。

表6-2　检查井外部巡视内容

对象	缺陷
检查井	污水冒溢
	井盖缺失
	井盖破损
	井盖位移
	违章占压
	井盖标识错
	井盖填埋
	井盖跳动或震响
	井圈破损或变形
	井盖与井圈间隙≥8mm
	井盖高于或低于井圈>5mm
	井圈高于或低于路面>5mm
	周边路面破损、沉降
	施工破坏
	违法接入
	违法倾倒
	保护范围内违章施工

雨水口外部巡视应包括表6-3内容。

表6-3　雨水口外部巡视内容

对象	缺陷
雨水口	道路积水
	雨水箅子缺失
	雨水箅子破损
	雨水箅子打开或位移
	雨水箅子违章占压
	雨水箅子孔眼堵塞
	雨水箅子填埋
	雨水箅子跳动或震响
	箅框破损或变形
	雨水箅子与箅框间隙≥8mm
	雨水箅子与箅框高低差>0mm或<-10mm
	箅框与路面高低差>0mm或<-15mm
	周边路面破损、沉降
	施工破坏
	违法接入
	违法倾倒
	保护范围内违章施工
	异味

排水口外部巡视应包括表6-4内容。

表6-4　排水口外部巡视内容

对象	缺陷
排水口	封堵
	异常排水
	垃圾杂物、淤积
	结构破损
	保护范围内违章施工
	异味
	闸门启闭状态

过河倒虹管应重点巡视河床覆土情况，管道不能暴露于河底。

外部巡视过程中发现下列行为之一时，应及时制止并报告：

(1)擅自占压、拆卸、移动排水管道及附属构筑物。

(2)穿凿、堵塞排水管道及附属构筑物。

(3)在排水管道保护范围内修建各种建(构)筑物、挖洞、取土、爆破、埋杆、堆物、开沟种植。

(4)擅自接入公共排水管道。

(5)向排水管道及附属构筑物内倾倒垃圾、粪便、残土、施工废料、污水处理产生的污泥等废弃物，排放超标污水、有毒有害及易燃易爆物质；

(6)向雨水管道中排放污水。

(7)向排水管道中排放未经沉砂处理或处理不合格的施工降水。

(8)巡视发现的井盖和雨水箅子缺失或严重损坏，应在4h内修补恢复。

三、巡视方式

排水管道外部巡视方式一般包括机动车巡视、非机动车巡视和徒步巡视；巡视时间分为日间巡视和夜间巡视。

机动车巡视主要针对位于快速路、环路及主要联络线主路上的排水设施；非机动车巡视主要针对位于快速路、环路、主要联络线的辅路以及一般道路机动车道、非机动车道、人行步道上的设施；如遇特殊地形、地貌，机动车、非机动车均无法巡视时，可采用徒步巡视。

外部巡视一般采用日间巡视；对夜间施工工地周边的排水管道应增加夜间巡视。

机动车巡视日均巡视里程数宜80～120km/车，非机动车巡视日均巡视里程数宜20～30km/人，徒步巡视日均巡视里程数宜3～5km/人。

运营单位应利用卫星定位技术，建立信息化巡视模式，辅助判定巡视轨迹。

第二节　排水设施检测

排水管道检查，是发现病害、制定维修方案、做好管道养护维修计划的前提和必要条件。排水管道检查的目的在于确定是否需要疏通，并能够及时发现损坏和造成损坏的原因。检查必须定期进行，这样才能及时地发现管道内部的损坏部分，为后续养护疏通及工程改造等提供科学的参考依据。

一、检测分类

(一)按照检测任务分类

(1)普查：排水设施普查即通过调查、测绘、电视检测、在线监测等专业手段获取管网数据信息、管道结构功能信息、输送流量水质信息等，实现兼顾管网信息查询和功能结构评估等多种作用。

(2)紧急应对检测：排水管道在施工和运营过程中，管道破坏和变形等时有发生，另外还有不均匀沉降和环境因素等引起结构性缺陷和功能性缺陷，致使排水管道不能发挥应有的作用，污水跑、冒、堵、漏，阻断交通给城市建设和人民生活带来不便，因此需要采取紧急检测查明排水管道设施存在的问题及问题缘由，此时的排水设施检测即为紧急应对检测。

(3)竣工验收确认检测：验收检测是以质量验收为目的的检测，主要负责检测前期施工质量。如在管道疏通项目完工后可通过电视检测来检查管道疏通的质量，在管道建设完工后通过电视检测来检查管道铺设的施工质量等。在对重要路段下方或特殊施工工艺(如定向钻进)施工完成的管道进行验收时，采用电视检测进行验收检测显得非常科学和客观。

(4)交接确认检测：排水管道进行产权交接及生产责任交接等时，需要对现有设施进行功能及结构评估。

(5)来自其他工程的影响检测：地铁建设、第三方施工等其他工程建设过程中对周围排水管道设施易造成不利影响，施工过程中及施工结束后需要对排水管道设施进行结构等级评估，判断施工对排水设施造成的破坏。

(6)其他检测：如热线调查中发现管道存在泄漏、坍塌等时，需要对排水管道检测以判断具体发生的位置。

(二)按照检测设备及方法分类

(1)传统检测：包括目测法、量泥斗检测法、潜水检测法等。

(2)声呐检测。

(3)闭路电视检测。

(3)管道潜望镜检测。

(4)激光检测。

(5)其他检测。

(三)按照检测设施的位置分类

(1)管道外检测：包括透地雷达法、撞击回声法、表面波光谱分析法等。

(2)管道内窥检测：包括闭路电视检测、管道潜望镜检测等。

二、检测内容

(一)检测分类

根据检测目的的不同，排水设施检测分为功能性检测和结构性检测。

(1)功能性检测：主要是以检查排水设施功能为目的的检测，一般检测排水设施的有效过水断面，并将排水设施实际过流量与设计流量进行比较，以确定排水设施的功能性状况。这类检测一般可通过日常养护疏通等手段解决。

(2)结构性检测：主要是以检查排水设施结构现况为目的的检测，该类检测是为了了解排水设施结构现况及连接状况，通过综合评估后确定排水设施对地下水资源及市政设施、城市道路安全等是否带来影响。这类检测病害一般可通过工程修复等手段解决。

(二)功能性病害

功能性病害排水管道的建设或使用过程中，进入或残留在管道内的杂物以及水中泥沙沉淀、油脂附着等，使过水断面减小，影响其正常排水能力的缺陷状态。包括积泥、洼水、结垢、树根、杂物、封堵等。(表 6-5)

表 6-5 城镇排水设施功能性病害

病害种类	病害定义	示意图
积泥	水中的泥沙及其他异物沉淀在排水管道底部形成的堆积物	
洼水	因地基不均匀沉降等因素在排水管道内形成的水洼	
结垢	水中的油脂、铁盐、石灰质等附着或沉积于排水管道内表面形成的软质或硬质结垢	
树根	自然生长进入排水管道的树根(群)	
杂物	排水管道内的碎砖石、树枝、遗弃工具、破损管道碎片等坚硬杂物	

(三)结构性病害

结构性病害排水管道的建设或使用过程中，由于外部扰动、地面沉降或水中有害物质的作用，使管道的结构外形或结构强度发生变化，影响其正常使用寿命的缺陷状态。包括腐蚀、破裂、变形、错口、脱节、渗漏、侵入等，详见表 6-6。

表 6-6 城镇排水设施结构性病害

病害种类	病害定义	示意图
腐蚀	排水管道内壁受到水中有害物质的腐蚀或磨损	
破裂	外部作用力超过自身承受力使排水管道产生的裂缝或破损。破裂形式有纵向、环向和复合 3 种	
变形	排水管道的断面形状偏离原样。变形一般指柔性管	
错口	两根同断面排水管道接口未对正	
脱节	两根同断面排水管道接口未充分推进或脱离	
渗漏	外部土层中的水从排水管道壁(顶)、接口或检查井壁流入	
侵入	管道等物体非正常进入或穿过排水管道	

三、检测技术

随着社会和科技的进步，排水设施检测技术根据历史沿革分为以简单的目测法、量泥斗检测法、潜水检测法等为代表的传统检测法和以管道潜望镜等复杂专业检测方法为代表的现代检测法。各类检测方法适用性见表 6-7。

表 6-7　排水管道检查方法的适用性(按管道种类区分)

检测方法	新建管道交接验收检查	运行管道状况检查	管道缺陷初步判断	管道缺陷准确判断	排水管道修复依据
电视检测	适用	适用	适用	适用	适用
声呐检测	不适用	适用	适用	不适用	不适用
管道潜望镜检测	不适用	适用	适用	不适用	不适用
传统方法检测	适用	适用	适用	适用	适用

(一)传统检测

传统检测方法是人员在地面巡视检查、进入管内检查、反光镜检查、量泥斗(或量泥杆)检查、潜水检查等检查方法的统称。

1. 观察法

观察法即通过观察同条管道相间窨井内的水位，确定管道是否堵塞；观察窨井内的水质成分，如上游窨井中为正常的雨污水，而下游窨井内流出的是黄泥浆水，说明管道中间有断裂或塌陷。检查人员自进入检查井开始，在管道内连续工作时间不得超过 1h。当进入管道的人员遇到难以穿越的障碍时，不得强行通过，应立即停止检测。该种检测方法直观，但检测条件较苛刻，安全性差，目前已不再使用。

2. 量泥斗检测法

量泥斗检测法即通过检测管口或窨井内的淤泥和积沙厚度，来判断管道排水功能是否正常。量泥斗用于检查井底或离管口 500mm 以内的管道内软性积泥测量，当使用 Z 字形量泥斗检查管道时，应将全部泥斗伸入管口取样。量泥斗的取泥斗间隔宜为 25mm，且量测积泥深度的误差应小于 50mm。该检测方法直观且速度快，但无法测量管道内部情况，无法检测管道结构损坏情况，仅适用于管线管口淤积情况的检测。

3. 反光镜法

反光镜法即通过反光镜把日光折射到管道内，观察管道的堵塞、错位等情况。该检测方法直观、快速、安全。但无法检测管道结构损坏情况，有垃圾堆积时，后面情况看不清，现基本不用。

4. 潜水检查法

潜水检查法即用于人可进入的大口径管道，通过潜水员手摸管道内壁进行观察和判断管道是否堵塞、错位的一种方法。该检测方法较为安全，但无视像资料、准确性差，仅适用于设备无法检测等特殊情况。

传统检测方法虽然简单、方便，在条件受到限制的情况下可起到一定的作用，但有很多的局限性，已不适应现代化排水管网管理的要求。

(二)现代检测

现代排水管道检测技术相对于传统方法来说，无论在检测设备、检测原理和方法，还是在适用范围、检测评估等方面，都有革新性的区别。根据现代检测技术的工作原理和采用的检测设备，可分为管道外检测技术和管道内窥检测技术。

1. 管道外检测技术

(1)探地雷达法(图 6-1)：根据电磁波在地下传播过程中遇到不同的物体界面会发生反射进行反演可得到目标体的位置分布、埋深等信息。该法用于测量土壤层的孔隙深度和尺寸，混凝土管的层理和饱和水渗出的范围，以及管道下的基础。输出图像比较复杂，需要有丰富的经验才能判读，探地雷达检测法适用于初步检测管道位置、管道及周边土层坍塌等，一般用于抢险抢修和工程施工。

(a) CAS-SCAN探地雷达

(b) 探地雷达原理

图 6-1　探地雷达

(2)撞击回声法：当重物或重锤撞击管壁后会产生应力波，应力波通过管道传播，由地下传音器可探测到在管道内部裂痕和外表面产生的反射波。当波以不同速度传播，通过不同的路径散射到管外的土壤中去时，用表面波特殊分析仪将波分成不同频率的成分，便可得出管道结构和外部土壤的相关信息。撞击回声检测法仅适用于初步检测管道是否存在渗漏，但无法判断裂痕大小等，一般适用于管线调查等。

(3)表面波光谱分析法：该方法使用辅助传感器和用于分析表面波的光谱分析仪，因此易于区分管壁和周围土壤引起的问题，同时可以检测管壁和土壤情况。表面波光谱分析法仅适用于初步判断排水管道管壁裂痕及周边土壤坍塌等。

上述几种管道外检测技术，均是通过仪器对排水管道缺陷的检测，优点在于可对管道进行无损性检测且避免了人工下井检查的危险，但存在检测内容单一，受环境影响大，采集的数据不直观，需要有丰富的经验才能准确判断等缺点。

2. 管道内窥检测技术

(1)闭路电视检测系统(图 6-2)：闭路电视检测(Close Circuit Television Inspection，简称 CCTV)系统的原理是采用闭路电视采集图像，通过有线传输方式，进行直观影像显示和记录来分析管道内部缺陷状况。适用于新建管线系统的竣工验收；排水系统管道改造或疏通的竣工验收；管道淤积、排水不畅的竣工验收；管道腐蚀、破损、接口错位、结垢等运行状况的检测；查找、确定非法排放污水的源头及接驳口；查找因排水系统或基建施工而找不到的检查井或去向不明管段，探测不明线路；检查市政排污系统是否需要维修或更换排水管道；可在非开挖铺设管道竣工后，对管道内部状况进行检查验收；人员无法进入的危险环境下的作业；根据其内部情况，及时进行清理和维修；保证管道在紧急状况下能正常发挥作用。适用管径：200~3000mm。

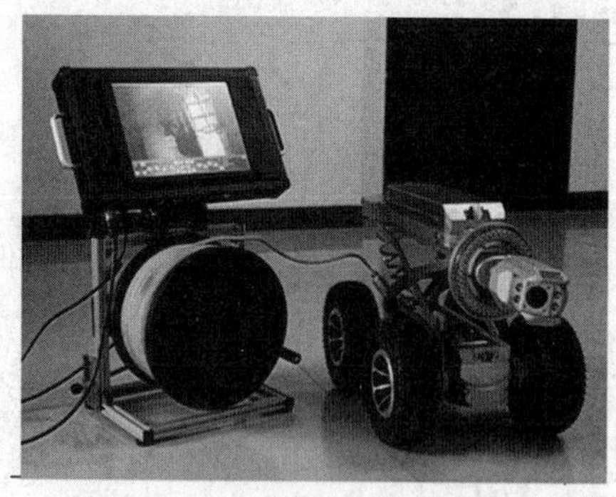

图 6-2 闭路电视检测系统

(2)管道声呐检测(图 6-3)：管道声呐检测(Sonar Inspection)是采用声波反射技术对管道及其他设施内的水中物体进行探测和定位，并能够提供准确的量化数据，从而检测和鉴定管道的破损情况。用于管道内污水充满度高、流量大，又因生产排放等原因无法停水，而无法进行 CCTV 检测的污水管道的淤积、结垢、泄漏故障检测，适用于直径(断面尺寸)从 125~3000mm 范围内各种材质的管道。

图 6-3 声呐检测设备

(3)管道潜望镜检测(图 6-4)：管道潜望镜(Quickview)是管道快速检测设备，利用强力光源的照射，通过可调节长度的手柄将高放大倍数的摄像头放入窨井或管道中，通过控制盒来调节摄像头和照明以获取清晰的录像或图像。适用于管径为 150~3000mm 的管道检测，因管道潜望镜自身缺陷，探测距离较闭路电视检测系统短，因此在井段较长等情况下以及缺陷位置位于管道较深处时，与闭路电视检测系统相较而言会出现检测清晰度不够等现象，故适用于闭路电视检测系统不能检测以及水位未影响检测的前提下，对排水管道内部进行缺陷检测。

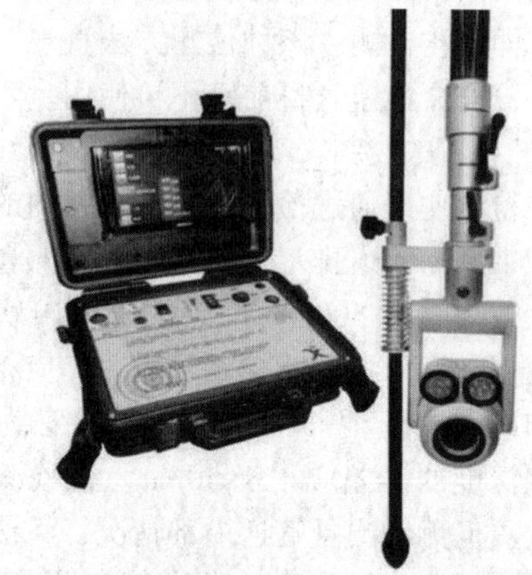

图 6-4 管道潜望镜

(4)管道激光检测(图 6-5)：管道激光检测采用专用激光发生器、影像测量评估软件和闭路电视系统进行管道内窥定量检测的一种方法。激光检测系统一般与闭路电视系统同步使用，激光发生器与电视检测系统完全兼容，可快速、牢固地安装在电视检测系统摄像头的前方，方便拆卸。通过激光扫描数据和图像记录，利用软件对管道截面积进行分析，变形 q 值分析，X、Y 轴进行分析，以及管道内壁腐蚀磨损度计算，进而对管道内部结构状况进行精确评估。在非带水作业的前提下，进行管道非接触、高精度、定量检测。

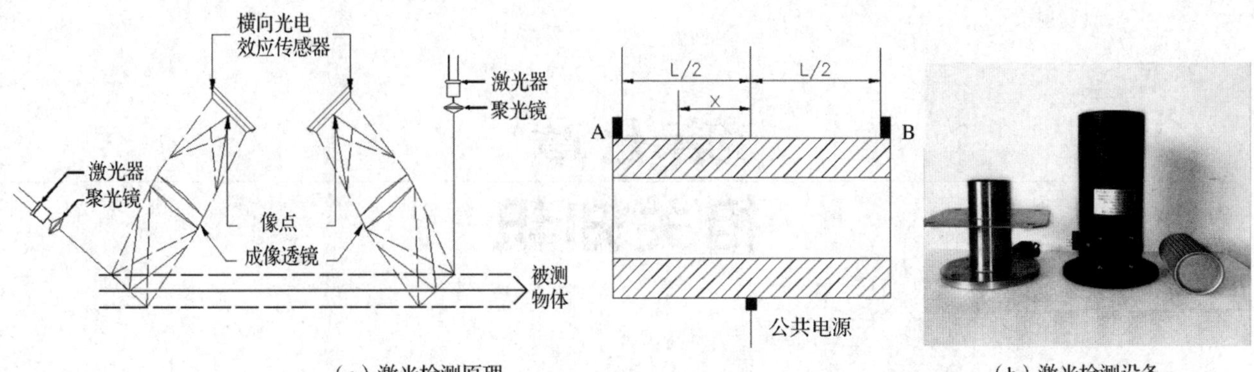

（a）激光检测原理　　（b）激光检测设备

图 6-5　管道激光检测

（三）国内外先进技术和发展方向

管道检测技术的发展非常迅速，目前 CCTV 的应用最普遍，声呐法和潜望镜技术也逐渐得到重视。随着检测要求的提高，未来的发展趋势是多种检测技术联合使用。其中管道检测机器人技术、管道扫描与评价技术（The Sewer Scanner and Evaluation Technology，SSET）和多重传感器（Sewer Assessment with Multisensors，SAM）都是多项技术的集成，新的检测技术在自动操作、数据处理、信号识别与评估技术方面都有显著的更新。

1. 管道检测机器人技术

管道机器人是一种可沿管道内部或外部自动行走、携带一种或多种传感器件，在工作人员的遥控操作或计算机控制下完成一系列对管道的检测和维修作业的机电一体化系统。

2. 管道扫描与评价技术

管道扫描与评价技术结合了扫描仪与回转仪的技术优势，能够提供详细的数字图像。SSET 由 CORE 公司与日本东京市政府下水道服务公司开发。相对于现行的 CCTV 技术，SSET 的主要优势在于：可获得更高质量的数据；加快了评估过程；数字成像有助于分类并将缺陷数据表格化；用不同色彩对缺陷处作标记以帮助快速识别，并完成对管道水平和垂直偏差的测量。但其检测费用过高，目前大约是 CCTV 的 1.5~2 倍。SSET 能提供管道几何尺寸、垂直与水平偏差、结构缺陷、缺陷的位置和范围（包括总体和局部的）等数据并完成对污水管道的整体完整性的自动分析和评估，这些信息能够协助工程师和评估管理者做出更加可靠且经济的修复决定。

3. 多重传感器

多重传感器是德国研发的一项管道检测新技术，它包括一套 CCTV 系统和各种传感器，可对管道的渗漏、腐蚀等缺陷进行检查，同时检测管径、管道周围土质等参数。多重传感器包括：

（1）光学三角测量系统：可在检测过程中记录管道的形状（管径、偏差等）。

（2）微波传感器：可用来检测管道周围土壤的状况，一般商业用传感器成本较高。德国已研制出了一种更小更经济的反向散射传感器——管壁扫描传感器，并应用于 SAM 系统，这种传感器可沿管道轴向旋转并可扫描整个管道表面。

（3）声学系统：通过探测机械声波的发散引起的振动和其他现象来探测管壁裂缝并判断管道接口的状况。

第七章
相关知识

第一节　电工基础知识

一、电学基础

（一）电学的基本物理量

1. 电　量

自然界中的一切物质都是由分子组成的，分子又是由原子组成的，而原子是由带正电荷的原子核和一定数量带负电荷的电子组成的。在通常情况下，原子核所带的正电荷数等于核外电子所带的负电荷数，原子对外不显电性。但是，用一些办法，可使某种物体上的电子转移到另外一种物体上。失去电子的物体带正电荷，得到电子的物体带负电荷。物体失去或得到的电子数量越多，则物体所带的正、负电荷的数量也越多。

物体所带电荷数量的多少用电量来表示。电量是一个物理量，它的单位是库仑，用字母 C 表示。1C 的电量相当于物体失去或得到 6.25×10^{18} 个电子所带的电量。

2. 电　流

电荷的定向移动形成电流。电流有大小和方向。

1）电流的方向

人们规定正电荷定向移动的方向为电流的方向。金属导体中，电流是电子在导体内电场的作用下定向移动的结果，电子流的方向是负电荷的移动方向，与正电荷的移动方向相反，所以金属导体中电流的方向与电子流的方向相反，如图 7-1 所示。

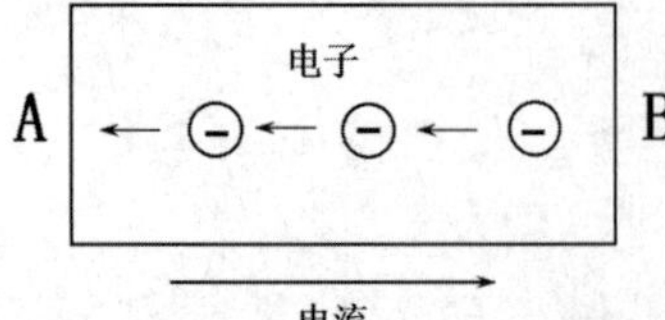

图 7-1　金属导体中的电流方向

2）电流的大小

电学中用电流强度来衡量电流的大小。电流强度就是单位时间内通过导体截面的电量。电流强度用字母 I 表示，计算公式见式(7-1)：

$$I=\frac{Q}{t} \tag{7-1}$$

式中：I——电流强度，A；

Q——在时间 t 内，通过导体截面的电荷量，C；

t——时间，s。

实际使用时，人们把电流强度简称为电流。电流的单位是安培，简称安，用 A 表示。如果 1s 内通过导体截面的电荷量为 1C，则该电流的电流强度为 1A。实际应用中，除单位安培外，还有千安（kA）、毫安（mA）和微安（μA）等。它们之间的关系为：$1kA=10^3A$，$1A=10^3mA$，$1mA=10^3\mu A$。

3. 电　压

从图 7-2(a)可以看到水由 A 槽经 C 管向 B 槽流去。水之所以能在 C 管中进行定向移动，是由于 A 槽水位高，B 槽水位低所致；A、B 两槽之间的水位差即水压，是实现水形成水流的原因。与此相似，当图 7-2(b)中的开关 S 闭合后，电路里就有电流。这是因为电源的正极电位高，负极电位低。两个极间电位差(电压)使正电荷从正极出发，经过负载 R 移向负极形成电流。所以，电压是自由电荷发生定向移动形成电流的原因。在电路中电场力把单位正电荷由高

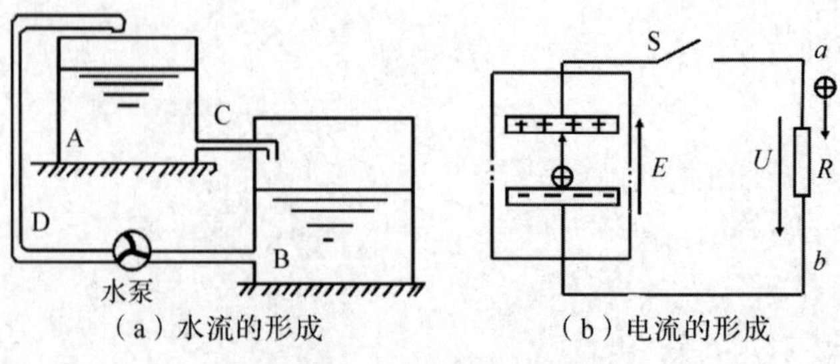

图 7-2　水流和电流形成

电位 a 点移向低电位 b 点所做的功称为两点间的电压，用 U_{ab} 表示。所以电压是 a 与 b 两点间的电位差，它是衡量电场力做功本领的物理量。

电压用字母 U 表示，单位为伏特，电场力将 1C 电荷从 a 点移到 b 点所做的功为 1 焦耳(J)，则 ab 间的电压值就是 1 伏特，简称伏，用 V 表示。常用的电压单位还有千伏(kV)，毫伏(mV)等。它们之间的关系为：1kV = 10^3V，lV = 10^3mV。

电压与电流相似，不但有大小，而且有方向。对于负载来说，电流流入端为正端，电流流出端为负端。电压的方向是由正端指向负端，也就是说负载中电压实际方向与电流方向一致。在电路图中，用带箭头的细实线表示电压的方向。

4. 电动势、电源

在图 7-2(a)中，为使水在 C 管中持续不断地流动，必须用水泵把 B 槽中的水不断地泵入 A 槽，以维持两槽间的固定水位差，也就是要保证 C 管两端有一定的水压。在图 7-2(b)中，电源与水泵的作用相似，它把正电荷由电源的负极移到正极，以维持正、负极间的电位差，即电路中有一定的电压使正电荷在电路中持续不断地流动。

电源是利用非电力把正电荷由负极移到正极的，它在电路中将其他形式能转换成电能。电动势就是衡量电源能量转换本领的物理量，用 E 表示，它的单位也是伏特，简称伏，用 V 表示。

电源的电动势只存在于电源内部。人们规定电动势的方向在电源内部由负极指向正极。在电路中也用带箭头的细实线表示电动势的方向，如图 7-2(b)所示。当电源两端不接负载时，电源的开路电压等于电源的电动势，但两者方向相反。

生活中用测量电源端电压的办法，来判断电源的状态。如测得工作电路中两节 5 号电池的端电压为 2.8V，则说明电池电量比较充足。

5. 电　阻

一般来说，导体对电流的阻碍作用称为电阻，用字母 R 表示。电阻的单位为欧姆，简称欧，用字母 Ω 表示。如果导体两端的电压为 1V，通过的电流为 1A，则该导体的电阻就是 1Ω。常用的电阻单位还有千欧(kΩ)、兆欧(MΩ)等。它们之间的关系为：1kΩ = 10^3Ω，1MΩ = 10^3kΩ。

应当强调指出：电阻是导体中客观存在的，它与导体两端电压变化情况无关，即使没有电压，导体中仍然有电阻存在。实验证明，当温度一定时，导体电阻只与材料及导体的几何尺寸有关。对于两根材质均匀、长度为 L、截面积为 S 的导体而言，其电阻大小可用式(7-2)表示：

$$R = \rho \frac{L}{S} \tag{7-2}$$

式中：R——导体电阻，Ω；

L——导体长度，m；

S——导体截面积，mm^2；

ρ——电阻率，Ω·m。

电阻率是与材料性质有关的物理量。电阻率的大小等于长度为 1m，截面积为 1mm^2 的导体在一定温度下的电阻值，其单位为欧米(Ω·m)。例如，铜的电阻率为 1.7×10^{-8}Ω·m，就是指长为 1m，截面积为 1mm^2 的铜线的电阻是 1.7×10^{-8}Ω。几种常用材料在 20℃时的电阻率见表 7-1。

表 7-1　几种常用材料在 20℃时的电阻率

材料名称	电阻率/(Ω·m)
银	1.6×10^{-8}
铜	1.7×10^{-8}
铝	2.9×10^{-8}
钨	5.5×10^{-8}
铁	1.0×10^{-7}
康铜	5.0×10^{-7}
锰铜	4.4×10^{-7}
铝铬铁电阻丝	1.2×10^{-6}

从表中可知，铜和铝的电阻率较小，是应用极为广泛的导电材料。以前，由于我国铝的矿藏量丰富，价格低廉，常用铝线作输电线。但由于铜线有更好的电气特性，如强度高、电阻率小，现在铜制线材被更广泛应用。电动机、变压器的绕组一般都用铜材。

6. 电功、电功率

电流通过用电器时，用电器就将电能转换成其他形式的能，如热能、光能和机械能等。把电能转换成其他形式的能称为电流做功，简称电功，用字母 W 表示，单位是焦耳，简称焦，用 J 表示。电流通过用电器所做的功与用电器的端电压、流过的电流、所用的时间和电阻有以下的关系，见式(7-3)：

$$\left.\begin{aligned} W &= UIt \\ W &= I^2Rt \\ W &= \frac{U^2}{R}t \end{aligned}\right\} \tag{7-3}$$

式中：U——电压，V；

I——电流，A；

R——电阻，Ω；

t——时间，s；

W——电功，J。

电流在单位时间内通过用电器所做的功称为电功

率，用 P 表示。其数学表达式见式(7-4)：

$$P=\frac{W}{t} \tag{7-4}$$

将电功的表示公式代入上式得到式(7-5)：

$$\left.\begin{aligned}P&=\frac{U^2}{R}\\P&=UI\\P&=I^2R\end{aligned}\right\} \tag{7-5}$$

若电功单位为 J，时间单位为 s，则电功率的单位就是 J/s。J/s 又称为瓦特，简称瓦，用 W 表示。在实际工作中，常用的电功率单位还有千瓦(kW)、毫瓦(mW)等。它们之间的关系为：$1\text{kW}=10^3\text{W}$，$1\text{W}=10^3\text{mW}$。

从电功率 P 的计算公式中可以得出如下结论：

(1)当用电器的电阻一定时，电功率与电流平方或电压平方成正比。若通过用电器的电流是原电流的 2 倍，则电功率是原功率的 4 倍；若加在用电器两端电压是原电压的 2 倍，则电功率是原功率的 4 倍。

(2)当流过用电器的电流一定时，电功率与电阻值成正比。对于串联电阻电路，流经各个电阻的电流是相同的，则串联电阻的总功率与各个电阻的电阻值的和成正比。

(3)当加在用电器两端的电压一定时，电功率与电阻值成反比。对于并联电阻电路，各个电阻两端电压相等，则各个电阻的电功率与各个电阻的阻值成反比。

在实际工作中，电功的单位常用千瓦小时(kW·h)，也称为度。1kW·h 是 1 度，它表示功率为 1kW 的用电器 1h 所消耗的电能，即：$1\text{kW}\cdot\text{h}=1\text{kW}\times1\text{h}=3.6\times10^6\text{J}$。

例 7-1：已知一台 42 英寸(1 英寸＝2.54cm)等离子电视机的功率约为 300W，平均每天开机 3h，若每度电费为人民币 0.48 元，问 1 年(以 365 天计算)要交纳多少电费？

解：电视机的功率 $P=300\text{W}=0.3\text{kW}$

电视机 1 年开机的时间 $t=3\times365=1095\text{h}$

根据式(7-4)，电视机 1 年消耗的电能 $W=Pt=0.3\times1095=328.5\text{kW}\cdot\text{h}$

则 1 年的电费为 $328.5\times0.48=157.68$ 元

7. 电流的热效应

电流通过导体使导体发热的现象称为电流的热效应。电流的热效应是电流通过导体时电能转换成热能的效应。

电流通过导体产生的热量，用焦耳—楞次定律表示，见式(7-6)：

$$Q=I^2Rt \tag{7-6}$$

式中：Q ——热量，J；

I ——通过导体的电流，A；

R ——导体电阻，Ω；

t ——电流通过导体的时间，s。

焦耳—楞次定律的物理意义是：电流通过导体所产生的热量，与电流强度的平方、导体的电阻及通电时间成正比。

在生产和生活中，应用电流热效应制作各种电器。如白炽灯、电烙铁、电烤箱、熔断器等在工厂中最为常见；电吹风、电褥子等常用于家庭中。但是电流的热效应也有其不利的一面，如电流的热效应能使电路中不需要发热的地方(如导线)发热，导致绝缘材料老化，甚至烧毁设备，导致火灾，是一种不容忽视的潜在祸因。

例 7-2：已知当 1 台电烤箱的电阻丝流过 5A 电流时，每分钟可放出 1.2×10^6J 的热量，求这台电烤箱的电功率及电阻丝工作时的电阻值。

解：根据式(7-4)，电烤箱的电功率为：

$$P=\frac{W}{t}=\frac{Q}{t}=\frac{1.2\times10^6}{60}=20\text{kW}$$

根据式(7-5)，电阻丝工作时电阻值为：

$$R=\frac{P}{I^2}=\frac{20000}{25}=800\Omega$$

(二)电　路

1. 电路的组成及作用

电流所流过的路径称为电路。它是由电源、负载、开关和连接导线 4 个基本部分组成的，如图 7-3 所示。电源是把非电能转换成电能并向外提供电能的装置。常见的电源有干电池、蓄电池和发电机等。负载是电路中用电器的总称，它将电能转换成其他形式的能。如电灯把电能转换成光能；电烙铁把电能转换成热能；电动机把电能转换成机械能。开关属于控制电器，用于控制电路的接通或断开。连接导线将电源和负载连接起来，担负着电能的传输和分配的任务。电路电流方向是由电源正极经负载流到电源负极，在电源内部，电流由负极流向正极，形成一个闭合通路。

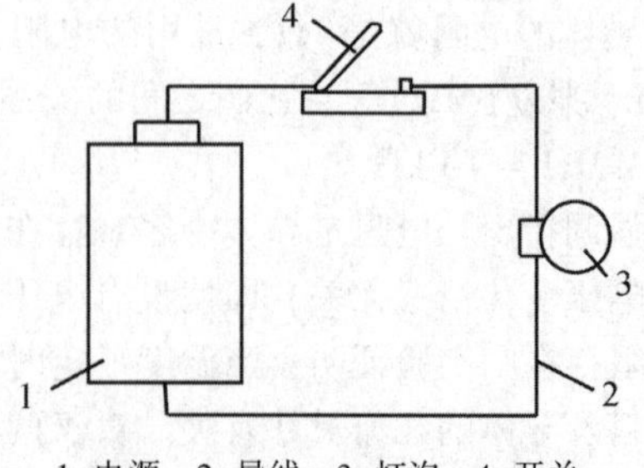

1–电源；2–导线；3–灯泡；4–开关。

图 7-3　电路的组成

2. 电路图

在设计、安装或维修各种实际电路时，经常要画出表示电路连接情况的图。如图 7-3 所示的实物连接图，虽然直观，但很麻烦。所以很少画实物图，而是画电路图。所谓电路图就是用国家统一规定的符号，来表示电路连接情况的图。如图 7-4 所示是图 7-3 的电路图。

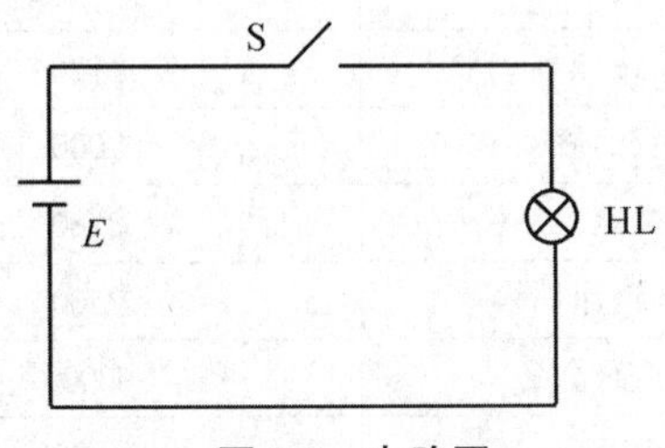

图 7-4　电路图

表 7-2 是几种常用的电工符号。

表 7-2　几种常用的电工符号

名称	符号	名称	符号
电池	─┤├─	电流表	─(A)─
导线	────	电压表	─(V)─
开关	─╱ ─	熔断器	─▭─
电阻	─▭─	电容	─┤├─
照明灯	─⊗─	接地	⏚

3. 电路状态

电路有 3 种状态：通路、开路、短路。

通路是指电路处处接通。通路也称为闭合电路，简称闭路。只有在通路的情况下，电路才有正常的工作电流；开路是指电路中某处断开，没有形成通路的电路。开路也称为断路，此时电路中没有电流；短路是指电源或负载两端被导线连接在一起，分别称为电源短路或负载短路。电源短路时电源提供的电流比通路时提供的电流大很多倍，通常是有害的，也是非常危险的，所以一般不允许电源短路。

(三)电磁基本知识

1. 磁现象

早在 2000 多年前，人们就发现了磁铁矿石具有吸引铁的性质。人们把物体能够吸引铁、钴、镍及其合金的性质称为磁性，把具有磁性的物体称为磁体。磁体上磁性最强的位置称为磁极，磁体有两个磁极：即南极和北极，通常用 S 表示南极(常涂红色)，用 N 表示北极(常涂绿色或白色)。条形、蹄形、针形磁铁的磁极位于它们的两端。值得注意的是任何一个磁体的磁极总是成对出现的。若把一个条形磁铁分割成若干段，则每段都会同时出现南极、北极。这称为磁极的不可分割性。磁极与磁极之间存在的相互作用力称为磁力，其作用规律是同性磁极相斥，异性磁极相吸。一根没有磁性的铁棒，在其他磁铁的作用下获得磁性的过程称为磁化。如果把磁铁拿走，铁棒仍有的磁性则称为剩磁。

2. 磁场、磁感应

磁体周围存在磁力作用的空间称为磁场。人们经常看见两个互不接触的磁体之间具有相互作用力，它们是通过磁场这一特殊物质进行传递的。磁场之所以是一种特殊物质，是因为它不是由分子和原子等粒子组成的。虽然磁场是一种看不见、摸不着的特殊物质，但通过实验可以证明它的存在。例如，在一块玻璃板上均匀地撒些铁粉，在玻璃板下面放置一个条形磁铁。铁粉在磁场的作用下排列成规则线条，如图 7-5(a)所示。这些线条都是从磁铁的。N 极到 S 极的光滑曲线，如图 7-5(b)所示。人们把这些曲线称为磁感应线，用它能形象描述磁场的性质。

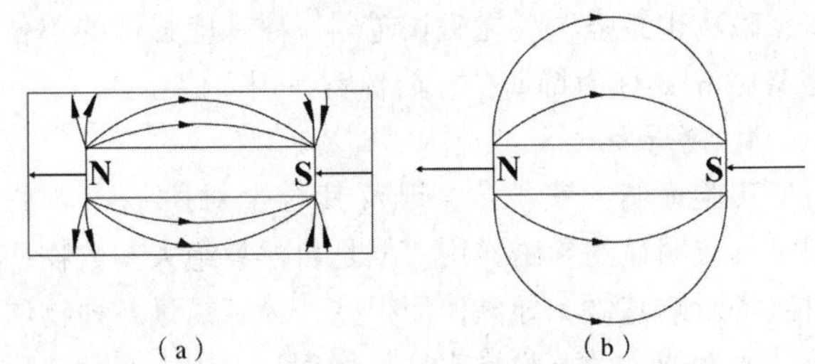

图 7-5　铁粉在磁场作用下的排列

实验证明磁感应线具有下列特点：

(1)磁感应线是闭合曲线。在磁体外部，磁感应线从 N 极出发，然后回到 S 极，在磁体内部，是从 S 极到 N 极，这称为磁感应线的不可中断性，如图 7-6 所示。

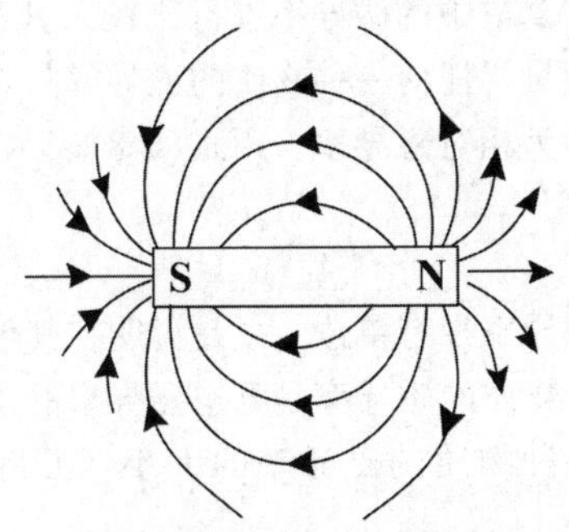

图 7-6　磁体内外磁感应线走向

(2)磁感应线互不相交。这是因为磁场中任何一点磁场方向只有一个。

(3)磁感应线的疏密程度与磁场强弱有关。磁感应线稠密表示磁场强，磁感应线稀疏表示磁场弱。

3. 磁通量、磁感应强度

在磁场中，把通过与磁场方向垂直的某一面积的磁感应线的总数目，称为通过该面积的磁通量，简称磁通，用 Φ 表示。磁通量的单位是韦伯，简称韦，用 Wb 表示。

磁感应强度是用来表示磁场中各点磁场强弱和方向的物理量，用 B 表示。垂直通过单位面积的磁感应线的数目称为该点的磁感应强度。它既有大小，又有方向。在磁场中某点磁感应强度的方向，就是位于该点磁针北极所指的方向，它的大小在均匀磁场中可由式(7-7)表示：

$$B=\frac{\Phi}{S} \tag{7-7}$$

式中：B——磁感应强度，T；

Φ——磁通量，Wb；

S——垂直于磁感应线方向通过磁感应线的面积，m^2。

式(7-7)说明磁感应强度的大小等于单位面积的磁通。如果通过单位面积的磁通越多，则磁感应线越密，磁场也越强，反之磁场越弱。磁感应强度的单位是 Wb/m^2，称为特斯拉，简称特，用 T 表示。

4. 磁导率

实验证明，铁、钴、镍及其合金对磁场影响强烈，具有明显的导磁作用。但是自然界绝大多数物质对磁场影响甚微，导磁作用很差。为了衡量各种物质导磁的性能，引入磁导率这一物理量，用 μ 表示。磁导率的单位为亨利/米(H/m)。不同物质有不同的磁导率。在其他条件相同的情况下，某些物质的磁导率比真空中的强，另一些物质的磁导率比真空中的弱。

经实验测得，真空的磁导率为 $\mu_0=4\pi\times10^{-7}$H/m，是常数。

为了便于比较各种物质的导磁性能，把各种性质的磁导率与真空中的磁导率进行比较，引入相对磁导率这一物理量。任何一种物质的磁导率与真空的磁导率的比值称为相对磁导率，用式(7-8)表示：

$$\mu_r=\frac{\mu}{\mu_0} \tag{7-8}$$

相对磁导率没有单位，只是说明在其他条件相同的情况下，物质的磁导率是真空磁导率的多少倍。

根据各种物质的磁导率的大小，可将物质分成3类。

(1) $\mu_r<1$ 的物质称为反磁物质，如铜、银等。

(2) $\mu_r>1$ 的物质称为顺磁物质，如空气、铝等。

(3) $\mu_r>>1$ 的物质称为铁磁物质，如铁、钴、镍及其合金等。

由于铁磁物质的相对磁导率很高，所以铁磁物质被广泛地应用于电工技术方面(如制作变压器、电磁铁。电动机的铁心等)。表 7-3 中列出了几种铁磁物质的相对磁导率，供参考。

表 7-3 几种铁磁物质的相对磁导率

铁磁物质名称	相对磁导率(μ_r)
钴	174
镍	1120
退火的铁	7000
软钢	2180
硅钢片	7500
镍铁合金	60000
坡莫合金	115000

(四)常用电学定律

1. 欧姆定律

1)一段电阻电路的欧姆定律

所谓一段电阻电路是指不包括电源在内的外电路，如图 7-7 所示。

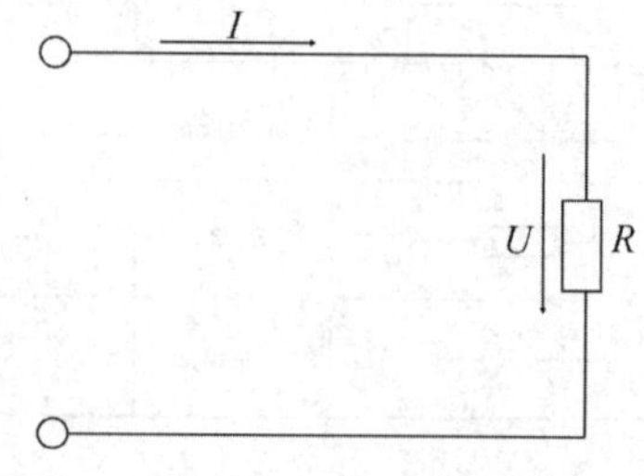

图 7-7 一段电阻电路

实验证明，两段电阻电路欧姆定律是指流过导体的电流强度与这段导体两端的电压成正比；与这段导体的电阻成反比。其数学表达式见式(7-9)：

$$I=\frac{U}{R} \tag{7-9}$$

式中：I——导体中的电流，A；

U——导体两端的电压，V；

R——导体的电阻，Ω。

在式(7-9)中，已知其中两个量，就可以求出第三个未知量；公式又可写成另外两种形式：

(1)已知电流、电阻，求电压，见式(7-10)：

$$U=IR \tag{7-10}$$

(2)已知电压、电流，求电阻，见式(7-11)：

$$R=\frac{U}{I} \tag{7-11}$$

例 7-3：已知 1 台直流电动机励磁绕组在 220V 电压作用下，通过绕组的电流为 0.427A，求绕组的电阻。

解：已知电压 $U=220\text{V}$，电流 $I=0.427\text{A}$，根据式(7-11)，可得：

$$R=\frac{U}{I}=\frac{220}{0.427}\approx 515.2\Omega$$

2)全电路欧姆定律

全电路是指含有电源的闭合电路。全电路是由各段电路连接成的闭合电路。如图7-8所示，电路包括电源内部电路和电源外部电路，电源内部电路简称内电路，电源外部电路简称外电路。

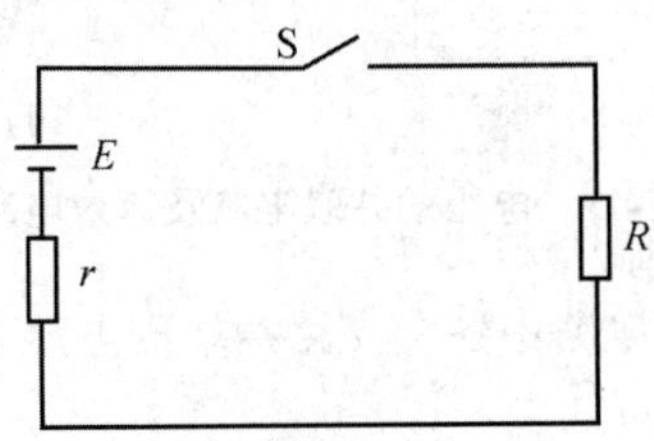

图7-8　简单的全电路

在全电路中，电源电动势 E、电源内电阻 r、外电路电阻 R 和电路电流 I 之间的关系为式(7-12)：

$$I=\frac{E}{R+r} \tag{7-12}$$

式中：I——电路中的电流，A；

E——电源电动势，V；

R——外电路电阻，Ω；

r——内电路电阻，Ω。

上式是全电路欧姆定律。定律说明电路中的电流强度与电源电动势 E 成正比，与整个电路的电阻($R+r$)成反比。

将式(7-12)变换后得到式(7-13)：

$$E=IR+Ir=U+Ir \tag{7-13}$$

式中：U——外电路电压，V。

外电路电压是指电路接通时电源两端的电压，又称为路端电压，简称端电压。这样，公式的含义又可叙述为：电源电动势在数值上等于闭合回路的各部分电压之和。根据全电路欧姆定律研究全电路的3种状态时，全电路中电压与电流的关系是：

(1)当全电路处于通路状态时，由式(7-13)可以得出端电压为：$U=E-Ir$，可知随着电流的增大，外电路电压也随之减小。电源内阻越大，外电路电压减小得越多。在直流负载时需要恒定电压供电，所以总是希望电源内阻越小越好。

(2)当全电路处于开路状态时，相当于外电路电阻值趋于无穷大，此时电路电流为零，开路内电路电阻电压为零，外电路电压等于电源电动势。

(3)当全电路处于短路状态时，外电路电阻值趋近于零，此时电路电流称为短路电流。由于电源内阻很小，所以短路电流很大。短路时外电路电压为零，内电路电阻电压等于电源电动势。

全电路在3种状态下，电路中电压与电流的关系见表7-4。

表7-4　电路中电压与电流的关系

电路状态	负载电阻	电路电流	外电路电压
通路	$R=$常数	$I=\frac{E}{R+r}$	$U=E-Ir$
开路	$R\to\infty$	$I=0$	$U=E$
短路	$R\to 0$	$I=\frac{E}{r}$	$U=0$

通常电源电动势和内阻在短时间内基本不变，且电源内阻又非常小，所以可近似认为电源的端电压等于电源电动势。不特别指出电源内阻时，就表示其阻值很小忽略不计。但对于电池来说，其内阻随电池使用时间延长而增大。如果电池内阻增大到一定值时，电池的电动势就不能使负载正常工作了。如旧电池开路时两端的电压并不低，但装在电器里，却不能使电器工作，这是由于电池内阻增大所致。

2. 电阻的串联、并联电路

1)电阻的串联电路

在一段电路上，将几个电阻的首尾依次相连所构成的一个没有分支的电路，称为电阻的串联电路。如图7-9(a)所示是电阻的串联电路。图7-9(b)是图7-9(a)的等效电路。电阻的串联电路有以下特点：

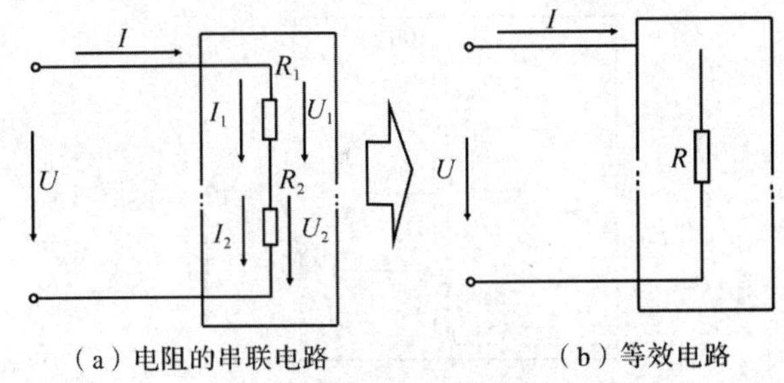

(a)电阻的串联电路　　(b)等效电路

图7-9　电阻的串联电路及等效电路

(1)串联电路中流过各个电阻的电流都相等，用式(7-14)表示：

$$I=I_1=I_2=I_3=\cdots=I_n \tag{7-14}$$

(2)串联电路两端的总电压等于各个电阻两端的电压之和，用式(7-15)表示：

$$U=U_1+U_2+\cdots+U_n \tag{7-15}$$

(3)串联电路的总电阻(即等效电阻)等于各串联的电阻之和，用式(7-16)表示：

$$R=R_1+R_2+\cdots+R_n \tag{7-16}$$

根据欧姆定律得出，$U_1=IR_1$，$U_2=IR_2$，…，$U=$

IR 可以得出式(7-17)：

$$\frac{U_1}{R_1} = \frac{U_2}{R_2} = \cdots = \frac{U}{R} \qquad (7\text{-}17)$$

或者式(7-18)：

$$\frac{U_1}{U} = \frac{R_1}{R} = \frac{U_2}{U} = \frac{R_2}{R} \qquad (7\text{-}18)$$

式(7-17)和式(7-18)表明，在串联电路中，电阻的阻值越大，这个电阻所分配到的电压越大；反之，电压越小，即电阻上的电压分配与电阻的阻值成正比。这个理论是电阻串联电路中最重要的结论，用途极其广泛。例如，用串联电阻的办法来扩大电压表的量程：

在如图 7-9(a)所示的，电路中，将 $R=R_1+R_2$ 代入式(7-18)中，得出式(7-19)：

$$\left.\begin{aligned} U_1 &= \frac{R_1}{R_1 + R_2}U \\ U_2 &= \frac{R_2}{R_1 + R_2}U \end{aligned}\right\} \qquad (7\text{-}19)$$

利用式(7-19)可以直接计算出每个电阻从总电压中分得的电压值，习惯上就把这两个式子称为分压公式。

电阻串联的应用极为广泛。例如：

①用几个电阻串联来获得阻值较大的电阻。

②用串联电阻组成分压器，使用同一电源获得几种不同的电压。如图 7-10 所示，由 $R_1 \sim R_4$ 组成串联电路，使用同一电源，输出 4 种不同数值的电压。

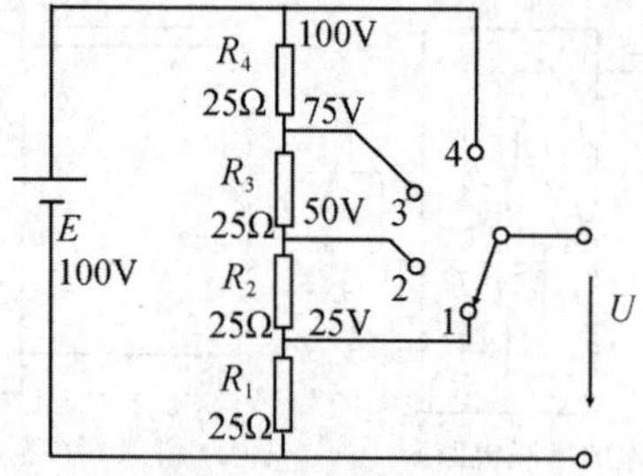

图 7-10 电阻分压器

③当负载的额定电压(标准工作电压值)低于电源电压时，采用电阻与负载串联的方法，使电源的部分电压分配到串联电阻上，以满足负载正确的使用电压值。例如，一个指示灯额定电压 6V，电阻 6Ω，若将它接在 12V 电源上，必须串联一个阻值为 6Ω 的电阻，指示灯才能正常工作。

④用电阻串联的方法来限制调节电路中的电流。在电工测量中普遍用串联电阻法来扩大电压表的量程。

2)电阻的并联电路

将两个或两个以上的电阻两端分别接在电路中相同的两个节点之间，这种连接方式称为电阻的并联电路。如图 7-11(a)所示是电阻的并联电路，图 7-11(b)是图 7-11(a)的等效电路。电阻的并联电路有如下特点：

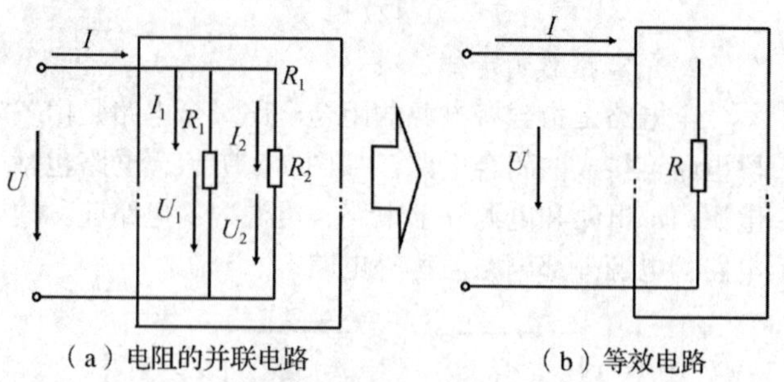

图 7-11 电阻的并联电路及等效电路

(1)并联电路中各个支路两端的电压相等，即式(7-20)：

$$U = U_1 = U_2 = \cdots = U_n \qquad (7\text{-}20)$$

(2)并联电路中总的电流等于各支路中的电流之和，即式(7-21)：

$$I = I_1 + I_2 + I_3 + \cdots + I_n \qquad (7\text{-}21)$$

(3)并联电路的总电阻(即等效电阻)的倒数等于各并联电阻的倒数之和，即式(7-22)：

$$\frac{1}{R} = \frac{1}{R_1} + \frac{1}{R_2} + \cdots + \frac{1}{R_n} \qquad (7\text{-}22)$$

若是两个电阻并联，可求并联后的总电阻为式(7-23)：

$$R = \frac{R_1 R_2}{R_1 + R_2} \qquad (7\text{-}23)$$

可以得出式(7-24)：

$$\left.\begin{aligned} \frac{I_1}{I_n} &= \frac{R_n}{R_1} \\ \frac{I}{I_n} &= \frac{R_n}{R} \end{aligned}\right\} \qquad (7\text{-}24)$$

上述公式表明，在并联电路中，电阻的阻值越大，这个电阻所分配到的电流越小，反之越大，即电阻上的电流分配与电阻的阻值成反比。这个结论是电阻并联电路特点的重要推论，用途极为广泛，例如，用并联电阻的办法，扩大电流表的量程。

电阻并联的应用，同电阻串联的应用一样，也很广泛。例如：

①因为电阻并联的总电阻小于并联电路中的任意一个电阻，因此，可以用电阻并联的方法来获得阻值较小的电阻。

②由于并联电阻各个支路两端电压相等，因此，工作电压相同的负载，如电动机、电灯等都是并联使用，任何一个负载的工作状态既不受其他负载的影

响，也不影响其他负载。在并联电路中，负载个数增加，电路的总电阻减小，电流增大，负载从电源取用的电能多，负载变重；负载数目减少，电路的总电阻增大，电流减小，负载从电源取用的电能少，负载变轻。因此，人们可以根据工作需要启动或停止并联使用的负载。

③在电工测量中应用电阻并联方法组成分流器来扩大电流表的量程。

3. 左手定则

电磁力方向(即导线运动方向)、电流方向和磁场方向三者相互垂直。因为电磁力的方向与磁场方向及电流方向有关。所以，用左手定则(又称电动机定则)来判定三者之间的关系。

左手定则的内容是：伸平左手，使大拇指与其余四指垂直，手心对着 N 极，让磁感应线垂直穿过手心，四指的指向代表电流方向，则大拇指所示的方向就是磁场对载流直导线的作用力方向，如图 7-12 所示。

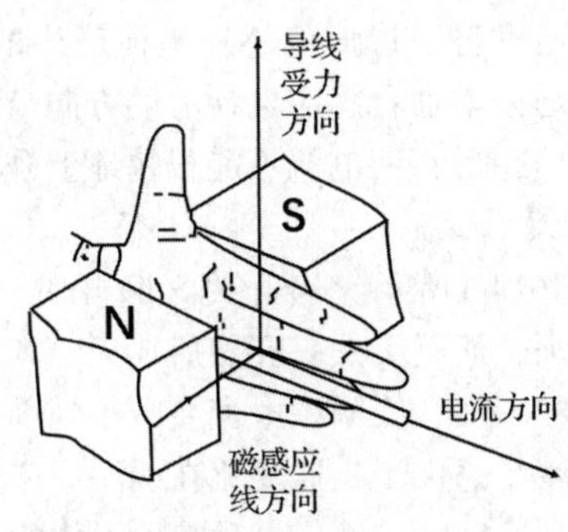

图 7-12　左手定则

实验证明，在匀强磁场中，当载流直导线与磁场方向垂直时，磁场对载流直导线作用力的大小，与导线所处的磁感应强度、通过直导线的电流以及导线在磁场中的长度的乘积成正比，表示见式(7-25)：

$$F = BIL \tag{7-25}$$

式中：B——磁感应强度，Wb/m^2；

I——直导线中通过的电流，A；

L——直导线在磁场中的长度，m；

F——直导线受到的电场力，N。

4. 右手定则

通电直导线周围磁场方向与导线中的电流方向之间的关系可用安培定则(又称右手螺旋定则)进行判定。其具体内容是：右手拇指指向电流方向，贴在导线上，其余四指弯曲握住直导线，则弯曲四指的方向就是磁感应线的环绕方向(图 7-13)。

实验证明，通电直导线四周的磁感应线距直导线越近，磁感应线越密集，磁感应强度越大，反之，磁感应线越稀疏，磁感应强度越小。导线中通过电流越大，靠近直导线的磁感应线越密集，磁感应强度越大；反之，导线中通过电流越小，靠近直导线的磁感应线越稀疏，磁感应强度越小。

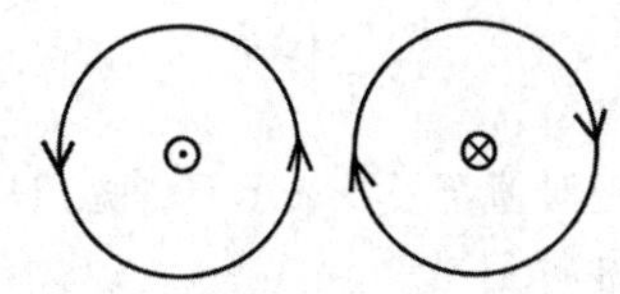

(a)通电直导线与周围磁场的关系

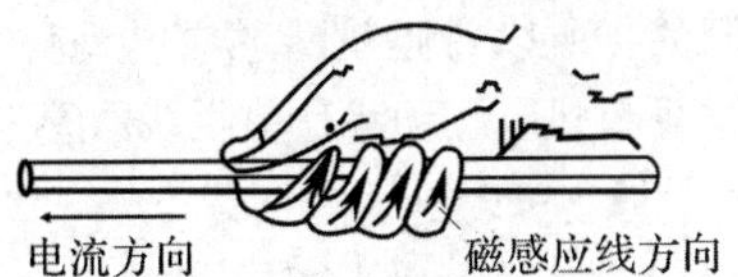

(b)右手螺旋定则

图 7-13　直导线周围的磁场方向

通电螺线管磁场方向，与螺线管中通过的电流方向的关系，用右手螺旋定则进行判定，如图 7-14 所示。

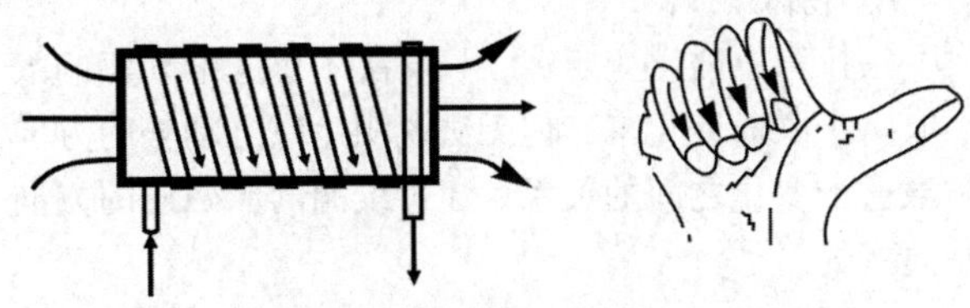

图 7-14　右手螺旋定则

右手螺旋定则的内容是：用右手握住螺线管，让弯曲的四指所指的方向与螺线管中流过的电流方向一致，那么拇指所指的那一端就是螺线管的 N 极。由图 7-14 可知，通电螺线管的磁场与条形磁铁的磁场相似。因此，一个通电螺线管相当于一块条形磁铁。

总之，凡是通电的导线，在其周围必定会产生磁场，从而说明电流与磁场之间有着不可分割的联系。电流产生磁场的这种现象称为电流的磁效应。

5. 法拉第电磁感应定律

感应电动势的大小，取决于条形磁铁插入或拔出的快慢，即取决于磁通变化的快慢。磁通变化越快，感应电动势就越大；反之就越小。磁通变化的快慢，用磁通变化率来表示。例如，有一单匝线圈，在 t_1 时刻穿过线圈的磁通为 Φ_1，在此后的某个时刻 t_2，穿过线圈的磁通为 Φ_2，那么在 t_2-t_1 这段时间内，穿过线圈的磁通变化量见式(7-26)：

$$\Delta\Phi = \Phi_2 - \Phi_1 \tag{7-26}$$

因此，单位时间内的磁通变化量，即磁通变化率见式(7-27)：

$$\frac{\Delta\Phi}{\Delta t} = \frac{\Phi_2 - \Phi_1}{t_2 - t_1} \tag{7-27}$$

在单匝线圈中产生的感应电动势的大小见式(7-28)：

$$e=\left|\frac{\Delta\Phi}{\Delta t}\right| \tag{7-28}$$

式中的绝对值符号，表示只考虑感应电动势的大小，不考虑方向。

对于多匝线圈来说，因为通过各匝线圈的磁通变化率是相同的，所以每匝线圈感应电动势大小相等。因此，多匝线圈感应电动势是单匝线圈感应电动势的 N 倍，表示见式(7-29)：

$$e=N\left|\frac{\Delta\Phi}{\Delta t}\right| \tag{7-29}$$

式中：e——多匝线圈感应电动势，V；

N——线圈匝数；

$\Delta\Phi$——线圈中磁通变化量，Wb；

Δt——磁通变化 $\Delta\Phi$ 所用的时间，s。

公式说明，当穿过线圈的磁通发生变化时，线圈两端的感应电动势的大小只与磁通变化率成正比。这就是法拉第电磁感应定律。

6. 楞次定律

法拉第电磁感应定律，只解决了感应电动势的大小取决于磁通变化率，但无法说明感应电动势的方向与磁通量变化之间的关系。穿过线圈的原磁通的方向是向下的。

如图 7-15(a)所示，当磁铁插入线圈时，线圈中的原磁通量增加，产生感应电动势。感应电流由检流计的正端流入。此时，感应电流在线圈中产生一个新的磁通。根据安培定则可以判定，新磁通与原磁通的方向相反，也就是说，新磁通阻碍原磁通增加。

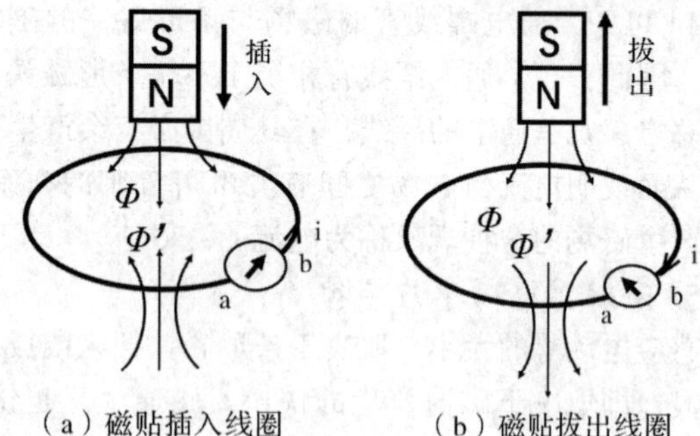

图 7-15 感应电动势方向的判断

如图 7-15(b)所示，当磁铁由线圈中拔出时，线圈中的原磁通减少，产生感应电动势，感应电流由检流计的负端流入。此时，感应电流在线圈中产生一个新的磁通，根据安培定则判定，新磁通与原磁通的方向是相同的，也就是说，新磁通阻碍原磁通的减少。

经过上述讨论得出一个规律：线圈中磁通变化时，线圈中产生感应电动势，其方向是使它形成的感应电流产生新磁通来阻碍原磁通的变化。也就是说，感应电流的新磁通总是阻碍原磁通的变化。这个规律被称为楞次定律。

应用楞次定律来判定线圈中产生感应电动势的方向或感应电流的方向，具体方法步骤如下：

(1)首先明确原磁通的方向和原磁通的变化(增加或减少)的情况。

(2)根据楞次定律判定感应电流产生新磁通的方向。

(3)根据新磁通的方向，应用安培定则(右手螺旋定则)判定出感应电动势或感应电流的方向。

(五)自感与互感

1. 自　感

自感是一种电磁感应现象，下面通过实验说明什么是自感。如图 7-16(a)所示，有两个相同的灯泡。合上开关后，灯泡 HL1 立刻正常发光。灯泡 HL2 慢慢变亮。其原因是在开关 S 闭合的瞬间，线圈 L 中的电流是从无到有，线圈中这个电流所产生的磁通也随之增加，于是在线圈中产生感应电动势。根据楞次定律，由感应电动势所形成的感应电流产生的新磁通，要阻碍原磁通的增加；感应电动势的方向与线圈中原来电流的方向相反，使电流不能很快地上升，所以灯泡 HL2 只能慢慢变亮。

如图 7-16(b)所示，当开关 S 断开时，HL 灯泡不会立即熄灭，而是突然一亮然后熄灭。其原因是在开关 S 断开的瞬间，线圈中电流要减小到零，线圈中磁通也随之减小。由于磁通变化在线圈中产生感应电动势。根据楞次定律；感应电动势所形成的感应电流产生的新磁通，阻碍原磁通的减少，感应电动势方向与线圈中原来的电流方向一致，阻止电流减少，即感应电动势维持电感中的电流慢慢减小。所以灯泡 HL 不会立刻熄灭。

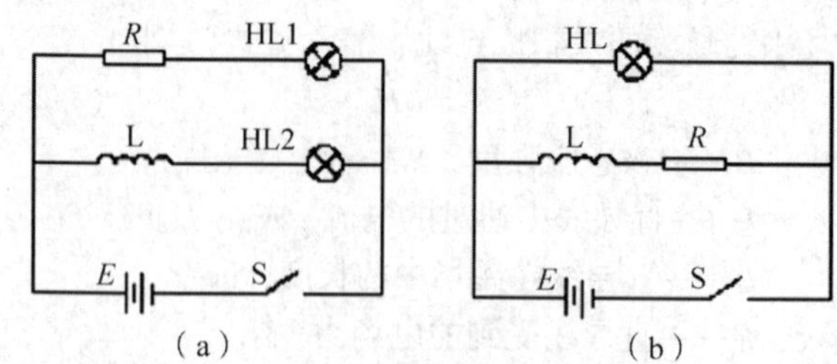

图 7-16 自感实验电路

通过两个实验可以看到，由于线圈自身电流的变化，线圈中也要产生感应电动势。把由于线圈自身电流变化而引起的电磁感应称为自感应，简称自感。由自感现象产生的电动势称为自感电动势。

为了表示自感电动势的大小，引入一个新的物理量——自感系数。当一个线圈通过变化电流后，单位电流所产生的自感磁通数，称为自感系数，也称电感量，简称电感，用 L 表示。电感是测量线圈产生自感磁通本领的物理量。如果一个线圈中流过 1A 电流，能产生 1Wb 的自感磁通，则该线圈的电感就是 1 亨利，简称亨，用 H 表示。在实际使用中，常采用较小的单位有毫亨（mH）、微亨（μH）等。它们之间的关系为：$1H=10^3mH$，$1mH=10^3\mu H$。

电感 L 是线圈的固有参数，它取决于线圈的几何尺寸以及线圈中介质的磁导率。如果介质磁导率恒为常数，这样的电感称为线性电感，如空心线圈的电感 L 为常数；反之，则称为非线性电感，如有铁心的线圈的电感 L 不是常数。

自感在电工技术中，既有利又有弊。如日光灯是利用镇流器（铁心线圈）产生自感电动势提高电压来点亮灯管的，同时也利用它来限制灯管电流。但是，在有较大电感元件的电路被切断瞬间，电感两端的自感电动势很高，在开关刀口断开处产生电弧，烧毁刀口，影响设备的使用寿命；在电子设备中，这个感应电动势极易损坏设备的元器件，必须采取相应措施，予以避免。

2. 互　感

互感也是一种电磁感应现象。图 7-17 中有两个互相靠近的线圈，当原线圈电路的开关 S 闭合时，原线圈中的电流增大，磁通也增加，副线圈中磁通也随之增加而产生感应电动势，检流计指针偏转，说明副线圈中也有电流。当原线圈电路开关 S 断开时，原线圈中的电流减小，磁通也减小，这个变化的磁通使副线圈中产生感应电动势，检流计指针向相反方向偏转。

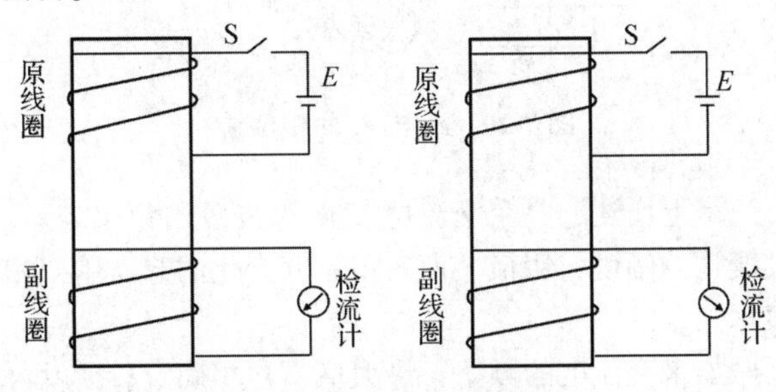

图 7-17　互感实验电路

这种由于一个线圈电流变化，引起另一个线圈中产生感应电动势的电磁感应现象，称为互感现象，简称互感。由互感产生的感应电动势称为互感电动势。

人们利用互感现象，制成了电工领域中伟大的电器——变压器。

二、电工基础

电工是一种特殊工种，不仅作业技能的专业性强，而且对作业的安全保护有特殊要求。因此，对从事电工作业的人员，在上岗前，都必须进行作业技能和安全保护的专业培训，经过考核合格后，才允许上岗作业。从各个国家的情况来看，均由从事电力供应的电力部门来承担这任务。不仅电力系统内的电工须经培训，各企业的电工同样需经过培训，合格后才准从事电工行业。

（一）正弦交流电路

1. 正弦交流电三要素

1）周期、频率、角频率

交流电变化一周所需要的时间称为周期，用 T 表示，单位是秒（s），较小的单位有毫秒（ms）和微秒（μs）等。它们之间的关系为：$1s=10^3ms=10^6\mu s$。

周期的长短表示交流电变化的快慢，周期越小，说明交流电变化一周所需的时间越短，交流电的变化越快；反之，交流电的变化越慢。

频率是指在一秒钟内交流电变化的次数，用字母 f 表示，单位为赫兹，简称赫，用 Hz 表示。当频率很高时，可以使用千赫（kHz）、兆赫（MHz）、吉赫（GHz）等。它们之间的关系为：$1kHz=10^3Hz$，$1MHz=10^3kHz$，$1GHz=10^3MHz$。

频率和周期（T）一样，是反映交流电变化快慢的物理量。它们之间的关系见式（7-30）：

$$\left.\begin{aligned} f&=\frac{1}{T} \\ T&=\frac{1}{f} \end{aligned}\right\} \tag{7-30}$$

我国农业生产及日常生活中使用的交流电标准频率为 50Hz。通常把 50Hz 的交流电称为工频交流电。

交流电变化的快慢除了用周期和频率表示外，还可以用角频率表示。所谓角频率是指交流电每秒钟变化的角度，用 ω 表示，单位是弧度每秒（rad/s）。周期、频率和角频率的关系见式（7-31）：

$$\omega=\frac{2\pi}{T}=2\pi f \tag{7-31}$$

2）瞬时值、最大值、有效值

正弦交流电（简称交流电）的电动势、电压、电流，在任一瞬间的数值称为交流电的瞬时值，分别用 e、u、i 表示。瞬时值中最大的值称为最大值。最大值也称为振幅或峰值。在波形图中，曲线的最高点对应的纵轴值，即表示最大值。分别用 E_m、U_m、I_m 表示电动势、电压、电流的最大值。它们之间的关系见式（7-32）：

$$\left.\begin{aligned} e&=E_m\sin\omega t \\ u&=U_m\sin\omega t \\ i&=I_m\sin\omega t \end{aligned}\right\} \tag{7-32}$$

由上式可知，交流电的大小和方向是随时间变化的，瞬时值在零值与最大值之间变化，没有固定的数值。因此，不能随意用一个瞬时值来反映交流电的做功能力。如果选用最大值，就夸大了交流电的做功能力，因为交流电在绝大部分时间内都比最大值要小。这就需要选用一个数值，能等效地反映交流电做功的能力。为此，引入了交流电的有效值这一概念。

正弦交流电的有效值的定义：如果一个交流电通过一个电阻，在一个周期内所产生的热量，和某一直流电流在相同时间内通过同一电阻产生的热量相等，那么，这个直流电的电流值就称为交流电的有效值。正弦交流电的电动势、电压、电流的有效值分别用 E、U、I 表示。通常所说的交流电的电动势、电压、电流的大小都是指它的有效值，交流电气设备铭牌上标注的额定值、交流电仪表所指示的数值也都是有效值。本书在谈到交流电的数值时，如无特殊注明，都是指有效值。理论计算和实验测试都可以证明，它们之间的关系见式(7-33)：

$$\left.\begin{aligned} E &= \frac{E_m}{\sqrt{2}} = 0.707E_m \\ U &= \frac{U_m}{\sqrt{2}} = 0.707U_m \\ I &= \frac{I_m}{\sqrt{2}} = 0.707I_m \end{aligned}\right\} \tag{7-33}$$

3) 相位、初相、相位差

如图 7-18 所示，两个相同的线圈固定在同一个旋转轴上，它们相互垂直，以某一角速度做逆时针旋转，在 AX 和 BY 线圈中产生的感应电动势分别为 e_1 和 e_2。

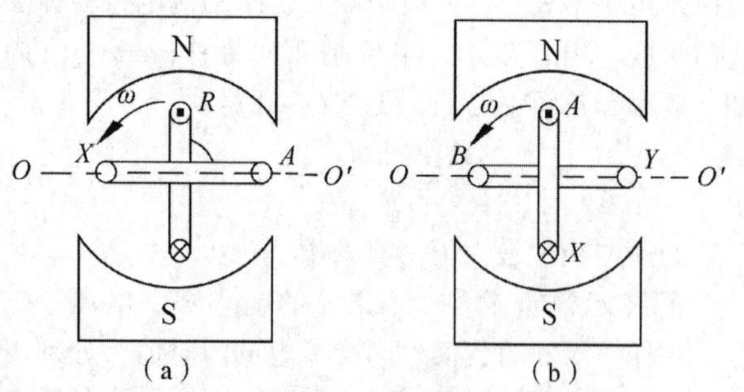

图 7-18　两个线圈中电动热变化情况

当 $t=0$ 时，AX 线圈平面与中性面之间的夹角 $\varphi_1=0°$，BY 线圈平面与中性面之间的夹角 $\varphi_2=90°$。由式(7-32)得到，在任意时刻两个线圈的感应电动势分别为：

$$e_1 = E_m\sin(\omega t+\varphi_1)$$
$$e_2 = E_m\sin(\omega t+\varphi_2)$$

其中 $\omega t+\varphi_1$ 和 $\omega t+\varphi_2$ 是表示交流电变化进程的一个角度，称为交流电的相位或相角，它决定了交流电在某一瞬时所处的状态。$t=0$ 时的相位称为初相位或初相。它是交流电在计时起始时刻的电角度，反映了交流电的初始值。例如，AX、BY 线圈的初相分别是 0°，90°。在 $t=0$ 时，两个线圈的电动势分别为 $e_1=0$，$e_2=E_m$。两个频率相同的交流电的相位之差称为相位差。令上述 e_1 的初相位 $\varphi_1=0°$，e_2 的初相位 $\varphi_2=90°$，则两个电动势的相位差为：

$$\Delta\varphi=(\omega t+\varphi_2)-(\omega t+\varphi_1)=\varphi_2-\varphi_1$$

可见，相位差就是两个电动势的初相差。

从图 7-19 和图 7-20 所示可以看出，初相分别为 φ_1 和 φ_2 的频率相同的两个电动势的同向最大值，不能在同一时刻出现。就是说 e_2 比 e_1 超前 φ 角度达到最大值，或者说 e_1 比 e_2 滞后 φ 角度达到最大值。

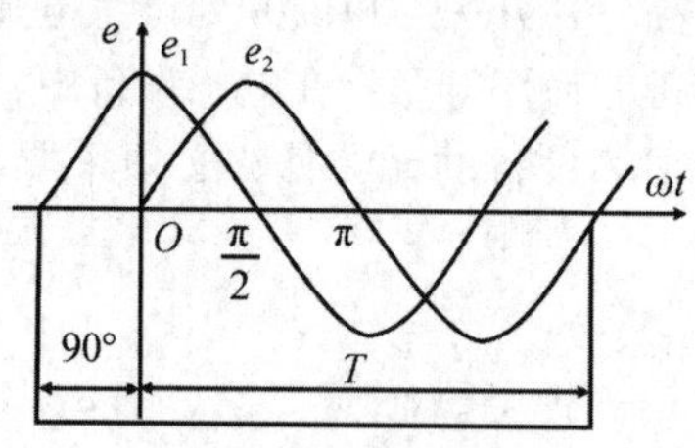

图 7-19　电动势波形图

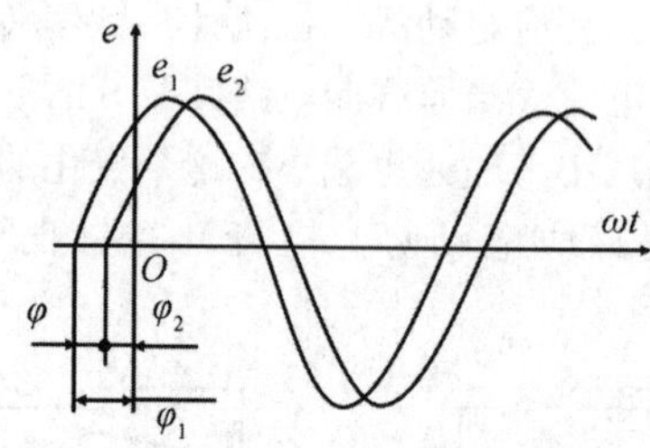

图 7-20　e_1 与 e_2 的相位差

综上所述，一个交流电变化的快慢用频率表示；其变化的幅度，用最大值表示；其变化的起点用初相表示。

如果交流电的频率、最大值、初相确定后，就可以准确确定交流电随时间变化的情况。因此，频率、最大值和初相称为交流电的三要素。

2. *正弦交流电表示方法*

正弦交流电的表示方法有三角函数式法和正弦曲线法两种。它们能真实地反映正弦交流电的瞬时值随时间的变化规律，同时也能完整地反映出交流电的三要素。

(1) 三角函数式法：正弦交流电的电动势、电压、电流的三角函数式表示方法见式(7-32)，若知道了交流电的频率、最大值和初相，就能写出三角函数式，用它可以求出任一时刻的瞬时值。

(2)正弦曲线法(波形法)：正弦曲线法就是利用三角函数式相对应的正弦曲线，来表示正弦交流电的方法。

如图 7-21 所示，横坐标表示时间 t 或者角度 ω，纵坐标表示随时间变化的电动势瞬时值。图中正弦曲线反映出正弦交流电的初相 $\varphi=0$，e 最大值 E_m，周期 T 以及任一时刻的电动势瞬时值。这种图也称为波形图。

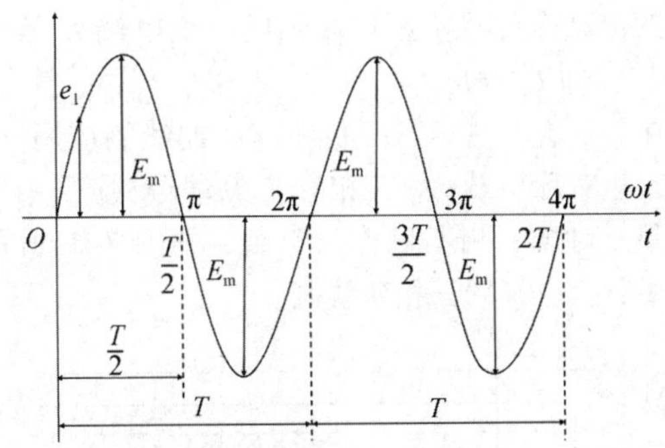

图 7-21　正弦曲线表示法

(二)三相交流电路

1. 三相电动势的产生

三相交流电是由三相发电机产生的，如图 7-22 所示是三相发电机的结构示意图。它由定子和转子组成。在定子上嵌入三个绕组，每个绕组称为一相，合称三相绕组。绕组的一端分别用 U_1、V_1、W_1 表示，称为绕组的始端，另一端分别用 U_2、V_2、W_2 表示，称为绕组的末端。三相绕组始端或末端之间的空间角为 120°。转子为电磁铁，磁感应强度沿转子表面按正弦规律分布。

当转子以匀角速度 ω 逆时针方向旋转时，在三相绕组中分别感应出振幅相等，频率相同，相位互差 120°的三个感应电动势，这三相电动势称为对称三相电动势。三个绕组中的电动势分别为：

$$e_U = E_m\sin\omega t$$
$$e_V = E_m\sin(\omega t - 120°)$$
$$e_W = E_m\sin(\omega t + 120°)$$

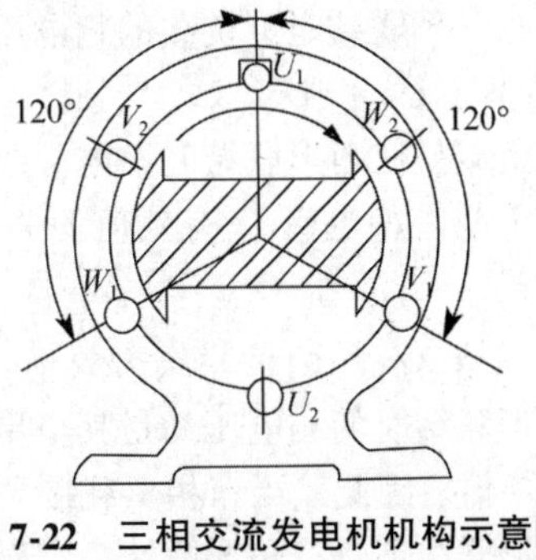

图 7-22　三相交流发电机机构示意图

显而易见，V 相绕组的比 U 相绕组的落后 120°，W 相绕组的比 V 相绕组的落后 120°。

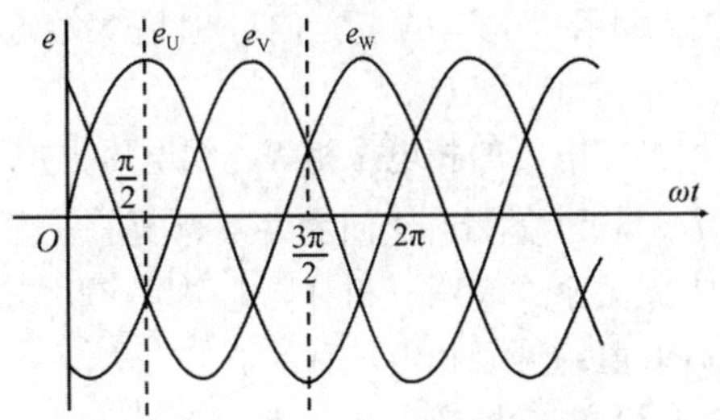

图 7-23　三相电动势波形图

如图 7-23 所示是三相电动势波形图。由图可见三相电动势的最大值和角频率相等，相位差 120°。电动势的方向是从末端指向始端，即 U_2 到 U_1，V_2 到 V_1，W_2 到 W_1。

在实际工作中经常提到三相交流电的相序问题，所谓相序就是指三相电动势达到同向最大值的先后顺序。在图 7-23 中，最先达到最大值的是 e_U，其次是 e_V，最后是 e_W；它们的相序是 $U—V—W$，该相序称为正相序，反之是负序或逆序，即 $U—W—V$。通常三相对称电动势的相序都是指正相序，用黄、绿、红三种颜色分别表示 U、V、W 三相。

2. 三相电源绕组联结

三相发电机的每相绕组都是独立的电源，均可以采用如图 7-24 所示的方式向负载供电。这是三个独立的单相电路，构成三相六线制，有六根输电线，既不经济又没有实用价值。在现代供电系统中，发电机三相绕组通常用星形联结或三角形联结两种方式。但是，发电机绕组一般不采用三角形接法而采用星形接法或 Y 形接法，如图 7-24 所示。公共点称为电源中点，用 N 表示。从始端引出的三根输电线称为相线或端线，俗称火线。从电源中点 N 引出的线称为中线。中线通常与大地相连接，因此，把接地的中点称为零点，把接地的中线称为零线。

如果从电源引出四根导线，这种供电方式称为星接三相四线制；如果不从电源中点引出中线，这种供电方式称为星接三相三线制。

电源相线与中线之间的电压称为相电压，在图 7-24

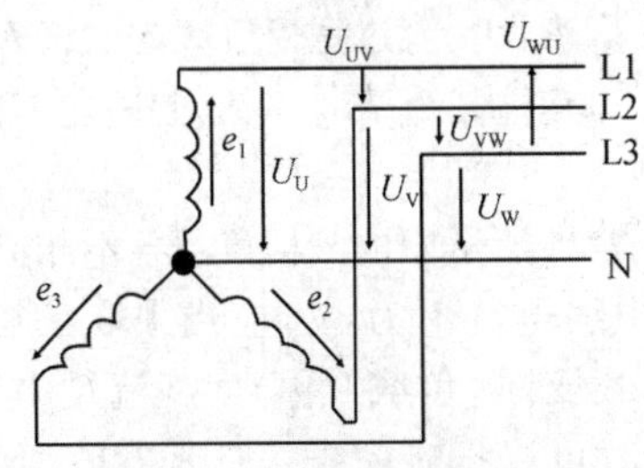

图 7-24　三相电源的星形接法

中用 U_U、U_V、U_W 表示，电压方向是由始端指向中点。

电源相线之间的电压称为线电压，分别用 U_V、U_{VW}、U_{WU} 表示。电压的正方向分别是从端点 U_1 到 V_1，V_1 到 W_1，W_1 到 U_1。

三相对称电源的相电压相等，线电压也相等，则相电压 $U_{相}$与线电压 $U_{线}$之间的关系为：$U_{线}=\sqrt{3}U_{相}\approx 1.7U_{相}$。此关系式表明三相对称电源星形联结时，线电压的有效值约等于相电压有效值的 1.7 倍。

3. 三相交流电路负载的联结

在三相交流电路中，负载由三部分组成，其中，每两部分称为一相负载。如果各相负载相同，则称为对称三相负载；如果各相负载不同，则称为不对称三相负载。例如，三相电动机是对称三相负载，日常照明电路是不对称三相负载。根据实际需要，三相负载有两种连接方式，星形（Y 形）联结和三角形（△形）联结。

1）负载的星形联结

设有三组负载 Z_U、Z_V、Z_W，若将每组负载的一端分别接在电源三根相线上，另一端都接在电源的中线上，如图 7-25 所示，这种连接方式称为三相负载的星形联结。图中 Z_U，Z_V，Z_W 为各相负载的阻抗，N 为负载的中性点。

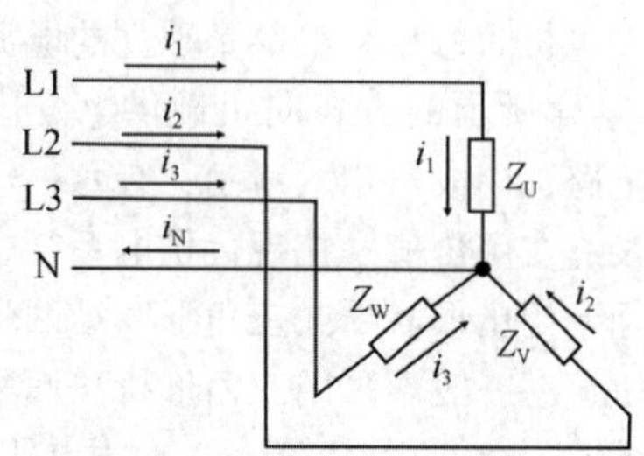

图 7-25 三相负载的星形联结图

由图 7-25 可见，负载两端的电压称为相电压。如果忽略输电线上的压降，则负载的相电压等于电源的相电压；三相负载的线电压就是电源的线电压。负载相电压 $U_{相}$与线电压 $U_{线}$间的关系为：$U_{线Y}=\sqrt{3}U_{相Y}$，$U_{线}=\sqrt{3}U_{相}\approx 1.7U_{相}$。

星接三相负载接上电源后，就有电流流过相线、负载和中线。流过相线的电流 I_U、I_V、I_W 称为线电流，统一用 $I_{线}$表示。流过每相负载的电流 I_U、I_V、I_W 称为相电流，统一用 $I_{相}$表示。流过中线的电流 I_N 叫做中线电流。

如果图 7-25 所示中的三相负载各不相同（负载不对称）时，中线电流不为零，应当采取三相四线制。如果三相负载相同（负载对称）时，流过中线的电流等于零，此时可以省略中线。如图 7-26 所示是三相对称负载星形联结的电路图。可见去掉中线后，电源

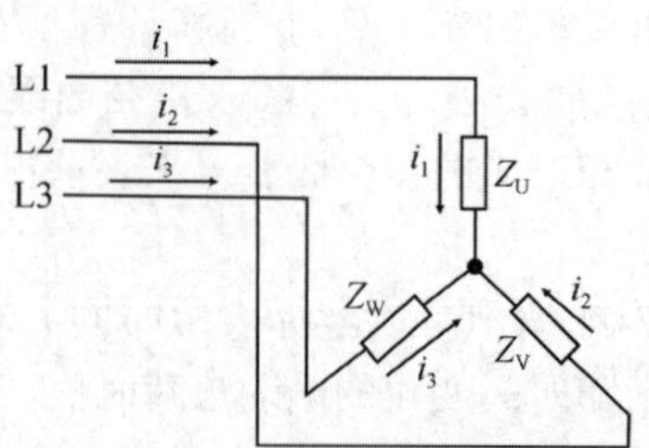

图 7-26 三相对称负载的星形联结图

只需三根相线就能完成电能输送，这就是三相三线制。三相对称负载呈星形联结时，线电流 $I_{线}$等于相电流 $I_{相}$，即 $I_{线Y}=I_{相Y}$。

在工业上，三相三线制和三相四线制应用广泛。对于三相对称负载（如三相异步电动机）应采用三相三线制，对于三相不对称的负载，如图 7-27 所示的照明线路，应采用三相四线制。

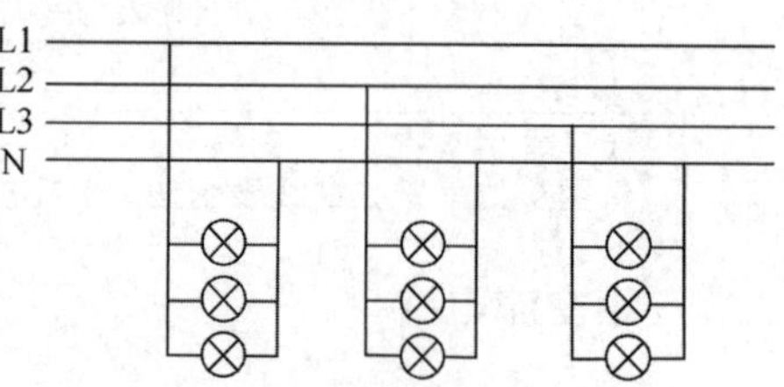

图 7-27 三相四线制照明电路

值得注意的是，采用三相四线制时，中线的作用是使各相的相电压保持对称。因此，在中线上不允许接熔断器，更不能拆除中线。

2）负载的三角形联结

设有三相对称负载 Z_U、Z_V、Z_W，将它们分别接在三相电源两相线之间，如图 7-28 所示，这种连接方式称为负载的三角形联结。

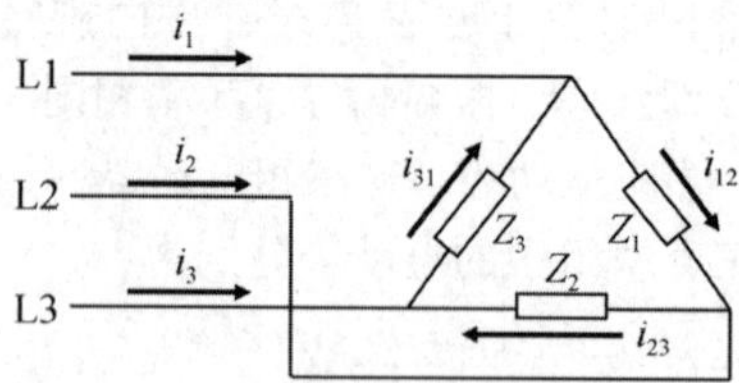

图 7-28 负载的三角形联结图

负载呈三角形联结时，负载的相电压就是电源的线电压 $U_{线}$，即：$U_{相\triangle}=U_{线\triangle}$。

当对称负载呈三角形联结时，电源线上的线电流 $I_{线}$有效值与负载上相电流 $I_{相}$有效值的关系为：$I_{线\triangle}=\sqrt{3}I_{相\triangle}\approx 1.7I_{相\triangle}$。

分析了三相负载的两种联结方式后，可以知道，负载呈三角形联结时的相电压约是其呈星形联结时的相电压的 1.7 倍。因此，当三相负载接到电源时，究竟是采用星形联结还是三角形联结，应根据三相负载

的额定电压而定。

三、电力系统

由于电力目前还不能大量储存，其生产、输送、分配和消费都在同一时间内完成，因此，必须将各个环节有机地联成一个整体。这个由发电、送电、变电、配电和用电组成的整体称为电力系统。

(一)电力系统的组成

电力系统是由发电厂、变电所、电力线路和电能用户组成的一个整体。供配电系统是电力系统的电能用户，也是电力系统的重要组成部分。它由总降变电所、高压配电所、配电线路、车间变电所或建筑物变电所和用电设备组成。总降变电所是含企业电能供应的枢纽。它将 35~110kV 的外部供电电源电压降为 6~10kV 高压配电电压，供给高压配电所、车间变电所和高压用电设备。

高压配电所集中接受 6~10kV 电压，再分配到附近各车间变电所或建筑物变电所和高压用电设备。一般情况负荷分散厂区的大型企业设置高压配电所。

通常把发电和用电之间属于输送和分配的中间环节称为电力网。电力网是由各种不同电压等级的电力线路和送变电设备组成的网络，是电力系统的重要组成部分，是发电厂和用户不可缺少的中心环节。电力网的作用是将电能从发电厂输出并分配到用户处。

电力网包含输电线路的电网称为输电网，包含配电线路的电网称为配电网。输电网由 35kV 及以上的输电线路与其相连的变电所组成的。它的作用是将电能输送到各个地区的配电网，然后输送到大型工业企业用户。配电网是由 10kV 及以下的配电线路和配电变电所组成。它的作用是将电力分配到各类用户。

电力线路按其用途分为输电线路和配电线路；按其架设的方式分为架空线路和电缆线路，按其传输方式分为交流线路和直流线路。

(二)电力系统基本要求

1. 保证电能质量

电压和频率是衡量电能质量的重要指标。电压、频率过高或过低都会影响工厂企业的正常生产，严重时，会造成人身事故、设备损坏，影响电力系统的稳定性。

1)电压偏移对发电机及用电设备的影响

当发电机的电压比额定值高 5%，则定子绕组中的电流比额定值低 5%，这两种情况发电机出力保持不变。电压过高，使发电机、电动机绝缘老化，甚至击穿；使白炽灯寿命缩短，若电压升高 5%，灯泡寿命缩短一半，使用电设备也有可能损坏，对带铁芯的用电设备，由于电压升高，使铁芯过饱和，其无功损耗增加。

当发电机电压低于额定值 90%运行时，其铁芯处于未饱和状态，使电压不能稳定，当励磁电流稍有变化，电压就有很大变化，可能损坏并列运行的稳定性，引起振荡或失步。

电压过低时，使用户的电动机运行情况恶化。因为电动机的电磁转矩正比于电压的平方，因此当电压下降时，转矩降低更为严重。当电压降至额定电压的 30%~40%，电动机带不动负载，转矩下降较大，自动停转。正在启动的电机可能启动不起来。电压下降造成电动机定子电流增加，运行中温度升高，甚至将电动机烧毁。

电压过低使照明设备不能正常发光。如白炽灯的电源电压降低 5%时，其发光效率降低 18%；如电源电压降低 10%，则降低约 35%。

GB/T 12325—2008《电能质量 供电电压偏差》规定供电电压偏差的限值为：

35kV 及以上供电电压正、负数偏差绝对值之和不超过标称电压的 10%。

20kV 及以下三相供电电压偏差为标称电压的±7%。

220V 单项供电电压偏差为标称电压的+7%，-10%。

对供电点短路容量较小，供电距离较长以及对供电电压偏差有特殊要求的用户，由供用电双方协议确定。

2)频率偏移对发电机和用电设备的影响

频率也是供电的质量标准之一。我国电力系统的额定频率为 50Hz。根据《电力工业技术管理法规》规定，在 300 万 kW 以上的系统中，频率的变动不超过±0. 2Hz；在不足 300 万 kW 的系统中频率的变动不得超过±0. 5Hz。

频率过高使发电机转速增加。发电机的频率与转子转速成正比，所以当频率升高时，转子的转速增加，使其离心力增加，使转子机械强度受到威胁，对安全运行十分不利。

当电力系统有功负荷增加，并大于发电厂的出力时，电力系统的频率就要降低，当频率降得过低时，就会影响电力系统安全运行，发电机出力就要受到限制。

低频率运行，用户所有电动机的转速降低，将会影响冶金、化工、机械、纺织等行业的产品质量。

2. 保证供电可靠性

电力系统中各种动力设备和电气设备都可能发生各种故障，影响电力系统的正常运行，造成用户供电中断，给工农业生产和国民经济带来重大损失，影响现代化建设的速度，影响人民的正常生活。衡量供电可靠性的指标，一般以全部用户平均供电时间占全年时间的百分数来表示。

(三)电力系统的额定电压

电压是电能质量的重要标志之一，电压偏移超过允许范围，用电设备的正常运行就会受到影响。因此，用电设备最理想的工作电压就是它的额定电压。额定电压是指在规定条件下，保证电器正常工作的工作电压值，电气设备长期运行且经济效果最好。

我国规定的三相交流电网和电力设备的额定电压，见表 7-5。

表 7-5 我国交流电网和电力设备的额定电压

单位：kV

分类	电网额定电压	发电机额定电压	变压器	
			一次线圈	二次线圈
低压	0.22	0.23	0.22	0.23
	0.38	0.4	0.38	0.4
高压	3	3.15	3~3.15※	3.15~3.33※※
	6	6.3	6.0~6.3	6.3~6.6
	10	10.5	10~10.5	10.5~11
	35	—	35	38.5
	110	—	110	121

注：※是指变压器一次线圈挡内 3.15kV、6.3kV、10.5kV 电压适用于和发电机端直接连接的升压变压器和降压变压器。

※※是指变压器二次线圈挡内 3.3kV、6.6kV、11kV 电压适用于阻抗值在 7.5%以上的降压变压器。

电网(线路)的额定电压只能选用国家规定的额定电压，它是确定各类电气设备额定电压的基本依据。用电设备的额定电压与同级电网的额定电压相同。

1)发电机的额定电压

发电机的额定电压 U_{NG} 为线路额定电压 U_N 的 105%，即 $U_{NG}=1.05U_N$(图 7-29)。

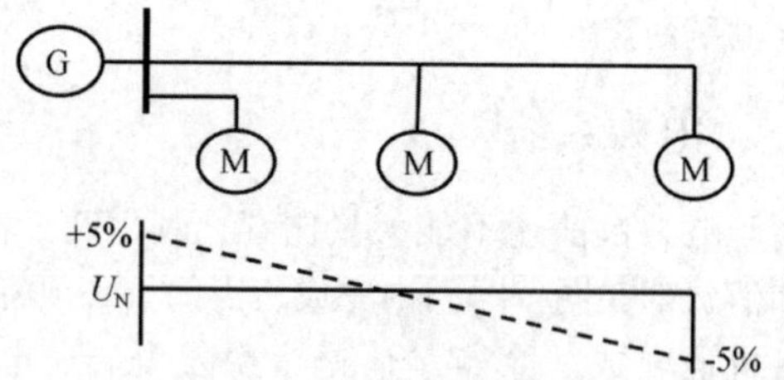

图 7-29 发电机的额定电压

2)变压器的额定电压

(1)变压器一次绕组的额定电压：变压器一次绕组接电源，相当于用电设备。与发电机直接相连的升压变压器的一次绕组的额定电压应与发电机的额定电压相同。连接的线路上的降压变压器的一次绕组的额定电压应与线路的额定电压相同。

(2)变压器二次绕组的额定电压：变压器的二次绕组向负荷供电，相当于发电机。二次绕组电压应比线路的额定电压高 5%，而变压器二次绕组额定电压是指空载时电压。但在额定负荷下，变压器的电压降为 5%。因此，为使正常运行时变压器二次绕组电压较线路的额定电压高 5%，当线路较长(如 35kV 及以上高压线路)，变压器二次绕组的额定电压应比相连线路的额定电压高 10%；当线路较短时(直接向高低压用电设备供电，如 10kV 及以下线路)，二次绕组的额定电压应比相连线路额定电压高。如图 7-30 所示。

(四)电力系统中性点接地方式

三相交流电系统的中性点是指星形联结的变压器或发电机的中性点。中性点的运行方式有三种：中性点不接地系统、中性点经消弧线圈接地系统、中性点直接接地系统(中性点经电阻接地的电力系统)。前两种为小接地电流系统，后一种为大接地电流系统。

我国 3~63kV 系统，一般采用中性点不接地运行方式。当 3~10kV 系统接地电流大于 30A；20~63kV 系统接地电流大于 10A 时，应采用中性点经消弧线圈接地的运行方式。110kV 及以上系统和 1kV 以下低压系统采用中性点直接接地运行方式。中性点的运行方式对电力系统的运行影响显著。它主要取决于单相接地时电气设备绝缘要求及对供电可靠性的要求，同时还会影响电力系统二次侧的继电保护及监测仪表的选择与运行。

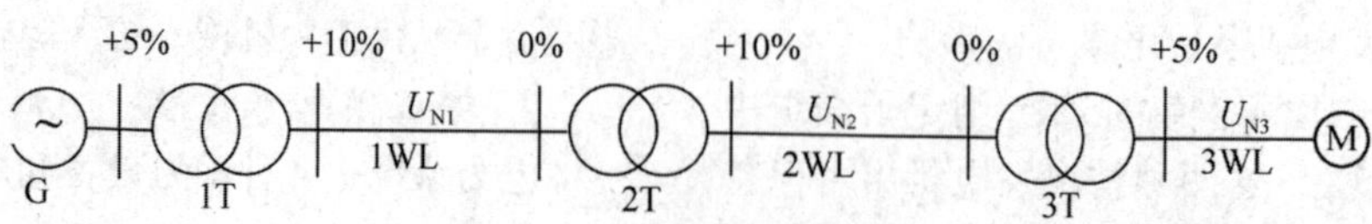

图 7-30 二次绕组的额定电压

1. 中性点不接地的电力系统

中性点不接地系统的特点是当中性点不接地的电力系统发生单相接地时，系统的三个线电压不论其相位和量值都没有改变，因此系统中的所有设备仍可照常运行，相对地提高了供电的可靠性。但是这种状态不能长此下去，以免在另一相又接地形成两相接地短路，这将产生很大的短路电流，可能损坏线路和设备。因此，这种中性点不接地系统必须装设单相接地保护或装设绝缘监视装置。当系统发生单相接地故障时，发出警报信号或指示，以提醒运行值班人员注意，及时采取措施，查找和消除接地故障；如有备用线路，则可将重要负荷转移到备用线路上去。当发生单相接地故障危及人身和设备安全时，单相接地保护装置应进行跳闸动作。

中性点不接地系统缺点在于因其中性点是绝缘的，电网对接地电容中储存的能量没有释放通路。当接地电容的电流较大时，在接地处引起的电弧就很难自行熄灭，在接地处还可能出现所谓间隙电弧，即周期地熄灭与重燃的电弧。由于对地电容中的能量不能释放，造成电压升高，从而产生弧光接地过电压或谐振过电压，其值可达很高的倍数，对设备绝缘造成威胁。由于电网是一个具有电感和电容的振荡回路，间歇电弧将引起相对地的过电压，容易引起另一相对地击穿，而形成两相接地短路。所以必须设专门的监察装置，以便使运行人员及时地发现一相接地故障，从而切除电网中的故障部分。

在电压为3~10kV的电力网中，单相接地时的电容电流不允许大于30A，否则，电弧不能自行熄灭；在20~60kV的电力网中，间歇电弧所引起的过电压，数值更大，对于设备绝缘更为危险，而且由于电压较高，电弧更难自行熄灭，在这些电网中，单相接地时的电容电流不允许大于10A；与发电机有直接电气联系的3~20kV的电力网中，如果要求发电机带单相接地运行时，则单相接地电容电流不允许大于5A。

当不满足上述条件时，常采用中性点经消弧线圈接地或直接接地的运行方式。

2. 中性点经消弧线圈接地方式

在中性点不接地系统中，当单相接地电流超过规定的数值时，电弧将不能自行熄灭，为了减小接地电流，造成故障点自行灭弧条件，一般采用中性点经消弧线圈接地的措施。目前，在35~60kV的高压电网中多采用此种运行方式。如果消弧线圈可以正确运行，则是消除电网因雷击或其他原因而发生瞬时单相接地故障的有效措施之一。

1)中性点经消弧线圈接地的系统正常状态

在正常工作时，中性点的电位为零，消弧线圈两端没有电压，所以没有电流通过消弧线圈。当某一相发生金属性接地时，消弧线圈中就会有电感电流流过，补偿了单相接地电流，如果适当选择消弧线圈的匝数，就使消弧线圈的电感电流和接地的对地电容电流大致相等，就可使流过接地故障电流变得很小，从而减轻电弧的危害。

2)中性点经消弧线圈接地的系统故障状态

当发生单相完全接地时，其电压的变化和中性点不接地系统完全一样，故障相对地的电压变为零，非故障相对地电压值升高2.5~3倍，各相对地的绝缘水平是按照线电压设计的，因为线电压没有变化，不影响用户的工作可以继续运行2h，值班人员应尽快查找故障并且加以消除。

3)消弧线圈的补偿方法

在单相接地故障时，根据消弧线圈产生的电感电流对容性的接地故障电流，补偿的程度，可分为三种补偿方式：完全补偿、欠补偿和过补偿。

(1)完全补偿：就是消弧线圈产生的电感电流刚好等于容性的接地电容电流，在接地故障处的电流等于零，不会产生电弧。

(2)欠补偿：就是由消弧线圈产生的电感电流略小于接地故障处流过的容性接地故障电流，在接地处仍有未补偿完的容性接地故障电流流过。产生电弧的情况由电流的大小决定。电流较小就不会产生稳定电弧，一般要求补偿到不会产生电弧为止。

(3)过补偿：就是由消弧线圈产生的电感电流(I_L)略大于接地故障处流过的容性接地故障电流(I_C)，在发生完全接地故障时，接地处有感性电流流过，过补偿时，流过接地故障处的电流也不大，一般也要求补偿到不会产生电弧为止。

3. 中性点经电阻接地的电力系统

随着城市电网的发展，电网结构有了很大变化，电缆线路的占比逐年上升，城市中心区出现了以电缆为主的配电网。许多城市配电网的对地电容已经超过200A，结构紧凑的全封闭GIS电器和氧化锌避雷器已经广泛使用，这类进口设备也逐渐增多，在此情况下，采用中性点不接地或经消弧线圈接地方式会带来许多问题。因此中性点经电阻接地方式也被愈来愈广泛的使用。

采用中性点经消弧线圈接地方式，切合电缆线路时电容电流变化较大，需要及时调整消弧线圈的调谐度，操作麻烦，并要求熟练的运行维护技术。同时因电网中电缆增多，电容电流很大，要求消弧线圈的补偿容量随之增大，很不经济。

原有中性点接地方式的电网的过电压高，持续时间长，包括工频过电压，弧光接地过电压，各种谐振过电压。它们对设备绝缘和氧化锌避雷器的安全运行是严重的威胁。对各电网中大量的进口设备的绝缘威胁更大。这些进口设备本来是适用于中性点接地系统的，和中性点绝缘系统设备相比，绝缘水平低一级，价格便宜的多，但必须降低系统过电压。

原有的中性点接地方式单相接地故障电流小，难以实现快速选择性接地保护。使过电压持续时间长，对绝缘不利。而电缆一旦发生单相接地，其绝缘不能自行恢复，不及时切掉故障，容易使故障扩大。中性点经电阻接地按接地的方式有高电阻接地、中电阻接地、低电阻接地三种方式。

1）高电阻接地

按美国 IEEE 142—2007 标准：在接地系统中，通常有目的地用接入电阻来限制接地故障电流在 10A 以下，使本系统电流继续流过一段时间而不致加重设备的损坏，高电阻接地系统的电阻设计应满足 $R_0 \leqslant X_{co}$，R_0 为系统每相的零序电阻，X_{co} 为系统中每相对地分布电容之和，以限制电弧接地故障时暂态过电压。采用高电阻接地能使接地故障电流限制到足够低的数值，目的是要达到不要求立即切除故障的水平。这个不要求立即切除故障便是推荐采用高电阻接地方式的主要原因。

采用高电阻接地方式的条件为：

（1）单相接地后立即清除故障而且停电，否则会对工业企业造成废品，损坏机器设备，人身伤亡或释放出危害环境的物质，酿成火灾或爆炸。

（2）备有接地故障检测和定位的系统。

（3）有合格人员运行和维护的系统。

（4）高电阻接地允许带故障运行的时间一般可达 2h。

高阻接地方式的特点和优点：

（1）抑制单相接地过电压：单相接地故障发生后，其中性点偏移最大值为相电压，暂态过电压小于 2.5 倍相电压，使高频分量的频率明显降低，可有效抑制高频熄弧重燃过电压，使单相接地故障点电流对零序电压的超前角远小于 90°，衰减时间常数明显降低。

（2）既能带故障短时间继续供电，又能提供带故障检测和对接地故障点定位条件。

（3）大量减少设备损坏。

（4）消除大部分谐振现象。

（5）跨步电压、接触电压低。

（6）减少人身伤害事故。

（7）简化设备。

由于电流小，允许带故障运行的时间较长，所以对继电保护要求不太高，一般仅用作于报警。

若用 Y/△接线变压器作人工接地点，电阻一般接于△二次侧，占用空间小阻值也低，但要求通流容量高。

若用 Z 型变压器时，电阻直接接入 Z 型变压器中性点与地之间，此时要求阻值大，通流容量小，可装配氧化锌避雷器，由于它能耐受工频过电压，残压也低，对系统安全有利。

2）中性点经小电阻接地

中电阻和低电阻之间没有统一的界限，一般认为单相接地故障时通过中性点电阻的电流 10～100A 时为低电阻接地方式。中性点经中电阻和低电阻接地方式适用于以电缆线路为主、不容易发生瞬时性单相接地故障的、系统电容电流比较大的城市配网、发电厂用电系统及大型工矿企业。其主要特点是在电网发生单相接地时，能获得较大的阻性电流，这种方式的优点：能快速切除单相接地故障，过电压水平低，谐振过电压发展不起来，电网可采用绝缘水平较低的电气设备；单相接地故障时，非故障相电压升高较小，发生为相间短路的概率较低；人身安全事故及火灾事故的可能性均减少；此外，还改善了电气设备运行条件，提高了电网和设备运行的可靠性。

大的故障接地电流会引起地电位升高超过安全允许值，干扰通行，供电可靠性受影响。对供电可靠性，可采取以下措施：

（1）在部分架空线路馈线上，设置自动重合闸。

（2）尽快加速架空线路电缆化改造。

（3）对电缆配网进行改造，按 $N+1$ 的结构模式组成环网。

（4）逐步对配网进行改造，为配网自动化创造条件，在对故障点进行自动检测的基础上实现遥控和遥信，缩短单相接地故障的恢复时间。

3）低电阻接地电阻值的选择

（1）按限制单相接地短路电流小于三相短路电流的条件选取，见式（7-34）：

$$R_n = \frac{U_e}{1.732KI_d} \tag{7-34}$$

式中：R_n——接地电阻的阻值，Ω；

U_e——线电压，V；

K——系数，根据各电网要求选取；

I_d——三相短路电流，A。

（2）按单相接地故障时限制过电压倍数 $K \leqslant 2.5$ 的条件选择：根据计算和试验分析，当流经接地电阻 R_n 的电流 $I_r \geqslant 1.5I_d$ 时，就能把单相接地过电压倍数限制在 2.5 倍以内，这时，接地电阻的阻值 $R_n = U_e/1.732I_r$。

（3）根据对通信干扰不产生有害影响选择。

(4)按保证接触电压和跨步电压不超过安全规程要求选择。

4. 中性点直接接地的电力系统

中性点直接接地方式，即是将中性点直接接入大地。该系统运行中若发生一相接地时，就形成单相短路，其接地电流很大，使断路器跳闸切除故障。这种大电流接地系统，不装设绝缘监察装置。恢复其他无故障部分的系统正常运行。

中性点直接接地的系统在发生一相接地时其他两相对地电压不会升高，因此这种系统中的供用电设备的相绝缘只需按相电压考虑，而不必按线电压考虑。这对110kV以上超高压系统是很有经济技术价值的，因为高压电器特别是超高压电器的绝缘问题是影响其设计和制造的关键问题。

至于低压配电系统，TN系统和TT系统均采到中性点直接接地的方式，而且引出有中性线或保护线，这除了便于接单相负荷外，还考虑到安全保护的要求，一旦发生单相接地故障，即形成单相短路，快速切除故障，有利于保障人身安全，防止触电。

电源侧的接地称为系统接地，负载侧的接地称为保护接地。国际电工委员会(IEC)标准规定的低压配电系统接地有IT系统、TT系统、TN系统三种方式。

现低压接地系统常用五种形式：TN-C、TN-S、TN-C-S、IT、TT，其各自的特点如下：

1)TN方式供电系统

TN方式供电系统是将电气设备的外露导电部分与工作中性线相接的保护系统，称作接零保护系统，用TN表示。当电气设备的相线碰壳或设备绝缘损坏而漏电时，实际上就是单相对地短路故障，理想状态下电源侧熔断器会熔断，低压断路器会立即跳闸使故障设备断电，产生危险接触电压的时间较短，比较安全。TN系统节省材料、工时，应用广泛。

TN方式供电系统中，按国际标准IEC 60364规定，根据中性线与保护线是否合并的情况，TN系统分为TN-C、TN-S、TN-C-S。

(1)TN-C方式供电系统：本系统中，保护线与中性线合二为一，称为PEN线。如图7-31所示，TN-C整个系统的中性线与保护线是合一的。

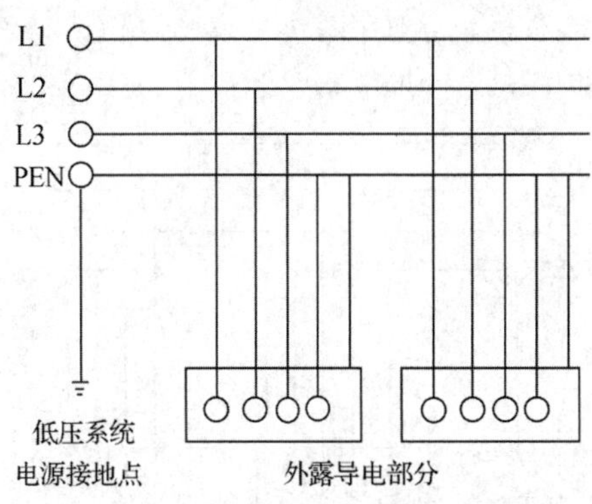

图7-31　TN-C系统

优点：TN-C方案易于实现，节省了一根导线，且保护电器可节省一极，降低设备的初期投资费用；发生接地短路故障时，故障电流大，可采用过流保护电器瞬时切断电源，保证人员生命和财产安全。

缺点：线路中有单相负荷，或三相负荷不平衡，以及电网中有谐波电流时，由于PEN中有电流，电气设备的外壳和线路金属套管间有压降，对敏感性电子设备不利；PEN线中的电流在有爆炸危险的环境中会引起爆炸；PEN线断线或相线对地短路时，会呈现相当高的对地故障电压，可能扩大事故范围；TN-C系统电源处使用漏电保护器时，接地点后工作中性线不得重复接地，否则无法可靠供电。

(2)TN-S方式供电系统：本系统中，专用保护线(PE线)和工作中性线(N线)严格分开，称作TN-S供电系统，如图7-32所示。整个系统的中性线与保护线是分开的。

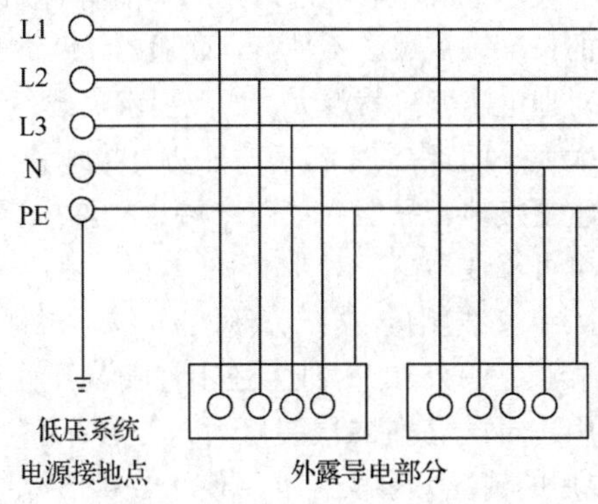

图7-32　TN-S系统

优点：正常时即使工作中性线上有不平衡电流，专用保护线上也不会有电流。适用于数据处理和精密电子仪器设备，也可用于爆炸危险场合；民用建筑中，家用电器大都有单独接地触点的插头，采用TN-S系统，既方便，又安全；如果回路阻抗太高或者电源短路容量较小，需采用剩余电流保护装置RCD对人身安全和设备进行保护，防止火灾危险；TN-S系统供电干线上也可以安装漏电保护器，前提是工作中性线(N线)不得有重复接地。专用保护线(PE线)可重复接地，但不可接入漏电开关。

缺点：由于增加了中性线，初期投资较高；TN-S系统相对地短路时，对地故障电压较高。

(3)TN-C-S方式供电系统：本系统是指如果前部分是TN-C方式供电，但为考虑安全供电，二级配电箱出口处，分别引出PE线及N线，即在系统后部分二级配电箱后采用TN-S方式供电，这种系统总称为 TN-C-S 供电系统(图 7-33)。系统有一部分中性线与保护线是合一的。

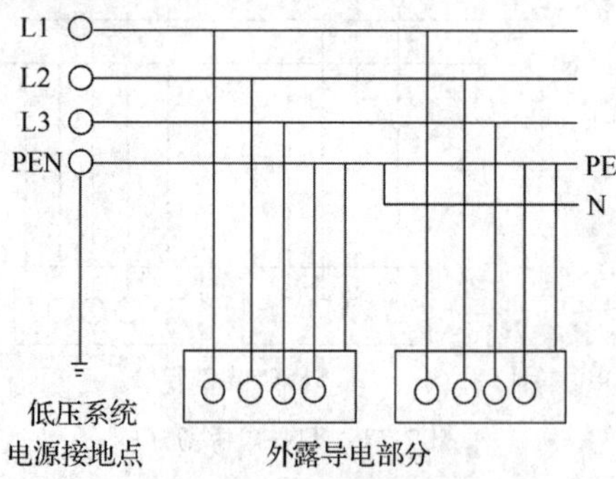

图 7-33 TN-C-S 系统

工作中性线(N 线)与专用保护线(PE 线)相联通，联通后面 PE 线上没有电流，即该段导线上正常运行不产生电压降；联通前段线路不平衡电流比较大时，在后面 PE 线上电气设备的外壳会有接触电压产生。因此，TN-C-S 系统可以降低电气设备外露导电部分对地的电压，然而又不能完全消除这个电压，这个电压的大小取决于联通前线路的不平衡电流及联通前线路的长度。负载越不平衡，联通前线路越长，设备外壳对地电压偏移就越大。所以要求负载不平衡电流不能太大，而且在 PE 线上应作重复接地；一旦 PE 线作了重复接地，只能在线路末端设立漏电保护器，否则供电可靠性不高；对要求 PE 线除了在二级配电箱处必须和 N 线相接以外，其后各处均不得把 PE 线和 N 线相连，另外在 PE 线上还不许安装开关和熔断器；民用建筑电气在二次装修后，普遍存在 N 线和 PE 线混用的情况，事实上混用使 TN-C-S 系统变成 TN-C 系统，后果如前述。鉴于民用建筑的 N 线和 PE 线多次开断、并联现象严重，形成危险接触电压的情况机会较多，在建筑电器的施工与验收中需重点注意。

2)IT 方式供电系统

系统的电源不接地或通过阻抗接地，电气设备的外壳可直接接地或通过保护线接至单独接地体。如图 7-34 所示。

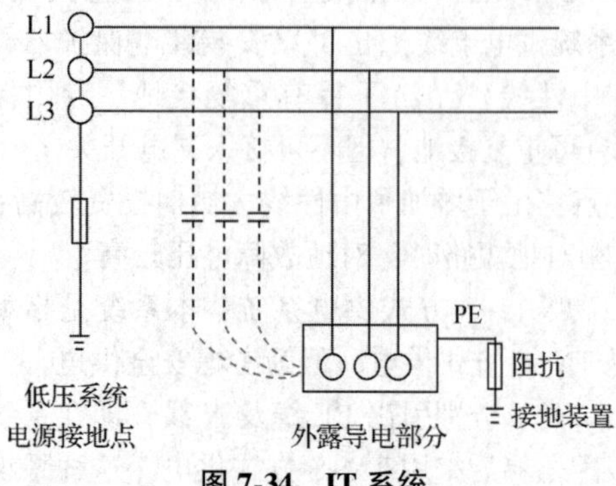

图 7-34 IT 系统

优点：运用 IT 方式供电系统，由于电源中性点不接地，相对接地装置基本没有电压。电气设备的相线碰壳或设备绝缘损坏时，单相对地漏电流较小，不会破坏电源电压的平衡，一定条件下比电源中性点接地的系统供电可靠；IT 方式供电系统在供电距离不是很长时，供电的可靠性高、安全性好。一般用于不允许停电的场所，有连续供电要求的地方，例如，医院的手术室、地下矿井、炼钢炉、电缆井照明等处。

缺点：如果供电距离很长时运用 IT 方式供电，如图 7-34 所示，电气设备的相线碰壳或设备绝缘损坏而漏电时，由于供电线路对大地的分布电容会产生电容电流，此电流经大地可形成回路，电气设备外露导电部分也会形成危险的接触电压；TT 方式供电系统的电源接地点一旦消失，即转变为 IT 方式供电系统，三相、二相负载可继续供电，但会造成单相负载中电气设备的损坏；如果消除第一次故障前，又发生第二次故障，如不同相的接地短路，故障电流很大，非常危险，因此对一次故障探测报警设备的要求较高，以便及时消除和减少出现双重故障的可能性，保证 IT 系统的可靠性。

3)TT 方式供电系统

本系统是指电力系统中性点直接接地，电气设备外露导电部分与大地直接连接，而与系统如何接地无关。专用保护线(PE 线)和工作中性线(N 线)要分开，PE 线与 N 线没有电的联系。正常运行时，PE 线没有电流通过，N 线可以有工作电流。在 TT 系统中负载的所有接地均称为保护接地，如图 7-35 所示。整个系统的中性线与保护线是分开的。

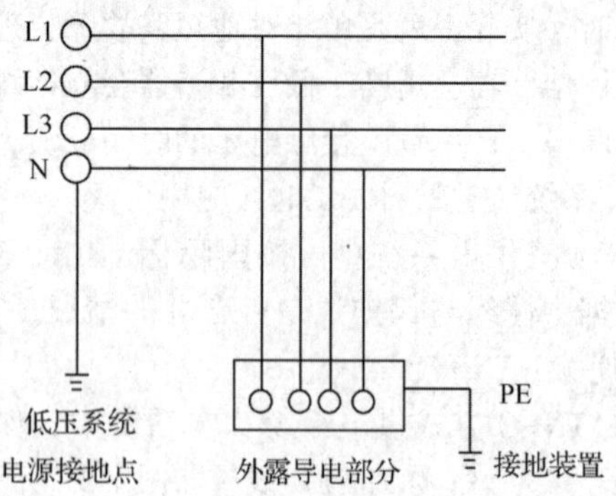

图 7-35 TT 系统

优点：TT 供电系统中当电气设备的相线碰壳或设备绝缘损坏而漏电时，由于有接地保护，可以减少触电的危险性；电气设备的外壳与电源的接地无电气联系，适用于对电位敏感的数据处理设备和精密电子设备；故障时对地故障电压不会蔓延。

缺点：短路电流小，发生短路时，短路电流保护装置不会动作，易造成电击事故；受线路零序阻抗及接地处过渡电阻的影响，漏电电流可能比较小，低压断路器不一定能跳闸，会造成漏电设备的外壳对地产生高于安全电压的危险电压，一般需要设漏电保护器作后续保护；由于各用电设备均需单独接地，TT系统接地装置分散，耗用钢材多，施工复杂较为困难；TT供电系统在农村电网应用较多，因一相一地的偷电方式，是造成电源出口处漏电保护器频繁动作的主要原因；如果工作中性线断线，健全相电气设备电压升高，会导致成批电器设备损坏。因此《架空绝缘配电线路设计技术规程》(DL/T 601—1996)中10.7规定：中性点直接接地的低压绝缘线的中性线，应在电源点接地。在干线和分支线的终端处，应将中性线重复接地。三相四线供电的低压绝缘线在引入用户处，应将中性线重复接地。

(五)电力负荷等级介绍

电力负荷是指电能用户的用电设备在某一时刻向电力系统取用的电功率总和。

1. 负荷定义及分级

负荷是指所有用电设备的功率和，是电力系统运行的重要组成部分。供电系统的电力负荷应根据对供电可靠性的要求及中断供电在对人身安全、经济损失上所造成的影响程度进行分级，并应符合下列规定：

符合下列情况之一时，应视为一级负荷：

(1)中断供电将造成人身伤害时。

(2)中断供电将在经济上造成重大损失时。

(3)中断供电将影响重要用电单位的正常工作。

在一级负荷中，当中断供电将造成人员伤亡或重大设备损坏或发生中毒、爆炸和火灾等情况的负荷，以及特别重要场所的不允许中断供电的负荷，应视为一级负荷中特别重要的负荷。

符合下列情况之一时，应视为二级负荷：

(1)中断供电将在经济上造成较大损失时。

(2)中断供电将影响较重要用电单位的正常工作。

不属于一级和二级负荷者应为三级负荷。

2. 各级负荷供电要求

一级负荷的供电电源要求如下：

(1)一级负荷应由双重电源供电；当一个电源发生故障时，另一个电源不应同时受到损坏。

(2)一级负荷中特别重要的负荷供电，除由双重电源供电外，尚应增设应急电源，并严禁将其他负荷接入应急供电系统。

二级负荷的供电电源要求如下：

二级负荷供电系统应做到当电力变压器或线路发生常见故障时，不致中断供电或中断供电能及时恢复。

三级负荷无明确要求。

(六)负荷计算常用方法

1. 负荷计算内容

电气负荷是供配电设计所依据的基础资料。通常电气负荷是随时变动的。负荷计算的目的是确定设计各阶段中选择和校验供配电系统及其各个元件所需的各项负荷数据，即计算负荷。计算负荷是一个假想的，在一定的时间间隔中的持续负荷；它在该时间中产生的特定效应与实际变动负荷的效应相等。计算负荷通常按其用途分类。不同用途的计算负荷应选取不同的负荷效应及其持续时间，并采用不同的计算原则和方法，从而得出不同的计算结果。

(1)需要负荷或最大负荷：需要负荷或最大负荷也可统称计算负荷，在各个具体情况下，计算负荷分别代表有功功率、无功功率、视在功率、计算电流等。用以按发热条件选择电器和导体，计算电压损失、电压偏差及网络损耗；通常取“半小时最大负荷”作为需要负荷。这里30min是按中小截面导体达到稳定温升的时间考虑的。

(2)平均负荷：年平均负荷用于计算电能年消耗量。

(3)尖峰电流：尖峰电流是用以计算电压波动、选择和整定保护器件、校验电动机的启动条件，通常尖峰电流取单台或一组用电设备持续1s左右的最大负荷电流，即启动电流的周期分量；在校验瞬动元件时，还应考虑启动电流的非周期分量。

2. 负荷计算方法

负荷计算的方法主要有需要系数法、二项式系数法、利用系数法、单位面积功率法和单位指标法。我国目前普遍采用的确定用电设备级计算负荷的方法为需要系数法和二项式系数法。需要系数法方便简单，计算结果基本符合实际。当用电设备台数较多，各台设备容量相差不悬殊时，宜采用需要系数法，其多用于二线、配变电所的负荷计算。

二项式系数法应用的局限性较大，但在确定设备台数较少而设备容量差别很大的分支二线的计算负荷时，较需要系数法更为合理，且计算也较为简便。

1)需要系数法

在负荷计算时，应将不同工作制用电设备的额定功率换算成为统一计算功率。泵站的水泵电机为主要设备，应按连续工作制考虑，其功率应按电机额定铭牌功率计算。短时或周期工作制电动机的设备功率应统一换算到负载持续率(ε)为25%以下的有功功率，应按式(7-35)计算：

$$P_N = P_r \frac{\varepsilon_r}{0.25} = 2P_r\sqrt{\varepsilon_r} \quad (7\text{-}35)$$

式中：P_N——用电设备组的设备功率，kW；

P_r——电动机额定功率，kW；

ε_r——电动机额定负载持续率，kW。

采用需要系数法计算负荷，应符合下列要求：

(1)设备组的计算负荷及计算电流应按式(7-36)计算：

$$\left.\begin{aligned} P_{js} &= K_X P_N \\ Q_{js} &= P_{js}\tan\varphi \\ S_{js} &= \sqrt{P_{js}^2 + Q_{js}^2} \\ I_{js} &= \frac{S_{js}}{\sqrt{3}U_r} \end{aligned}\right\} \quad (7\text{-}36)$$

式中：P_{js}——用电设备有功计算功率，kW；

K_X——需要系数，按表 7-6 的规定取值；

Q_{js}——用电设备无功计算功率，kW；

$\tan\varphi$——用电设备功率因数角的正切值，按表 7-6 的规定取值；

S_{js}——用电设备视在计算功率，kW；

I_{js}——计算电流，A；

U_r——用电设备额定电压或线电压，kV。

表 7-6 用电设备系数

用电设备组名称	需要系数(K_X)	cosφ	tanφ
水泵	0.75~0.85	0.80~0.85	0.75~0.62
生产用通风机	0.75~0.85	0.80~0.85	0.75~0.62
卫生用通风机	0.65~0.70	0.80	0.75
闸门	0.20	0.80	0.75
格栅除污机、皮带运输机、压榨机	0.50~0.60	0.75	0.88
搅拌机、刮泥机	0.75~0.85	0.80~0.85	0.75~0.62
起重器及电动葫芦(ε=25%)	0.20	0.50	1.73
仪表装置	0.70	0.70	1.02
电子计算机	0.60~0.70	0.80	0.75
电子计算机外部设备	0.40~0.50	0.50	1.73
照明	0.70~0.85	—	—

(2)变电所的计算负荷应按式(7-37)计算：在确定多组用电设备的计算负荷时，应考虑各组用电设备的最大负荷不会同时出现的因素，计入一个同时系数 K_Σ。

$$\left.\begin{aligned} P_{js} &= K_{\Sigma P}\sum(K_X P_N) \\ Q_{js} &= K_{\Sigma Q}\sum(K_X P_N\tan\varphi) \\ S_{js} &= \sqrt{P_{js} + Q_{js}} \end{aligned}\right\} \quad (7\text{-}37)$$

式中：$K_{\Sigma P}$、$K_{\Sigma Q}$——有功功率、无功功率同时系数，分别取 0.8~0.9 和 0.93~0.97。

2)二项式系数法

二项式系数法较需要系数法更适于确定设备台数较少而容量差别较大的低干线和分支线的计算负荷系数。二项式系数认为计算负荷由两部分组成，一部分是由所有设备运行时产生的平均负荷 bP_N；另一部分是由于大型设备的投入产生的负荷 cP_x，x 为容量最大设备的台数，其中，b，c 称为二项式系数。二项式系数也是通过统计得到的负荷计算的二项式系数法，用二项式系数法进行负荷计算时的步骤与需用系数法相同，计算公式如下：

(1)单组用电设备组中设备台数≥3 台时的计算负荷见式(7-38)：

$$P_c = b\sum_{i=1}^{n} P_{Ni} + cP_x \quad (7\text{-}38)$$

式中：P_c——有功功率，kW；

P_{Ni}——用电设备组中每台设备的额定功率，kW；

P_x——用电设备组中 x 台大型设备的额定功率，kW；

b、c——二项式系数。

(2)多组用电设备组的计算负荷：

①有功计算负荷见式(7-39)：

$$P_{30} = \sum(bP_e) + (cP_x)_{max} \quad (7\text{-}39)$$

②无功计算负荷见式(7-40)：

$$Q_{30} = \sum(bP_e\tan\varphi) + (cP_x)_{max}\tan\varphi_{max} \quad (7\text{-}40)$$

式中：P_{30}——有功功率，kW；

Q_{30}——无功功率，kW；

P_e——用电设备组中每台设备的平均额定功率，kW；

$\tan\varphi$——最大附加负荷$(cP_x)_{max}$的设备组的平均功率因数角的正切值。

P_{30} 和 Q_{30} 的“30”是指导线截面的发热按照允许 30min 运行，因此负荷计算时采用 30min 最大负荷作为计算负荷。

3)其他方法

利用系数是求平均负荷的系数。通过利用系数 K_X，平均利用系数 K_{xav}，有效台数 n_{eq}，附加系数等可确定计算负荷。

(1)利用系数：一般情况下，当用电设备组确定后，其最大日负荷曲线也就确定了，利用系数计算公式见式(7-41)。

$$K_X = \frac{P_{av}}{\sum_{i=1}^{n} P_{Ni}} \quad (7\text{-}41)$$

式中：K_X——利用系数；

P_{av}——各用电设备组平均负荷的有功功率，kW；

$\sum_{i=1}^{n} P_{Ni}$——各用电设备组设备功率之和。

(2)附加系数：为了便于比较，从发热角度出发，不同容量的用电设备需归算为同一容量的用电设备，于是可得其等效台数，计算公式见式(7-42)。

$$\left.\begin{aligned} P_c &= K_{\sum P} K_d \sum_{i=1}^{n} P_{Ni} \\ Q_c &= P_c \tan\varphi \\ S_c &= \sqrt{P_c^2 + Q_c^2} \\ I_c &= \frac{S_c}{\sqrt{3}U_r} \end{aligned}\right\} \tag{7-42}$$

式中：P_c——有功功率，kW；

$K_{\sum P}$——有功同时系数，对于配电干线所供范围的计算负荷，$K_{\sum P}$取值范围一般都在0.8~0.9；对于变电站总计算负荷，$K_{\sum P}$取值范围一般在0.85~1；

K_d——需用系数；

P_{Ni}——用电设备组中每台用电设备的额定功率，kW；

Q_c——无功功率，kW；

S_c——视在功率，kW；

$\tan\varphi$——用电设备功率因数角的正切值；

I_c——电气设备电流，A；

U_r——电气设备额定电压，kV。

(3)系数法的计算步骤如下：

①单组用电设备组中设备台数≥3台时的计算负荷先由式(7-41)求出平均负荷。

②再由附加系数求计算负荷。附加系数由设备等效台数n_{eq}和利用系数K_X得到式(7-43)和式(7-44)：

$$P_{av} = K_X \sum_{i=1}^{n} P_{Ni} \tag{7-43}$$

$$Q_{av} = P_{av} \tan\varphi \tag{7-44}$$

③多组用电设备组的计算负荷：当供电范围内有多个性质不同的设备组时，设备等效台数n_{eq}为所有设备的等效台数；利用系数K_X以各组设备组的加权利用系数K_{xav}替换，同样使用附加系数表可以查得附加系数K_{ad}。有功功率计算公式为式(7-45)：

$$P_c = K_{ad} K_{xav} \sum_{m=1}^{m} \sum_{n=1}^{n} P_{Nij} \tag{7-45}$$

加权利用系数为式(7-46)：

$$K_{xav} = \frac{\sum_{m=1}^{m} P_{avj}}{\sum_{m=1}^{m} \sum_{n=1}^{n} P_{Nij}} \tag{7-46}$$

式中：$\sum_{m=1}^{m} P_{avj}$——各组设备平均功率之和，kW；

$\sum_{m=1}^{m} \sum_{n=1}^{n} P_{Nij}$——各组设备额定功率之和，kW。

4)各种计算法优缺点

(1)指标法中除了住宅用电量指标法外的其他方法一般只用作供配电系统的前期负荷估算。

(2)需用系数法计算简单，是最为常用的一种计算方法，适合用电设备数量较多，且容量相差不大的情况，组成需用系数的同时系数和负荷系数都是平均的概念，若一个用电设备组中设备容量相差过于悬殊，大容量设备的投入对计算负荷起决定性的作用，这时需用系数计算的结果很可能与大容量设备投入时的实际情况不符，出现不合理的结果。影响需用系数的因素非常多对于运行经验不多的用电设备，很难找出较为准确的需用系数值。

(3)二项式系数法考虑问题的出发点就是大容量设备的作用，因此当用电设备组中设备容量相差悬殊时，使用二项式系数法可以得到较为准确的结果。

(4)利用系数法是通过平均负荷来计算负荷，这种方法的理论依据是概率论与数理统计，因此是一种较为准确的计算方法，但利用系数法的计算过程相对繁琐。

(5)目前民用建筑用电负荷的二项式系数法和利用系数法经验值尚不完善，这两种方法主要用于工业企业的负荷计算。

(6)根据负荷计算方法得出的计算结果往往偏大，这是因为：

①负荷计算的基础数据偏大，在选择电气设备时，一般都是按最不利的负荷情况选择，常常还在此基础上加保险系数，使得设备容量偏大。

②负荷计算所用的计算系数偏大。在作负荷计算时，各种系数都是以求出负荷曲线上持续30min最大负荷给出的，对于大多数电气设备讲，显然过于保守。

(七)短路电流的计算

短路是电力系统最为常见的故障之一，它是由供配电系统中相导体之间或相导体与地之间不通过负载阻抗发生了直接电气连接所产生的。在供配电系统中，可能发生的短路类型有四种，分别为三相短路、两相短路、单相短路、两相接地短路。

1. 短路电流计算方法

(1)以系统元件参数的标幺值计算短路电流，适用于比较复杂的系统。

(2)以系统短路容量计算短路电流，适用于比较简单的系统。

(3)以有名值计算短路电流，适用于1kV及以下的低压网络系统。

(4)计算短路电流时，电路的分布电容不予考虑。

2. 短路电流计算要求

短路电流计算中应以系统在最大运行方式下三相短路电流为主；应以最大三相短路电流作为选择、校验电器和计算继电保护的主要参数。同时也需要计算系统在最小运行方式下的两相短路电流作为校验继电保护、校核电动机启动等的主要参数。短路电流计算时所采用的接线方式，应为系统在最大及最小运行方式下导体和电器安装处发生短路电流的正常接线方式。短路电流计算宜符合下列要求：

(1)在短路持续时间内，短路相数不变，如三相短路持续时间内保持三相短路不变，单相接地短路持续时间内保持单相接地短路不变。

(2)具有分接开关的变压器，其开关位置均视为在主分接位置。

(3)不计弧电阻。

3. 高压短路电流计算

高压短路电流计算时，应考虑对短路电流影响大的变压器、电抗器、架空线及电缆等因素的阻抗，对短路电流影响小的因素可不予考虑。

高压短路电流计算宜按下列步骤进行：

(1)确定基准容量 $S_j=100\text{MV}\cdot\text{A}$，确定基准电压 $U_j=U_p$(U_p 为电网线电压平均值)。

(2)绘制主接线系统图，标出计算短路点。

(3)绘制相应阻抗图，各元件归算到标幺值。

(4)经网络变换等计算短路点的总阻抗标幺值。计算三相短路周期分量及冲击电流等。

4. 低压网络短路电流计算步骤

(1)画出短路点的计算电路，求出各元件的阻抗(图7-36)。

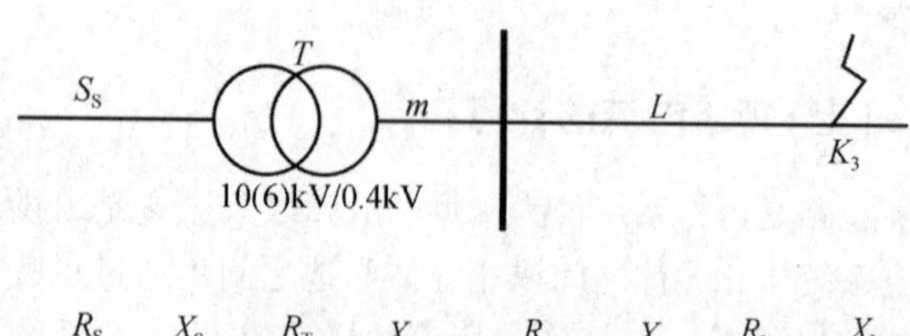

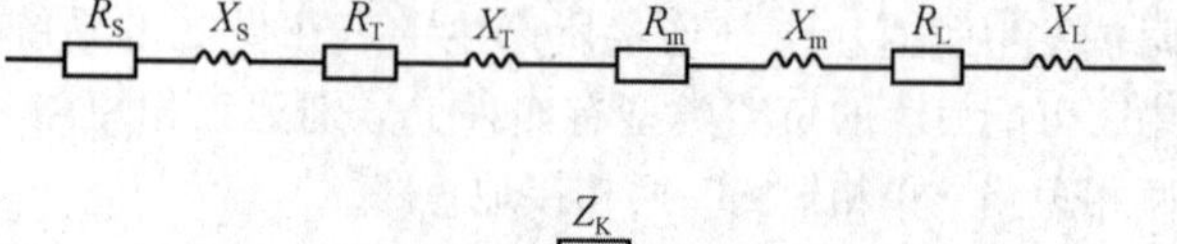

图 7-36 三相短路电流计算电路

(2)变换电路后画出等效电路图，求出总阻抗。

(3)低压网络三相和两相短路电流周期分量有效值按式(7-47)计算。

$$\left.\begin{aligned} I''_3 &= \frac{\dfrac{CU_n}{\sqrt{3}}}{Z_k} = \frac{\dfrac{1.05U_n}{\sqrt{3}}}{\sqrt{R_k^2+X_k^2}} = \frac{230}{\sqrt{R_k^2+X_k^2}} \\ R_k &= R_s + R_T + R_m + R_L \\ X_k &= X_s + X_T + X_m + X_L \end{aligned}\right\} \tag{7-47}$$

式中：I''_3——三相短路电流的初始值，A；

C——电压系数，计算三相短路电流时取1.05；

U_n——网络标称电压或线电压(380V)，V；

Z_k、R_k、X_k——分别为短路电路总阻抗、总电阻、总电抗，mΩ；

R_s、X_s——分别为变压器高压侧系统的电阻、电抗(归算到400V侧)，mΩ；

R_T、X_T——分别为变压器的电阻、电抗，mΩ；

R_m、X_m——分别为变压器低压侧母线段的电阻、电抗，mΩ；

R_L、X_L——分别为配电线路的电阻、电抗，mΩ。

只要 $\sqrt{\dfrac{R_T^2+X_T^2}{R_S^2+X_S^2}}\geqslant 2$，变压器低压侧短路时的短路电流周期分量不衰减 $I_k=I''_3$。

(4)短路冲击电流按式(7-48)计算。

$$\left.\begin{aligned} I_{sh} &= \sqrt{2}K_{sh}I'' \\ I_{sh} &= I''\sqrt{1+2(K_{sh}-1)^2} \end{aligned}\right\} \tag{7-48}$$

式中：I_{sh}——短路冲击电流，A；

K_{sh}——短路电流冲击系数。

(5)两相短路电流按式(7-49)计算：

$$\left.\begin{aligned} I''_2 &= 0.866I''_3 \\ I_{K2} &= 0.866I_{K3} \end{aligned}\right\} \tag{7-49}$$

式中：I''_2——两相短路电流的初始值，A；

I_{K2}——两相短路稳态电流，A；

I_{K3}——三相短路稳态电流，A。

5. 短路电流计算结果的应用

短路电流计算结果主要有以下几方面的应用：①电气接线方案的比较与选择；②正确选择和校验电气设备；③继电保护的选择、整定及灵敏系数校验；④计算软导线的短路摇摆；⑤接地装置的设计及确定中性点接地方式；⑥正确选择和校验载流导体；⑦三分之一分裂导线间隔棒的间距；⑧验算接地装置的接触电压与跨步电压。

6. 影响短路电流的因素

影响短路电流的因素主要有以下几种：①系统电

压等级；②主接线形式以及主接线的运行方式；③系统的元件正负序阻抗及零序阻抗大小（变压器中性点接地点多少）；④是否加装限流电抗器；⑤是否采用限流熔断器、限流低压断路器等限流型电器，能在短路电流达到冲击值之前完全熄灭电弧起到限流作用。

（八）电工测量

电工常用携带式仪表主要有万用表、钳形电流表及兆欧表。

1. 万用表的应用

万用表可用来测量直流电流、直流电压、交流电流、交流电压、电阻、电感、电容。音频电平及晶体三极管的电流放大系数 β 值等。如图 7-37、图 7-38 所示。

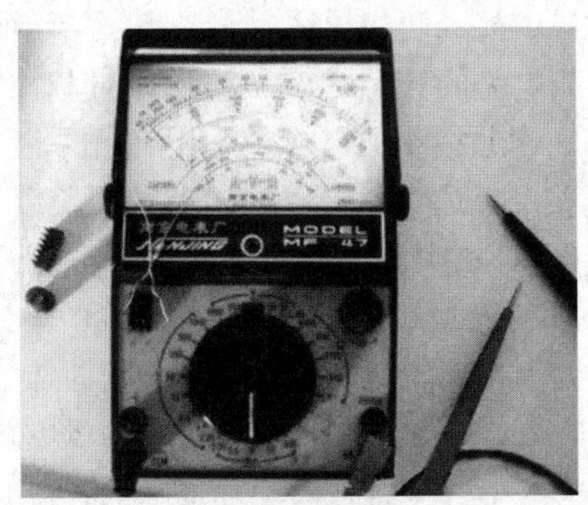

图 7-37　指针式万用表

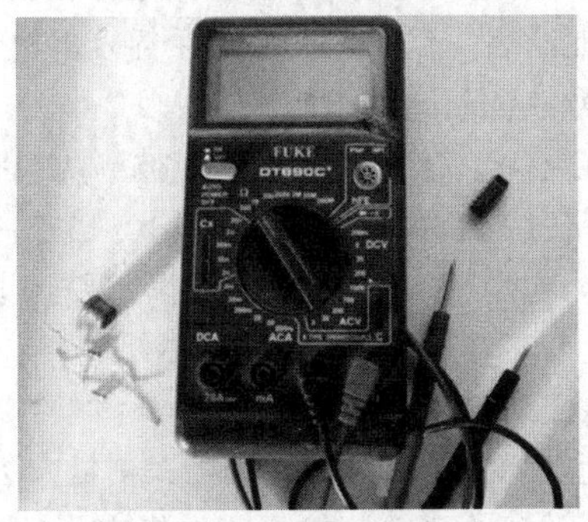

图 7-38　数字式万用表

1）万用表的使用方法

（1）端钮（或插孔）选择要正确：红色测试棒连接线要接到红色端钮上（或标有“+”号的插孔内），黑色测试棒连接线要接到黑色端钮上（或标有“-”号的插孔内）。有的万用表备有交直流电压为 2500V 的测量端钮，使用时黑色测试棒仍接黑色端钮，而红色测试棒接到 2500V 的端钮上。

（2）转换开关位置选择要正确：根据测量对象转换开关转到相应的位置，有的万用表面板上有两个转换开关；一个选择测量种类；一个选择测量量程。使用时应先选择测量种类，然后选择测量量程。

（3）量程选择要合适：根据被测量的大致范围，将转换开关转至适当的量限上，若测量电压或电流时，最好使指针指在量程的 1/2～2/3 范围内，这样读数较为准确。

（4）正确进行读数：在万用表的标度盘上有很多标度尺，它们分别适用于不同的被测对象。因此测量时在对应的标度尺上读数的同时，应注意标度尺读数和量程挡的配合，以避免差错。

（5）欧姆挡的正确使用：

①选择合适的倍率挡：测量电阻时，倍率挡的选择应以使指针停留在刻度线较稀的部分为宜，指针越接近标度尺的中间部分，读数越准确，越向左、刻度线越密，读数的准确度越差。

②调零：测量电阻之前，应将两根测试棒碰在一起，同时转动“调零旋钮”，使指针刚好指在欧姆标度尺的零位上，这一步骤称为欧姆挡调零。每换一次欧姆挡，测量电阻之前都要重复这一步骤，从而保证了测量的准确性，如果指针不能调到零位，说明电池电压不足，需要更换。

③不能带电测量电阻：测量电阻时万用表是电池供电的，被测电阻决不能带电，以免损坏表头。

④注意节省干电池：在使用欧姆挡间歇中，不要让两根测试棒短接，以免浪费电池。

2）使用万用表应注意的事项

（1）使用万用表时要注意手不可触及测试棒的金属部分，以保证安全和测量的准确度。

（2）在测量较高电压或大电流时，不能带电转动转换开关，否则有可能使开关烧坏。

（3）万用表用完以后，应将转换开关转到“空挡”或“OFF”挡，表示已关断。有的表没有上述两挡时可转向交流电压最高量程挡，以防下次测量时疏忽而损坏万用表。

（4）平时要养成正确使用万用表的习惯，每当测试棒接触被测线路前应再一次全面检查，观察各部分位置是否有误，确实没有问题时再进行测量。

2. 钳形电流表的应用

钳形电流表按结构原理不同分为磁电式和电磁式两种，磁电式可测量交流电流和交流电压；电磁式可测量交流电流和直流电流。如图 7-39 所示。

1）钳形电流表的使用方法和注意事项

（1）在进行测量时用手捏紧扳手即张开，被测载流导线的位置应放在钳口中间，防止产生测量误差，然后放开扳手，使铁心闭合，表头就有指示。

（2）测量时应先估计被测电流或电压的大小，选择合适的量程或先选用较大的量程测量，然后再视被测电流、电压大小减小量程，使读数超过刻度的

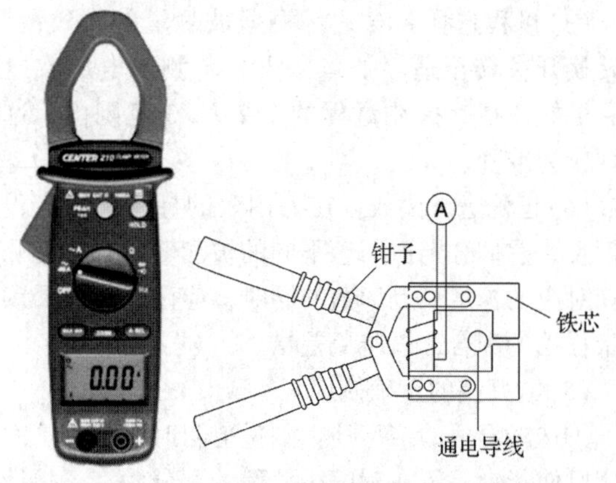

图 7-39 钳形电流表

1/2，以便得到较准确的读数。

(3)为使读数准确，钳口两个面应保证很好的接合，如有杂声，可将钳口重新开合一次，如果声音依然存在，可检查在接合面上是否有污垢存在，如有污垢，可用汽油擦干净。

(4)测量低压可熔保险器或低压母线电流时，测量前应将邻近各相用绝缘板隔离，以防钳口张开时可能引起相间短路。

(5)有些型号的钳形电流表附有交流电压刻度，测量电流、电压时应分别进行，不能同时测量。

(6)不能用于高压带电测量。

(7)测量完毕后一定要把调节开关放在最大电流量程位置，以免下次使用时由于未经选择量程而造成仪表损坏。

(8)为了测量小于 5A 以下的电流时能得到较准确的读数，在条件许可时可把导线多绕几圈放进钳口进行测量，但实际电流数值应为读数除以放进钳口内的导线根数。

2)钳形电流表在几种特殊情况下的应用

用钳形电流表测量绕线式异步电动机的转子电流时，必须选用电磁系表头的钳形电流表，如果采用一般常见的磁电系钳形电流表测量时，指示值与被测量的实际值会有较大出入，甚至没有指示，其原因是磁电系钳形表的表头与互感器二次线圈连接，表头电压是由二次线圈得到的。根据电磁感应原理可知，互感电动势的计算见式(7-50)。

$$E_2 = 4.44fW\Phi_m \tag{7-50}$$

式中：E_2——互感电动势，V；

f——电流变化的频率，Hz；

W——互感系数，H；

Φ_m——磁通量，Wb。

由式(7-50)看出，互感电动势的大小与频率成正比。当采用此种钳形表测量转子电流时，由于转子上的频率较低，表头上得到的电压将比测量同样工频电流时的电压小得多(因为这种表头是按交流 50Hz 的工频设计的)。有时电流很小，甚至不能使表头中的整流元件导通，所以钳形表没有指示，或指示值与实际值有很大误差。

如果选用电磁系的钳形表，由于测量机构没有二次线圈与整流元件，被测电流产生的磁通通过表头，磁化表头的静、动铁片，使表头指针偏转，与被测电流的频率没有关系，所以能够正确指示出转子电流的数值。

用钳形电流表测量三相平衡负载时，会出现一种奇怪现象，即钳口中放入两相导线时的指示值与放入一相导线时的指示值相同，这是因为在三相平衡负载的电路中，每相的电流值相等，表示为 $I_u = I_v = I_w$。若钳口中放入一相导线时，钳形表指示的是该相的电流值，当钳口中放入两相导线时，该表所指示的数值实际上是两相电流的相量之和，按照相量相加的原理，$I_1 + I_3 = -I_2$，因此指示值与放入一相时相同。

如果三相同时放入钳口中，当三相负载平衡时，$I_1 + I_2 + I_3 = 0$，即钳形电流表的读数为零。

3. 兆欧表的应用

兆欧表俗称摇表或摇电箱，是一种简便、常用的测量高电阻直接式携带型摇表，用来测量电路、电机绕组、电缆及电气设备等的绝缘电阻。表盘的上标尺刻度以“MΩ”为单位。兆欧表可分为手摇发电机型、用交流电作电源型及用晶体管直流电源变换器作电源的晶体管兆欧表。目前常用的是手摇发电机型。

1)兆欧表测量绝缘电阻的方法

(1)线路间绝缘电阻的测量：被测两线路分别接在线路端钮“L”上和地线端钮“E”上，用左手稳住摇表，右手摇动手柄，速度由慢逐渐加快，并保持在 120r/min 左右，持续 1min，读出兆欧数。

(2)线路对地间绝缘电阻的测量：被测线路接于“L”端钮上，“E”端钮与地线相接，测量方法同上。

(3)电动定子绕组与机壳间绝缘电阻的测量：定子绕组接“L”端钮上，机壳与“E”端钮连接。

(4)电缆缆心对缆壳间绝缘电阻的测量：将“L”端钮与缆心连接，“E”端钮与缆壳连接，将缆心与缆壳之间的内层绝缘物接于屏蔽端钮“G”上，以消除因表面漏电而引起的测量误差。

2)兆欧表的使用注意事项

(1)在进行测量前先切断被测线路或设备电源，并进行充分放电(约需 2~3min)以保障设备及人身安全。

(2)兆欧表接线柱与被测设备间连接导线不能用双股绝缘线或胶线，应用单股线分开单独连接，避免因胶线绝缘不良而引起测量误差。

(3)测量前先将兆欧表进行一次开路和短路试验，检查兆欧表是否良好。若将两连接线开路，摇动手柄，指针应指在"∞"(无穷大)处；把两连接线短接，指针应指在"0"处。说明兆欧表是良好的，否则兆欧表是有问题的。

(4)测量时摇动手柄的速度由慢逐渐加快并保持120r/min左右的速度，持续1min左右，这时才是准确的读数。如果被测设备短路、指针指零，应立即停止摇动手柄，以防表内线圈发热损坏。

(5)测量电容器及较长电缆等设备的绝缘电阻后，应立即将"L"端钮的连接线断开，以免被测设备向兆欧表倒充电而损坏仪表。

(6)禁止在雷电时或在邻近有带高压电的导线或设备时用兆欧表进行测量。只有在设备不带电又不可能受其他电源感应而带电时才能进行测量。

(7)兆欧表量程范围的选用一般应注意不要使其测量范围过多的超出所需测量的绝缘电阻值，以免读数产生较大的误差。例如，一般测量低压电气设备的绝缘电阻时可选用0~200MΩ量程的表，测量高压电气设备或电缆时可选用0~2000MΩ量程的表。刻度不是从零开始，而且从1MΩ或2MΩ起始的兆欧表一般不宜用来测量低压电器设备的绝缘电阻。

(8)测量完毕后，在手柄未完全停止转动和被测对象没有放电之前，切不可用手触及被测对象的测量部分并拆线，以免触电。

3)兆欧表的选用方法

(1)目前常用国产兆欧表的型号与规格如表7-7所示。表中所列为手摇发电机型，最高电压为2500V，最大量程为10000MΩ。若需要更高电压和更大量程的可选用新型ZC 30型晶体兆欧表，其额定电压可达5000V，量程为100000MΩ。

表7-7　常用兆欧表的型号与规格

型号	额定电压/V	级别	量程范围/MΩ
ZC 11-6	100	1.0	0~20
ZC 11-7	250	1.0	0~50
ZC 11-8	500	1.0	0~100
ZC 11-9	50	1.0	0~200
ZC 25-2	250	1.0	0~250
ZC 25-3	500	1.0	0~500
ZC 25-4	1000	1.0	0~1000
ZC 11-3	500	1.0	0~2000
ZC 11-10	2500	1.5	0~25000
ZC 11-4	1000	1.0	0~5000
ZC 11-5	2500	1.5	0~10000

(2)兆欧表的选择：主要是选择兆欧表的电压及其测量范围，表7-8列出了在不同情况下选择兆欧表的要求。

表7-8　兆欧表的电压及测量范围的选择

被测对象	被测设备的额定电压/V	所选兆欧表的电压/V
弱电设备、线路的绝缘电阻	100以上	50~100
线圈的绝缘电阻	500以下	500
线圈的绝缘电阻	500以上	1000
发电机线圈的绝缘电阻	380以下	1000
电力变压器、发电机、电动机绝缘电阻	500以上	1000~2500
电气设备的绝缘电阻	500以下	500~1000
电气设备的绝缘电阻	500以上	2500
瓷瓶、母线、刀闸的绝缘电阻	—	2500~5000

4)接地电阻的测量(图7-40)

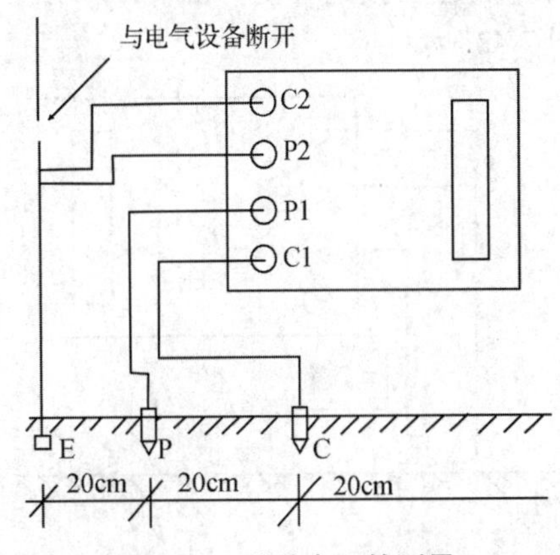

图7-40　接地电阻的测量

(1)被测接地E(C2、P2)和电位探针P1及电流探针C1依直线彼此相距20m，使电位探针处于E、C中间位置，按要求将探针插入大地。

(2)用专用导线将端子E(C2、P2)、P1、C1与探针所在位置对应连接。

(3)开启电源开关"ON"，选择合适挡位轻按，该挡指示灯亮，表头LCD显示的数值即为被测得的接地电阻值。

5)土壤电阻率测量(图7-41)

测量时在被测的土壤中沿直线插入四根探针，并使各探针间距相等，各间距的距离为L，要求探针入地深度为L/20cm，用导线分别从C1、P1、P2、C2端子按出分别与4根探针相连接。若测出电阻值为R，则土壤电阻率按式(7-51)计算：

$$\rho = 2\pi RL \tag{7-51}$$

式中：ρ——土壤电阻率，Ω·cm；

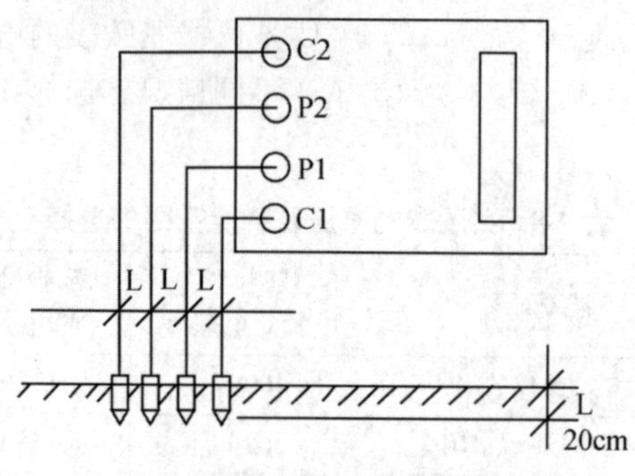

图 7-41 土壤电阻率测量

L——探针与探针之间的距离，cm；

R——电阻仪的读数，Ω。

用此法则得的土壤电阻率可以近似认为是被埋入区域的平均土壤电阻率。

6) 测量注意事项和维护保养措施

(1) 测量保护接地电阻时，一定要断开电气设备与电源连接点。在测量小于 1Ω 的接地电阻时，应分别用专用导线连在接地体上，C2 在外侧，P2 在内侧，如图 7-42 所示：

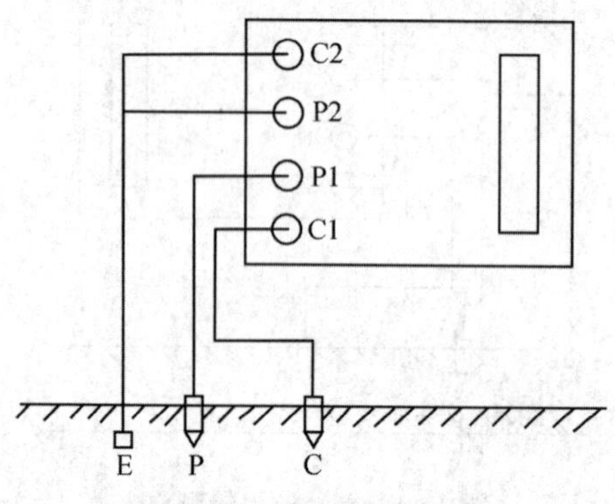

图 7-42 接地电阻的测量

(2) 测量接地电阻时最好反复在不同的方向测量 3~4 次，取其平均值。

(3) 测量大型接地网接地电阻时，不能按一般接线方式测量，可参照电流表、电压表测量法中的规定选定埋插点。

(4) 若测试回路不通或超量程时，表头显示“1”，说明溢出，应检查测试回路是否连接好或是否超量程。

(5) 本表当电池电压低于 7.2V 时，表头显示欠压符号“←”，表示电池电压不足，此时应插上电源线由交流供电或打开仪器后盖板更换干电池。

(6) 如果使用可充电池时，可直接插上电源线利用本机充电，充电时间一般不低于 8h。

(7) 存放保管本表时，应注意环境温度和湿度，应放在干燥通风的地方为宜，避免受潮，应防止酸碱及腐蚀气体，不得雨淋、暴晒、跌落。

四、城镇排水泵站供配电基本知识

(一) 排水泵站配电系统的主要功能及规模

配电系统主要有三个功能，首先是将输电系统的电能输送到配电系统，其次是将电压降低至当地适用电压，最后是在发生故障时，通过隔离故障单元，保护整个电网。

泵站规模的调查应根据城市雨水、污水系统专业规划和有关排水系统所规定的范围、设计标准，经工艺设计的综合分析计算后确定泵站的近期规模，包括泵站站址选择和总平面布置。泵站平面布置图中应包括泵房、集水间、调蓄池、附属构筑物。附属构筑物主要包括配电室、值班室。排水泵站规模决定了排水泵站供电系统的规模。

(二) 排水泵站供电系统设计调整依据

排水泵站配电室也是电气系统的一部分，必须按照电气设计规范进行设计。泵站的供配电设计工程首先要确定泵站的用电负荷，应根据泵站的规模、工艺特点、泵站总用电量(包括动力设备用电和照明用电)等计算泵站负荷，所以设计前对这些因素必须进行调查，调查主要包括：泵站规模的调查；工艺的调查(包括工程性质、工艺流程图、工艺对电气控制的要求)；用电量的调查(包括机械设备正常工作用电、设备规格、型号、工作制、仪表监控用电、正常工作照明、安全应急照明、室外照明、检修用电及其他场所的照明)；发展规划的调查(包括近期建设和远期发展的关系，远近结合，以近期为主，适当考虑发展的可能)；环境调查(包括周围环境对本工程的影响以及本工程实施后对居民生活可能造成的影响进行初步评估)。其次按照现行的设计规范进行设计，目前主要电气设计规范如下：

《民用建筑电气设计规范》(JGJ 16—2008)

《供配电系统设计规范》(GB 50052—2009)

《建筑照明设计标准》(GB 50034—2013)

《低压配电设计规范》(GB 50054—2011)

《3~110kV 高压配电装置设计规范》(GB 50060—2008)

《20kV 及以下变电所设计规范》(GB 50053—2013)

《爆炸危险环境电力装置设计规范》(GB 50058—2014)

《电力装置的继电保护和自动装置设计规范》(GB 50062—2008)

《建筑物防雷设计规范》(GB 50057—2010)

《自动化仪表选型设计规定》(HG/T 20507—2000)

《仪表系统接地设计规定》(HG/T 20513—2000)

《控制室设计规定》(HG/T 20508—2014)

《工业建筑供暖通风与空气调节设计规范》(GB 50019—2015)

《建筑给水排水设计标准》(GB 50015—2019)

《建筑灭火器配置设计规范》(GB 50140—2019)

《建筑给水排水及采暖工程施工质量验收规范》(GB 50242—2002)

《泵站设计规范》(GB 50265—2010)

(三)配电室位置与形式选择

1. 配变电所位置选择

变电所的设置应根据下列要求经技术经济比较后确定：①进出线方便；②接近负荷中心；③接近电源侧；④设备运输方便；⑤不应设在有剧烈震动的或高温的场所；⑥不宜设在多尘或有腐蚀气体的场所，如无法远离，不应设在污染源的主导风向的下风侧；⑦不应设在有爆炸危险环境或火灾危险环境的正上方和正下方；⑧变电所的辅助用房，应根据需要和节约的原则确定。有人值班的变电所应设单独的值班室。值班室与高压配电室宜直通或经过通道相通，值班室应有门直接通向户外或通向走道。

2. 配变电所的类型

排水泵站的变配所大多是10kV变电所，一般为全户内或半户内独立式结构，开关柜放在屋内，主变压器可放置屋内或屋外，依据地理环境条件因地制宜。10kV及以下变配电所按其位置分类主要有以下类型：①独立式变配电所；②地下变配电所；③附设变配电所；④户外变电所；⑤箱式变电站。

3. 高压配电室结构布置

配电装置宜采用成套设备，型号应一致。配电柜应装设闭锁及连锁装置，以防止误操作事故的发生。带可燃性油的高压开关柜，宜装设在单独的高压配电室内。当高压开关柜的数量为6台及以下时，可与低压柜设置在同一房间。

高压配电室长度超过7m时，应设置两扇向外开的防火门，并布置在配电室的两端。位于楼上的配电室至少应设一个安全出口通向室外的平台或通道。并应便于设备搬运。

高压配电装置的总长度大于6m时，其柜(屏)后的通道应有两个安全出口。高压配电室内各种通道的最小宽度(净距)应符合表7-9的规定。

表7-9　高压配电室内通道的最小宽度(净距)

单位：m

装置种类	操作走廊(正面)		维护走廊(背面)	通往防爆间隔的走廊
	设备单列布置	设备双列布置		
固定式高压开关柜	2.0	2.5	1.0	1.2
手车式高压开关柜	单车长+1.2	双车长+1.0	1.0	1.2

4. 电力变压器室的布置规定

(1)每台油量为100kg及以上的三相变压器，应装设在单独的变压器室内。

(2)室内安装的干式变压器，其外廓与墙壁的净距不应小于0.6m；干式变压器之间的距离不应小于1m，并应满足巡视、维修的要求。

(3)变压器室内可安装与变压器有关的负荷开关、隔离开关和熔断器。在考虑变压器布置及高、低压进出线位置时，应使负荷开关或隔离开关的操动机构装在近门处。

(4)变压器室的大门尺寸应按变压器外形尺寸加0.5m。当一扇门的宽度为1.5m及以上时，应在大门上开宽0.8m、高1.8m的小门。

5. 低压配电室的布置规定

低压配电设备的布置应便于安装、操作、搬运、检修、试验和监测。低压配电室长度超过7m时，应设置两扇门，并布置在配电室的两端。位于楼上的配电室至少应设一个安全出口通向室外的平台或通道。

成排布置的配电装置，其长度超过6m时，装置后面的通道应有两个通向本室或其他房间的出口，如两个出口之间的距离超过15m时，其间还应增加出口。

低压配电室兼作值班室时，配电装置前面距墙不宜小于3m。成排布置的低压配电装置，其屏前后的通道最小宽度应符合表7-10的规定。

表7-10　低压配电装置室内通道的最小宽度

单位：m

装置种类	单排布置		双排对面布置		双排背对背布置	
	屏前	屏后	屏前	屏后	屏前	屏后
固定式	1.5	1.0	2.0	1.0	1.5	1.5
抽屉式	2.0	1.0	2.3	1.0	2.0	1.5

电容器室布置应符合下列规定：室内高压电容器组宜装设在单独房间内。当容量较小时，可装设在高压配电室内。但与高压开关柜的距离不应小于1.5m。

室内高压电容器组宜装设在单独的房间内。当容量较小时可装设在高压配电室内。

成套电容器柜单列布置时，柜正面与墙面之间的距离不应小于1.5m；双列布置时，柜面之间的距离不应小于2m。装配式电容器组单列布置时，网门与墙距离不应小于1.3m；双列布置时，网门之间距离不应小于1.5m。长度大于7m的电容器室，应设两个出口，并宜布置在两端。门应外开。

6. 泵房内设备的布置规定

根据水泵类型、操作方式、水泵机组配电柜、控制屏、泵房结构形式、通风条件等确定设备布置。电动机的启动设备宜安装于配电室和水泵电机旁。机旁控制箱或按钮箱宜安装于被控设备附近，操作及维修应方便，底部距地面1.4m左右，可固定于墙、柱上，也可采用支架固定。格栅除污机、压榨机、水泵、闸门、阀门等设备的电气控制箱宜安装于设备旁，应采用防腐蚀材料制造，防护等级户外不应低于IP65，户内不应低于IP44。臭气收集和除臭装置电气配套设施应采用耐腐蚀材料制造。

1)泵站场地内电缆沟、井的布置规定

(1)泵房控制室、配电室的电缆应采用电缆沟或电缆夹层敷设，泵房内的电缆应采用电缆桥架、支架、吊架或穿管敷设。

(2)电缆穿管没有弯头时，长度不宜超过50m，有一个弯头时，穿管长度不宜超过20m；有两个弯头时，应设置电缆手井，电缆手井的尺寸根据电缆数量而定。

2)泵站照明光源选择的规定(表7-11)

(1)宜采用高效节能新光源。泵房、泵站道路等场地照明宜选用高压钠灯。

(2)控制室、配电间、办公室等场所宜选用带节能整流器或电子整流器的荧光灯。

(3)露天工作场地等宜选用金属卤化物灯。

3)泵站照明灯具选择的规定及照度要求(表7-11)

(1)在正常环境中宜采用开启型灯具。

(2)在潮湿场合应采用带防水灯头的开启型灯具或防潮型灯具。

(3)灯具结构应便于更换光源。

(4)检修用的照明灯具应采用Ⅲ类灯具，用安全特低电压供电，在干燥场所电压值不应大于50V。

(5)在潮湿场所电压值不应大于25V。

(6)在有可燃气体和防爆要求的场合应采用防爆型灯具。

表7-11 泵站最低照度标准

工作场所	工作面名称	规定照度的被照面	一般工作照度/lx	事故照度/lx
泵房间、格栅间	设备布置和维护地区	离地0.8m水平面	150	10
中控室	控制盘上表针、操作屏台、值班室	控制盘上表针	200	30
		控制台水平面	500	
继电保护盘、控制屏	屏前屏后	离地0.8m水平面	100	5
计算机房、值班室	设备上	离地0.8m水平面	200	10
高、低压配电装置，母线室，变压器室	设备布置和维护地区	离地0.8m水平面	75	3
机修间	设备布置和维护地区	离地0.8m水平面	60	—
主要楼梯和通道	—	地面	10	0.5

4)照明设备(含插座)的布置规定

(1)室外照明庭院灯高度宜为3.0~3.5m，杆间距宜为15~25m。

(2)路灯供电宜采用三芯或五芯直埋电缆。变配电所灯具宜布置在走廊中央。

(3)灯具安装在顶棚下距地面高度宜为2.5~3.0m，灯间距宜为灯高度的1.8~2倍。当正常照明因故停电，应急照明电源应能迅速地自动投入。

(4)当照明线路中单相电流超过30A时，应以380V/220V供电。每一单相回路不宜超过15A，灯具为单独回路时数量不宜超过25个；对高强气体放电灯单相回路电流不宜超过30A；插座应为单独回路，数量不宜超过10个(组)。

(四)排水泵站供电方式

配电系统应根据工程用电负荷大小、对供电可靠性的要求、负荷分布情况等采用不同的接线方法。常用的配电系统接线方式有放射式、树干式、环式或其他组合方式。对10kV/6kV配电系统宜采用放射式。对泵站内的水泵电机应采用放射式配电。对无特殊要求的小容量负荷可采用树干式配电。配电系统采用放射式时，供电可靠性高，发生故障后的影响范围较小，切换操作方便，保护简单，便于管理，但所需的配电线路较多，相应的配电装置数量也较多，因而造价较高。放射式配电系统接线又可分为单回路放射式和双回路放射式两种。前者可用于中、小城市的二、三级负荷给排水工程；后者多用于大、中城市的一、二级负荷给排水工程。10kV 及以下配电所母线绝大部分为单母线或单母线分段。因一般配电所出线回路较少，母线和设备检修或清扫可趁全厂停电检修时进行。此外，由于母线较短，事故很少，因此，对一般泵站建造的配、变电所，采用单母线或单母线分段的接线方式已能满足供电要求。

排水泵站变配电所基本上是 10kV 变 0.4kV 的配电系统，因此基本上采用单母线或单母线分段运行。

排水泵站作为承担城市雨水和污水排放功能设施，其供电负荷为二级，特别重要的按一级负荷考虑。

目前供电方式按电源供电数分为：单电源供电、双电源供电、单电源加发电机、双电源加发电机等。按供电电压等级可分为低压供电、高压供电。按电源进线方式分为架空线供电、电缆供电。按计量方式分为高压供电、高压侧计量(高供高量)，高压供电、低压侧计量(高供低量)，低压供电低压计量。

户外电源进线装置主要是指由供电电网提供给排水泵站电源的接纳装置，包含有供电电网的分界开关、进户电杆、电缆分支箱等设备。排水泵站主要进线分为架空进线和电缆进线。

架空进线的户外进线装置由分界开关、户外高压跌落式熔断器、避雷器、绝缘子、架空线、进户电缆组成。

电缆进线装置一般安装在室内，供电与用户分界点是以供电部门高压配电柜内出线开关进行划分；也有个别安装在户外，户外从供电部门的电缆分支箱内开关进行划分。泵站供电系统组成如图 7-43 所示。

排水泵站供配电系统一般分为高压系统和低压配电系统，根据泵站规模及设备容量情况以供电部门出具供电方案为依据进行设计。排水泵站高压系统由于设备容量不同采用的设备及保护方式不同：容量小于 630kV·A 的高压供电系统可以采用高压负荷开关加高压熔断器进行保护。容量大于 630kV·A 的高压供电系统采用高压断路器加直流屏进行保护。负荷开关加熔断器保护的高压系统如图 7-44 所示，真空断路器保护的高压系统如图 7-45 所示。

排水泵站低压配电系统是指按照供电方案将有关低压设备组装，实现对水泵、附属用电设备进行控制，提供电源。低压配电柜主要型号有 GCK、GCS、GGD 等。

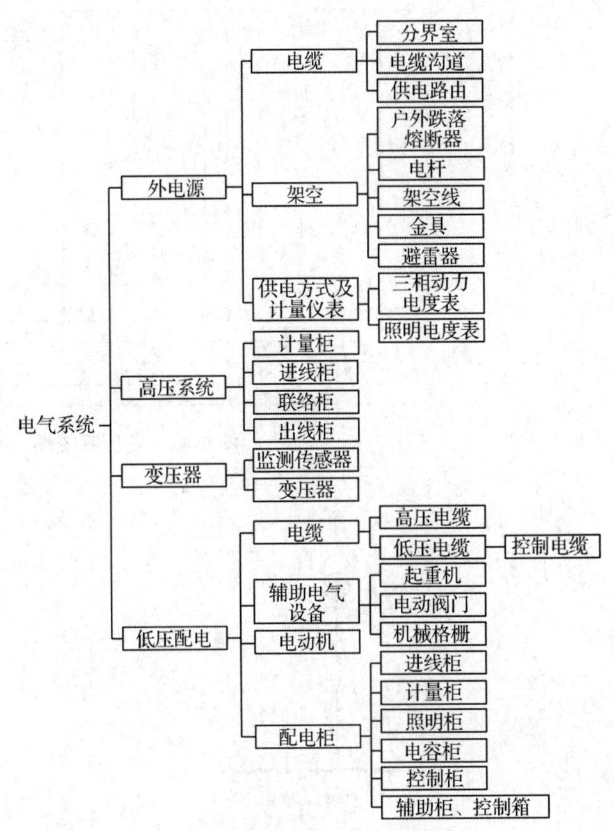

图 7-43　排水泵站系统图

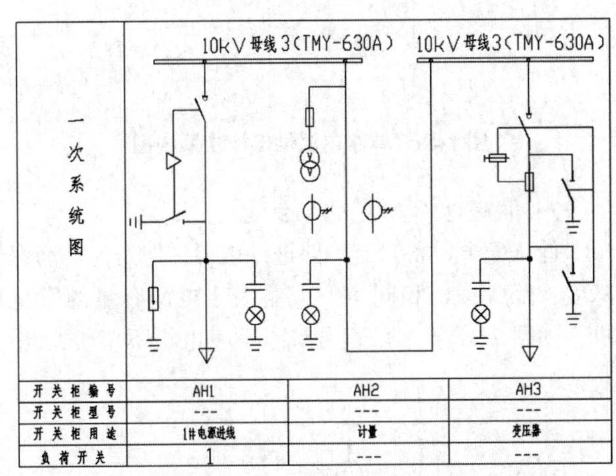

开关柜编号	AH1	AH2	AH3
开关柜型号	---	---	---
开关柜用途	1#电源进线	计量	变压器
负荷开关	1	---	---

图 7-44　高压系统图：负荷开关+熔断器保护的高压系统

低压配电系统的供电方式主要由高压配电系统决定，低压供电由供电部门给出的供电方案为准。

低压配电系统主要有以下几种供电方式：

1. 单路电源供电

低压设备只有一路进线电源，控制泵站设备运行，如图 7-46 所示。

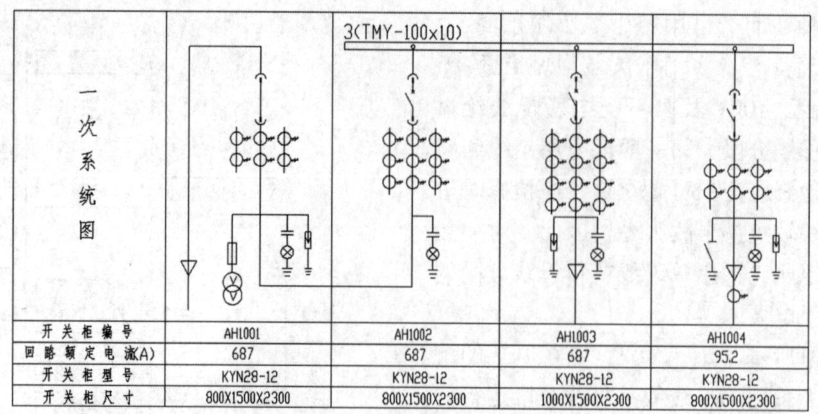

开关柜编号	AH1001	AH1002	AH1003	AH1004
回路额定电流(A)	687	687	687	95.2
开关柜型号	KYN28-12	KYN28-12	KYN28-12	KYN28-12
开关柜尺寸	800X1500X2300	800X1500X2300	1000X1500X2300	800X1500X2300

图 7-45　高压系统图：真空断路器保护的高压系统

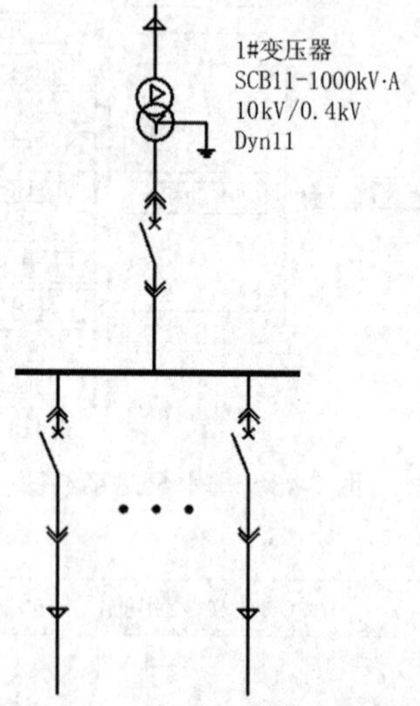

图 7-46　单路电源供电一次系统图

2. 单路电源加发电机供电

低压配电设备只有一路进线电源，但是为提高保障度，配备一台相同容量或略大于电源容量的发电机，如图 7-47 所示，正常状态下发电机不工作，当电源发生故障时，发电机运行。发电机与进线电源开关做好连锁工作，确保不发生因反送电现象引起的人员、设备事故。

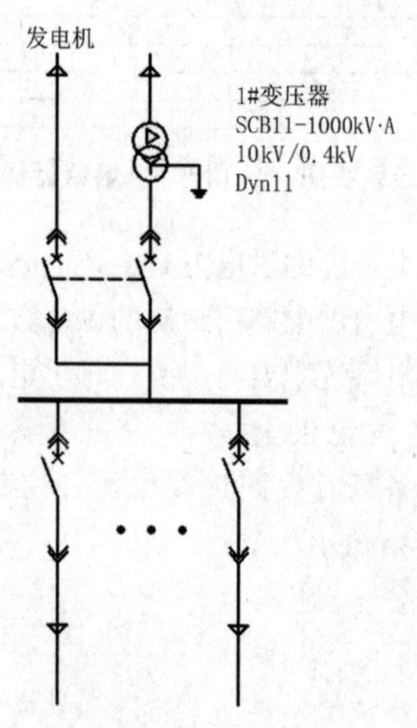

图 7-47　单路电源加发电机供电一次系统图

3. 双路电源一用一备供电

低压配电设备由两路电源供电，但正常时只能运行一路电源，另一路电源作为保障性电源，一路电源要能够运行全部设备，如图 7-48 所示。

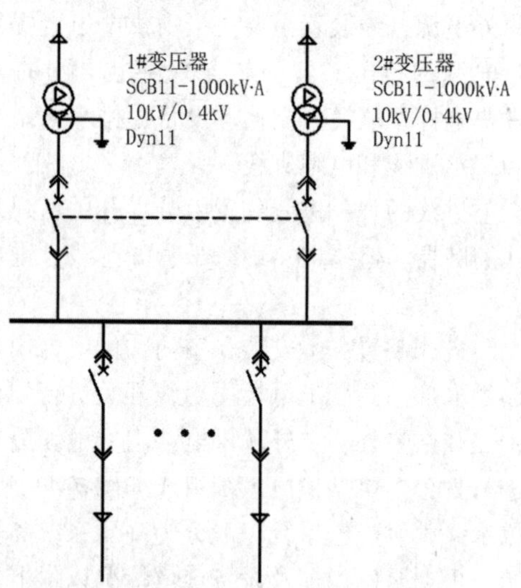

图 7-48　双路电源一用一备供电一次系统图

4. 双路电源母线联络供电

泵站低压配电系统由两路电源供电，中间通过相同容量的断路器进行联络，保障一路电源故障时，另一路电源及时带动全部设备，如图 7-49 所示。低压母线分段运行。配电柜内安装 3 台断路器进行控制，正常状态下只能闭合两台断路器。

5. 双路电源加发电机供电

泵站比较重要时，为提高泵站的供电可靠性，两路电源供电外，再增加一路发电机供电，配电柜内安装 3 个断路器，通过电气联锁进行控制，确保电源供电质量，不发生电源反送故障，如图 7-50 所示。

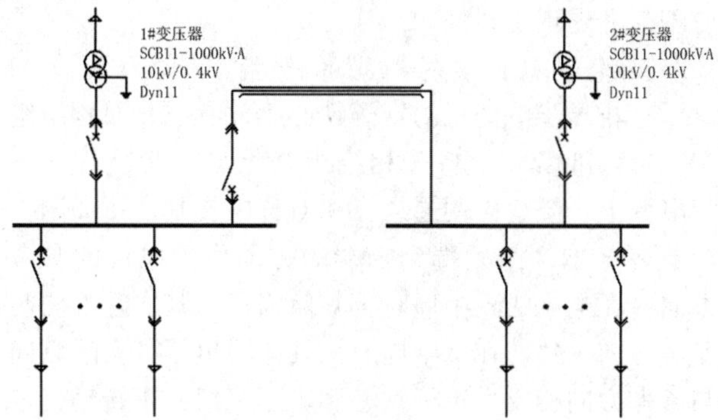

图 7-49　双路电源母线联络供电一次系统图

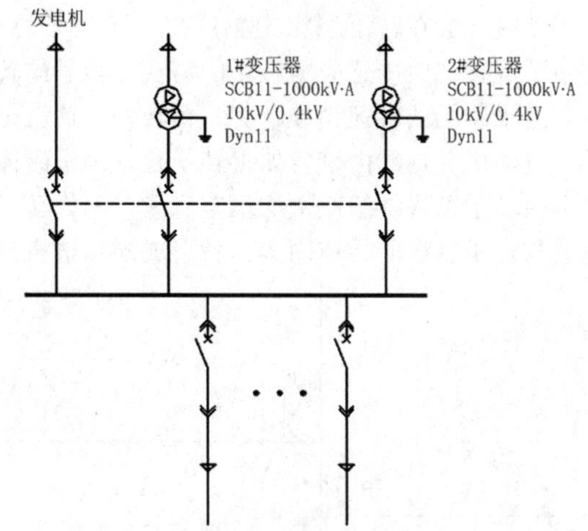

图 7-50　双路电源加发电机供电一次系统图

五、旋转电机的基本知识

(一)旋转电机

旋转电机(以下简称电机)是依靠电磁感应原理而运行的旋转电磁机械，用于实现机械能和电能的相互转换。发电机从机械系统吸收机械功率，向电系统输出电功率；电动机从电系统吸收电功率，向机械系统输出机械功率。

电机运行原理基于电磁感应定律和电磁力定律。电机进行能量转换时，应具备能做相对运动的两大部件：建立励磁磁场的部件，感生电动势并流过工作电流的被感应部件。这两个部件中，静止的称为定子，做旋转运动的称为转子。定子、转子之间有空气隙，以便转子旋转。

电磁转矩由气隙中励磁磁场与被感应部件中电流所建立的磁场相互作用产生。通过电磁转矩的作用，发电机从机械系统吸收机械功率，电动机向机械系统输出机械功率。建立上述两个磁场的方式不同，形成不同种类的电机。例如，两个磁场均由直流电流产生，则形成直流电机；两个磁场分别由不同频率的交流电流产生，则形成异步电机；一个磁场由直流电流产生，另一磁场由交流电流产生，则形成同步电机。

电机的磁场能量基本上储存于气隙中，它使电机把机械系统和电系统联系起来，并实现能量转换，因此，气隙磁场又称为耦合磁场。当电机绕组流过电流时，将产生一定的磁链，并在其耦合磁场内存储一定的电磁能量。磁链及磁场储能的数量随定子、转子电流以及转子位置不同而变化，由此产生电动势和电磁转矩，实现机电能量转换。这种能量转换理论上是可逆的，即同一台电机既可作为发电机也可作为电动机运行。但实际上，一台电机制成后，由于两种运行状态下参数和特性方面的原因，很难满足两种运行状态下的客观要求，因此，同一台电机不经改装和重新设计，不可任意改变其运行状态。

电机内部能量转换过程中，存在电能、机械能、磁场能和热能。热能是由电机内部能量损耗产生的。

对电动机而言，从电源输入的电能=耦合电磁场内储能增量+电机内部的能量损耗+输出的机械能。

对发电机而言，从机械系统输入的机械能=耦合电磁场内储能增量+电机内部的能量损耗+输出的电能。

(二)旋转电机的分类

按电机功能用途，可分为发电机、电动机、特殊用途电机。按电机电流类型分类，可分为直流电机和交流电机。交流电机可分为同步电机和异步电机。按电机相数分类，可分为单相电机及多相(常用三相)电机。按电机的容量或尺寸大小分类，可分为大型、中型、小型、微型电机。电机还可按其他方式(如频率、转速、运动形态、磁场建立与分布等)分类；按电机功用及主要用途分类见表 7-12。

表 7-12　按电机功用及主要用途分类

<table>
<tr><th>种类</th><th colspan="2">名称</th><th>功用及主要用途</th></tr>
<tr><td rowspan="2">发电机</td><td colspan="2">交流发电机</td><td>用于各种发电电源</td></tr>
<tr><td colspan="2">直流发电机</td><td>用于各种直流电源和作测速发电机</td></tr>
<tr><td rowspan="5">电动机</td><td colspan="2">交流同步电动机</td><td>用于驱动功率较大或转速效低的机械设备</td></tr>
<tr><td rowspan="2">交流异步电动机</td><td>笼型转子异步电动机</td><td>用于驱动一般机械设备</td></tr>
<tr><td>绕线转子异步电动机</td><td>用于启动转矩高、启动电流小或小范围调速等要求的机械设备</td></tr>
<tr><td colspan="2">直流电动机</td><td>主要用于驱动需要调速的机械设备</td></tr>
<tr><td colspan="2">交直流两用电动机</td><td>主要用于电动工具</td></tr>
</table>

（续）

种类	名称	功用及主要用途
特殊用途电机	电动测功机	用于测定机械功率
	同步调相机	用于改善功率因数
	进相机	用于提高异步电动机的功率因数
	微特电机	用于传动机械负载或用于控制系统

对于各类电机，还可按电机的使用环境条件、用途、外壳防护型式、通风冷却方法和冷却介质、结构、转速、性能、绝缘、励磁方式和工作制等特征进行分类。

（三）旋转电机的基本原理

1. 三相异步电动机的结构

在各类电动机中，笼型转子三相异步电动机是结构简单、运行可靠、使用范围最广的一种电动机，三相异步电动机主要分成两个基本部分：定子（固定部分）和转子（旋转部分）。

（1）定子：由机座和装在机座内的圆筒形铁心以及其中的三相定子绕组组成。机座是用铸铁或铸钢制成的。铁心是由互相绝缘的硅钢片叠成的，铁心的内圆周表面有槽，用以放置对称三相绕组 AX、BY、CZ，有的联结成星形，有的联结成三角形。

（2）转子：转子是由转子铁心和力矩输出轴组成。转子铁心是圆柱状，也用硅钢片叠成，表面冲有槽。铁心装在转轴上，轴用以输出机械力矩。

2. 电动机旋转

三相异步电动机接上电源，就会转动。图 7-51 所示的是一个装有手柄的蹄形磁铁，磁极间放有一个可以自由转动的，由铜条组成的转子。铜条两端分别用铜环连接起来，形似鼠笼，作为鼠笼式转子。磁极和转子之间没有机械联系。当摇动磁极时，发现转子跟着磁极一起转动。摇得快，转子转得也快；摇得慢，转得也慢；反摇，转子马上反转。

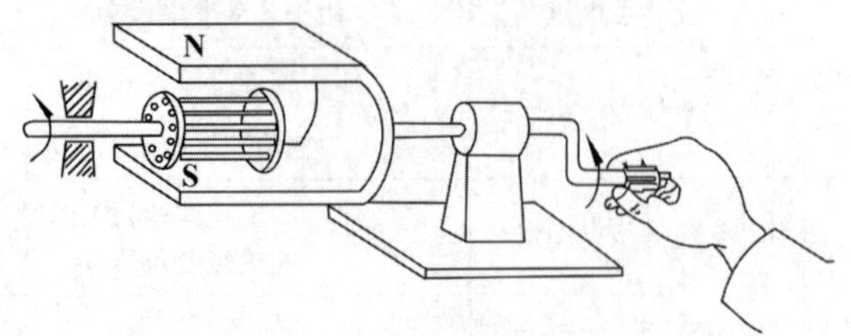

图 7-51　电动机转动示意图

从上述现象得出两点启示：

（1）有一个旋转的磁场。

（2）转子跟着磁场转动。异步电动机转子转动的原理与上述现象相似。

3. 电动机内旋转磁场的产生

三相异步电动机的定子铁心中放有三相对称绕组 AX、BY 和 CZ。设将三相绕组联结成星形，接在三相电源上，绕组中便通入三相对称电流其波形如图 7-52 所示。取绕组始端到末端的方向作为电流的参考方向。在电流的正半周时，其值为正，其实际方向与参考方向一致；在负半周时，其值为负，其实际方向与参考方向相反。定子铁心和定子绕组并不转动，定子绕组中的三相电流随着时间和相位的变化，三相磁势相加便形成了旋转的磁场。旋转的定子磁场在切割转子导条时，会在转子绕组中感应出一个转子磁场，引起转子旋转。由于感应励磁场的需要，转子的转速总是比定子磁场的转速稍慢，有一个转差，这就是感应异步电动机名称的由来。如果转子是一个永磁体或是一个由转子励磁绕组产生的恒定磁场，那么转子的转速就与定子磁场的转速同步，就形成同步电机。

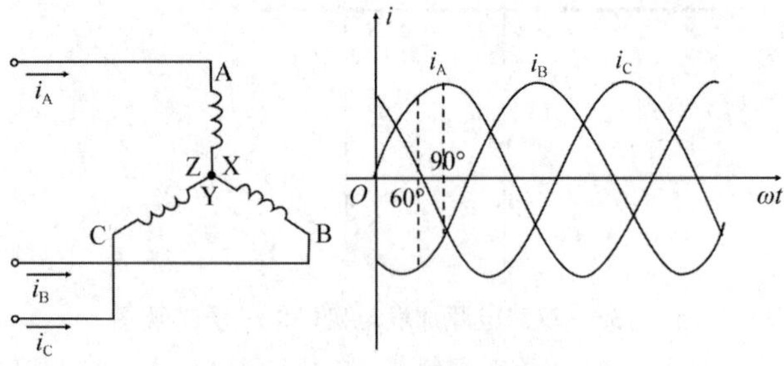

图 7-52　三相对称电流

（四）旋转电机设计时的模拟电路

电动机的设计与制造现今已是成熟行业，并有完善的理论体系，三相感应电动机的一相电路的等效电路图如图 7-53 所示。

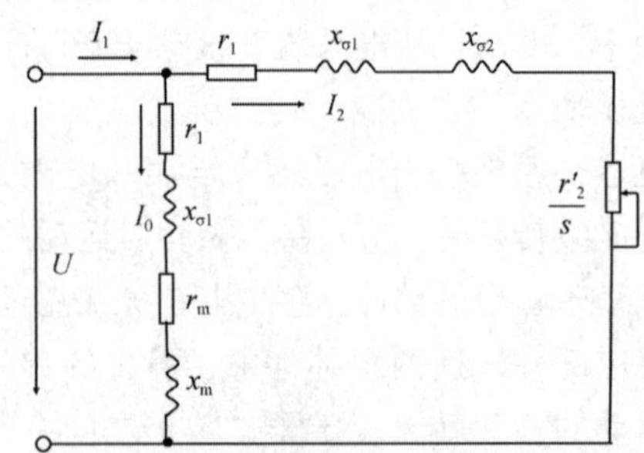

图 7-53　三相感应电动机的一相电路等效电路图

图 7-53 中的 I_0 为激磁电流，I_2 为转子电流，r'_2/s 与电流平方的乘积即为电机输出功率。在电动机各方面规格合理情况下，电动机转子的大小决定着电动机的输出功率。转矩与电机参数的关系见式（7-52）：

$$T = 9550\frac{P}{n} \propto D^2 l \qquad (7\text{-}52)$$

式中：T——转矩，N · m；

P——功率，kW；

n——转速，r/min；

D——定子内径，m；

l——定子铁心长度，m。

通过定子铁心长度可以了解电机功率大小与电机机座号的关系，转速在选型过程中也同样有决定性的作用。

(五)旋转电机性能参数指标

1. 异步电动机额定数据

异步电动机额定数据包括相数、额定频率(Hz)、额定功率(kW)、额定电压(V)、额定电流(A)、绝缘等级、额定转速(极数)(r/min)、防护性能、冷却方式等。

2. 异步电机主要技术指标

(1)效率(η)：电动机输出机械功率与输入电功率之比，通常用百分比表示。

(2)功率因数($\cos\varphi$)：电动机输入有效功率与视在功率之比。

(3)堵转电流(I_A)：电动机在额定电压、额定频率和转子堵住时从供电回路输入的稳态电流有效值。

(4)堵转转矩(T_k)：电动机在额定电压、额定频率和转子堵住时所产生转矩的最小测得值。

(5)最大转矩(T_{max})：电动机在额定电压、额定频率和运行温度下，转速不发生突降时所产生的最大转矩。

(6)噪声：电动机在空载稳态运行时 A 计权声功率级 dB(A)最大值。

(7)振动：电动机在空载稳态运行时振动速度有效值(mm/s)。

(8)电动机主要性能分为启动性能、运行性能。

①启动性能包括启动转矩、启动电流。一般启动转矩越大越好，而启动时的电流越小越好，在实际中通常以启动转矩倍数(启动转矩与额定转矩之比 T_{st}/T_n)和启动电流倍数(启动电流与额定电流之比 I_{st}/I_n)进行考核。电机在静止状态时，一定电流值时所能提供的转矩与额定转矩的比值，表征电机的启动性能。

②运行性能包括效率、功率因数、绕组温升(绝缘等级)、最大转矩倍数(T_{max}/T_n)、振动、噪声等。效率、功率因数、最大转矩倍数越大越好，而绕组温升、振动和噪声则是越小越好。

启动转矩、启动电流、效率、功率因数和绕组温升合称电机的五大性能指标。

3. 电动机性能参数常用计算公式

(1)电动机定子磁极转速见式(7-53)：

$$n = \frac{60f}{p} \qquad (7\text{-}53)$$

式中：n——转速，r/min；

f——频率，Hz；

p——极对数。

(2)电动机额定功率见式(7-54)：

$$P = 1.732UI\eta\cos\varphi \qquad (7\text{-}54)$$

式中：P——功率，kW；

U——电压，kV；

I——电流，A；

η——效率；

$\cos\varphi$——功率因数。

(3)电动机额定力矩见式(7-55)：

$$T = \frac{9550P}{n} \qquad (7\text{-}55)$$

式中：T——力矩，N · m；

P——额定功率，kW；

n——额定转速，r/min。

(六)电机制造常用标准

目前国际上有两大标准体系：一个是 IEC(国际电工委员会)标准；二个是 NEMA(美国电气制造商协会)；我国电机制造行业所执行的 GB(国家)标准基本上都是等同或等效采用 IEC 标准。所谓等同采用，就是译为中文后不作修改或作很少的修改直接采用；所谓等效采用就对原有的国际标准在不改变原主旨条件下，重新组织形成国家标准后颁布执行。

1. 国际电工委员会(IEC 标准)

由国际电工委员会发布的关于旋转电机的系列标准(IEC 60034)。

2. 国际标准化组织(ISO)

《旋转电机噪声测定方法》(ISO 1680)

《刚性转子平衡品质 许用不平衡的确定》(GB/T 755—2019)(ISO 1940—1)

3. 国家标准

《旋转电机定　额和性能》(GB/T 755—2019)

《旋转电机　圆柱形轴伸》(GB/T 756—2010)

《旋转电机　圆锥形轴伸》(GB/T 757—2010)

《旋转电机结构及安装型式(IM 代码)》(GB/T 997—2003)

《三相同步电动机试验方法》(GB/T 1029—2005)

《三相异步电动机试验方法》(GB/T 1032—2012)

《旋转电机 线端标志与旋转转方向》(GB/T 1971—2006)

《旋转电机冷却方法》(GB/T 1993—1993)

《外壳防护等级(IP 代码)》(GB/T 4208—2017)

《旋转电机尺寸和输出功率等级》(GB/T 4772—1999)

《旋转电机整体外壳结构的防护分级(IP 代码)分级》(GB/T 4942.1—2006)

《隐极同步电机技术要求》(GB/T 7064—2008)

《同步电机励磁系统大、中型同步发电机励磁系统技术要求》(GB/T 7409.3—2007)

《轴中心高为 56mm 及以上电机的机械振动 振动的测量、评定及限值》(GB 10068—2008)

《旋转电机噪声测定方法及限值》(GB/T 10069—2006)

《热带型旋转电机环境技术要求》(GB/T 12351—2008)

《大型三相异步电动机基本系列技术条件》(GB/T 13957—2008)

《中小型三相异步电动机能效限定值及能效等级》(GB 18613—2016)

《爆炸性气体环境用电气设备 第 1 部分：通用要求》(GB 3836.1—2010)

《爆炸性气体环境用电气设备 第 2 部分：隔爆型“d”》(GB 3836.2—2010)

《爆炸性气体环境用电气设备 第 3 部分：增安型“e”》(GB 3836.3—2010)

《爆炸性气体环境用电气设备 第 4 部分：本质安全型“i”》(GB 3836.4—2010)

《爆炸性气体环境用电气设备 第 5 部分：正压外壳型“e”》(GB 3836.5—2010)

《爆炸性气体环境用电气设备 第 8 部分：“n”型电气设备》(GB 3836.8—2010)

(七)旋转电机产品型号编制方法(GB/T 4831—2016)

1)产品型号

产品型号由产品代号、规格代号、特殊环境代号和补充代号 4 个部分组成，并按下列顺序排列：

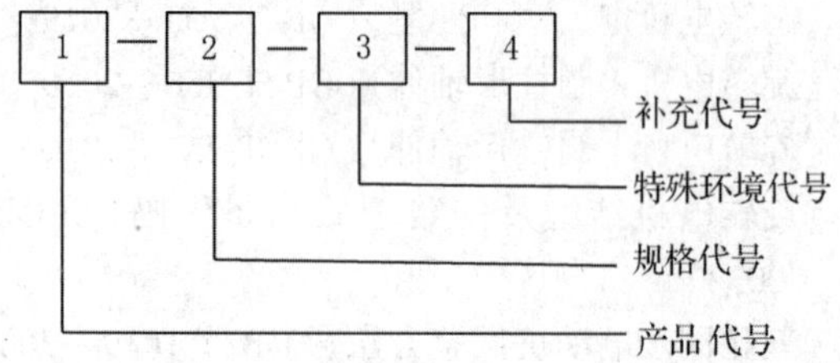

2)电机的产品代号

电机的产品代号由类型代号、特点代号、设计序号和励磁方式代号 4 个小节顺序组成。

(1)类型代号系指表征电机的各种类型而采用的汉语拼音字母，见表 7-13。

表 7-13 电机类型代号表

电机类型	代号
异步电动机(笼型及绕线型)	Y
异步发电机	YF
同步电动机	T
同步发电机(除汽轮发电机、水轮发电机外)	TF
直流电动机	Z
直流发电机	ZF
汽轮发电机	QF
水轮发电机	SF
测功机	C
交流换向器电动机	H
潜水电泵	Q
纺织用电机	F

(2)特点代号系指表征电机的性能、结构或用途而采用的汉语拼音字母，对于防爆电机类型的字母 A(增安型)、B(隔爆型)、W(无火花型)应标于电机特点代号首位，即紧接在电机类型代号后面的标注。

(3)设计序号系指电机产品设计的顺序，用阿拉伯数字标示。对于第一次设计的产品，不标注设计序号。从基本系列派生的产品，其设计序号按基本系列标注；专用系列产品则按本身设计的顺序标注。

(4)励磁方式代号分别用字母 S 表示 3 次谐波励磁、J 表示晶闸管励磁、X 表示相复励磁，并应标于设计序号之后，当不必设计序号时，则标于特点代号之后，并用短划分开。

3)常用异步电动机的产品代号(表 7-14)

表 7-14 常用异步电动机的产品代号

产品名称	产品代号	代号汉字意义
三相异步电动机	Y	异
绕线转子三相异步电动机	YR	异绕
三相异步电动机(高效率)	YX	异效
增安型三相异步电动机	YA	异安
隔爆型三相异步电动机	YB	异爆

4)电机的规格代号

电机的规格代号用中心高、铁心外径、机座号、机壳外径、轴伸直径、凸缘代号、机座长度、铁心长度、功率、电流等级、转速或极数等来表示。

主要系列产品的规格代号按表 7-15 的规定。其他系列产品如确有需要采用上列以外的其他参数来表示时，应在该产品的标准中说明。

机座长度采用国际字母符号来表示，S 表示短机座，M 表示中机座，L 表示长机座。铁心长度按由短至长顺序用数字 1、2、3……表示。凸缘代号采用国际通用字母符号 FF（凸缘上带通孔）或 FT（凸缘上带螺孔）连同凸缘固定孔中心基圆直径的数值来表示。系列产品的规格代号见表 7-15。

表 7-15　系列产品的规格代号

系列产品	规格代号
小型异步电动机	中心高（mm）—机座长度（字母代号）—铁心长度（数字代号）—极数
中大型异步电动机	中心高（mm）—铁心长度（数字代号）—极数
小型同步电动机	中心高（mm）—机座长度（字母代号）—铁心长度（数字代号）—极数
中大型同步电动机	中心高（mm）—铁心长度（数字代号）—极数
汽轮发电机	功率（MW）—极数
中小型水轮发电机	功率（kW）—极数/定子铁心外径（mm）
大型水轮发电机	功率（MW）—极数/定子铁心外径（mm）
测功机	功率（kW）—转速（仅对直流测功机）
分马力电动机（小功率电动机）	中心高或机壳外径（mm）—（或/）机座长度（字母代号）—铁心长度、电压、转速（均用数字代号）

5）环境条件的考虑

特殊环境派生系列，实质上属于结构派生系列，它是在基本系列结构设计的基础上做一些改动，使产品具有某种特殊的防护能力。这些系列的部分结构部件及防护措施与基本系列不同。特殊环境下电机代号见表 7-16。

表 7-16　电机的特殊环境代号

环境类型	代号
“高”原用	G
“船”（海）用	H
户“外”用	W
化工防“腐”用	F
“热”带用	T
“湿热”带用	TH
“干热”带用	TA

对于特殊环境条件下使用的电动机，订货时应在电机型号后加注特殊环境代号（表 7-17）。

（1）有气候防护场所：户内或具有较好遮蔽（其建筑结构能防止或减少室外气候日变化的影响，包括棚下条件）的场所。

（2）无气候防护场所：全露天或仅有简单遮蔽（几乎不能防止室外气候日变化的影响）的场所。

表 7-17　特殊环境电机代号

特殊环境条件	代号
湿热型，有气候防护场所	TH
干热型，有气候防护场所	TA
热带型，有气候防护场所	T
湿热型，无气候防护场所	THW
干热型，无气候防护场所	TAW
热带型，无气候防护场所	TW
户内，轻防腐型	无代号
户内，中等防腐型	F1
户内，强防腐型	F2
户外，轻防腐型	W
户外，中等防腐型	WF1
户外，强防腐型	WF2
高原用	G

6）电机的补充代号

电机的补充代号仅适用于有此要求的电机。补充代号用汉语拼音字母或阿拉伯数字表示。补充代号所代表的内容，在产品标准中有规定。

7）产品型号示例

例如，户外化工防腐蚀隔爆型异步电动机表示如下：

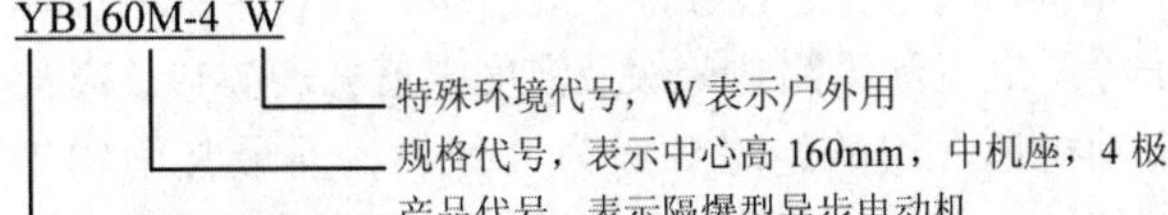

低压电机（1140V 及以下）主要产品代号有：Y、YA、YB2、YXn、YAXn、YBXn、YW、YBF、YBK2、YBS、YBJ、YBI、YBSP、YZ、YZR 等。

高压电机（3000V 及以上）主要产品代号有：Y、YKK、YKS、Y2、YA、YB、YB2、YAKK、YAKS、YBF、YR、YRKK、YRKS、TAW、YFKS、QFW 等。

（八）电动机电压等级的选择

我国工业用三相交流电的频率为 50Hz，而电压等级一般分为：127V、220V、380V、660V、1140V、6000V、10000V 等若干等级。根据 GB 755—2008 的推荐，一般来说，对于 380V 电压，由于电机电流的限制上限功率为 1000kW；而对于 6000V 和 10kV 电机，下限功率等级为 160kW。

（九）电机轴中心高

轴中心高是从电机成品底脚平面至轴中心线的距离，它包括制造厂供应的绝缘势块厚度，但不包括电机安装时调整用垫块的厚度。电机轴中心高一般为

36mm、40mm、45mm、50mm、56mm、63mm、71mm、89mm、90mm、100mm、112mm、132mm、160mm、180mm、200mm、225mm、250mm、280mm、315mm、355mm、400mm、450mm、500mm、560mm、630mm、710mm、800mm、900mm、1000mm。

轴中心高公差及平行度公差应符合表7-18的规定。中心高公差适用于在公共底板上安装的电机。平行度公差是指电机两个轴伸端面中心高之差。

表7-18 轴中心高及平行度公差

单位：mm

中心高(H)	中心高公差	平行度公差		
		2.5 H > L	2.5 H ≤ L ≤ 4 H	L > 4 H
25~50(含50)	-0.4	0.2	0.3	0.4
>50~250(含250)	-0.5	0.25	0.4	0.5
>250~630(含630)	-1.0	0.5	0.75	1.0
>630~1000(含1000)	-1.0	—	—	—

注：L 是电机轴长度。

(十)电机绝缘等级

电机绝缘结构是指用不同的绝缘材料、不同的组合方式和不同的制造工艺制成的电机绝缘部分的结构形式。电动机的绝缘系统大致分为：绝缘电磁线、槽绝缘、相间绝缘、浸渍漆、绕组引接线、接线绝缘端子等。电机绝缘耐热等级及温度限值见表7-19。以前电动机最常用的绝缘等级为B级，目前最常用的绝缘等级为F级，H级绝缘也正在陆续被采用。

表7-19 电机绝缘耐热等级及温度限值

耐热等级	极限温度/℃	耐热等级	极限温度/℃
A	105	F	155
E	120	H	180
B	130	C	210

(十一)电机工作制

《旋转电机定额和性能》(GB/T 755—2019)规定电机绝缘耐热等级及温度限值见表7-20。

表7-20 电机绝缘耐热等级及温度限值

电机工作制	代号
连续工作制	S1
短时工作制	S2
断续周期工作制	S3
包括启动的断续工作制	S4
包括电制动的断续工作制	S5
连续周期工作制	S6
包括电制动的连续周期工作制	S7
包括变速负载的连续周期工作制	S8
负载和转速非周期变化工作制	S9

(十二)防护型式

《外壳防护分级(IP代码)》(GB/T 4208—2017)规定防护标志由字母IP和两个表示防护等级的表征数字组成。第一位表征数字表示(表7-21)：防止人体触及或接近壳内带电部分及壳内转动部件，以及防止固体防异物进入电机。第二位表征数字表示(表7-22)：防止由于电机进水而引起的有害影响。

表7-21 第一位表征数字含义

表征数字	无防护电机
1	防止大于 φ50mm 固体进入壳内
2	防止大于 φ12mm 固体进入壳内
3	防止大于 φ2.5mm 固体进入壳内
4	防止大于 φ1mm 固体进入壳内
5	防尘电机

表7-22 第二位表征数字含义

表征数字	无防护电机
1	垂直滴水无有害影响
2	电机从各方向倾斜15°，垂直滴水无有害影响
3	与垂直线成60°角范围内淋水应无有害影响
4	承受任何方向溅水应无有害影响
5	承受任何方向喷水应无有害影响
6	在海浪冲击或强烈喷水时电机的进水量不应达到有害程度

常用电机的防护等级包括：

IP23：防止大于2.5mm固体的进入和与垂线成60°角范围内淋水对电机应无影响。

IP44：防止大于1mm固体的进入和任一方向的溅水对电机应无影响。防爆电机的外壳防护等级不低于IP44。

IP54：能防止触及或接近电机带电或转动部件，不完全防止灰尘进入，但进入量不足以影响电机的正常运行和任一方向的溅水对电机应无影响。凡使用于户外的电动机外壳防护等级不低于IP54。

IP55：能防止触及或接近电机带电或转动部件，不完全防止灰尘进入，但进入量不足以影响电机的正常运行，用喷水从任何方向喷向电机时，应无有害影响。粉尘防爆电机的防尘式外壳防护等级不低于

IP55，尘密式外壳防护等级不低于IP65。

(十三)电机安装结构型式

《旋转电机结构及安装型式(IM代码)》(GB/T 997—2008)规定，代号由代表“国际安装”(International Mounting)的缩写字母“IM”、代表“卧式安装”的“B”和代表“立式安装”的“V”连同1位或2位阿拉伯数字组成。如IMBB35或IMV14等。B或V后面的阿拉伯数字代表不同的结构和安装特点。

中小型电动机常用安装型式代号有四大类：B3、B35、B5、V1。B3安装方式：电机靠底脚安装，电机有一圆柱形轴伸；B35安装方式：电机带底脚，轴伸端带法兰；B5安装方式：电机靠轴伸端法兰安装；V1安装方式：电机靠轴伸端法兰安装，轴伸朝下。

(十四)电机冷却方法

《旋转电机冷却方法》(GB/T 1993—1993)规定电机冷却方式代号由特征字母IC、冷却介质代号和两位表征数字织成。第一位数字代表冷却回路布置；第二位数字代表冷却介质驱动方式。常用的冷却方式见表7-23。

表7-23 常用的冷却方式

冷却方式	代号
空气自由循环，冷却介质依靠转子的风扇流入电机或电机表面	IC01
全封闭自带风扇冷却	IC411
电机周围布冷却风管，内部、外部靠自带风扇冷却	IC511
电机上部带冷却风管，内部、外部靠自带风扇冷却	IC611
电机上部带冷却水管，内部靠自带风扇冷却	IC81W

电动机冷却方式的选择一般是依据电动机的功率和安装使用现场的条件，一般是2000kW以下电机采用空气冷却方式较好，结构简单，安装维护方便；功率大于2000kW电动机，由于自身损耗发热量大，如采用空气冷却，需要有较大的冷却风量，导致电机噪声过大，如采用内风路为自带风扇循环空气，外部冷却介质为循环水，那么对电机的冷却效果较好，但要求有循环水站和循环水路，维护较复杂。

(十五)湿热带、干热带环境用电动机

当一天内有12h以上气温等于或高于20℃，同时相对湿度等于或大于80%的天数全年累计在两个月以上时，该地区之气候划归为湿热气候(TH)。这类气候的特点是空气湿度大、雷暴雨频繁、有凝露、气温高且日变化小、有生物(霉菌)因素，对电机的绝缘和结构起不良的影响和侵蚀作用。

干热带气候(TA)是指年最高温度在40℃以上，而且温、湿度出现的条件不同于湿热带气候，其特点是气温日变化大，太阳辐射强烈，极端最高温度可高达55℃，空气相对湿度小，并含有较多的沙尘。

针对以上这两类气候所使用的电机，采取以下4种措施以满足电动机的适应性：

(1)在电气性能方面：增加原材料用量—增加定转子铁心长度，从而降低电动机额定运行时的温升，满足在高温环境下运行的要求，从而延长电动机在高温环境下的绝缘寿命。在对电动机额定运行温升限度按比正常电机降低5℃考核。

(2)在绝缘结构方面：定子绕组经过真空压力浸漆(VPI)工艺处理，绝缘材料和浸渍漆能经受12个循环周期的交变湿热试验合格；具有防霉菌合格、防潮湿性能合格、绝缘电阻和介电强度合格等。

(3)在电动机表面涂覆方面：电动机内外表面喷涂具有防腐蚀性能的底漆和面漆，定转子铁心表面进行磷化防腐处理。

(4)在电动机导电件和紧固件方面：电动机导电件进行镀银防腐蚀处理；紧固件进行镀镍处理或采用不锈钢材质。

对于以上4项措施，在执行国家标准和机械工业部标准的同时，对于太阳直晒的户外电动机，还采用增加防护性顶罩的措施来防止太阳直晒高温，从而确保电机稳定运行合格。

(十六)防腐电机

一般防腐电机分为户外W、户外防中等腐蚀WF1、户外防强腐蚀WF2，对这类电机主要从电机各零部件的表面涂覆和紧固件的电镀两方面解决。电机各零部件的底漆和面漆采用防腐底漆和防腐面漆；紧固件进行镀镍处理或采用不锈钢材质。

(十七)电动机振动限值

根据《轴中心高为56mm及以上电机的机械振动的测量、评定及限值》(GB 10068—2000)规定，振动测量量值是电机轴承处的振动动速度和电机轴承内部或附近的轴相对振动位移。

(1)振动烈度：电机轴承振动烈度的判据是振动速度的有效值，以mm/s表示，在规定的各测量点中所测得的最大值表示电机的振动烈度，详见ISO 10816-1：2016。不同轴中心高的振动烈度限值(有效值)见表7-24。

表 7-24 不同轴中心高 H 的振动烈度限值

振动等级	额定转速/(r/min)	电机在自由悬置状态下测量/(mm/s)				刚性安装/(mm/s)
		56mm<H≤132mm	132mm<H≤225mm	225 mm<H≤400mm	H>400mm	H>400mm
N	600~3600	1.8	2.8	3.5	3.5	2.8
R	600~1800	0.71	1.12	1.8	2.8	1.8
	>1800~3600	1.12	1.8	2.8	2.8	1.8
S	600~1800	0.45	0.71	1.12		
	>1800~3600	0.71	1.12	1.8		

注：1. 如未规定级别，电机应符合 N 级要求。2. R 级电机多用于机床驱动中，S 级电机用于对振动要求严格的特殊机械驱动，S 级仅适用于轴中心高 H≤400mm 的电机。

(2)轴相对振动及限值：轴相对振动所采用的判据应是沿测量方向的振动位移峰峰值 SP-P。

建议仅对有滑动轴承、额定功率大于 1000kW 的二极和多极电机测量轴相对振动，至于安装轴测量传感器的必要规定由制造厂和用户事先协议确定。

(3)根据国家标准《大电机振动测定方法》(GB 4832—1984)规定，对于轴中心高 630mm 以上、转速为 150~3600r/min 的大型交流电机，转速为 600r/min 及以上的电机采用振动速度的最大均方根值(mm/s)表示；小于 600r/min 的电机采用位移幅值(mm，双幅值)表示。最大轴相对振动(SP-P)和最大径向跳动的限值见表 7-25。

表 7-25 最大轴相对振动(SP-P)和最大径向跳动的限值

振动等级	极数	最大轴相对位移/μm	最大径向跳动/μm
N	2	70	18
	4	90	23
R	2	50	12.5
	4	70	18

注：1. R 等级通常是对驱动关键性设备的高速电机规定的。
2. 所有限值适用于 50Hz 和 60Hz 两种频率的电机。
3. 最大轴相对位移限值包括径向跳动。

(十八)电机选型要点

电动机选型要点包括负载类型；机械的负载转矩特性；机械的工作制类型；机械的启动频度；负载的转矩惯量大小；是否需要调速；机械的启动和制动方式；机械是否需要反转；电机使用场所。

六、变频器的基本知识

变频器(Variable-frequency Drive，简称 VFD)是应用变频技术与微电子技术，通过改变电机工作电源频率方式来控制交流电动机的电力控制设备(图 7-54)。变频器主要由整流(交流变直流)、滤波、逆变(直流变交流)、制动单元、驱动单元、检测单元微处理单元等组成。变频器靠内部 IGBT 的开断来调整输出电源的电压和频率，根据电机的实际需要来提供其所需要的电源电压，进而达到节能、调速的目的，另外，变频器还有很多的保护功能，如过流、过压、过载保护等。随着工业自动化程度的不断提高，变频器也得到了非常广泛的应用。

图 7-54 变频器

变频器的应用范围很广，从小型家电到大型的矿场研磨机及压缩机。全球约 1/3 的能量是消耗在驱动定速离心泵、风扇及压缩机的电动机上，而变频器的市场渗透率仍不算高。能源效率的显著提升是使用变频器的主要原因之一。变频器技术和电力电子有密切关系，包括半导体切换元件、变频器拓扑、控制及模拟技术以及控制硬件及固件的进步等。

(一)变频器的工作原理

主电路是给异步电动机提供调压调频电源的电力变换部分，变频器的主电路大体上可分为两类：电压型是将电压源的直流变换为交流的变频器，直流回路的滤波是电容。电流型是将电流源的直流变换为交流的变频器，其直流回路滤波是电感。它由三部分构成，将工频电源变换为直流功率的整流器，吸收在变流器和逆变器产生的电压脉动的平波回路，以及将直流功率变换为交流功率的逆变器。

1. 整流器

被大量使用的是二极管的变流器，它把工频电源变换为直流电源。也可用两组晶体管变流器构成可逆变流器，由于其功率方向可逆，可以进行再生运转。

2. 平波回路

在整流器整流后的直流电压中，含有电源6倍频率的脉动电压，此外逆变器产生的脉动电流也使直流电压发生变动。为了抑制电压波动，采用电感和电容吸收脉动电压(电流)。装置容量小时，如果电源和主电路构成器件有余量，可以省去电感采用简单的平波回路。

3. 逆变器

同整流器相反，逆变器是将直流功率变换为所要求频率的交流功率，以所确定的时间使6个开关器件导通、关断就可以得到三相交流输出。

控制电路是给异步电动机供电(电压、频率可调)的主电路提供控制信号的回路，它由频率、电压的运算电路，主电路的电压、电流检测电路，电动机的速度检测电路，将运算电路的控制信号进行放大的驱动电路，以及逆变器和电动机的保护电路组成。

(1)运算电路：将外部的速度、转矩等指令同检测电路的电流、电压信号进行比较运算，决定逆变器的输出电压、频率。

(2)电压、电流检测电路：与主回路电位隔离检测电压、电流等。

(3)驱动电路：驱动主电路器件的电路。它与控制电路隔离使主电路器件导通、关断。

(4)速度检测电路：以装在异步电动机轴机上的速度检测器的信号为速度信号，送入运算回路，根据指令和运算可使电动机按指令速度运转。

(5)保护电路：检测主电路的电压、电流等，当发生过载或过电压等异常时，为了防止逆变器和异步电动机损坏，使逆变器停止工作或抑制电压、电流值。

(二)变频器的基本分类

1)按变换的环节分类

(1)交—直—交变频器：是先把工频交流通过整流器变成直流，然后再把直流变换成频率电压可调的交流，又称间接式变频器，是目前广泛应用的通用型变频器。

(2)交—交变频器：将工频交流直接变换成频率电压可调的交流，又称直接式变频器。

2)按直流电源性质分类

(1)电压型变频器：特点是中间直流环节的储能元件采用大电容，负载的无功功率将由它来缓冲，直流电压比较平稳，直流电源内阻较小，相当于电压源，故称电压型变频器，常选用于负载电压变化较大的场合。

(2)电流型变频器：特点是中间直流环节采用大电感作为储能环节，缓冲无功功率，即扼制电流的变化，使电压接近正弦波，由于该直流内阻较大，故称电流型变频器。电流型变频器的特点(优点)是能扼制负载电流频繁而急剧的变化。常选用于负载电流变化较大的场合。

3)按工作原理分类：可分为V/f控制变频器(输出电压和频率成正比的控制)、SF控制变频器(转差频率控制)和VC控制变频器(Vectory Control，即矢量控制)。

4)按照用途分类：可分为通用变频器、高性能专用变频器、高频变频器、单相变频器和三相变频器等。

5)按变频器调压方法分类

(1)脉冲振幅调制(Pulse Amplitude Modulation)：调压方法是通过改变电压源 U_d 或电流源 I_d 的幅值进行输出控制。

(2)脉冲宽度调制(Pulse Width Modulation)：调压方法是在变频器输出波形的一个周期产生个脉冲波个脉冲，其等值电压为正弦波，波形较平滑。

6)按国际区域分类

(1)国产变频器：普传、安邦信、浙江三科、欧瑞传动、森兰、英威腾、蓝海华腾、迈凯诺、伟创、美资易泰帝、台湾变频器(台达)和香港变频器。

(2)国外变频器：欧美变频器(ABB、西门子)、日本变频器(富士、三菱)、韩国变频器。

7)按电压等级分类

(1)高压变频器：3kV、6kV、10kV。

(2)中压变频器：660V、1140V。

(3)低压变频器：220V、380V。

8)按电压性质分类

(1)交流变频器：AC-DC-AC(交—直—交)、AC-AC(交—交)。

(2)直流变频器：DC-AC(直—交)。

(三)变频器的基本组成

变频器通常分为4部分：整流单元、高容量电容、逆变器和控制器。

(1)整流单元：将工作频率固定的交流电转换为直流电。

(2)高容量电容：存储转换后的电能。

(3)逆变器：由大功率开关晶体管阵列组成电子开关，将直流电转化成不同频率、宽度、幅度的方波。

(4)控制器：按设定的程序工作，控制输出方波的幅度与脉宽，使叠加为近似正弦波的交流电，驱动交流电动机。

(四)变频器的功能作用

1. 变频节能

变频器节能主要表现在风机、水泵的应用上。为了保证生产的可靠性，各种生产机械在设计配用动力驱动时，都留有一定的富余量。当电机不能在满负荷下运行时，除达到动力驱动要求外，多余的力矩增加了有功功率的消耗，造成电能的浪费。风机、泵类等设备传统的调速方法是通过调节入口或出口的挡板、阀门开度来调节给风量和给水量，其输入功率大，且大量的能源消耗在挡板、阀门的截流过程中。当使用变频调速时，如果流量要求减小，通过降低泵或风机的转速即可满足要求。

电动机使用变频器的作用就是为了调速，并降低启动电流。为了产生可变的电压和频率，该设备首先要把电源的交流电变换为直流电(DC)，这个过程称为整流。把直流电(DC)变换为交流电(AC)的装置，其科学术语为"inverter"(逆变器)。一般逆变器是把直流电源逆变为一定的固定频率和一定电压的逆变电源。对于逆变为频率可调、电压可调的逆变器称为变频器。变频器输出的波形是模拟正弦波，主要是用在三相异步电动机调速用，又称为变频调速器。对于主要用在仪器仪表的检测设备中的波形要求较高的可变频率逆变器，要对波形进行整理，可以输出标准的正弦波，称为变频电源。由于变频器设备中产生变化的电压或频率的主要装置为"inverter"，故该产品本身就被命名为变频器。

变频不是到处可以省电，有不少场合用变频并不一定能省电。作为电子电路，变频器本身也要耗电(约额定功率的3%~5%)。一台1.5P的空调自身耗电算下来也有20~30W，相当于一盏长明灯。变频器在工频下运行，具有节电功能是事实。但前提条件是：①大功率并且为风机/泵类负载；②装置本身具有节电功能(软件支持)；③长期连续运行。这是体现节电效果的三个条件。除此之外，如果不加前提条件地说变频器工频运行节能是不合常规的。

2. 功率因数补偿节能

无功功率不但增加线损和设备的发热，更主要的是功率因数的降低导致电网有功功率的降低，大量的无功电能消耗在线路当中，设备使用效率低下，浪费严重，使用变频调速装置后，由于变频器内部滤波电容的作用，从而减少了无功损耗，增加了电网的有功功率。

3. 软启动节能

电机硬启动对电网造成严重的冲击，而且还会对电网容量要求过高，启动时产生的大电流和振动时对挡板和阀门的损害极大，对设备、管路的使用寿命极为不利。而使用变频节能装置后，利用变频器的软启动功能将使启动电流从零开始，最大值也不超过额定电流，减轻了对电网的冲击和对供电容量的要求，延长了设备和阀门的使用寿命，节省了设备的维护费用。

从理论上讲，变频器可以用在所有带有电动机的机械设备中，电动机在启动时，电流会比额定高5~6倍的，不但会影响电机的使用寿命而且消耗较多的电量。系统在设计时在电机选型上会留有一定的余量，电机的速度是固定不变，但在实际使用过程中，有时要以较低或者较高的速度运行，因此进行变频改造是非常有必要的。变频器可实现电机软启动、补偿功率因素、通过改变设备输入电压频率达到节能调速的目的，而且能给设备提供过流、过压、过载等保护功能。

(五)变频器的控制方式

低压通用变频输出电压为380~650V，输出功率为0.75~400kW，工作频率为0~400Hz，它的主电路都采用交—直—交电路。其控制方式经历了以下5代：

1. 正弦脉宽调制(SPWM)控制方式

其特点是控制电路结构简单、成本较低，机械特性硬度也较好，能够满足一般传动的平滑调速要求，已在产业的各个领域得到广泛应用。但是，这种控制方式在低频时，由于输出电压较低，转矩受定子电阻压降的影响比较显著，使输出最大转矩减小。另外，其机械特性硬度终究没有直流电动机大，动态转矩能力和静态调速性能都还不尽人意，且系统性能不高、控制曲线会随负载的变化而变化，转矩响应慢、电机转矩利用率不高，低速时因定子电阻和逆变器死区效应的存在而性能下降，稳定性变差等。因此，人们又研究出矢量控制变频调速。

2. 电压空间矢量(SVPWM)控制方式

它是以三相波形整体生成效果为前提，以逼近电机气隙的理想圆形旋转磁场轨迹为目的，一次生成三相调制波形，以内切多边形逼近圆的方式进行控制的。经实践使用后又有所改进，即引入频率补偿，能消除速度控制的误差；通过反馈估算磁链幅值，消除低速时定子电阻的影响；将输出电压、电流闭环，以提高动态的精度和稳定度。但控制电路环节较多，且没有引入转矩的调节，所以系统性能没有得到根本改善。

3. 矢量控制(VC)方式

矢量控制变频调速的做法是将异步电动机在三相坐标系下的定子电流 I_a、I_b、I_c，通过三相—二相变换，等效成两相静止坐标系下的交流电流 I_{a1}、I_{b1}，再通过按转子磁场定向旋转变换，等效成同步旋转坐标系下的直流电流 I_{m1}、I_{t1}(I_{m1} 相当于直流电动机的励磁电流；I_{t1} 相当于与转矩成正比的电枢电流)，然后模仿直流电动机的控制方法，求得直流电动机的控制量，经过相应的坐标反变换，实现对异步电动机的控制。其实质是将交流电动机等效为直流电动机，分别对速度、磁场两个分量进行独立控制。通过控制转子磁链，然后分解定子电流而获得转矩和磁场两个分量，经坐标变换，实现正交或解耦控制。矢量控制方法的提出具有划时代的意义。然而在实际应用中，由于转子磁链难以准确观测，系统特性受电动机参数的影响较大，且在等效直流电动机控制过程中所用矢量旋转变换较复杂，使得实际的控制效果难以达到理想分析的结果。

4. 直接转矩控制(DTC)方式

1985 年，德国鲁尔大学的 M. Depenbrock 教授首次提出了直接转矩控制变频技术。该技术在很大程度上解决了上述矢量控制的不足，并以新颖的控制思想、简洁明了的系统结构、优良的动静态性能得到了迅速发展。目前，该技术已成功地应用在电力机车牵引的大功率交流传动上。直接转矩控制直接在定子坐标系下分析交流电动机的数学模型，控制电动机的磁链和转矩。它不需要将交流电动机等效为直流电动机，因而省去了矢量旋转变换中的许多复杂计算；它不需要模仿直流电动机的控制；也不需要为解耦而简化交流电动机的数学模型。

5. 矩阵式交—交控制方式

VVVF 变频、矢量控制变频、直接转矩控制变频都是交—直—交变频中的一种。其共同缺点是输入功率因数低，谐波电流大，直流电路需要大的储能电容，再生能量又不能反馈回电网，即不能进行四象限运行。为此，矩阵式交—交变频应运而生。由于矩阵式交—交变频省去了中间直流环节，从而省去了体积大、价格贵的电解电容。它能实现功率因数为 1，输入电流为正弦且能四象限运行，系统的功率密度大。该技术目前尚未成熟，但仍吸引着众多的学者深入研究。其实质不是间接的控制电流、磁链等量，而是把转矩直接作为被控制量来实现的。具体方法是：

(1)控制定子磁链引入定子磁链观测器，实现无速度传感器方式。

(2)自动识别(ID)依靠精确的电机数学模型，对电机参数自动识别。

(3)算出实际值对应定子阻抗、互感、磁饱和因素、惯量等，算出实际的转矩、定子磁链、转子速度进行实时控制。

(4)实现 Band—Band 控制，按磁链和转矩的 Band—Band 控制产生 PWM 信号，对逆变器开关状态进行控制。

矩阵式交—交变频具有快速的转矩响应(<2ms)，很高的速度精度(±2%，无 PG 反馈)，高转矩精度(<3%)；同时还具有较高的启动转矩及高转矩精度，尤其在低速时(包括速度为 0 时)，可输出 150%~200%转矩。

(六)变频器的使用保养

1. 物理环境

(1)工作温度：变频器内部是大功率的电子元件，极易受到工作温度的影响，产品一般要求为 0~55℃，但为了保证工作安全、可靠，使用时应考虑留有余地，最好控制在 40℃以下。在控制箱中，变频器一般应安装在箱体上部，并严格遵守产品说明书中的安装要求，绝对不允许把发热元件或易发热的元件紧靠变频器的底部安装。

(2)环境温度：温度太高且温度变化较大时，变频器内部易出现结露现象，其绝缘性能就会大大降低，甚至可能引发短路事故。必要时，必须在箱中增加干燥剂和加热器。

(3)腐蚀性气体：使用环境如果腐蚀性气体浓度大，不仅会腐蚀元器件的引线、印刷电路板等，而且还会加速塑料器件的老化，降低绝缘性能，在这种情况下，应把控制箱制成封闭式结构，并进行换气。

(4)振动和冲击：装有变频器的控制柜受到机械振动和冲击时，会引起电气接触不良。这时除了提高控制柜的机械强度、远离振动源和冲击源外，还应使用抗震橡皮垫固定控制柜外和内电磁开关之类产生振动的元器件。设备运行一段时间后，应对其进行检查和维护。

2. 电气环境

(1)防止电磁波干扰：变频器在工作中由于整流和变频，周围产生了很多的干扰电磁波，这些高频电磁波对附近的仪表、仪器有一定的干扰。因此，柜内仪表和电子系统，应该选用金属外壳，屏蔽变频器对仪表的干扰。所有的元器件均应可靠接地，除此之外，各电气元件、仪器及仪表之间的连线应选用屏蔽控制电缆，且屏蔽层应接地。如果处理不好电磁干扰，往往会使整个系统无法工作，导致控制单元失灵或损坏。

(2)防止输入端过电压：变频器电源输入端往往

有过电压保护，但是，如果输入端高电压作用时间长，会使变频器输入端损坏。因此，在实际运用中，要核实变频器的输入电压、单相还是三相和变频器使用额定电压。特别是电源电压极不稳定时要有稳压设备，否则会造成严重后果。

3. 工作环境

在变频器实际应用中，由于国内客户除少数有专用机房外，大多为了降低成本，将变频器直接安装于工业现场。工作现场一般有灰尘大、温度高、湿度大等问题，还有如铝行业中有金属粉尘、腐蚀性气体等。因此，必须根据现场情况做出相应的对策。

(1)变频器应该安装在控制柜内部。

(2)变频器最好安装在控制柜内的中部；变频器要垂直安装，正上方和正下方要避免安装可能阻挡排风、进风的大元件。

(3)变频器上、下部边缘距离控制柜顶部、底部、隔板或者其他大元件等的最小间距，应该大于300mm。

(4)如果特殊用户在使用中需要取掉键盘，则变频器面板的键盘孔，一定要用胶带严格密封或者采用假面板替换，防止粉尘大量进入变频器内部。

(5)在多粉尘场所，特别是多金属粉尘、絮状物的场所使用变频器时，总体要求控制柜整体密封，专门设计进风口、出风口进行通风；控制柜顶部应该有防护网和防护顶盖出风口；控制柜底部应该有底板、进风口和进线孔，并且安装防尘网。

(6)多数变频器厂家内部的印制板、金属结构件均未进行防潮湿霉变的特殊处理，如果变频器长期处于恶劣工作环境下，金属结构件容易产生锈蚀。导电铜排在高温运行情况下，会更加剧锈蚀的过程，对于微机控制板和驱动电源板上的细小铜质导线，锈蚀将造成损坏。因此，对于应用于潮湿和含有腐蚀性气体的场合，必须对所使用变频器的内部设计有基本要求，例如，印刷电路板必须采用三防漆喷涂处理，对于结构件必须采用镀镍铬等处理工艺。除此之外，还需要采取其他积极、有效、合理的防潮湿、防腐蚀气体的措施。

4. 环境条件要求

(1)环境温度：5~35℃

(2)相对湿度：≤85%

(3)环境空气质量要求：不含高浓度粉尘及易燃、易爆气体或粉尘，附件没有强电磁辐射源。

(4)注意事项：本设备不能放置含有易燃易爆或会产生挥发、腐蚀性气体的物品进行试验或存储。

5. 日常维护

操作人员必须熟悉变频器的基本工作原理、功能特点，具有电工操作常识。在对变频器日常维护之前，必须保证设备总电源全部切断；并且在变频器显示完全消失的3~30min(根据变频器的功率)后再进行维护。应注意检查电网电压，改善变频器、电机及线路的周边环境，定期清除变频器内部灰尘，通过加强设备管理最大限度地降低变频器的故障率。

1)维护和检查的注意事项

(1)在关掉输入电源后，至少等5min才可以开始检查(还要确定充电发光二极管已经熄灭)，否则会引起触电。

(2)维修、检查和部件更换必须由胜任人员进行。开始工作前，取下所有金属物品(手表、手镯等)，使用带绝缘保护的工具。

(3)不要擅自改装变频器，否则易引起触电和损坏产品。

(4)变频器维修之前，须确认输入电压是否有误，如误将380V电源接入220V级变频器之中会出现炸机(炸电容、压敏电阻、模块等)。

2)日常维护检查项目

(1)日常检查：检查变频器是否按要求工作。用电压表在变频器工作时，检查其输入和输出电压。

(2)定期检查：检查所有只能当变频器停机时才能检查的地方。

(3)部件更换：部件的寿命很大程度上与安装条件有关。

3)日常维护方法

(1)静态测试

①测试整流电路：找到变频器内部直流电源的P端和N端，将万用表调到电阻X10挡，红表棒接到P，黑表棒分别接到R、S、T，应该有大约几十欧的阻值，且基本平衡。相反将黑表棒接到P端，红表棒依次接到R、S、T，有一个接近于无穷大的阻值。将红表棒接到N端，重复以上步骤，都应得到相同结果。如果阻值三相不平衡，可以说明整流桥故障。红表棒接P端时，电阻无穷大，可以断定整流桥故障或启动电阻出现故障。

②测试逆变电路：将红表棒接到P端，黑表棒分别接到U、V、W，应该有几十欧的阻值，且各相阻值基本相同，反相应该为无穷大。将黑表棒接到N端，重复以上步骤应得到相同结果，否则可确定逆变模块故障。

(2)动态测试：在静态测试结果正常以后，才可进行动态测试，即上电试机。在上电前后必须注意检查变频器各接播口是否已正确连接，连接是否有松动，连接异常有时可能导致变频器出现故障，严重时会出现炸机等情况。

(3)检查冷却风扇：变频器的功率模块是发热最严重的器件，其连续工作所产生的热量必须要及时排出，一般风扇的寿命大约为2万~4万h。按变频器连续运行折算，3~5年就要更换一次风扇，避免因散热不良引发故障。

(4)检查滤波电容：中间电路滤波电容：又称电解电容，该电容的作用是滤除整流后的电压纹波，还在整流与逆变器之间起去耦作用，以消除相互干扰，还为电动机提供必要的无功功率，要承受极大的脉冲电流，所以使用寿命短，因其要在工作中储能，所以必须长期通电，它连续工作产生的热量加上变频器本身产生的热量都会加速其电解液的干涸，直接影响其容量的大小。正常情况下电容的使用寿命为5年。建议每年定期检查电容容量一次，一般其容量减少20%以上应更换。

(5)检查防腐剂：因一些公司的生产特性，各电气控制室的腐蚀气体浓度过大，致使很多电气设备因腐蚀损坏(包括变频器)。为了解决以上问题可安装一套空调系统，用正压新鲜风来改善环境条件。为减少腐蚀性气体对电路板上元器件的腐蚀，还可要求变频器生产厂家对线路板进行防腐加工，维修后也要喷涂防腐剂，有效地降低了变频器的故障率，提高了使用效率。在保养的同时要仔细检查变频器，定期送电，电机工作在2Hz的低频约10min，以确保变频器工作正常。

6. 接　地

变频器正确接地是提高控制系统灵敏度、抑制噪声能力的重要手段，变频器接地端子E(G)接地电阻越小越好，接地导线截面积应不小于2mm^2，长度应控制在20m以内。变频器的接地必须与动力设备接地点分开，不能共地。信号输入线的屏蔽层，应接至E(G)，其另一端绝不能接于地端，否则会引起信号变化波动，使系统振荡不止。变频器与控制柜之间应电气连通，如果实际安装有困难，可利用铜芯导线跨接。

7. 防　雷

在变频器中，一般都设有雷电吸收网络，主要防止瞬间的雷电侵入，使变频器损坏。但在实际工作中，特别是电源线架空引入的情况下，单靠变频器的吸收网络是不能满足要求的。在雷电活跃地区，这一问题尤为重要，如果电源是架空进线，在进线处装设变频专用避雷器(选件)，或有按规范要求在离变频器20m的远处预埋钢管做专用接地保护。如果电源是电缆引入，则应做好控制室的防雷系统，以防雷电窜入破坏设备。实践表明，这一方法基本上能够有效解决雷击问题。

七、软启动器的基础知识

软启动器是一种集软启动、软停车、轻载节能和多功能保护于一体的电机控制装备。实现在整个启动过程中无冲击而平滑的启动电机，而且可根据电动机负载的特性来调节启动过程中的各种参数，如限流值、启动时间等。

软启动器于20世纪70年代末和80年代初投入市场，填补了星—三角启动器和变频器在功能实用性和价格之间的鸿沟。采用软启动器，可以控制电动机电压，使其在启动过程中逐渐升高，很自然地控制启动电流，这就意味着电动机可以平稳启动，机械和电应力降至最小。因此，软启动器在市场上得到广泛应用，并且软启动器所附带的软停车功能有效地避免水泵停止时所产生的水锤效应。

(一)基本分类

根据电压可分为：高压软启动器、低压软启动器。

根据介质可分为：固态软启动器、液阻软启动器。

根据控制原理可分为：电子式软启动器、电磁式软启动器。

根据运行方式可分为：在线型软启动器、旁路型软启动器。

根据负载可分为：标准型软启动器、重载型软启动器。

(二)软启动器控制原理

软启动器的基本原理如图7-55所示，通过控制可控硅的导通角来控制输出电压。因此，软启动器从本质上是一种能够自动控制的降压启动器，由于能够任意调节输出电压，作电流闭环控制，因而比传统的降压启动方式(如串电阻启动、自耦变压器启动等)有更多优点。例如，满载启动风机水泵等变转矩负载，实现电机软停止，应用于水泵能完全消除水锤效应等。

(三)启动方式

运用串接于电源与被控电机之间的软启动器，控制其内部晶闸管的导通角，使电机输入电压从零以预设函数关系逐渐上升，直至启动结束，赋予电机全电压，即为软启动，在软启动过程中，电机启动转矩逐渐增加，转速也逐渐增加。软启动一般有以下几种启动方式：

(1)折叠斜坡升压软启动：这种启动方式最简

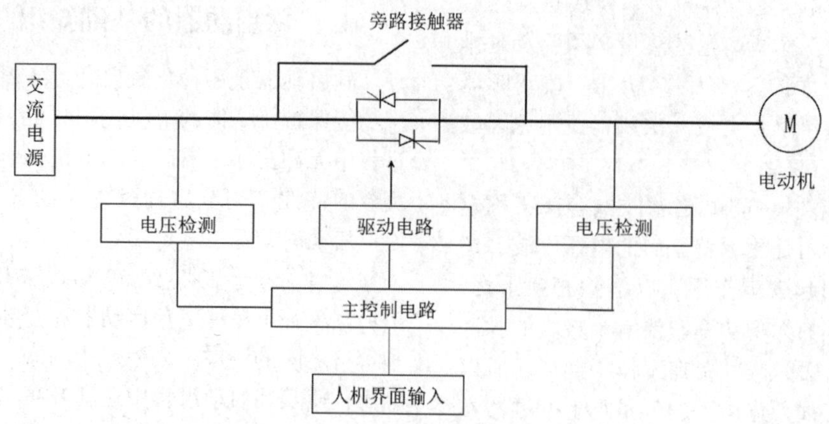

图 7-55 软启动器的基本原理

单，不具备电流闭环控制，仅调整晶闸管导通角，使之与时间成一定函数关系增加。其缺点是，由于不限流，在电机启动过程中，有时要产生较大的冲击电流使晶闸管损坏，对电网影响较大，实际很少应用。

(2)折叠斜坡恒流软启动：这种启动方式是在电动机启动的初始阶段启动电流逐渐增加，当电流达到预先所设定的值后保持恒定，直至启动完毕。启动过程中，电流上升变化的速率是可以根据电动机负载调整设定。电流上升速率大，则启动转矩大，启动时间短。该启动方式是应用最多的启动方式，尤其适用于风机、泵类负载的启动。

(3)折叠阶跃启动：开机，即以最短时间使启动电流迅速达到设定值，即为阶跃启动。通过调节启动电流设定值，可以达到快速启动效果。

(4)折叠脉冲冲击启动：在启动开始阶段，让晶闸管在极短时间内，以较大电流导通一段时间后回落，再按原设定值线性上升，连入恒流启动。该启动方法，在一般负载中较少应用，适用于重载并需克服较大静摩擦的启动场合。

(5)折叠电压双斜坡启动：在启动过程中，电机的输出力矩随电压增加，在启动时提供一个初始的启动电压 U_s，U_s 根据负载可调，将 U_s 调到大于负载静摩擦力矩，使负载能立即开始转动。这时输出电压从 U_s 开始按一定的斜率上升(斜率可调)，电机不断加速。当输出电压达到达速电压 U_r 时，电机也基本达到额定转速。软启动器在启动过程中自动检测达速电压，当电机达到额定转速时，使输出电压达到额定电压。

(6)折叠限流启动：就是电机的启动过程中限制其启动电流不超过某一设定值(I_m)的软启动方式。其输出电压从零开始迅速增长，直到输出电流达到预先设定的电流限值 I_m，然后保持输出电流 I。这种启动方式的优点是启动电流小，且可按需要调整。对电网影响小，其缺点是在启动时难以知道启动压降，不能充分利用压降空间。

(四)软启动折叠保护功能

(1)过载保护功能：软启动器引进了电流控制环，因而随时跟踪检测电机电流的变化状况。通过增加过载电流的设定和反时限控制模式，实现了过载保护功能，使电机过载时，关断晶闸管并发出报警信号。

(2)缺相保护功能：工作时，软启动器随时检测三相线电流的变化，一旦发生断流，即可作出缺相保护反应。

(3)过热保护功能：通过软启动器内部热继电器检测晶闸管散热器的温度，一旦散热器温度超过允许值后自动关断晶闸管，并发出报警信号。

(4)其他功能：通过电子电路的组合，还可在系统中实现其他种种联锁保护。

(五)软启动器与传统减压启动方式的区别

笼型电机传统的减压启动方式有 Y-q 启动、自耦减压启动、电抗器启动等。这些启动方式都属于有级减压启动，存在明显缺点，即启动过程中出现二次冲击电流。软启动与传统减压启动方式的区别是：

(1)无冲击电流：软启动器在启动电机时，通过逐渐增大晶闸管导通角，使电机启动电流从零线性上升至设定值。

(2)恒流启动：软启动器可以引入电流闭环控制，使电机在启动过程中保持恒流，确保电机平稳启动。

(3)根据负载情况及电网继电保护特性选择，可自由地无级调整至最佳的启动电流。适用于重载并需克服较大静摩擦的启动场合，如风机等。

(六)软启动器常见故障及解决方法

1)瞬　停

引起此故障的原因一般是由于外部控制接线有误而导致的。把软启动器内部功能代号“9”(控制方式)的参数设置成“1”(键盘控制)，就可以避免此故障。

2)启动时间过长

出现此故障是软启动器的限流值设置得太低而使得软启动器的启动时间过长，在这种情况下，把软启动器内部的功能代码“4”(限制启动电流)的参数设置高些，可设置到1.5~2.0倍，必须要注意的是电机功率大小与软启动器的功率大小是否匹配，如果不匹配，在相差很大的情况下，野蛮地把参数设置到4~5倍，启动运行一段时间后会因电流过大而烧坏软启动器内部的硅模块或是可控硅。

3)输入缺相

(1)检查进线电源与电机接线是否有松脱。

(2)输出是否接上负载，负载与电机是否匹配。

(3)用万用表检测软启动器的模块或可控硅是否有击穿，及它们的触发门极电阻是否符合正常情况下的要求(一般在20~30Ω左右)。

(4)内部的接线插座是否松脱。

以上这些因素都可能导致此故障的发生，只要细心检测并作出正确的判断，就可予以排除。

4)频率出错

此故障是由于软启动器在处理内部电源信号时出现了问题，而引起了电源频率出错。出现这种情况需要请教公司的产品开发软件设计工程师来处理。主要注意电源电路设计改善。

5)参数出错

出现此故障就须重新开机输入一次出厂值就好了。具体操作：先断掉软启动器控制电(交流220V)用一手指按住软启动器控制面板上的“PRG”键不松，再送上软启动器的控制电，在约30s后松开“PRG”键，就重新输入出厂值。

6)启动过流

启动过流是由于负载太重启动电流超出了500%倍而导致的，解决办法包括：把软启动器内部功能码“0”(起始电压)设置高些，或是再把功能码“1”(上升时间)设置长些，可设为30~60s。还有功能代码“4”的限流值设置是否适当，一般可设成2~3倍。

第二节　机械基础知识

一、机械的概念

机械是机器和机构的总称。

(一)机　器

机器是指由若干构件组合，各部分之间具有确定的相对运动，能够转换或传递能量、物料和信息的机械。机器具有三个共同的特征：由许多构件组合而成；构件之间具有确定的相对运动；能够代替或减轻人的劳动，有效地完成机械功或实现机械能量转换。

(二)机　构

机构是指由若干构件通过活动连接以实现规定运动的组合，各部分之间具有一定的相对运动的机械，用以改变运动方式。机器、仪器等内部为实现传递、转换运动或某种特定的运动而由若干零件组成的机械装置。如机械手表中有原动机构、擒纵机构、调速机构等；车床、刨床等有走刀机构。机构只产生运动的转换，目的是传递或变换运动。机构具备上述介绍的机器的前面两个特征。

(三)构　件

构件是机器的运动单元。一般由若干个零件刚性连接而成，也可以是单的零件。若从运动的角度来讲，可以认为机器是由若干个构件组装而成的。

(四)零　件

零件是机器的构成单元，是组成机器的最小单元，也是机器的制造单元。机器是由若干个不同的零件组装而成的。各种机器经常用到的零件称为通用零件，如齿轮、螺栓等。通用零件中，制定了国家标准并由专门工厂生产的零部件就称为标准件，如滚动轴承、螺栓等。而在特定的机器中用到的零件称为专用零件，如曲轴、叶轮等。按照零件的结构特征可分为：轴套类零件、轮盘类零件、箱体类零件、支架类零件。

机器是由零件构成的。机器与零件是整体与局部的关系，多数机械零件是由金属材料制成的。机械零件材料选择一般原则：满足零件使用性能、工艺性和经济性3方面要求。

零件与构件的区别：零件是制造单元，构件是运动单元，零件组成构件，构件是组成机构的各个相对运动的实体。

机构与机器的区别：机器能完成有用的机械功或转换机械能，机构只是完成传递运动力或改变运动形式，同时机构是机器的主要组成部分。

二、机器的组成

一台完整的机器通常由以下4个部分组成：

(一)原动机部分(动力装置)

原动机部分的作用是将其他形式的能量转换为机械能，以驱动机器各部分的运动，是机器动力的来源。常用的原动机有电动机、内燃机、燃气轮机、液压马达、气动马达等。现代机器大多采用电动机，而内燃机主要用于运输机械、工程机械和农业机械。

(二)执行部分(工作机构)

执行部分处于整个机械传动路线终端，在机器中直接完成具体工作任务。

(三)传动部分(传动装置)

传动部分将原动机的运动和动力传递给执行部分(工作机构)。机器中的传动形式有机械传动、气压传动和电力传动等，其中机械传动应用最多。常见的传动装置有连杆机构、凸轮机构、带传动、链传动、齿轮传动等。传动部分的主要作用如下：

(1)改变运动的速度，即减速、增速或变速。

(2)转换运动的形式，即转动与往复直线运动(或摆动)可以相互转化。

(四)操纵、控制及辅助装置

操纵、控制装置用以控制机器的启动、停车、正反转和动力参数改变及各执行装置间的动作协调等。自动化机器的控制系统能使机器进行自动检测、自动数据处理和显示、自动控制调节、故障诊断、自动保护等。辅助装置则有照明、润滑、冷却装置。

三、机械的常用零部件

(一)轴

轴的作用是传递运动和转矩、支承回转零件。轴的分类如下：

(1)直轴：按承载不同，直轴可分为传动轴，主要承受转矩；心轴，只承受弯矩；转轴，按承受转矩又承受弯矩作用的轴。按轴的外形不同，直轴可分为光轴，即只有一个截面尺寸的轴；阶梯轴，即有两个上的不同截面尺寸的轴。

(2)曲轴：曲轴是内燃机、曲柄压力机等机器中用于往复直线运动和旋转运动相互转换的专用零件。

(3)软轴：软轴具有良好的挠性，它可以将回转运动灵活地传到任何空间位置。

(二)轴　承

轴承用于轴的支承。根据轴承的工作摩擦性质，可分为滑动摩擦轴承和滚动摩擦轴承；根据承受载荷的方向，可分为向心滑动轴承、推力滑动轴承和向心推力轴承三大类。

1. 滑动轴承

滑动轴承的特点是工作平稳、噪声较小、工作可靠、启动摩擦阻力较大。其主要应用于以下场合：工作转速特别高的轴承；承受冲击和振动负荷极大的轴承；要求特别精密的轴承、装配工艺要求轴承部分的场合；要求径向尺小的轴承。

滑动轴承一般由轴承座与轴瓦构成。向心滑动轴承根据结构形式不同，分为整体式和剖分式。安装、维护要点如下：

(1)滑动轴承安装要保证轴在轴承孔内转动灵活、准确、平稳。

(2)轴瓦与轴承孔要修刮贴实，轴瓦剖分面要高出0.05~0.1mm，以便压紧。整体式轴瓦压入时要防止编斜，并用紧固螺钉。

(3)注意油路畅通，油路与油槽接通。刮研时油两边点子要软，以形成油膜，两端点子均匀，以防止漏油。

(4)注意清洁，修刮调试过程中凡能出现油污的机件，修刮后都要清洗涂油。

(5)轴承使用过程中要经常检查润滑、发热、振动问题，偶有发热(一般在60℃以下为正常)，冒死、卡死以及异常振动、声响等要及时检查、分析，采取措施。

2. 滚动轴承

滚动轴承的特点是摩擦较小、间隙可调、轴向尺寸较小、润滑方便、维修简便。但承载能力差、噪声大、径向尺寸大、寿命较短。由于轴承为标准化、系列化零件，且成本低，故应用广泛。

滚动轴承由内圈、外圈、滚动体和保持架组成，安装和维护要点如下：

(1)将轴承和壳体孔清洗干净，然后在配合表面上涂润滑油。

(2)根据尺寸大小和过盈量大小采用压装法、加热法或冷装法，将轴承装入壳体孔内。

(3)轴承装入壳时，如果轴承上有油孔，应与壳体上油孔对准。

(4)装配时，特别要注意轴承和壳体孔同轴。为此在装配时，尽量采用导向心轴。

(5)轴承装入后还要定位，如钻骑缝螺纹底孔时，应该用钻模板，否则钻头会向硬度较低的轴承方向偏移。

(6)轴承孔校正。由于装入壳体后轴承内孔会收缩，所以通常应加大轴承内孔尺寸，轴承(铜件)内孔加大尺寸量，应使轴承装入后，内孔与轴颈之间还能保证适当的间隙。也有在制造轴承时，内孔留精铰量，待轴承装配后，再精铰孔，保证其配合间隙。精铰时，要十分注意铰刀的导向，否则会造成轴承内孔轴线的偏斜。

(三)联轴器

1. 联轴器的作用

联轴器用于轴与轴之间的连接，使他们一起回转并传递扭矩。联轴器大多已经标准化或系列化，在机械工程中广泛应用。

2. 联轴器的分类

联轴器主要分为刚性联轴器和弹性联轴器两类。刚性联轴器分为刚性固定式联轴器和刚性可移式联轴器。刚性固定式联轴器包括凸缘联轴器、套筒联轴器；刚性可移式联轴器包齿式联轴器和万向联轴器。弹性联轴器靠弹性元件的弹性变形来补偿两轴轴线的相对位移。

四、润滑油(脂)的型号、性能与应用

(一)润滑材料的分类

凡是能降低摩擦阻力的介质均可作为润滑材料，目前常见的润滑剂有四种，分别是：

(1)液体润滑剂：包括矿物油、合成油、水基液、动植物油。

(2)润滑油脂：包括皂基脂、无机脂、烃基脂。

(3)固体润滑剂：包括软金属、金属化合物、无机物、有机物。

(4)气体润滑剂：包括空气、氦气、氮气、氢气等。

(二)润滑油的种类

润滑油的种类有很多，这里只叙述水泵机组的用油，通常可分为润滑油和绝缘油两类。这些油中用量较大的为透平油和变压器油。

1. 润滑油

(1)透平油：水泵大容量机组常用的透平油有22号、30号、45号三种，主要供给油压装置、主机组、油压启闭机等。具体选择哪一种油，应根据设备制造厂的要求确定。若未注明，一般采用30号。

(2)机械油：常用的由10号、20号、30号三种，主要用于辅助设备轴承、起重机械和容量较小的主机组润滑。

(3)压缩机油：供空气压缩机润滑。

(4)润滑油脂(黄油)：供滚动轴承润滑。

2. 绝缘油

(1)变压器油：供油浸式变压器和互感器使用，常用的是10号和25号两种。

(2)开关油：供开关用，有10号、45号两种。

(三)润滑油的作用

1. 机械油的作用

(1)润滑：油在相互运动的零部件的空间(间隙)形成油膜，以润滑机件的内部摩擦(液体摩擦)来代替固体间的干摩擦，减少机件相对运动的摩擦阻力，减轻设备发热和磨损，延长设备的使用寿命，保证设备的功能和安全。

(2)散热：设备虽然经油润滑，但还有摩擦存在(如分子间的摩擦)，因摩擦所消耗的功能变为热量，使温度升高。油温过高会加速油的氧化，使油劣化变质，影响设备功能，所以必须通过油将热量带出去，使油和设备的温度不超过规定值，保证设备经济安全运行。

(3)传递能量：水泵叶片液压调节装置、液压启闭机和机组顶机组转子装置等都是由透平油传递能量的，在使用液压联轴器传动大型机组中，透平油还用来传递主水泵的轴功率，从而实现机组的足迹变速调节。

2. 绝缘油的作用

(1)绝缘：由于绝缘油的绝缘强度比空气大得多。用油作为绝缘介质可以大大提高电气设备运行的可靠性，缩小设备尺寸。同时，绝缘油还对棉纱纤维等绝缘材料起一定的保护作用，使之不受空气和水分的侵蚀而很快变质。

(2)散热：变压器线圈通过电流而产生热量，此热量若不能及时排出，温升过高将会损害线圈绝缘，甚至烧毁变压器。绝缘油可以吸收这些热量，在经冷却设备将热量传递给水或空气带走，保持温度在一定的允许值内。

(3)消弧：当油开关接通或切断电力负荷时，在触头之间产生电弧，电弧的温度很高，若不设法将弧道消除，就可能烧毁设备。此外，电弧的继续存在，还可能使电力系统发生震荡，引起过电压击穿设备。

五、机械维修的工具及方法

机械维修常用工具如下：

(1)维修工具：分为划线工具、锉削工具、锯割工具、铲刮工具、研磨工具、校直及折弯工具、拆装工具等。

(2)夹具：分为专用夹具、非专用夹具。

(3)量具：分为普通量具、精密量具、专用量具。

机械设备故障是指整机或零部件在规定的时间和使用条件下不能完成规定的功能，或各项技术经济指标而偏离了正常状况；或在某种情况下尚能维持一段时间工作，若不能得到妥善处理将导致事故。

(一)维修前的准备工作

(1)技术资料准备：如原理图、重要零部件图、组装图、技术参数等；组织拆装准备，如拆除工具、量具、摆放场地、装油器皿等。

(2)拆卸：首先要明确拆卸的目的。其次要确定拆卸方法。常用拆卸方法有机卸法、拉拔法、顶压法、温差法、破坏法。典型的连接件拆卸包括：端头螺钉的拆卸、打滑内六角螺钉拆卸、锈死螺纹的拆卸、组成螺纹连接件的拆卸、过盈连接件的拆卸。

(3)清洗：拆卸后零部件的清洗包括油污清洗、水垢清洗、积碳清洗、除锈和清除漆层。

(4)检验：检验主要内容包括零部件的几何精度、隐蔽缺陷、静动平衡等。检验常用方法包括感觉检验法、测量工具和仪器检验法。

(二)常用的修复工艺

1. 钳工修复

钳工修复方法包括：铰孔、研磨、刮研、钳工修补。铰孔是为了提高零件的尺寸精度和减少表面粗糙度，主要用来修复各种配合的孔。研磨是在零件上研掉一层极薄的表面层的精度加工方法，可得到较高的尺寸精度和形位精度。用刮刀从工件表面刮去较高点，再用标准检具涂色检验的反复加工过程称为刮研。

2. 压力加工修复

压力加工修复法是利用外力在加热或常温下，使零件的金属产生塑性变形，以金属位移恢复零件的几何形状和尺寸。适用于恢复磨损零件表面的形状和尺寸及零件的弯曲和扭曲校正。

3. 焊修修复

1)钢制零件的焊修

一般而言，钢制零件中含碳量越高，合金元素种类和数量越多，可焊接性就越差。一般低碳钢、中碳钢、低合金钢均有良好的可焊性，焊修这些钢制零件时主要考虑焊修时受热变形问题。

2)铸铁零件的焊修

铸铁在机械设备中应用非常广泛，常见的有灰口铸铁(HT)、球墨铸铁(QT)等。铸铁可焊性差，存在以下问题：

(1)铸铁含碳量高焊接时容易产生白口(端口呈亮白色)，既脆又硬，焊接后不仅加工困难，而且容易产生裂纹。铸铁中磷、硫含量较高，也给焊接带来一定困难。

(2)焊接时寒风易产生气孔或咬边。

(3)铸铁零件带有气孔、沙眼、缩松等缺陷时，也容易造成焊接缺陷。

(4)焊接时如果工艺措施和保护方法不当，也容易造成铸铁零件其他部位变形过大或电弧划伤而使工件报废。

六、机械的传动基础知识

机器的种类很多。它们的外形、结构和用途各不相同，有其个性，也有其共性。有些机器是可以将其他形式的能转变为机械能，如电动机、汽油机、蒸汽轮机；有些机器是需要原动机带动才能运转工作，如车床、打米机、水泵。传动的方式很多，有机械传动，也有液压传动、气压传动以及电气传动。

(一)皮带传动

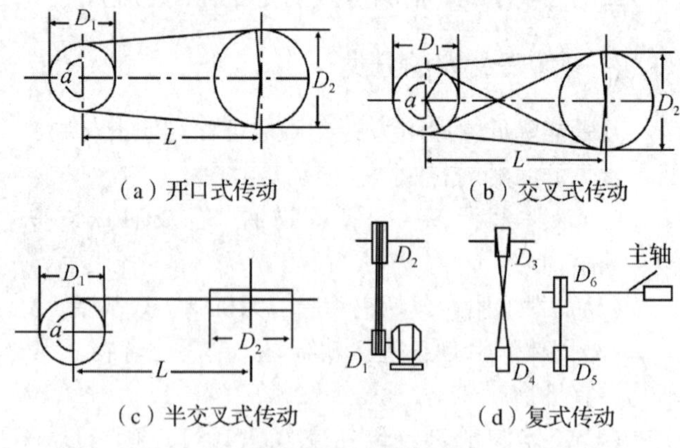

图 7-56 皮带传动

在皮带传动(图 7-56)中，两个轮的转速与两轮的直径成反比，这个比称为传动比，用符号 i 表示，见式(7-56)：

$$i=\frac{n_1}{n_2}=\frac{D_2}{D_1} \tag{7-56}$$

式中：n_1——主动轮转速，r/min；

n_2——被动轮转速，r/min；

D_1——主动轮直径，mm；

D_2——被动轮直径，mm。

如果是由几对皮带轮组成的传动，其传动比可以用式(7-57)计算：

$$i = \frac{n_1}{n_{末}} = \frac{D_2}{D_1} \times \frac{D_4}{D_3} \times \frac{D_6}{D_5} \cdots \qquad (7\text{-}57)$$

若计入滑动率，用式(7-58)表示：

$$i = \frac{n_1}{n_2} = \frac{D_{p2}}{(1-e)D_{p1}} \qquad (7\text{-}58)$$

式中：n_1——小带轮转速，r/min；

n_2——大带轮转速，r/min；

D_{p1}——小带轮的节圆直径，mm；

D_{p2}——大带轮的节圆直径，mm；

e——弹性滑动率，通常 $e=0.01\sim0.02$。

(二)齿轮传动

两轴距离较近，要求传递较大转矩，且传动比要求较严时，一般都用齿轮传动。齿轮传动是机械传动中最主要的一种传动。其形式很多，应用广泛。齿轮传动的主要特点包括：

(1)效率高：在常用的机械中，以齿轮传动效率最高，如一级齿轮传动的效率可达 99%，这对大功率传动十分重要。

(2)结构紧凑：在同样的使用条件下，齿轮传动所需的空间尺寸较小。

(3)工作可靠，寿命长：设计制造正确合理、使用维护良好的齿轮，寿命长达一二十年。这对车辆及再矿井内工作的机器尤为重要。

(4)传动比较稳定：齿轮传动之所以获得广泛应用，就是因其具有这一特点。

齿轮传动分为圆柱齿轮传动和圆锥齿轮传动两种。圆柱齿轮有直齿、斜齿和内齿 3 种，分别如图 7-57(a)、(b)、(c)所示。直齿圆柱齿轮的特点是加工方便，用途较广，但齿上负荷集中，传动不平稳。斜齿圆柱齿轮的特点是传动平稳，载荷分布均匀，但有轴向力产生，因此要用平面轴承。内齿圆柱齿轮传动的特点是两轴旋转方向相同并且占空间小，但加工较困难。圆柱齿轮用在两轴平行情况下的传动。在两轴线相交的情况下采用圆锥齿轮传动。圆锥齿轮有直齿和螺旋齿两种，分别如图 7-57(d)、(e)所示。直齿圆锥齿轮特点是加工方便，但在传动中噪声较大。螺旋齿圆锥齿轮的特点是传动圆滑，噪声小，但加工较复杂。齿轮传动的传动比 i 可用式(7-59)表示：

$$i = \frac{Z_2}{Z_1} = \frac{n_1}{n_2} \qquad (7\text{-}59)$$

式中：Z_1——主动轮齿数；

Z_2——从动轮齿数；

n_1——主动轮转速，r/min；

n_2——从动轮转速，r/min。

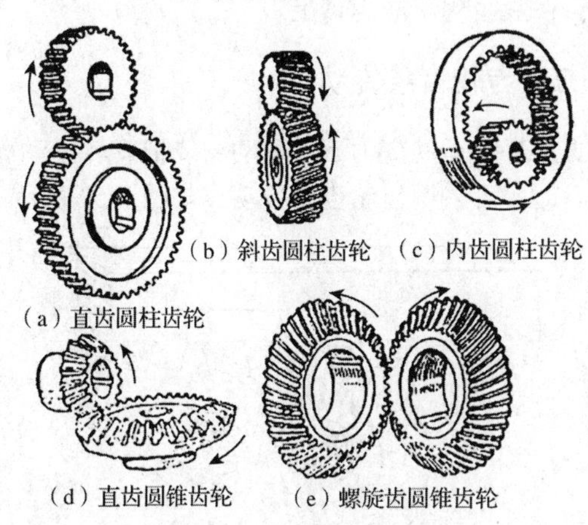

图 7-57　不同齿轮传动示意

(三)链传动

在两轴距较远而速比又要正确时，可采用链传动。链传动的被动轮圆周速度虽然波动不定，但其平均值不变，因此，可以在传动要求不高的情况下代替齿轮传动。

链有滚子链和齿状链两种。在传动速度较大时，一般多用齿状链，因为这种链在传动时声音较小，所以又称为无声链。链传动的传动比和齿轮传动相同。

齿状链传动是利用特定齿形的链板与链轮相啮合来实现传动的。齿形链是由彼此用铰链连接起来的齿形链板组成，链板两工作侧面间的夹角为 60°，相邻链节的链板左右错开排列，并用销轴、轴瓦或滚柱将链板连接起来。齿形链式与滚子链相比，齿形链具有工作平稳、噪声较小、允许链速较高、承受冲击载荷能力较好和轮齿受力较均匀等优点；但结构复杂、装拆困难、价格较高、重量较大并且对安装和维护的要求也较高。

(四)蜗杆蜗轮传动

在两轴轴线错成 90°而彼此既不平行又不相交的情况下，可以采用蜗杆蜗轮传动，如图 7-58 所示。蜗杆蜗轮传动的特点是：蜗杆一定是主动的，蜗轮一

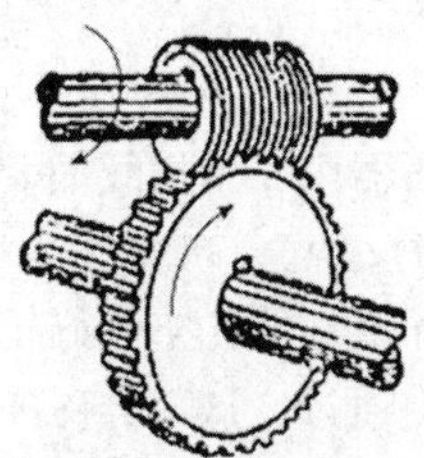

图 7-58　蜗杆传动

定是被动的，因此应用于防止倒转的装置上。但它的最大特点是减速，能得到较小的传动比，且所占的空间小，一般应用于减速器上。

（五）齿轮齿条传动

要把直线运动变为旋转运动，或把旋转运动变为直线运动，可采用齿轮齿条传动，如图 7-59 所示。

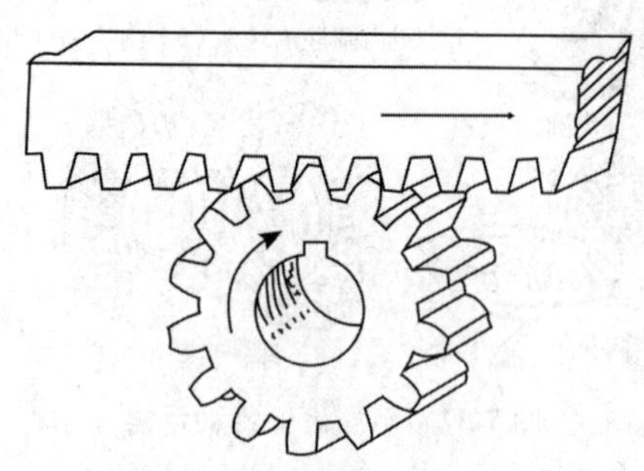

图 7-59　齿轮齿条传动

（六）螺旋传动

要把旋转运动变为直线运动，也可以用螺旋传动。例如，车床上的长丝杆的旋转，可以带动大拖板纵向移动，转动车床小拖板上的丝杆，可使刀架横向移动等，如图 7-60 所示。

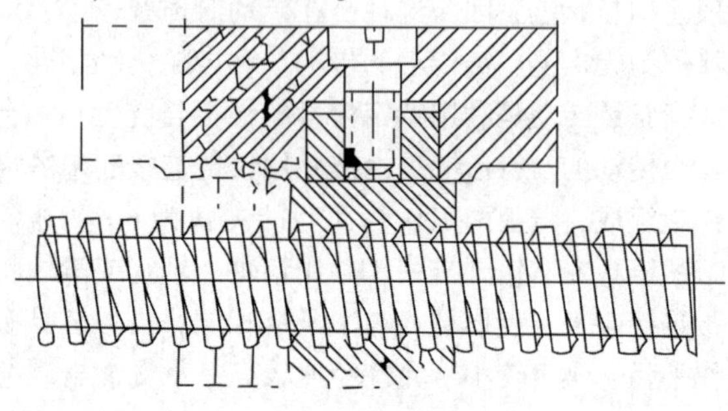

图 7-60　螺旋传动

在普通的螺旋传动中，丝杆转一圈，螺母移动一个螺距，如果丝杆头数为 K，单位为个；螺距为 h，单位为 cm；传动时，丝杆转一圈，则螺母移动的距离 $S=Kh$。

七、电动机的拖动基础知识

（一）基本概念

1. 主磁通

在电机和变压器内，常把线圈套装在铁芯上。当线圈内通有电流时，就会在线圈周围的空间形成磁场，由于铁芯的导磁性能比空气好得多，所以绝大部分磁通将在铁芯内通过，这部分磁通称为主磁通。

2. 漏磁通

当变压器中流过负载电流时，就会在绕组周围产生磁通，在绕组中由负载电流产生的磁通称为漏磁通，漏磁通大小决定于负载电流。漏磁通不宜在铁磁材质中通过。漏磁通也是矢量，也用峰值表示。

3. 磁路的基本定律

磁路的基本定律与电路中的欧姆定律（$E=IR$）在形式上十分相似。即安培环路定律：磁路的欧姆定律作用在磁路上的磁动势 F 等于磁路内的磁通量 Φ 乘以磁阻 R_m。

4. 磁路的基尔霍夫定律

（1）磁路的基尔霍夫电流定律：穿出或进入任何一闭合面的总磁通恒等于零。

（2）磁路的基尔霍夫电压定律：沿任何闭合磁路的总磁动势恒等于各段磁路磁位差的代数和。

（二）常用铁磁材料及其特性

（1）软磁材料：磁滞回线较窄，剩磁和矫顽力都小的材料。软磁材料磁导率较高，可用来制造电机、变压器的铁心。

（2）硬磁材料：磁滞回线较宽，剩磁和矫顽力都大的铁磁材料称为硬磁材料。可用来制成永久磁铁。

（三）铁心损耗

1. 磁滞损耗

磁滞损耗是铁磁体等在反复磁化过程中因磁滞现象而消耗的能量。磁滞指铁磁材料的磁性状态变化时，磁化强度滞后于磁场强度，它的磁通密度 B 与磁场强度 H 之间呈现磁滞回线关系。经一次循环，每单位体积铁芯中的磁滞损耗正比于磁滞回线的面积。这部分能量转化为热能，使设备升温，效率降低，它是电气设备中铁损的组成部分，此现象对交流机这一类设备是不利的。软磁材料的磁滞回线狭窄，其磁滞损耗相对较小。软磁材料硅钢片因而广泛应用于电机、变压器、继电器等设备中。

2. 涡流损耗

导体在非均匀磁场中移动或处在随时间变化的磁场中时，导体内的感生的电流导致的能量损耗，称为涡流损耗。在导体内部形成的一圈圈闭合的电流线，称为涡流（又称傅科电流）。

3. 铁心损耗

铁心损耗是磁滞损耗和涡流损耗之和。

（1）尽管电枢在转动，但处于同一磁极下的线圈边中电流方向应始终不变，即进行所谓的“换向”。

（2）一台直流电机作为电动机运行时，在直流电机的两电刷端加上直流电压，电枢旋转，拖动生产机械旋转，输出机械能；作为发动机运行时，用原动机拖动直流电机的电枢，电刷端引出直流电动势，作为直流电源，输出电能。

(四)直流电机的主要结构

直流电机的主要结构是定子和转子。定子的主要作用是产生磁场转子，又称为“电枢”，作用是产生电磁转矩和感应电动势实现机电能量转换，电路和磁路之间必须在相对运动，所以旋转电机必须具备静止的和转动的两大部分，且静止和转动部分之间要有一定的间隙，此间隙称为气隙。

(五)直流电机的铭牌数据

直流电机的额定值包括：①额定功率 P_N，单位为 kW；②额定电压 U_N，单位为 V；③额定电流 I_N，单位为 A；④额定转速 n_N，单位为 r/min；⑤额定励磁电压 U_{fN}，单位为 V。

(六)直流电机电枢绕组的基本形式

直流电机电枢绕组的基本形式有两种，一种称为单叠绕组；另一种称为单波绕组。单叠绕组的特点：元件的两个端子连接在相邻的两个换向片上。上层元件边与下层元件边的距离称为元件的跨距，元件跨距称为第一节距 y_1(用所跨的槽数计算)。一般要求元件的跨距等于电机的极距。上层元件边与下层元件边所连接的两个换向片之间的距离称为换向器节距 y_c(用换向片数计算)。直流电机的电枢绕组除了单叠、单波两种基本形式以外，还有其他形式，如复叠绕组、复波绕组、混合绕组等。

各种绕组的差别主要在于它们的并联支路，支路数多，相应地组成每条支路的串联元件数就少。原则上，电流较大，电压较低的直流电机多采用叠绕组；电流较小，电压较高，就采用支路较少而每条支路串联元件较多的波绕组。所以大中容量直流电机多采用叠绕组，而中小型电机采用波绕组。

(七)直流电机的励磁方式

(1)他励直流电机：励磁绕组与电枢绕组无连接关系，而是由其他直流电源对励磁绕组供电。

(2)并励直流电机：励磁绕组与电枢绕组并联。

(3)串励直流电机：励磁绕组与电枢绕组串联。

(4)复励直流电机：两个励磁绕组，一个与电枢绕组并联；另一个与电枢绕组串联。

直流电机负载时的磁场及电枢反应当直流电机带上负载以后，在电机磁路中又形成一个磁动势，这个磁动势称为电枢磁动势。此时的电机气隙磁场是由励磁磁动势和电枢磁动势共同产生的。电枢磁动势对气隙磁场的影响称为电枢反应。

(八)感应电动势和电磁转矩的计算

1. 感应电动势的计算

先求出每个元件电动势的平均值，然后乘上每条支路中串联元件数。直流电机感应电动势的计算公式是直流电机重要的基本公式之一。感应电动势 E_a 的大小与每极磁通 Φ(有效磁通)和电枢转速的乘积成正比。如不计饱和影响，它与励磁电流 I_f 和电枢机械角速度乘积成正比。

2. 电磁转矩的计算

电磁转矩计算公式也是直流电机的另一个重要基本公式，见式(7-60)，它表明：电磁转矩 T_e 的大小与每极磁通 Φ 和电枢电流 I_a 的乘积成正比。或：如不计饱和影响，它与励磁电流 I_f 和电枢电流 I_a 的乘积成正比。

$$T_e = 2p\frac{Z}{4\pi a}I_a\Phi = \frac{pZ}{2\pi a}\Phi I_a = C_T\Phi I_a \quad (7\text{-}60)$$

式中：T_e——电磁转矩，N·m；

p——磁极对数；

Z——电枢绕组的全部导体数；

a——电枢绕组的支路数；

I_a——电枢电流，A；

Φ——磁通，Wb；

C_T——转矩常数。

3. 几个重要关系式

直流电机感应电动势 E_a 的计算公式为：

$$E_a = C_e\Phi_n \quad (7\text{-}61)$$

直流电机电磁转矩 T_e 的计算公式为：

$$T_e = C_T\Phi I_a \quad (7\text{-}62)$$

电动势常数 C_e 的计算公式为：

$$C_e = \frac{pZ}{60a} \quad (7\text{-}63)$$

转矩常数 C_T 的计算公式为：

$$C_T = \frac{pZ}{2\pi a} \quad (7\text{-}64)$$

电动势常数 C_e 与转矩常数 C_T 的关系表示为：

$$C_T = 9.55C_e \quad (7\text{-}65)$$

电动机电枢回路稳态运行时的电动势平衡方程式为：

$$U = E_a + R_aI_a,\ E_a = C_e\Phi_n \quad (7\text{-}66)$$

式(7-61)~式(7-66)中：

E_a——感应电动势，V；

C_e——电动势常数；

Φ——磁通，Wb；

a——并联支路数；

U——平衡电动势，V；

R_a——电动机电阻，Ω；

I_a——电枢电流，A。

4. 直流电动机的工作特性

指端电压 $U=U_N$（额定电压），电枢回路中无外加电阻、励磁电流 $If=If_N$（额定励磁电流）时，电动机的转速 n、电磁转矩 T_e 和效率 η 三者与输出功率 P_2 之间的关系。

1）并励直流电动机的工作特性

（1）转速特性计算公式见式(7-67)：

$$n=\frac{U_s}{C_e\Phi}-\frac{(I_s-I_r)R_s}{C_e\Phi} \tag{7-67}$$

式中：n——电动机转速，r/min；

U_s——电动机外加直流电压，V；

C_e——电动机结构常数；

Φ——电动机每极磁通量，Wb

I_s——供给电动机的总电流，A；

I_r——电动机并励磁电流，A；

R_s——电动机电枢绕组直流电阻，Ω。

（2）转矩特性计算公式见式(7-68)：

$$T=C_T\Phi I_a \tag{7-68}$$

式中：C_T——转矩常数；

Φ——电动机每极磁通量，Wb；

I_a——电枢电流，A。

（3）电磁转矩也可以表示为效率特性，计算公式见式(7-69)：

$$\eta=\frac{P_2}{P_1}\times 100\% \tag{7-69}$$

式中：P_1——电动机的输入功率，kW；

P_2——电动机的输出功率，kW。

电机励磁损耗、机械损耗、铁耗等于电枢铜耗时，效率大。

2）串励直流电动机的工作特性

串励电机不允许在空载或负载很小的情况下运行。

5. 直流发电机的工作特性

（1）空载特性：当他励直流发电机被原动机拖动，$n=n_N$ 时，励磁绕组端加上励磁电压 U_f，调节励磁电流 I_{f0}，得出空载特性曲线 $U_0=f(I_0)$

（2）负载运行：无论他励、并励还是复励发电机，建立电压以后，在 $n=n_N$ 的条件下，加上负载后，发电机的端电压都将发生变化。

6. 直流发电机的换向

1）换向的电磁现象

（1）电抗电动势：在换向过程中，元件中电流方向将发生变化，由于电枢绕组是电感元件，所以必存自感和互感作用。换向元件中出现的由自感与互感作用所引起的感应电动势，称为电抗电动势。

（2）电枢反应电动势：由于电刷放置在磁极轴线下的换向器上，在几何中心线处，虽然主磁场的磁密等于零，可是电枢磁场的磁密不为零。换向元件切割电枢磁场，产生一种电动势，称为电枢反应电动势。

2）改善换向的方法

改善换向一般采用以下方法：装设换向磁极，即在位于几何中性线处装换向磁极。换向绕组与电枢绕组串联，在换向元件处产生换向磁动势抵消电枢反应磁动势。大型直流电机在主磁极极靴上安装补偿绕组，补偿绕组与电枢绕组串联，产生的磁动势抵消电枢反应磁动势。

第三节　城镇排水地理信息系统的应用知识

一、排水管网GIS建设的必要性

城市排水系统是保证城市正常运行和维护城市环境的生命线，他的基本功能是及时排除城市内生活和生产产生的污水，使城市保持清洁。作为城市水循环系统的一部分，它起到水量调蓄渠道的作用，以避免污水和雨水在城市内积累，与山地排洪沟、城市内湖泊和内河、防洪堤坝一起消减积水和洪涝灾害对城市的威胁。同时它也是城市环境污染和净化的平衡渠道，通过水流将污染物收集输送到污水处理设施，避免大量污染物集中排入水体，对环境造成难以恢复的破坏。

我国许多城市目前面临着大量人口的迁移和土地开发状况与使用情况的迅速变更，这些情况促使排水系统在内的城市基础设施建设如火如荼地进行。据建设部统计数据显示，近年来，我国市政排水系统相对较完善的城市用于排水系统建设的固定资产投资金额居高不下，而城市排水系统建设相对落后的地区投资金额大体上呈逐年递增之势。

在国内许多城市，还存在排水系统基础数据不全、档案保存方式落后、信息获取手段效率低、日常清通维护不能到位和紧急事故处理无法及时等问题。一些城市缺乏排水设施的竣工图等资料，给城市日常管理和城市规划建设带来诸多不便；以图纸形式保存排水管网资料，需要占用大量的储存空间且易发成破损和遗失，保存精度不高，信息检索不变，而且不利于不同部门、不同地域之间的数据传送和共享；对新建和已建管道采用传统的勘测手段，数据获取和更新效率低，不利于资料与现状保持一致；管网监测手段落后，不能及时掌握管道安全状况和管道内水流水质情况，对事故的发现和处理速度难以提高。现有管理水平和效率难以适应城市高速度、高品质的发展要求。

信息化管理技术为解决上述问题提供了一条有效的途径。排水管网信息化管理的主要内容包括：建立污水处理厂的自动化控制系统；建立计算机辅助调度系统；建立管网地理信息系统；建立管网数学模型系统；建立大流量污水排放用户管理系统；建立客户服务系统；建立企业网络系统；建立计算机辅助决策系统等。

信息化技术的应用为城市排水管网管理带来了巨大的变革：提高了数据收集速度，同时提高了可靠性、准确性、精准度；改变了管网资料的存储方式，使资料存储、检索、更新更方便；提高了管理人员对管网系统运行状况掌握的效率和程度，管理人员能够及时准确地获取信息且对系统运行中的突发事件具有更充分的反应时间，可选择更多的处理方案；变革了管理运行方式，自动化办公系统使管理人员告别了传统的管理手段和方法；对被管理对象的操作方法从传统的依靠经验转化为依靠数学模型、智能决策系统。可靠性、及时性得到提高；变革了地域和部门之间的数据交流方式，使管网管理突破了空间距离的桎梏，让信息的实时更新和共享成为可能。综上所述，对城市排水管网进行信息化管理对提高城市管理水平、维护城市安全运行、改善城市环境具有重要意义。

二、城市排水管网 GIS 概述

地理信息系统是以采集、存储、管理、描述、分析地球表面及空间和地理分布有关的数据信息系统。它是以计算机为工具，且具有地理图形和空间定位功能的空间型数据管理系统。地理信息系统管理对象是地理信息数据，GIS 对现实世界中存在的实物，根据一定的原则进行抽象模拟，它在图形界面中通过符号反映实物的空间关系。对符号进行空间分析的结果，可以反映现实地理实体之间的度量、方位和关联关系。它与一般管理信息系统相比，能对面积、长度、密度、分布特征以及地理实体之间的关系进行运算，另一方面，它具有图形和图像数据的显示、编辑、输入、输出及格式转化等功能。

GIS 作为一种空间查询和数据分析工具，空间分析功能是它的本质特征，GIS 的空间分析是基于地理对象空间布局的地理数据分析技术，包含对空间地理对象的认知、解释、预报、宏观决策与控制 4 个由深到浅的层次，有效获取空间数据，并对其进行科学的组织描述，利用数据再现事物本身。解释、预报、宏观决策与控制表示利用空间数据描绘和预测事物的深层规律，并在此基础上针对空间事件作出合理决策，这一功能使它对现实世界的模拟更加准确和深入，既可以准确地表达实体之间的距离、方位、关联等空间关系，又可以在此基础上引入新的概念，如在网络中为边引入权重的属性，模拟管网中的量、电子元件之间的电阻等，使系统向专业分析工具又迈进了一步。自地理信息系统问世以来，随着其自身及相关学科，如计算机制图技术、数字图像处理、数据库管理系统等的发展，它已逐渐渗透到测绘、资源环境、土地管理、设施管理、军事和商业领域。进入 20 世纪 90 年代以后，我国许多行业纷纷投资与实用性地理信息系统的建设，特别是在城市建设、城市管理方面的地理信息系统已成为人们普遍关注的热点。

城市排水管网地理信息系统就是利用 GIS 技术和给排水专业技术相结合，集采集、管理、更新、综合分析与处理城市排水管网系统信息等功能于一身的应用系统。通过排水管网地理信息系统，可以方便地检索、更新和维护排水管网基础设施资料，从而提高管理部门对管网系统现状的了解程度，加快管理部门对管网系统事故的反应速度、丰富应对事故的方法。城市排水管网地理信息系统首先应具有地理信息系统的基本功能，如数据的存储、编辑、导入和输出等，提高管网数据存储和管理效率。它可向管网模拟、调度、决策等系统提供运行所需的基础数据，并保存它们运行的结果。此外，它应具备空间分析及其他功能，以满足排水管网管理工作中对数据处理效果和格式的特殊要求。目前国内已有不少城市对利用地理信息系统管理城市排水管网系统进行了积极的探索和试验，取得了不少宝贵的经验。

未来地理信息技术的发展将使其在排水管网管理中的应用能够更加广泛。主要有以下几个方面：将 GIS 扩展至多维分析，以三维可视化等方式提高管理水平；GIS 与 RS、GPS 相结合，将后者作为高效的数据获取手段；越来越多地利用声音、图像、图形等多媒体数据；进一步与互联网相结合，使排水管网的地理信息数据可以突破空间的局限，在更大范围内获取和查询。

三、城市排水管网 GIS 系统应用需求

建立排水管网 GIS 系统，对城镇排水设施进行管理，应从基本管理需求出发，对系统内容进行梳理、分类，以便确定系统建设的内容、技术路线、实现方式。结合我国排水设施管理，其管网 GIS 系统应用需求主要有以下方面(图 7-61)。

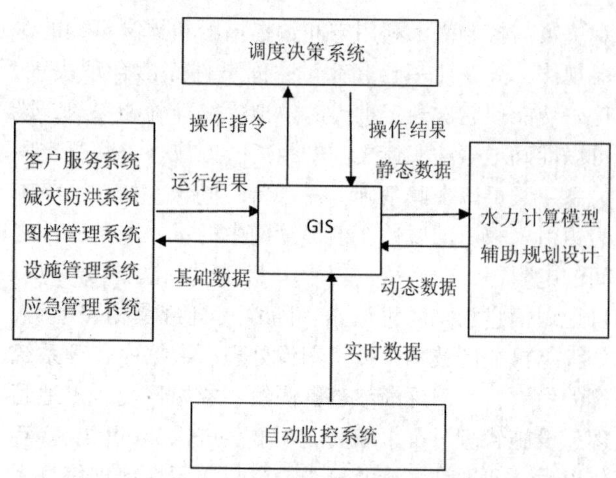

图 7-61 GIS 在城市排水管网信息化管理中的作用

1. 利用 GIS 数据管理功能建立资产管理系统

这类系统利用 GIS 对排水管网及其外部环境中的影响因素进行描述和模拟，帮助管理者掌握管网空间分布的信息、管网在外部影响因素作用下的变化趋势甚至定量计算其变化程度，利用对象属性存储管理所需的数据，并可生成图形、表格、图像等对空间和属性数据进行分析表达。这类系统的数据结构合理与否是系统性能的决定因素。

2. 结合 GIS 空间分析功能开发应用模型

应用模型是基本空间分析功能的组合，它的设计水平和应用程度决定了这类系统的功能是否强大，而模型与空间数据库的结合方式影响到系统性能的优劣。由于空间分析算法专业性太强，开发难度较高，此类应用系统的发展受到了限制。

3. 与模型、在线监测、调度系统实时交换数据

GIS 为管网模型、在线监测、调度等系统提供运行所需要的基础数据，并能储存和更新其他几类系统运行结果。要保证数据在不同系统之间顺利交换，需要解决数据共享问题，目前不同的 GIS 平台具有各自的数据格式，缺乏完善统一的数据标准，不同 GIS 平台之间需要借助格式转换程序或其他方式完成格式转换，而 GIS 与模拟软件、在线监测系统、调度系统等的数据兼容问题也将影响到这类系统的开发和应用，另一个突出问题是 GIS 数据的动态更新。目前国内大中城市排水管网随城市建设迅速扩展或更新，随之而来的是管理系统需要接受和处理的数据庞大、更新速度快。如何保持地理信息数据的现势性，直接影响到管网管理工作的好坏。

4. 在 GIS 空间数据库的基础上扩展数据库

GIS 数据库主要用于描述排水管网及其外部环境中具有空间坐标和形态的对象，在此基础上，可以根据管理需要扩展新的数据库，并与原空间数据库保持数据共享，如开发管网清通维护管理系统、管网施工图管理系统等。这一类应用模式须解决管理系统的数据存储、检索和更新问题。例如，因管理部门具体条件不同，图档管理系统的管理对象可能包括不同年代、不同介质、时效性不一的图纸资料，如何解决不同格式数据的共存问题，是数据结构设计的一大重点。另一个问题是对于数据量大、数据更新频繁的系统如何进行性能优化，以保证系统的运行效率。

5. 开发模拟、预测、智能决策等功能模块

GIS 对空间事物的锁拟、预测乃至智能决策功能目前还处于研究和试验阶段，投入实际应用的实例还不多见。这类系统功能的发挥需建立在良好的数据结构和精确的数据质量基础之上。因此，在不断探索 GIS 应用广度和深度的同时，不断提高数据获取精度，研究数据校核和检验手段，改进数据存储性能和管理效率是十分必要的。

四、城市排水管网 GIS 系统功能要求

城市排水管网地理信息系统软件作为一种专业管理工具，总体目标在于提高城市排水管网管理水平和效率，根据管理工作的需要，它应满足以下要求：

提供管网数据的检索手段；直观反映管网的分布状况，并能提供管网平面和高程布置的分析手段作为规划、设计和施工的依据；反映管网在运行中的变化规律和趋势，包括管网材料本身的损耗和管网内水流流量和水质的变化情况，为管网的运行调度提供数据依据；提供将常用格式的原始数据录入系统的途径，并能与已经建立在其他软件平台上的系统交换数据；能作为日常清通维护和事故处理的管理平台，进行原因分析、人员调度、信息记录等操作；能与管网模型、在线检测等系统交换数据。

(一)基本功能

根据以上要求，城市排水管网地理信息系统首先应具备地理信息系统的基本功能。

1. 具有数据录入和编辑的多种方式

可通过点击图形录入或编辑相应的对象数据，也可通过链接到数据存储文件进行操作。属性数据可通过属性列表中直接输入，也可从其他格式数据库或文本文件中批量导入。

2. 图形编辑

可进行图形的增加、删除、移动、复制，线条的拉长和缩短，以及多边形边界修改等操作。系统能自动维护相应空间数据与其保持一致。

3. 数据格式转换

系统可与常用数据输入输出设备和其他常用软件系统交换不同格式数据。

4. 查询分析

排水管网GIS系统通常具备多样的查询方式，既可通过窗口选择、缓冲区分析、拓扑分析等操作选择查询对象，也可通过对属性值设置限制条件，如面积大于给定值，或长度等于给定值时进行查询。查询依据既可以是单一条件，也可以由多个条件复合而成。

地理信息数据的查询与一般信息系统的查询方式类似，通常可以利用数据属性进行单一属性查询、组合属性查询、结构化查询等，由于数据具有空间属性的特点，还可以利用数据之间的空间位置关系进行查询。

排水管网数据通常与城市基础地形图数据相叠加使用，城市基础地形图数据通常包括以下基本内容：居民地、道路及附属设施、水系及附属设施、境界、植被、名称注记(POI点)。

为实现对信息的快速查询，系统通常提供信息查询模块，并实现了空间查询、按材质查询、按管径查询、按埋设日期查询、按属性查询等多种形式的查询模式，使用户能够通过管线与管点的某一类信息进行详细信息的查询，为快速地了解管网信息、实现决策支持提供了基础工具。

(1)空间查询：系统具备图上划定区域范围进行信息查询的工具，并提供了拉线查询、矩形查询、圆形查询、自定义图形查询等多种空间查询的方式，用户选择要进行查询的信息图层，并可根据自己的需求进行查询方式的选择，同时可通过添加过滤条件，对空间图形内查询到的信息进行筛选，获取用户需要的信息。

(2)按材质查询：系统具备按材质进行查询的功能，用户提供要查询某类材质的管线数据的详细信息与位置时，可通过按材质查询选择要查询的管线类型与管线的材质类型，获取该类材质的所有管线的详细信息。

(3)按管径查询：系统具备按管径进行查询的功能，用户提供要查询某类管径的管线数据的详细信息与位置时，可通过按管径查询选择要查询的管线类型与管线的管径类型，获取该类管径所有管线的详细信息，并可通过点击条件进行数据在地图上的定位。

(4)按埋设日期查询：系统具备按埋设日期进行查询的功能，用户提供要查询某个埋设日期的管线数据的详细信息与位置时，可通过按埋设日期查询选择要查询的管线类型与管线的埋设日期，获取埋设日期为该日期的所有管线的详细信息，并可通过点击条件行进行数据在地图上的定位。

(5)按属性查询：系统具备按属性进行查询的功能，用户提供要查询满足该属性条件的管线数据的详细信息与位置时，可通过选择要查询的数据图层、构建查询条件，选择要查询的属性字段与属性值，获取满足该查询条件的所有管线的详细信息，并可通过点击条件行进行数据在地图上的定位。

5. 空间分析

基本空间分析包括几何分析、网络分析、空间统计分析等，它是地理信息系统软件对现实世界中的变化和运行过程进行模拟和决策分析的基础。

6. 数据输出

数据及其分析结果应能根据用户设置，以图纸形式输出。

(二)特殊功能

在满足基本功能的基础上，城市排水管网地理信息系统还应针对专业管理的需要，具备一些特殊功能，如：

(1)管理施工图纸资料，它是管理人员掌握管网现状的依据，也是城市规划建设的重要基础资料。

(2)利用数据库中的数据，自动生成管道断面图、管段剖画图、工作报表，以及反映管网数量、空间分布等变化的各种统计图表，作为管理工作的主要依据。

(3)针对排水管网日常管理中，管网空间定位、空间分布特征分析等需要，在空间分析基本功能基础上，软件应具备距离测量和面积量算等几何量算能力，并满足排水管网管理工作中的特殊要求。

(4)针对排水管网中特殊的管理对象及其变化特征，实现对管网运行和变化的模拟、预测、辅助决策。

五、排水管网GIS基础数据维护

(一)管网数据组成及属性

城市排水管网系统是收集、输送城市生活污水、工业废水和降水的一系列工程设施的总称，包括地下管道、暗渠、明渠、检查井、雨水口、排水口、雨污水泵站和各种检测仪表等要素。了解排水管网的组成及其相互关系，是建立排水管网GIS最基础的工作之一。通过对城市排水管网GIS数据类型、特点及其相互关系进行研究，整理出城市排水管网地理信息系统的数据管理要素主要有以下方面：

1. 管道和沟渠

管道和沟渠是水流的通道，每两个检查井或其他附属构筑物之间的部分为一个管段或渠段。

长度、断面形状及断面尺寸共同决定了管段或渠段耗材量。其中长度相当于水在管渠中流动的距离，不同的断面形状使管渠具有不同的抗荷载能力，断面形状和尺寸决定了管渠的过水能力。

排水管道材料应满足抗荷载、抗腐蚀、抗冲刷、防渗漏的作用。不同的材料水流存在不同的阻力系数。

管道的覆土厚度应能保证管线敷设在当地土壤冰冻深度以下，并能分散传递地面荷载以保证管道不受地面荷载破坏。管道的埋设深度还应保证建筑物内部的管线能与街道上管线衔接。

2. 检查井

检查井的主要作用是衔接管段，也是人员进行管道维护的场所。

检查井要考虑上下游管道衔接时的高程关系问题，既要尽可能提高下游管段高程，以减少管道埋深，降低造价，又要避免上游管段中形成回水而造成淤积。

在某些特殊位置普通检查井的基础上添加特殊结构，以满足管网安全运行的需要，如针对管道安全运行设置的临时阻断水流的闸槽等结构。

3. 雨污泵站

当遇到下游管段埋深过大，或排放的水体洪水位较高，导致出水口可能被洪水淹没时，往往设置泵站对污水或雨水进行提升。

雨污水泵的类型和数据根据泵站的设计流量确定，设置机组较多时可根据实际管道排水量灵活布置，满足输送要求。污水泵站中还要设置格栅、水位控制器、计量设备、引水装置、反冲洗设备、排水设备、采暖与通风设施起重设备等辅助设施。

4. 雨水口

雨水口是在雨水管渠或合流管渠上收集雨水的构筑物，一般应设在交叉路口、路侧边沟的一定距离处以及没有道路边石的低洼地区，以保证迅速有效收集地面雨水，防止雨水漫过道路或造成道路及低洼地区积水而妨碍交通。

雨水口的形式和数量通常按汇水面积所产生的径流量和雨水口的泄水能力确定。

5. 排水口

排水管渠排入水体的位置和形式，根据污水水质、下游用水情况、水体的水位变化幅度、水流方向、波浪情况、地形变迁和主导方向等因素确定。既要在排出口高度、污水与水体水混合情况等方面保证污水顺利排放，又要避免排放口设置不当造成的水源地被污染等情况。

(二) 排水管网数据特点

城市排水管网在空间分布、几何尺寸、各组成部分连通关系和属性变化规律上存在着一些特点，如下所述：

1. 空间分布特征

最大和最小间距要求：城市排水管网在平面和高程上需要满足一些最大和最小间距要求，例如，为了保证污水和雨水的收集效果，构筑物和雨水口之间的间距有一定要求，污水管道上检查井距离按设计规范一般不超过 50m，道路上雨水口的间距按设计规范一般为 25~50m；而管线与两侧建筑物要满足最小间距要求，以免与建筑物地基沉降对管线造成影响；平行和交叉的管线也要保持一定的间距，避免相互之间的影响，在管线的高程分布上同样有最小覆土厚度、最大埋深的要求。

平面分布上呈现地域差异性：排水管网密度取决于地面设施产生的污水和雨水及时排放的需要，越是靠近市中心、人口密集的地方污水产量越大，敷设的管网密度也大。因此排水管网随人口密度的不同而变化，在市中心地区密集，在郊区人们活动少的地区稀疏。

高程分布上呈现渐变性城市排水管网一般采用重力流系统，管线的布置大体上从上游向下游逐渐降低。只有在采取压力机或设置提升泵站的地方，管线标高才会突然增大。

2. 几何尺寸特征

排水管道在建造时，断面尺寸按照某一标准取值，如管径以 100mm 逐级递增，在数值上不是连续变化，大体上沿水流方向会逐渐变化。由于排水管网从上游到下游设计流量依次增大，在一般情况下，为满足污水和雨水的输送要求，管道的断面尺寸沿水流方向会逐渐增大。只有在管线突然增大、沿途设有污水提升泵站等情况下，可能出现下游管段比上游管段断面尺寸小的情况。

3. 连通关系特征

排水管网是一个连通的系统，在它互相连通的各个环节之间，往往存在着比较固定的数量对应关系。每个检查井上游可能有一条或多条进井管，而下游出井管一般只有一个。

4. 属性变化特征

临近地段的管段材料、养护手段等往往相同。在同一条街道、同一片小区内，排水管道一般采用相同的材料，当管线穿越铁路或有其他特殊要求时才会改变个别管段材料。

(三) GIS 数据基本要求

排水管网 GIS 数据最重要的组成是检查井及管线数据，分别为点、线数据。这两个数据必须具有“代码”属性项，代码具有唯一性且代码不得为空值。

数据的属性应包括空间位置信息及设施基础信

息，基础信息的设计应满足日常管理需要。全部数据应采用统一的坐标系统，对于不同坐标系统的数据，应将坐标转换为相同的坐标系统。

数据录入使用的测绘成果，应满足《城市地下管线探测技术规程》(CJJ 61—2003)的规定。排水管线数据录入应先按照坐标录入点数据，再按照管线流向、连接关系录入线数据。数据的空间位置、属性内容应与图纸资料的内容一致，属性数据参见表7-26。数据录入后应进行逻辑关系检查，对空间数据正确性进行校核。

表7-26　《城市地下管线探测技术规程》数据录入标准规范

排水管道			
中文字段名	类型	字段长度	备注
管道代码	文本	9	按照编码标准，统一编码
使用性质	文本	10	雨水、污水、合流
结构形式	文本	10	圆形、方沟、拱沟
管径	文本	20	圆形管道为管径，方形或其他为宽度×高度
管宽	数字	4，0	方形管道的宽度（单位：mm），圆形管道为管径
管高	数字	4，0	方形管道的高度（单位：mm），圆形管道为管径
条数	数字	4，0	双排以上管道的数量
特殊管段	文本	20	倒虹吸、并排管、无下游
上游井代码	文本	8	
下游井代码	文本	8	
上游地面高	数字	8，2	单位：m
下游地面高	数字	8，2	单位：m
上游管底高	数字	8，2	单位：m
下游管底高	数字	8，2	单位：m
坡度	数字	8，2	
管道等级	文本	10	主管、支管、连管、接户管
管道材质	文本	20	混凝土、砖砌、塑料、缸瓦、其他
使用状态	文本	20	规划、设计、实施、使用、报废
管道长度	数字	8，2	
所属流域	文本	20	管道所属流域名称
所在位置	文本	30	管道所在道路名称、或标志性地物名称
起点位置	文本	30	管线起点所在道路、或标志性地物名称
止点位置	文本	30	管线末端所在道路、或标志性地物名称
项目编号	文本	10	设施编号、计算机号

（续）

雨水口			
中文字段名	类型	字段长度	备注
雨水口代码	文本	8	按照编码标准，统一编码
支管代码	文本	8	雨水口下游支管代码
形式	文本	10	偏沟式、平箅式、联合式
箅子类型	文本	10	单箅、双箅、多箅
箅子数量	数字	10	
箅子材质	文本	10	混凝土、铸铁
箅子规格	文本	30	描述箅子的型号规格：如95mm×44mm
雨水口支管			
中文字段名	类型	字段长度	备注
雨水口支管代码	文本	8	按照编码标准，统一编码
雨水口代码	文本	8	
下游井代码	文本	8	
管径	数字	10	单位：mm
长度	数字	8	单位：m

(四)检查井与管线数据的编码分配原则

(1)排水管道为线数据，其基本属性中必须包含管道上游井号、下游井号，该井号为相关联的检查井代码。

(2)对于新建设施，按照先主线后支线的顺序，自管道下游至上游从小到大分配顺序码。

(3)设施报废或拆除后，原有编码保留，不重新进行分配。

(4)设施改建位置后，新增的检查井、管道重新进行编码分配，相连接的未变化管道更新上下游井代码。

六、排水管网电子地图

将排水管道、检查井的空间分部信息和所在区域的地形图、影像图等基础信息进行动态叠加，可以为排水管网数据的显示、查询、管理与分析提供排水管网电子地图。利用GIS技术统一存储和管理空间数据的特点，将基础地理信息和管网空间数据集成并动态显示在地图上，通过数据分层直观体现数据表达对象的不同，有序地管理排水管网相关的数据，为排数管网管理提供功能强大的电子地图。

七、排水管网GIS数据安全管理

采用用户标识和鉴别信息对用户合法性和使用权限进行鉴定是信息系统常用的方法。

排水管网地理信息系统中，针对不同的用户需求，设定数据操作员、管网维护调度人员、图档资料管理员等不同角色，各种角色对应不同的检索权限和操作功能权限，如数据操作员可进行数据的输出、输入及编辑操作，不能调用权限以外的数据和模块；管网维护调度人员如果在操作过程中对管网数据有疑问，或者发现错误，可以对问题进行记录，但数据必须在校核后由专人修改，这样也可以防止误操作带来数据损失，这些权限可由系统管理员根据需要授予或撤销，用户根据工作需要选择相应的用户角色进入系统，这样既有利于满足不同用户的需要，也有利于整个系统安全性的维护。

数据备份和恢复：数据库在运行中，经常可能由于事务处理漏洞或信息阻塞以及存储介质发生故障等原因，对存储数据的完整性造成危害，因此数据的备份和恢复是维护系统运行、保证数据安全的重要途径。

自动备份能避免系统故障或误操作造成的损失，然而，数据备份内容、频率等参数不宜采用固定的设置，若数据存储范围过广、频率过高，将造成系统资源的浪费，若存储数据范围太窄、频率过低，则不能发挥足够的效果。此外，为尽量减少可能发生的介质损坏带来的损失，数据备份应与数据存储在不同的硬盘分区或不同的介质。因此，系统应为用户保留备份数据范围频率和存储位置的设置权利。

八、基于GIS的排水设施巡查管理

城市排水管网在日常运行过程中，会出现影响排水设施安全运行的外界因素，因此必须加强对排水设施的巡查管理。巡查人员的工作涉及的内容较多，事件报送的时效性要求较高，因此需建立一套定位与信息事件实时报送相结合的排水设施巡查管理信息系统。系统应结合 GPS 全球卫星定位技术和无线通信技术，利用巡查人员手持 PDA 设备，将巡查信息、调度信息等通过无线网络在现场端和监控系统控制总台之间双向传递，既实现对巡查事件的快速收集和有效调度，又实现对巡查人员工作的全方位掌控；既解决了巡查事务性工作难以管理的问题，又便于对巡查人员进行绩效考核，突破传统管理模式的限制(图 7-62、图 7-63)。

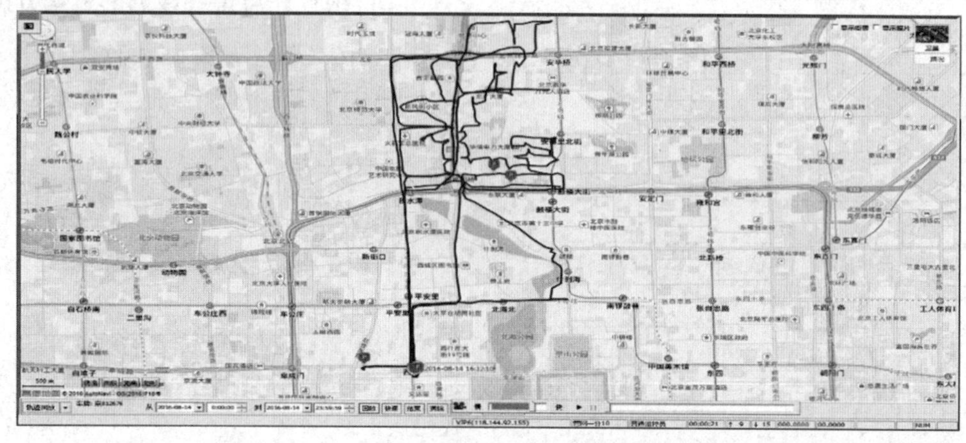

图 7-62　对巡查路线的定位示意图

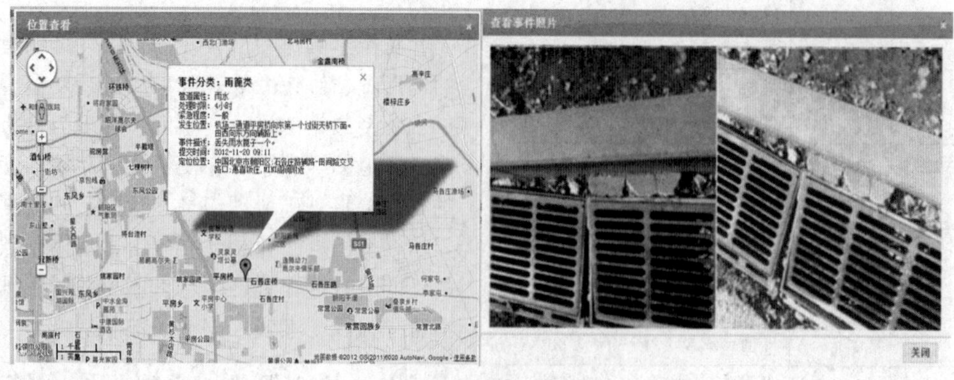

图 7-63　巡查事件上报

(一)系统目标

排水设施巡查管理系统应结合移动化终端设备构建，通过终端实现事件的上报、处理、查询等功能，形成一个完整的涉水事件移动化作业及处理平台，构建一套以排水管网业务为核心的排水终端应用。排水终端的主要功能为支持移动端涉水事件的上报、处理，还可以与排水热线事件管理系统协同工作，为排水事件移动端的上报、处理以及人员位置信息的查询、管理形成统一的涉水事件处理平台(图 7-64)。

(二)功能概述

1. 中心端平台功能

中心端巡查管理平台，可对人员进行定位和轨迹回放，对各类巡查事件进行综合管理。

(1)定位管理：可以同时针对多人或单个人进行定位，定位后人员图标在地图上闪烁表示，地图缩放到定位位置。通过平台还可以对指令信息进行发送、查询和分类管理。

(2)排水事件管理：对巡查人员上报的事件，按照处置时限、事件类别、影响因素等，进行事件处置过程跟踪，并综合统计分析各类巡查问题。针对排水事件的类型，如：排水设施堵冒、井盖箅子丢损、设施外力损坏、设施塌陷抢险、私接私排等，按照事件所处位置，将事件通过系统派发至相应的处置单位，处置单位通过系统反馈事件处置情况。同时对不同类型的事件，按照时限要求，系统自动进行提醒并记录事件完成时间，对每个处置阶段的完成情况进行记录，包括事件由哪个班组处置、处置完成情况、用户满意度等。通过跟踪事件处置，实现对排水热线事件的全过程管理，并结合流域化管理分析事件发生频率、热点地区等，为排水设施养护、改造提供基础信息。

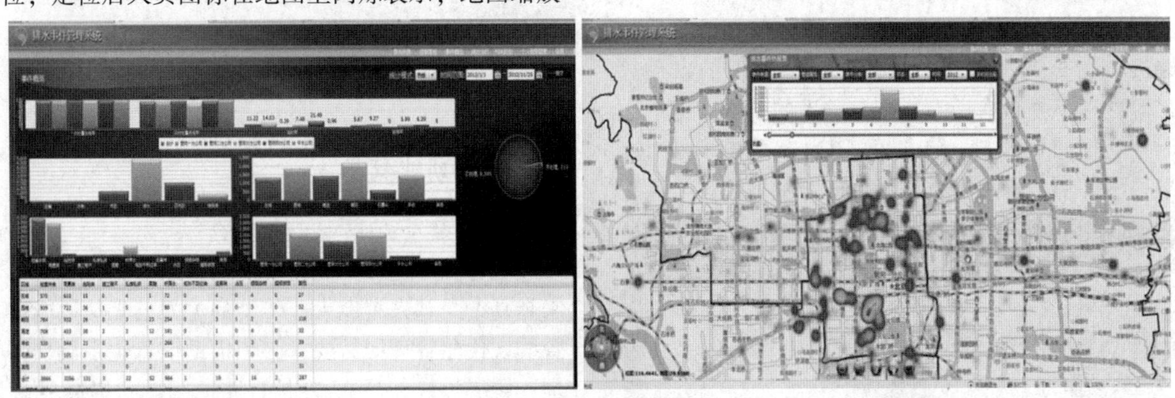

图 7-64　排水设施巡查管理系统

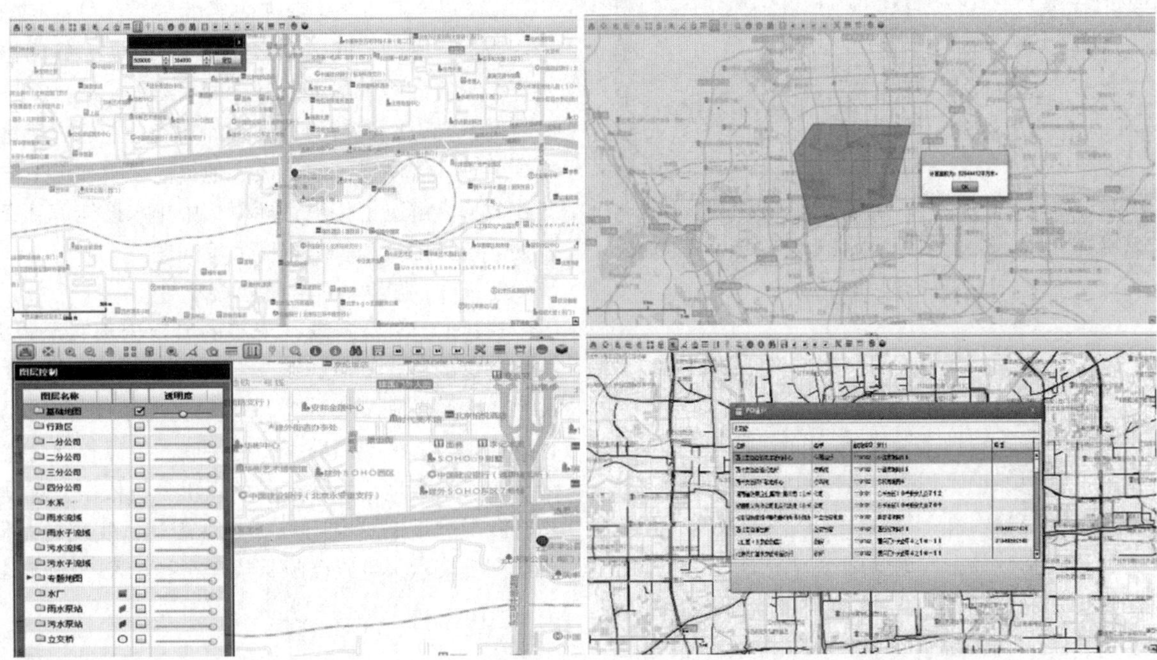

图 7-65　排水管网 GIS 基础应用

(3)排水管网GIS基础应用(图7-65)：排水设施巡查管理系统中，应具备城市排水部门日常管理所需要的通用功能，如图形化的应用界面、视图编辑、属性编辑、图形编辑、查询分析等，自动生成日常管理所需的管道横断面图、纵剖面图和工作报表等，可管理巡查资料库、图档库等。

系统基于排水空间信息共享平台的基础服务，实现对空间数据的二维展示及维护功能，结合排水管网、设施及相关业务数据进行空间定位、属性信息查询及业务分析展示功能。提供点选坐标查询、距离量算、面积量算等功能，量算查询结果可导出使用。还具备图层管理、定位查询、数据展现等功能。

2. 移动端功能(图7-66)

(1)事件上报：巡查员在发现排水事件时，可通过终端进行事件的上报，上报后的事件统一进入到“排水设施巡查管理系统”平台数据库中，各级处置人员对巡查上报的事件进行查看与处理。

(2)接收和查看待处理事件：巡查员在外可通过终端接收和查询其所属单位的所有待处理的事件列表，待处理事件包含所有类别未处理的事件，即既包含巡查上报的事件，也包含客户热线接到的事件。点击某一事件项，即可查看该事件的详细信息。

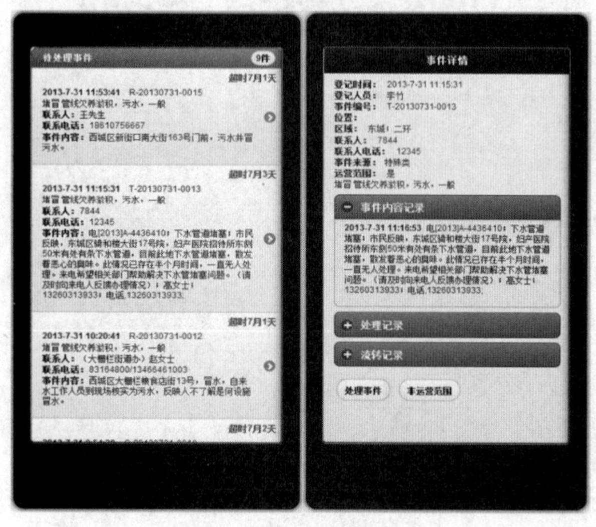

图7-66 移动端功能

九、基于GIS的管网运行养护管理

排水管网业务管理主要包括日常设施管理、管网运行管理、管网养护管理等。业务管理系统应基于地理信息系统平台软硬件，结合计算机网络技术，在数据采集和建立基础数据库的基础上，紧密结合排水管网运营管理的核心业务，建设面向排水管网管理的GIS应用平台，以实现排水管网的科学化、信息化管理。

通过业务功能的建立，可全面推动管网管理信息化平台建设及应用，建立标准化、规范化的管网设施数据全生命周期管理体系，提高统一数据管理能力，深化管网管理的流域化支撑能力，成为支撑排水管网主干业务的数据服务中心。

(一)系统目标

系统应基于排水管网管理的核心业务，建立完善的业务支持体系，实现在统一的系统信息管理模式下，对排水管网各种核心数据的集中管控，提供高效的设施管理支持，提高数据使用效率，实现以下目标：

(1)排水管网地理信息数据及各种业务数据管理统一化。

(2)排水管网运营、设施管理、养护管理等业务信息收集电子化。

(3)排水管网设施的业务应用管理以及综合统计分析流域化。

(4)排水管网地理信息及业务信息的展示多样化。

(二)功能概述

1. 设施管理功能(图7-67)

随着城市建设的高速发展，排水管网系统变得越来越复杂、越来越庞大，传统的方式已无法适应城市管线现代化管理的需要，必须借助信息化手段加强管理，解决传统管理模式下的种种问题，提高管理水平，建立基于GIS的排水管网业务管理系统。

GIS是管网信息化管理体系的核心，包括基础地形图数据、管网空间数据、管网属性数据、管网档案数据、纸质的竣工图纸及其他相关数据。GIS系统兼备管网基础设施资料的查询统计功能，通过数字化的方式管理，管网设施数据极大地提高了管理，工作的工作效率，解决了传统管理模式中排水设施信息查询不便、统计困难和管理难度大等问题。

2. 运行监控功能(图7-68)

通过CCTV检测设备采集的管道内部状况视频，按照一定的格式上报到系统中，与管道数据建立关联关系，按照设施等级评定流程，实现等级自动计算。评定成果与管道空间数据进行关联，可以查询管道等级历史成果数据，为管道养护提供分析依据。对设施运行状况利用地图空间进行直观表达，实现柱状图、折线图等表示，可以反映管线运行指标及影响范围。

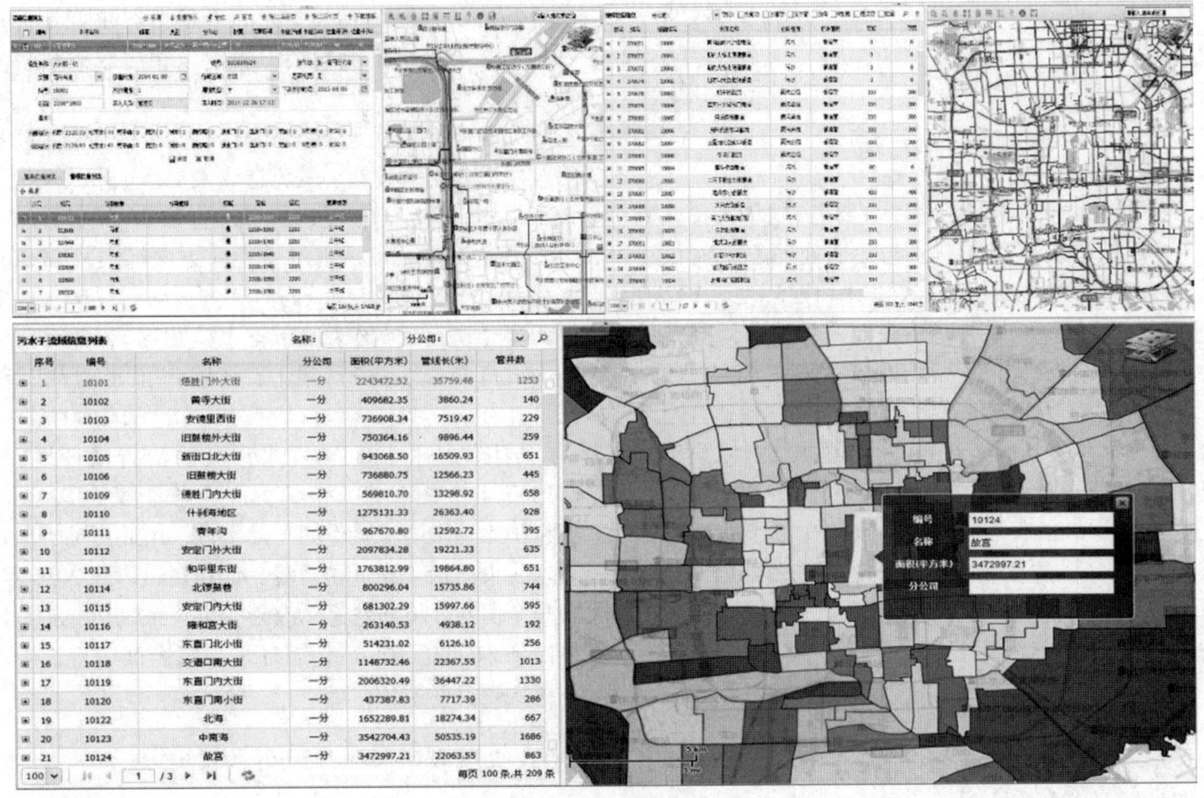

图 7-67　设施管理

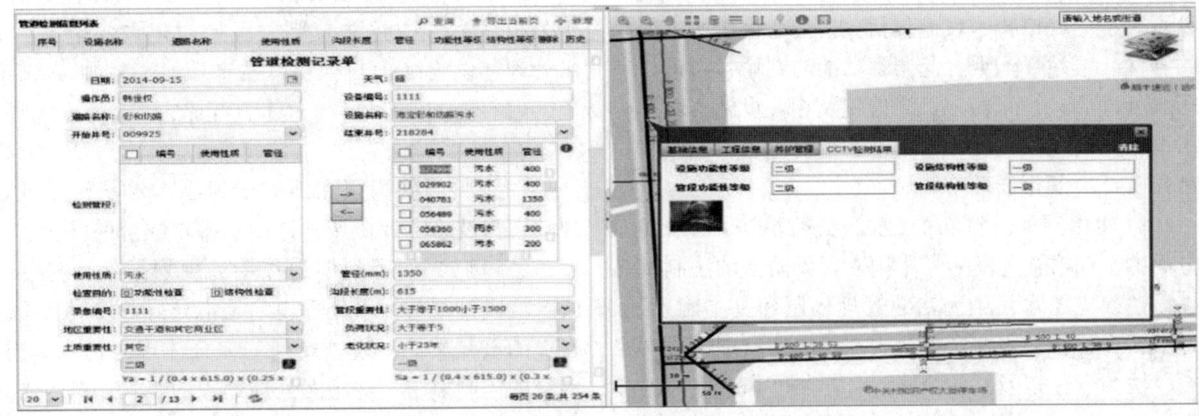

图 7-68　运行监控

3. 养护管理功能(图 7-69)

管网设施是城市安全运行的重要公共设施之一，确保排水管网使用功能、结构功能、附属构筑物保持正常的主要手段就是定期对管道进行维护，包括管道冲洗、疏通、清淤、雨水口清掏等作业，有些结构老化、腐蚀严重的管道无法正常使用，还需要对管道进行更新改造。排水管线运营单位应建立完善管道的维护记录，便于对管道进行周期性维护。

养护维护信息系统以设施周期性养护决策管理为中心，综合分析了企业内部对维护工作管控的管理主线、技术主线，形成管理计划批复、任务实施、支付计量的业务闭环，建立了以空间数据为核心、业务信息为补充的综合信息系统。

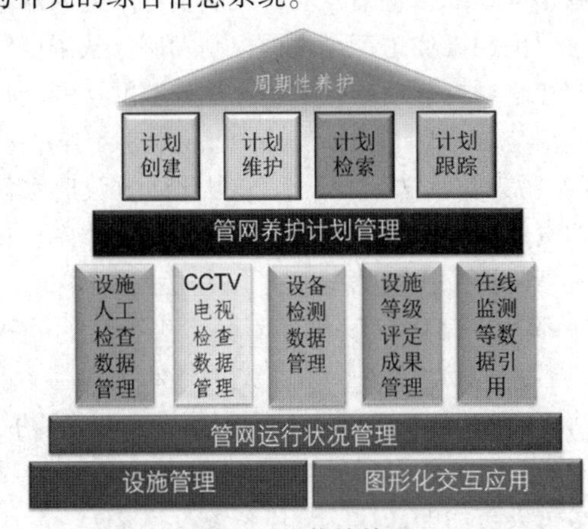

图 7-69　养护管理

第四节　我国有关城镇排水的法律法规

我国排水行业法律法规，主要有《中华人民共和国水污染防治法》《城镇排水与污水处理条例》《城市排水许可管理办法》《中华人民共和国环境保护法》《水污染防治行动计划》，中央政府相关部门制定的全国性的污水处理方面法律、法规及相关规定，各地级政府根据当地经济和社会发展状况制定的适合当地的水务方面地方法规。另外，为加强城市排水设施管理，充分发挥排水效益，保证人民生活安定和生产建设发展，这些法律也可作为设施巡查工作的重要依据。本章主要将国家排水行业的法规，及部分地方法规相结合进行介绍，使巡查人员全面了解排水行业的法律法规。

一、国家排水行业法律法规

城市排水是现代化城市不可缺少的重要基础设施，是对城市经济发展具有全局性、先导性影响的基础产业，是城市水污染防治和城市排渍、排涝、防洪的骨干工程。城市排水设施包括：接纳、输送城市排水的管网、泵站、沟渠，起调蓄功能的湖塘、河道以及污水处理厂、污水污泥最终处置及相关设施。城市排水设施是衡量现代化城市水平的重要标志，是改善城市投资环境的重要环节。

1984年由国务院颁布的《水污染防治法》是水污染方面的专门法律，奠定了中国水污染防治的法制基础，该法确立了水污染防治的管理体制和基本制度，规定了污染物排放限制、排污收费、限期治理、排污申报、法律责任以及水污染防治基本制度和环境标准体系。1996年第一次修订的《水污染防治法》实现了水污染防治工作的战略转移：从单纯点源治理向面源和流域、区域综合整治发展；从侧重污染的末端治理逐步向源头和工业生产全过程控制发展；从浓度控制向浓度和总量控制相结合发展；从分散的点源治理向集中控制与分散治理相结合转变。2008年第二次修订的《水污染防治法》，突出了“强化地方政府水污染防治的责任、完善水污染防治的管理制度体系、拓展了水污染防治工作的范围、突出饮用水水源保护、强化环保部门的执法权限和对环境违法行为的处罚力度”等内容。除此之外，国家先后颁布实施了《水污染防治法实施细则》《水污染物排放许可证管理办法》《取水许可和水资源费征收管理条例》等10余项法规，水污染防治的法律法规体系逐步建立。

“八五”期间为加强排水行业管理，更好地促进和推进城市排水事业发展，制定了相应政策法规及标准。

为确保排水设施安全正常运行，进一步控制超标污废水进入排水设施，避免造成人员伤亡事故及排水设施损坏，制定了相应运行管理标准如《城市排水许可管理办法》《城市污水水质检验方法标准》《城市排水监测工作管理规定》，同时为加大对污、废水的监测力度，建立了《国家城市排水监测网》，并对监测网的成员单位，进行了国家级城市排水监测计量认证。

被称为“水十条”的《水污染防治行动计划》于2015年4月16日正式出炉，这是当前和今后一个时期全国水污染防治工作的行动指南。由此可见，国家对水污染防治工作迫在眉睫，计划指出，到2030年，力争全国水环境质量总体改善，生态系统功能初步恢复。到21世纪中叶，生态环境质量全面改善，生态系统实现良性循环。

(一)《城镇排水与污水处理条例》

1. 背　景

《城镇排水与污水处理条例》(以下简称《条例》)于公布。该《条例》分总则、规划与建设、排水、污水处理、设施维护与保护、法律责任、附则7章59条，《条例》自2014年1月1日起施行。

2. 解　读

《条例》明确国家和地方要编制排水与污水处理规划，强调多专业协调，体现了排水综合的概念。

《条例》强调了规划的作用。规划是一种控制手段。城镇排水与污水处理规划是指导行业发展和设施建设的重要文件。通过规划，综合体现对污水水质、水量的控制要求，对污泥处理处置的要求，对内涝防治和水资源综合利用的要求，有利于实现对水污染的控制，达到治污、防涝和水资源综合利用的目的。

《条例》强调了多专业协调衔接。城市排水防涝工程有地下管渠等设施，也有地面设施，它和城市用地关系密切，与水系、河道、管网、道路、绿化、竖向等多专业有关。

《条例》强调了构建城镇内涝灾害防治体系。从顶层设计出发，从编制规划入手，要求各地编制的规划中要有排涝措施，易发生内涝的城市、镇还应编制内涝防治专项规划，从而系统地、综合地解决内涝防治问题。

《条例》提出了排水综合管理的理念，强调解决水的问题要从源头、过程、末端实行全过程控制，要求在城镇建设和改造过程中减少对环境的冲击，延缓冲击负荷，实现区域开发建设后的自然水文状态要尽量接近于开发建设前的水平，做到生态排水，综合排水。

《条例》对污水处理费与污水处理运营服务费以及污水处理费征收标准的制定原则、用途及补贴机制、信息公开等均做出明确规定。

《条例》规范了设施运营单位的行业准入条件。其中第16条规定了城镇排水与污水处理设施维护运营单位应当具备的条件，明确城镇污水处理特许经营具体办法由国务院住房和城乡建设主管部门会同有关部门制定。第36条建立了行业推出机制。城镇排水主管部门根据监督考核情况，要求城镇污水处理设施维护运营单位采取措施，限期整改；逾期不整改的，或者整改后仍无法安全运行的，城镇排水主管部门可以通过终止合同(临时接管)的方式要求其退出。

《条例》明确了一系列针对设施维护运营单位的监管制度。主要包括：影响严重的排水设施维修检修事前报告制度(第25条)、安全生产管理制度(第38条)、应急报告制度(第40条第二款)、污水处理设施运营信息报送制度(第29条)、污泥处理处置情况(去向、用途、用量等)报送制度(第30条)、污水处理设施停运或部分停运事前报告制度(第31条第一款)、污水处理设施运行突发情况报告制度(第31条第二款)等，责任追究明确。

《条例》在污泥处理处置责任、关键监管环节以及费用保障等方面均作了明确规定，这将大大推动污泥处理处置设施的建设进度和运营管理水平的提高。如明确了污泥处理处置的责任，规定城镇污水处理设施维护运营单位或者污泥处理处置单位应当安全处理处置污泥、保证处理处置后的污泥符合国家有关标准，禁止任何单位和个人擅自倾倒、堆放、丢弃、遗撒污泥。单位违反《条例》规定的，城镇排水主管部门可对其处以最高50万元罚款。

《条例》规定实施污水排入排水管网许可制度。政府的城镇排水主管部门审批污水排入排水管网许可，明确排水户排水的水量、水质、排水口位置、内部排水设施要求等内容，一旦通过许可，也表示政府向排水户承诺将保证排水户在许可条件下正常排水的权利。实施许可是确保设施安全运行、污水处理达标排放、防治环境污染的重要手段。污水排入排水管网许可制度能够从源头控制有毒有害物质进入排水与污水处理设施。为规范排水行为，保护城镇排水与污水处理设施安全运行，《条例》21条明确规定："排水户向城镇排水设施排放污水的，应当向城镇排水主管部门申请领取污水排入排水管网许可证。"并在第49、50条明确了相应的处罚措施，其中规定：未取得污水排入排水管网许可证向城镇排水设施排放污水的，最高可罚50万元。

需要进一步理解的是关于污水排入管网许可的使用对象范围以及其余排污许可的关系。一是许可对象范围。《条例》中规定的须申请许可的"排水户"是指从事工业、建筑、餐饮、医疗等活动的企事业单位和个体工商户。除了《条例》规定的4个主要行业外，各地可结合实际情况，进一步细化实施污水排入排水管网许可的范围。二是与排污许可的关系。城镇排水主管部门负责实施的"污水排入排水管网许可"仅针对向下水道的排放行为，不涉及向环境排污的管理；而环境保护部门负责实施的"排污许可"的对象是向水体、大气等环境排放污染物的行为。同时，在许可条件和执行标准方面，前者有其特有的或者更为严格的要求，如水温、易沉固体等多项针对设施安全运行保障的指标。

(二)《城镇污水排入排水管网许可管理办法》

1. 背　景

2015年1月22日，住房和城乡建设部出台《城镇污水排入排水管网许可管理办法》(以下简称《管理办法》)。《管理办法》在《城市排水许可管理办法》的基础上进行了修订，并于2015年3月1日起正式施行。2月10日，住房和城乡建设部下发《关于印发城镇污水排入排水管网许可证文本和城镇污水排入排水管网许可申请表推荐格式的通知》，要求统一规范管理《城镇污水排入排水管网许可证》(以下简称"排水许可证")。

《管理办法》是根据《中华人民共和国行政许可证》和《城镇排水与污水处理条例》确定的一项行政许可，是确保污水处理达标排放、防治环境污染的重要手段。该办法明确规定：凡从事工业、建筑、餐饮、医疗等活动的企业事业单位、个体工商户，未取得排水许可证，不得向城镇排水设施排放污水。

2. 解　读

未取得排水许可证，排水户不得向城镇排水设施排放污水。

"废止的《城市排水许可管理办法》是2006年制定的，只列入重工业、建筑排水户，新《管理办法》则明确了对从事工业、建筑、餐饮、医疗等活动的企业事业单位、个体工商户(以下称排水户)向城镇排水设施排放污水的活动实施监督管理，也就是说，扩大了监督管理排水户的范围。"

在排水许可方面，新《管理办法》规定，排水户向城镇排水设施排放污水，应当申请领取排水许可证。未取得排水许可证，排水户不得向城镇排水设施排放污水。城镇居民排放生活污水也同时纳入申领条件中。在雨水、污水分流排放的区域，不得将污水排入雨水管网。

除了明确管理目标和排水许可，新《管理办法》还加强了对排水户排放污水水质和水量预测报告的管理，要求提供"排水许可申请受理之日前一个月内由具有计量认证资质的水质检测机构出具的排水水质、水量检测报告；拟排放污水的排水户提交水质、水量预测报告。"

排水之前先提取水样，对是否符合标准需有明确检测，超标之后即属于污水则不能向雨水管线排水，继而不能向正常河流排污。原先对于污水排入雨水管网只有管理、监督作用，而新《管理办法》出台后，明确了排污法律责任。在雨水、污水分流地区将污水排入雨水管网的，最高处20万元罚款。

新《管理办法》第四章对具体违规行为的法律责任、处罚措施进行了详细标明，第二十五条指出：在雨水、污水分流地区将污水排入雨水管网的，由城镇排水主管部门责令改正，给予警告；逾期不整改或者造成严重后果的，对单位处10万元以上20万元以下罚款；对个人处2万元以上10万元以下罚款，造成损失的，依法承担赔偿责任。

(三)《水污染防治行动计划》

1. 背　景

水环境保护事关人民群众切身利益、事关全面建成小康社会、事关实现中华民族伟大复兴的中国梦。当前，我国一些地区水环境质量差、水生态受损重、环境隐患多等问题突出，影响和损害群众健康，不利于经济社会持续发展。2015年4月16日，国务院正式印发《水污染防治行动计划》，共10条35项具体措施，把政府、企业、公众攥成一个拳头，向水污染宣战。

2. 解　读

(1)"十小"企业将全部取缔

"水十条"的一个突出亮点就是问题看得透，症结把握得准。随着新环保法、"大气十条""水十条"的实施，地方和企业会发现污染环境的成本越来越高。环保不达标的企业，就会被重罚，甚至取缔。

(2)整治十大重点行业

在污染严峻的局面下，就得用"重典"。用最"强悍"的制度和机制，实现整治水污染的目标。十大重点行业的整治，表面看是治标，实际更是治本，是生态建设淘汰落后、污染产能倒逼经济转型升级。

(3)清除垃圾河、黑臭河

水体黑臭，是我国水污染防治工作的难点和重点。有的省垃圾河、黑臭河约占省内河流总长度的10%以上，有的城市黑臭水体能占到河流总数的58.7%。"水十条"就是要解决污水直排等瓶颈问题，并要求地方定期向社会公布城市黑臭水体清单与治理进程，将水环境保护作为城市发展的刚性约束。

(4)禁养区内不能有养殖场

我国农业污染已超过工业污染成为我国最大的面源污染产业。这背后一方面是由于工矿业和城乡生活污染向农业转移排放，导致农产品产地环境质量下降；另一方面也由于化肥、农药长期不合理且过量使用，畜禽粪便、农作物秸秆和农田残膜等农业废弃物不合理处置，造成农业面源污染日益严重。化肥、农药要减量使用，农膜、秸秆要做无害化处理。

(4)实施"阶梯水价"倒逼节约用水

按通常使用的水费支出占比收入比这个指标衡量，我国城市普遍在0.5%~1%，而发达国家的比例约占1%~1.5%。必须加快实施居民阶梯水价制度，通过价格杠杆的手段，体现资源的稀缺性，倒逼节约用水。具体来说，要在不影响民生的情况下，逐步拉开一、二、三阶梯水价的差距。水价调整要循序渐进，把握好调控幅度和节奏，不能影响居民生活。

(5)从水源到"水龙头"无忧

人民群众对饮用水安全高度关注。"水十条"聚焦千家万户的水缸、水龙头，强调从水源到水龙头全过程监管饮用水安全，将7大重点流域、9个重点河口海湾、3个重点区域、36个重点城市作为重中之重，以硬措施落实硬任务，势必将使人民群众看得见、享受得到水污染防治取得的实效。

(6)因水可能被摘"乌纱帽"

"一岗双责"是对地方政府领导班子的环保要求，在履行岗位职责的同时，还要对水污染防治尽职尽责。考核是对地方政府的强力约束，治水不利，轻则影响资金分配，重则会被约谈，甚至追究违法违纪责任。"水十条"规定很严厉：对不顾生态环境盲目决策，导致水环境质量恶化，造成严重后果的领导干部，要记录在案，视情节轻重，给予组织处理或党纪政纪处分，已经离任的也会终身追责。

(7)实施最严格水资源管理

新时期治水思路中首先就是"节水优先"。"水十条"特别对地下水超采进行部署。华北地区是最大的地下水超采区，引起天津等地地面沉降，必须大力整治。今后落实节约用水，应该在完善市场价格杠杆、完善取用水计量监测设施、加强公众水情宣传教育等方面加大力度。

(8)给排污企业和最差城市"亮牌"

近年来，违法排污事件屡见不鲜，环境违法成本低、守法成本高的现象依然存在，少数地方处于只为经济发展考虑，环保履责不到位，甚至以经济发展充当排污企业的“保护伞”。“水十条”要求定期公布环保“红黄牌”企业名单，并强化公众参与和社会监督，有利于形成“过街老鼠人人喊打”的强大震慑，形成齐抓共管排污企业新局面。

(9)“以奖促治”找到“领跑者”

处罚是一方面，对节约用水、保护水环境的应当奖励，并且应该通过个人和单位树立“标杆”，发挥带动引领作用，促进水污染的治理。

二、地方排水行业法律法规

(一)《北京市排水和再生水管理办法》

1. 背　景

《北京市排水和再生水管理办法》(以下简称《办法》)于2010年1月1日起施行。《办法》的出台，为北京市加强和规范排水与再生水的统一管理提供了法治基础和依据。

2. 解　读

排水和再生水设施运营单位可以委托作业单位承担具体的养护事项，委托应当签订书面协议。排水和再生水设施运营单位有权了解用户使用排水和再生水设施的情况，制止破坏排水和再生水设施的行为，并依法享有获得赔偿的权利。

北京市的排水设施建设取得了跨越式发展，已形成由排水管网、污水处理厂、再生水设施、污泥处置设施组成的设施体系。为了规范使用再生水，《办法》规定，北京市再生水主要用于工业、农业、环境等用水领域。新建、改建工业企业、农田灌溉应当优先使用再生水；河道、湖泊、景观补水优先使用再生水；再生水供水区域内的施工、洗车、降尘、园林绿化、道路清扫和其他市政杂用用水应当使用再生水。

《办法》还特别规定，污水处理运营单位应当对污水处理过程中产生的污泥进行脱水处理，并按照固体废弃物污染防治法律、法规的规定，对污泥进行处置，防止再次污染。鼓励污泥干化、污泥堆肥等项目建设。在农林、建材等生产领域利用经无害化处理污泥的，享受国家和本市资源综合利用相关优惠政策。

(二)《上海市排水管理条例》

1. 背　景

《上海市排水管理条例》于1996年发布，经过了2001年、2003年、2006年和2010年四次修正。

2. 解　读

上海滨江临海，地势低平，地面标高仅3m多，而黄浦江、苏州河高潮水位经常超过4m。据有关方面透露，上海每天的污水排放量高达500万m^3，因此，排水设施对城市雨水、污水和其他废水进行接纳、输送、处理、排放起着举足轻重的作用。1996年12月19日，上海市十届人大常委会第三十二次会议审议通过了《上海市排水管理条例》(以下简称《条例》)。条例对加强本市的排水管理，确保排水设施的完好和正常运行，具有十分重要的意义。长期以来，上海市市政工程管理局直接管理市属的公共排水系统，其下属的排水管理处承担市属公共排水设施的养护和部分行政管理职能。《条例》规定市市政局是本市排水的行政主管部门，各县和浦东新区、宝山区、嘉定区、闵行区的排水行政主管部门负责县(区)属排水系统的管理工作，业务上受市市政局的领导。《条例》授权市排水处对全市的排水行为和排水设施实行全方位的行业管理。针对本市自建排水设施迅速发展的状况，《条例》把自建排水设施也纳入调整的范围，既保护公共排水系统，对自建排水设施也依法加以管理。

(三)《广州市排水管理办法》

1. 背　景

污水处理是水环境综合治理的重要一环，与广大市民的生活息息相关。为确保排水设施完好和正常运行，实现水污染有效防治，保障市民健康和生命安全，促进经济社会可持续发展，进一步巩固治水成果，实现建设适宜人类居住的、人与自然和谐的山水之城的战略目标，广州市从2010年3月1日起开始施行《广州市排水管理办法》。

2. 解　读

据了解，广州市水务局2008年1月15日挂牌成立后，就加紧着手起草《广州市排水管理办法》(以下简称《办法》)以适应该市排水现状和发展趋势以及水务改革后职能调整的实际情况。在经济高速发展的情况下，城乡排水设施接纳的污水和雨水量不断增加，水质日趋复杂。广州作为一个历史悠久的城市，排水设施新旧程度不一。有的排水设施已经运行了近百年，处于超负荷、超寿命的运行状态。实践中，不按规定接驳排水管，偷排、乱排、排放有害腐蚀废水的现象大量存在。建筑工地乱排泥浆、毁损排水设施等违法行为仍时有发生。下水道堵塞，逢暴雨等灾害性天气时“水浸街”现象持续存在。因此，随着河涌截污、污水治理的不断深入，再生水回用、分质供水的广泛运用，使我市排水行业产生了新的发展趋势。原有相关法律条文的零星规定已经不能很好地指导和适应当前排水建设和管理的发展。及时制定出台一部排水管理专门规章，实行城乡统筹、最严格的排水管理制度，规范各类排水行为，对于保护和改善水环境、保障经济社会可持续发展具有重要意义。

(1)确立“城乡统筹”的排水管理模式

随着广州市城市化进程和新农村建设的快速推进，农村居民已逐步实行集中居住，基础设施正在逐步建设完善。为顺应城乡一体化发展要求，《办法》明确适用范围为全市行政区域，确立了城乡全覆盖的排水管理模式。同时还规定了适用于本市行政区域内的排水及相关的规划、建设、运行、维护和管理等活动。

(2)“细分”监督管理职责

《办法》明确了市和县级市、区的排水监督管理职责。其中规定，市水务局是本市排水行政主管部门，对该市排水进行统一监督管理。区、县级市负责排水行政管理的部门，负责本行政区域范围内排水的日常管理工作。同时明确了相关行政管理部门在排水管理方面的协同职责。

(3)明确“雨污分流”的治涌之策

《办法》制定了规范“雨污分流”的条款，通过“雨污分流”广州将逐步取消化粪池。许多已建成的项目都建有化粪池用来对生活污水进行初步处理，但化粪池存在必须定期清理、容易滋生蚊蝇、传播疾病等缺点。今后，通过实施“雨污分流”，生活污水能通过污水管道输送到污水处理厂进行更科学地处理，化粪池就可以逐步退出历史舞台了。《办法》中明确：新建项目应当实行雨污分流；改建、扩建的项目需配套建设排水设施的，应当实行雨污分流；已建成的实行雨污合流的区域应当逐步进行雨污分流改造。同时强调，已实行雨污分流的区域，禁止单位或者个人混接污水管与雨水管；在污水处理单位服务范围内，已实行雨污分流的区域，应当取消化粪池。

(4)完善排水规划和建设程序

考虑到公共排水设施投资主体的多元化以及建设的特殊性，为避免道路重复开挖建设和事后监管造成的被动和损失，《办法》规定：规划部门在确定地面标高时，应当兼顾排水和防洪的需要，并书面征求市水务局意见；市政道路的新建、改建、扩建应当与公共排水设施的建设计划相衔接，同步实施排水工程；在进行新建、改建、扩建公共排水设施项目时，建设单位应当事先征得排水行政主管部门同意，并由建设单位承担所需的费用；排水设施应当与主体工程同时设计、同时施工、同时投入运营使用，力求通过相互配合、事前把关，减少公共排水设施建设的盲目性和无序化。

(5)建全排水管理制度

《办法》确立了从设计咨询、设计方案审查、接驳手续办理到排水许可、变更或延续排水许可的整体管理制度，对排水活动实施了高质高效的全过程监控。实行排水许可制度是排水管理的重要内容之一。《办法》结合广州市实际情况，对排水许可的申请对象、许可条件和期限等相关程序作出了明确规定，并将排水许可分为 3 种类型，临时、施工和 5 年期许可，使许可制度更加科学化、规范化、合理化。此外，还要求排水行政主管部门组织监测机构对排水设施中的水质、水量情况进行检查和监测，确保污水排放达标，同时建立排水监测档案，完善信息资料。

(6)强化排水设施管理职责

《办法》对污水处理单位和排水设施养护维修单位的管理职责作了具体规定，强化了责任和义务。其中，污水处理单位应当保证污水处理系统的正常运行，并对出水水质、水量、污泥处置和设施运营等情况负责。公共排水设施养护维修单位应当加强管理，确保公共排水设施完好和正常运行；自用排水设施由所有人或管理单位负责运行维护。《办法》要求养护维修单位在发现管道堵塞、污水外溢、设施损坏、丢失或者接到报告后 3h 内着手维修工作。明确了排水行政主管部门相应的管理职责，同时规定排水行政主管部门、排水设施所有人、管理单位和养护维修单位要制定突发排水安全事件应急预案。

(7)细化排水设施保护措施

《办法》规定可能影响排水设施安全的施工作业、有关单位和个人应当提出排水设施保护方案。对需要提出方案的情形进行了详细具体的规定，同时明确养护维修单位可以进入施工现场查看，对任何可能危及排水设施安全的施工活动，可要求停止作业并采取相应的措施。《办法》对损害排水设施的行为设立禁止性规定，违反规定的除应当依法承担赔偿责任外，排水行政主管部门可对其处以 2 万元以下的罚款。

(四)《深圳市排水条例》

1. 背　景

《深圳市排水条例》(以下简称《条例》)于 2007 年 3 月 29 日批准，自 2007 年 7 月 1 日起施行。

2. 解　读

深圳市多数河流受到不同程度的污染，一方面是由于污水管网、污水处理厂建设滞后，污水处理率未能跟上城镇发展步伐，大多污水直排河流。另一方面，在建成区内相应排水设施相对完善，但由于排水用户错接乱排，造成大多污水流失，污水没有经过污水管网收集进入污水处理厂处理。

河流污染状况，与排水设施建设滞后以及不按规定建设排水设施、超标排放污水、雨污水混接等违法排水行为密切相关。《条例》出台的意义在于，通过立法加强排水管理，进一步规范排水设施的规划、建设和管理以及排水户的排水行为，进而加强对污水、雨水排放的控制，减轻水污染现象，保护水体环境。

《条例》的出台，有利于加快排水行业的健康、有序发展。随着深圳市城市公用事业特许经营的不断推进，排水行业将逐步实现投资主体多元化、运营主体企业化、运行管理市场化，而通过排水法规建立排水设施市场化运营制度、规范投资运营行为以及保护投资者的合法权益，是促进排水事业快速、稳定发展的需要。

《条例》内容共分为七章，包括"总则""规划与建设""运行与维护""排水管理""排水设施特许经营""法律责任"和"附则"，共七十九条。其核心内容是"三个原则、两个制度和一个标准"。三个原则是指排水应当遵循雨污分流原则、污水集中处理原则和保障防洪排涝原则；两个制度是指排水管理实行城市排水许可证制度和污水处理收费制度；一个标准是指向排水设施排放的污水应当符合相关强制性标准，围绕三个原则、两个制度和一个标准，《条例》进一步规范了排水设施的规划与建设、规范了排水户的排水行为、规定了排水设施运营单位的职责，并对违反规定的行为明确了相应的法律责任。

第八章

排水管线检测排查程序

第一节　排水管线检测排查

将生活污水、生产废水和雨水分别在两种或两种以上管道(渠)系统内排放的排水系统称为分流制排水系统。排水管网的雨污混接是指在城镇分流制排水系统中，雨水和生产生活所排放的污水，通过不同的方式混接到一起进行输送和排放，造成混流现象。其一般表现为两种现象：一种是污水进入雨水管网，进而排入自然水体；另一种为雨水进入污水管网，与污水一起进入污水处理厂。两种形式带来的最终后果为自然水体污染、污水处理厂进入浓度降低、处理量增加。因此对现有的排水管网进行雨污混接调查是十分必要的。

一、雨污混接成因与形式

按照现行的相关规范，在分流制的排水系统内，雨污混接的现象是不应该存在的，但在目前国内大部分城市已运行的排水管网系统来看，基本上都存在雨污混接现象，其原因既有可能是故意连接，也有可能是管线识别错误而造成误接以及难以抗力的自然因素影响。另外一种类型的混接是源头性的混接，即在排水管道收集端口所收集到的水与管道实际属性不符，形成实际上的雨污混流。

(一)混接点

混接点是物理结构上的错接，其造成的危害是最大的，如图 8-1 所示，它主要存在的形式和成因有：

1. 市政管网系统本身的错误连接

市政公用的污水管由于规划、标高以及堵塞等原因，将其直接接入雨水管，雨水管空间被污水占有，污水会漫流雨水管网，从而污染水体和土地。雨天时，雨水管空间的减少会使排涝能力下降。

城市公共道路或区域下面的市政雨水管道由于规划、标高以及排涝等原因，将其接入市政污水管道。这种现象一般出现较少，但一旦接入，危害较大，特别是中、大型管的混接，会直接导致雨天污水系统的失效，大量雨水流进污水处理厂。

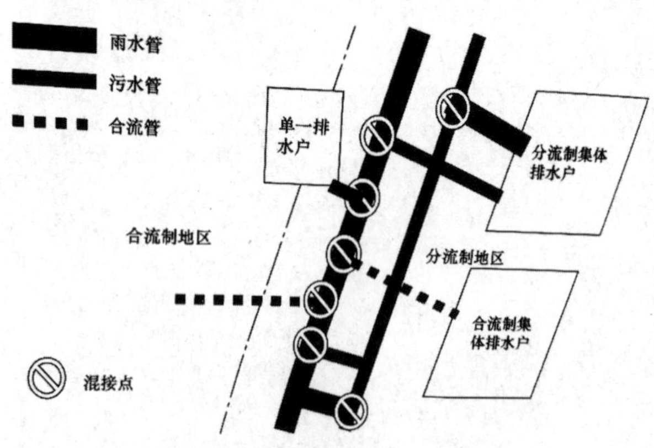

图 8-1　雨污混接形式示意图

很多城市同时存在分流制和合流制，如上海、东京。在两体系的结合部，由于地下空间规划、防汛、历史遗留等原因，合流系统的管道在一个点或多个点与分流系统的雨水管道连通，破坏了分流制体系的正常运行。

以上现象的形成，是在市政管网建设或后期改造时，由于没有合适的管位空间、管道标高不能满足重力流要求、敷设施工难度大、节约投资等原因，违规错误地将市政雨污(合)水管道直接连通。

2. 集体排水户内、外部的错误连接

分流制集体排水户是指按照分流制要求建设的居民小区、企事业单位等集体排水单元，其内部具备排水相对独立于管网系统，收集后统一排入市政管网。其内部的雨污水管网在运行不畅时，被业主或物业管理公司擅自改建，形成错误连接。

已实施雨污分流排水户的污水管道通过接户井和支管连接到城市雨水管，污水未被得到收集。现实很多情形是集体排水户本规划设置的雨水管道“名存实亡”，由于内部存在混接，在任何时候，都在通过所谓的雨水管排入城市雨水系统。

很多城市在分流制区域范围内依然存在一些诸如老旧小区、城中村等未进行分流制改造的集体排水户，即排水户内部是合流系统，这种状况接户管只有一根，接户井只有一个，按照规定，应该接到城市污水系统，但有时现实情况很难做到，譬如城市污水收集管未敷设或离得较远，市政污水管标高不适合等。

3. 未经排水许可的私接

单一排水户一般是指路边餐饮店、洗车铺和门面小杂货店等，这些排水户几乎都未通过市政部门审批，私自将污水管就近接入城市雨水管或雨水口。这种情形在我国城市普遍多见，是形成黑臭水体的重大污染源。

(二)混接源

混接源即管道非物理性的错接，即管道结构的实际连接现状是雨污分流的，但收集到的水与管道实际属性不相符，一般将该收集点称为混接源，通常属于外来水调查的内容，它主要包括：

1. 人为造成的无序排放

本应收集雨水的收纳口，如阳台雨水收集口、路边雨水口，未按照要求随意排入污水。有些雨水检查井和雨水口被任意倾倒入垃圾。市政洒水车冲洗路面形成的径流直排入雨水口。

2. 集体排水户的违规排放

集体排水户的内部混接导致排入市政管道的水流与管道实际属性不符。在已实施分流制的集体排水户，其出墙雨污管道与市政雨污管道连接是完全正确的，但进入市政管道的是混流水。比较常见的是集体排水户的出墙雨水总管流入接户井大量的污水。

3. 管道自身的影响

管道虽没有错接，但结构性损坏导致的地下水渗入污水管网，造成实际上的清污混流。

4. 自然雨水和水体的影响

雨水通过污水检查井井盖缝隙流入以及自然水体的倒灌等影响。

二、雨污混接影响

城市市政排水管网的雨污混接具体表现在：市政污水管道直接接入市政雨水管道、市政雨水管道直接接入市政污水管道，市政合流制管道直接接入市政雨水管道、集体排水户的雨水出户总管接入市政污水管道、集体排水户的污水出户总管接入市政雨水管道、合流制集体排水户的出户总管接入市政雨水管道，集体排水户内部雨污混接后再接入市政排水系统、沿街单一排水户的直接错误接入等。

雨污混接所产生的不利影响对雨水系统是最大的，通常造成如下影响：雨水系统混杂进污水，通过雨水管网的不严密处或排水口污染水体或土体，导致自然环境的破坏。对于设置有截流设施的排水口，会增加溢流频次；雨水系统被污水占据有限空间，荷载额外增加，当在雨天时，极易产生内涝和冒溢，影响市民的正常生活，严重时会对人民生命财产造成危害；污水携带的生活或工业垃圾进入雨水管道，易形成淤积，减弱了雨水的过水能力，增加了疏通养护的工作量；由于污水比雨水更具有腐蚀性，污水长期进入雨水系统会大大地缩短雨水管道的寿命，雨水管道一般都具有口径大的特点，所以造成的损失也会更大。

对于污水系统来说，雨污混接的影响要小些，它主要在雨天时会造成如下影响：污水系统的污水量的增加和浓度的降低，使污水处理厂短期超负荷运行，处理技术流程失效，同时增加运行费用；污水系统过量雨水进入，通过检查井等设施所造成的冒溢会大大影响周边环境，污染城市道路、园林等公共设施，严重时会造成公共卫生灾害。在旱天，当雨水管道的积存水位高于污水管内的水位(或是地下水渗入、涨潮等引起)时，错接可能会使雨水管内的水流入污水管，特别是污水系统启动泵排时，这一现象肯定会发生，污水系统会收集到大量的外来水。如果雨水系统的排口单向阀失效，污水系统就会泵吸入大量的河道水。

雨污混接所造成的影响可归结为：污水系统入外来水同流合污稀释入厂，雨水管网混废弃水鱼龙混杂污染排河。

三、雨污混接调查基本规定

雨污混接调查范围一般选择较为独立的且边界较为清晰的排水收集区作为调查的最小单元，通常可以是：①一个独立的雨水排水系统；②某泵站服务区；③单个或多个排水口的收集区；④自然河流的流域。

在现实中，收集区之间有时很难做到绝对的隔离，存在有管道连接情况，这时，在正式开展调查前，应该查清其连接关系属性及具体位置。

雨污混接调查的内容就是通过综合运用人工调查、仪器探查、水质检测、烟雾检测、染色试验、泵站运行配合等方法，查明调查区域内混接点空间位置、混接点流量、混接点水质等要素，在有条件时，还应查明混接源的空间位置、水量以及水质，进而对调查结果进行分析和判断，得出雨污混接程度的评估结论。在雨污混接调查时，有时将排水管道结构性缺陷调查也纳入顺带调查的内容，虽然不存在错误的连接，但有时结构性的缺陷造成的雨污混流的影响也不可忽视。

如图 8-2 所示，雨污混接调查的常见模式是按照点面线点的工作顺序。首先观察和测定整个封闭收集区内的污水处理厂、排水口、主管网及泵站等地点的水质和水量情况，得到对整个区域是否存在雨污混接的初步判断，如果判断为“无”那就表明该范围内不存在雨污混接或混接现象非常轻，不值得进行雨污混接调查工作，但最终的工作报告必须要编写，阐明不需要开展雨污混接调查工作的理由以及支撑这些理由的技术依据。如果判断为“有”则表明该区域存在雨污混接，整个区域就是一个工作面，在此面上，根据排水管网图，选取主要干管的有代表性的节点(一般都为不同街道干管之间相连的检查井)作为观察和测定对象，找到存在混接现象的管线段。最后，采用视频、声呐或直接开井等方法找出存在于该管线段和支管中的混接点或混接源。

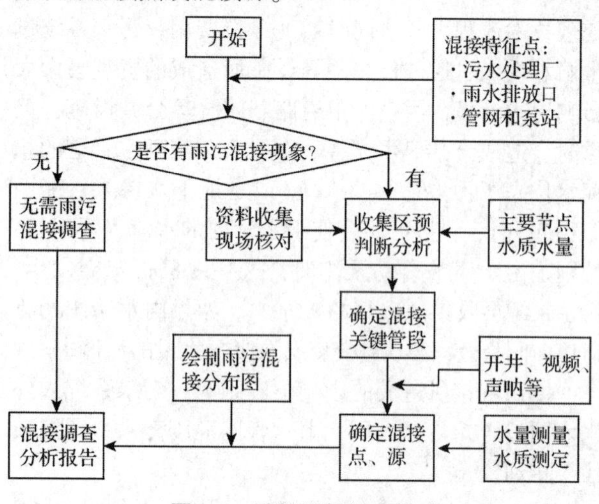

图 8-2 雨污混接调查模式

雨污混接调查的另外一种模式就是结合排水管道结构与功能检测同时进行，结构性和功能性检测基本上要查到每一个管段，其工作顺序可按照检测工作推进，在发现管道缺陷的同时，找到每一个混接点或混接源。

对于已决定开展雨污混接调查的收集区域，调查一般要包括以下方面内容：

1. 雨污水管道定性

通过收集的相关管网资料与现场管道状况相结合，确认实地管道性质与设计规划是否相符合。项目实施前，由项目建设单位提供系统规划图、系统分区图及排水系统图(电子版)等原始的管网资料，通过外部作业人员的现场核对，判断排水系统管网的性质与连接情况是否与所收集到的资料基本一致，是否为分流制排水系统。

2. 混接点和混接源定位

通过管道 CCTV 检测、声呐探测、人工摸排等方法确定雨污混接井或者管道的位置，在雨污混接调查过程中，各种检查方法的适用情况参照表 8-1。

表 8-1 各种检测方法适用范围表

调查方法	适用情况
人工摸排	检查井内水位较低，可见井内明显的连接情况及排水情况
CCTV、潜望镜内窥检测	管道内水位较低或管道降水、疏通清洗后的管内连接检查
声呐监测	管道内无降水条件下的管内连接情况检查

混接点位置探查的对象为调查范围内的雨污水管道及附属设施。强排系统，调查至泵站的前一个井；自排系统，调查至进河道的前一个井。混接点位置探查前，应在技术方案的基础上，对资料进一步分析，重点针对预判存在混接现象的区域，选择合适的混接调查方法，并分析该调查方法的有效性，必要时应进行试验。

3. 混接点或混接源定量

采用流量测定、COD 浓度测定等方法对混接点的混接程度进行测定，即进行水量和水质的测定。其中对于流量较小的混接点，可采用量杯的容器法测量方式进行流量测定；对于流量较大的混接点，可采用速度—面积流量仪或浮标法进行流量的测定。

流量和水质的测定以每日用水高峰期及平峰期的两个时间点测得的数据平均值作为检测数据的依据。流量高峰时段测定，可以选择在上午 10:00—12:00 或下午 16:00—20:00。

4. 排水口调查

为治理黑臭水体，排水调查一般作为雨污混接的调查内容之一，在进行排水管网雨污混接调查的同时，一并调查，并在调查报告中单独说明。

5. 混接程度评估及成果汇总

总结调查过程中发现的混接点信息，做出最终混接调查成果报告，并对整改提出建设性意见。

四、超排溯源排查

2015 年 1 月 22 日，住房和城乡建设部出台《城镇污水排入排水管网许可管理办法》(以下简称《管理办法》)。《管理办法》是根据《中华人民共和国行政许可证》和《城镇排水与污水处理条例》确定的一项行政许可，是确保污水处理达标排放、防治环境污染的重要手段。该办法明确规定：凡从事工业、建筑、餐饮、医疗等活动的企业事业单位、个体工商户，未取得排水许可证，不得向城镇排水设施排放污水。此外，水厂进水水质超标或者水质大范围波动均对水厂出水水质指标以及处理工艺有较大的影响，水质超排溯源排查显得尤为重要。

(一)排水管道水质超标溯源机制

城市排水管网一般分为一、二、三级干线，其中一级干线即为流入最终下游水厂进厂干线，二级干线为汇入一级干线的污水干线，三级干线为所有汇入二级干线的污水管线，三级干线的服务面积一般较小，便于管理。在一、二、三级干线中选取关键节点，通过一级干线水质检测和该一级干线连带的二级干线节点和三级干线节点协同检测，快速确定若干超标小流域；其次，通过三级干线连带的小流域内重点用户排查，编制重点用户台账，从而可根据重点用户类型及行业用户超标特性进行针对性治理。

根据小流域内的用户水量进行分类，日排水量超过 20t 以上，或者诸如垃圾站、医院等排水性质特殊、水质超标严重的用户即可列为重点用户。管网运维单位需针对重点用户进行用户排查，并编制用户台账，台账信息包括化粪池数量、隔油池数量、自处理设施情况、户线、接入市政管线信息、用户排水量、排水水质等情况。针对排水量较大或者排水性质特殊的重点用户需定期进行水质复测、排水附属构筑物排查等工作。

(二)水质取样方法分类及使用环境规定

1. 水质取样方法分类

水质取样一般可分为连续取样器取样以及人工取样，连续取样器取样即采用自动取样器将水样放置入检查井内；人工取样采用取样瓶的方式，人工提取管道内的水样，并将水样储存在储样瓶中。

连续取样器适用于污水、雨水、合流管道以及附属设施取样检测。可用于连续取样器进行取样的水质检测作业包括重点管线水质监测、重点流域水质监控、断面/重点流域水质考核等。

人工取样适用于污水、雨水、合流管道以及附属设施取样检测。可用于人工取样的水质检测作业有排水许可办理户线水质检测、排水户水质超标督控水质检测、断面水质自检等。

2. 水质取样的一般规定

(1)当气温在-10℃以下时，不宜进行水质检测作业。

(2)降雨时，不宜进行水质检测作业。

(3)检查井中有害气体浓度高于要求时(硫化氢浓度小于 5ppm；一氧化碳浓度小于 100ppm)，不宜进行水质检测作业。

(4)采用人工取样的水质检测结果不应作为该管道的水质最终依据。

(5)连续取样器适用于断面尺寸大于 300mm 的管道，人工取样适用于断面尺寸小于 1000mm 的管道。

3. 水质取样的基本要求

水质检测取水作业应由专人操作，操作人员应接受专业培训，持证上岗，取水作业组由 3 人组成(特殊情况下 4 人)；所需取水作业检查井内存泥量不应高于管道横断面尺寸的 25%；对所需取水作业的检查井内水应处于流动状态，且流速不应低于 0.2m/s。

不同用途的管线需要不同的工法进行取水，具体要求见表 8-2：

表 8-2　根据管线用途适用工法表

管线用途	采用工法
干线	连续取样
次干线	连续取样
支线	人工取样
户线	人工取样

当进行水质检测取样作业时，均需要进行存泥量测量，在存泥量不高于管道横断面尺寸的 25%的前提下，其取水位置应符合表 8-3 规定：

表 8-3　根据净水位高取水位置表

净水位高	取水位置
≥30cm	中层水
<30cm 且≥10cm	表层水
<10cm	不适宜取水

注：净水位高为从管道内水位高减去存泥量高。

当有下列情形之一时，应重新进行取样：

(1)当取样瓶、储样瓶中掺杂其他水样时。

(2)在取水作业中，取样瓶中混入周边环境中的杂质时。

(3)当水样储存超过 12h 未进行水质检测时。

(4)当连续取样器取出管道底泥时。

(5)其他原因无法正常取水时。

水质取水作业交通维护应遵照国家(GB 5768—2009)及有关地方标准规范设置交通安全防护措施。

4. 取水检查井的选取标准

管道水样的水质易受到流体状态、流速、管道底泥、管壁结垢等影响，故需要选取合适的取水样检查井确保最终水样准确性。

取水检查井应为直线检查井，三通井、四通井、转弯井不应作为取水检查井；取水检查井内不应有户线接入，或取水时户线内水不流入该检查井内；取水检查井不应为跌水井、闸槽井、沉泥井等特殊井型；当检查井井室、流槽内杂物垃圾较多时，应在取水前对检查井进行清理，清理后方可取水；管线起始检查井不应作为取水检查井。

取水检查井上下游一井段净水位高不应低于10cm；上下游管道内水应处于流动状态，且流速不应低于0.2m/s；取水检查井上下游管道内存泥量大于25%时，应在管道清疏后方可进行取水作业；取水检查井上游一井段存有结垢病害时，在管道养护后方可进行水质检测作业。

第二节　雨污混接排查作业流程

城镇分流制排水系统雨污混接调查内容可包括混接位置、混接流量、混接水质、排放口和污染源，并对调查结果进行分析和判断，得出雨污混接程度的评估结论。

一、收集资料

所需收集资料包括：已有的排水管线图或排水系统GIS；管道的竣工资料；已有的管道检测资料；调查区域的用水量；泵站的运行数据；调查区域排水户的接管信息；其他相关资料。

二、现场踏勘

现场踏勘需察看调查区域的地物、地貌、交通和排水管道分布情况；现场踏勘需察看排水管道的水位、淤积、水流等情况；核对已有管线资料的走向、规格和管道属性等要素。

三、混接预判

(一)预判条件

有下列现象之一的，可预判为调查区域内有雨污混接可能：

(1)持续3个旱天后，雨水管道内有水流动。

(2)持续3个旱天后，雨水管排放口有污水流出。

(3)旱天时，雨水管道内COD浓度下游明显高于上游。

(4)旱天时，雨水泵站集水井水位超过地下水水位高度或造成放江。

(5)旱天时，在同一时段内，雨水泵站运行时，相邻污水管道水位也会下降。

(6)雨天时，污水井水位比旱天水位明显升高或产生冒溢现象。

(7)雨天时，污水泵站集水井水位较高。

(8)雨天时，污水管道流量明显增大。

(9)雨天时，污水管道内COD浓度下游明显低于上游。

(二)编写技术调查设计文本

技术调查设计文本应包括下列内容：

(1)目的、任务、范围和期限；

(2)已有的资料分析、调查条件、管网建造年代等概况；

(3)技术方案，包括调查内容、调查方法，混接评估；

(4)质量保证体系与具体措施；

(5)工作量预估与工作进度；

(6)人员组织、设备、材料计划；

(7)拟提交的成果资料。

(三)现场调查

混接点位置探查前，应在技术方案的基础上，对资料进一步分析，重点针对预判存在混接现象区域的情况，选择混接调查手段，并分析该调查手段的有效性，必要时进行试验。

混接点位置探查，宜采用实地开井调查和仪器探查相结合的方法，查明混接位置与混接情况，按照表8-4填写混接点调查表，作为下一步调查的依据。

表8-4　混入点调查表(样表)

所属系统：	图幅编号	调查时间
混接点编号		混接点示意图
混接地点		
混接状况说明		
接入水体描述		
混接原因		
备注		
混接处的照片、CCTV截屏或声呐截屏等图片		
调查者	记录者	第　页，共　页

对所要调查的管道逐个开井调查，记录管道属

性、连接关系、材质、管径，并在混接位置实地标注可识别记号，按照表 8-5 填写检查井（雨水口）调查表。

表 8-5　检查井（雨水口）调查表（样表）

所属系统：　　　所在道路及路段：　　　图幅编号：

调查井（口）编号	连接井（口、点）编号	管道形状	管径/mm	流向	管道属性	连通状况		混接状况		备注
						是	否	是	否	

调查者：　　　记录者：　　　调查时间：　年　月　日

第　页共　页

开井目视检查，有下列情形之一的可判别该井为混接点：①雨水检查井或雨水口中有污水管或合流管接入；②污水检查井中有雨水管或合流管接入。

确定混接点后应拍摄井内照片和周边参照物照片。

仪器探查一般用于隐蔽混接点查找，在开井调查无法判断管内混接情况时使用。

在管道内水位满足条件的情况下，宜先采用电视潜望镜进行混接点检测。

在电视潜望镜无法有效查明或混接点要求准确定位的情况下，应采用 CCTV 检测。

管道水位高时，可通过泵站配合、封堵抽水降低水位或采用声呐辅助来判断管内混接情况，并确定连接关系。

探查发现管道有支管暗接的，应调查暗接管道性质，判断是否属于混接点。

染色检查可确定管道连接现状，使用该方法时，应满足下列规定：①管内有一定水量，且水体流动；②染色剂必须投放上游检查井；③必须采用无毒、无害的彩色染色剂，亦可用高锰酸钾替代。

烟雾检查可确定管道连接现状，使用该方法时，应满足下列规定：①管道内无水或有少量水时（充满度小于 0.65）；②无须检查方向的管道应予以封堵；③必须使用无毒无害彩色烟雾发生剂和专用鼓风机。

可通过检查井内疑似混接管道接入口水质检测，确定管道的连接现状。

可通过泵站配合，根据水流方向确定管道的连接现状。

四、编写评估报告

(1)项目概况：项目背景、调查范围、调查内容、设备和人员投入、完成情况。

(2)技术路线及调查方法：技术路线，技术设备及手段。

(3)混接状况：排水规划、排水现状、分区域的混接分布、混接类型统计、调查汇总。

(4)评估结论。

(5)质量保证措施：各工序质量控制情况。

(6)附图：混接点分布总图、混接点位置分布图。

(7)问题及整改建议。

第三节　超标排水溯源排查流程

排水管道超标是以污水水质为最终评判标准的，水质参数是用以表示水环境或水体质量优劣程度和变化趋势的水中各种物质的特征指标。水环境质量参数很多，在评价污水水质超标程度时，一般选取物理的、化学的、生物的水质参数，我们通常所关注的主要有生物需氧量（BOD）、化学需氧量（COD）、悬浮固体、氨氮等。超标排水溯源主要操作流程为管道取水样，然后将水样送往专业检测机构进行检测。管道取水样又可分然后为连续取样器取样以及人工取样。

一、连续取样器的取水作业规程

（一）连续取样器设备的一般使用规定

须配有相应型号吊篮，确保连续取样器可固定在井筒。

定期对连续取样器各部件进行检查，包括但不限于：蠕动泵（管）、电池、分配器（杆）等。

连续取样器仅作为水质取水作业使用，严禁使用其进行水质检测试验以及其他作业。

取样器长期未使用时，应每隔 3 个月对其部件进行检查，重新投入使用时，需重新对电池进行充电，对蠕动泵（管）、电池、分配器（杆）等进行调试，对取样体积进行校正。

（二）连续取样器取样前检查

每次取水前对取样器电池进行充电（5~6h），并检查蠕动泵（管）、电池、分配器（杆）等功能是否正常。

每次取水前用蒸馏水冲洗取样器内，并自然风干。

查看配重探头是否有堵塞，上水管是否有破损。

每次取水前备齐取样器吊篮、配重头、蠕动泵管、上水管等备用设备设施。

(三)连续取样器的使用

将车辆行驶到指定地点，驻车，使车辆停稳，并设置交通安全防护措施。

打开井盖，观察检查井以及管道情况是否满足取水要求，必要时应采取手持内窥镜以及插泥杆辅助判定。

在满足取水要求的前提下进行气体检测，并保持通风直至有害气体浓度降至标准以下。

安装取样器吊篮，调节至适当高度并进行固定，确保取样器不会意外滑落且不高于路面。

开启连续取样器，设置采样周期、开始采样时间等参数。

将取水配重探头置入检查井中，通过目视或内窥镜探测，确保将配重探头置入规定位置，井上一端由专人固定取样橡胶管，维持配重探头高度。

将取样器放置于井内吊篮上，在此期间维持取样橡胶管位置不变。

将取样橡胶管固定在吊篮或取样器上，确保配重探头保持原有高度。

等待连续取样第一次自动取水作业，待取样橡胶管中有水流入取样器中，确保取样器正常工作后，关闭井盖离开现场。

根据设定的采样周期，待取样器全部采样完毕后，取样人员再次来到取样地点，打开井盖后查看取样记录。

若取样记录显示本次有效样品个数低于50%，则视为本次取样为无效取样，需要重新取样。

打开取样器，将取样器内取样瓶水样转至储样瓶中，并注好标签密封保存。

取样完毕后将样品运输至检测中心，在24h内进行检测。

二、排水管道内人工取样作业规程

(一)水质取水作业对取样瓶、储样瓶的规定

取样瓶应有配重配件，确保取样瓶可沉入水中层。

根据水质检测指标数以及检测要求，选定取样瓶以及储样瓶的容积，但取样瓶、储样瓶最小容积为600mL。

取样瓶以及储样瓶均应配有密闭装置，确保在运输水样期间以及非取样作业时进行密闭储存。

取样瓶以及储样瓶的材质应为玻璃以及硬质塑料等耐腐蚀材料，防止被检测井内气体以及所取水样腐蚀。

取样瓶以及储样瓶仅作为水质取水作业使用，严禁使用其进行水质检测试验等其他作业。

取样瓶应配备绳子或者伸缩杆，以便检查井内取水作业。

当取样瓶以及储样瓶长期不用时，应每隔3个月对其使用蒸馏水进行清洁。

(二)作业前对取样瓶、储样瓶的检查

每次取水作业前应对取样瓶以及储样瓶进行全面观察，查看是否有裂缝、破洞等缺陷。

每次取水作业前应用蒸馏水对取样瓶以及储样瓶进行清洁，清洁后应进行密闭运输。

每次取水作业前应对取样瓶的绳子或者伸缩杆进行检查，查看绳子是否有断裂，伸缩杆的卡扣是否牢固、有无破损。

每次取水作业前应对取样瓶以及储样瓶的密闭装置进行检查，在运输中防止漏水现象发生。

(三)取样作业的流程

将车辆行驶到指定地点，驻车，使车辆停稳，并设置交通安全防护措施。

打开井盖，观察检查井以及管道情况是否满足取水要求，必要时应采取手持内窥镜以及插泥杆辅助判定。

在满足取水要求的前提下进行气体检测，并保持通风直至有害气体浓度降至标准以下，在此期间储样瓶以及取样瓶保持密闭状态。

打开取样瓶，使用绳子或者伸缩杆将取样瓶置入检查井内，在置入过程中，注意不要磕碰检查井井壁或踏步。

取样瓶置入管道内，并按照规定置入相应位置，取样瓶口朝向上游来水方向，直至瓶中水满。

待取样瓶水满之后，从检查井内提出，并将水倒入储样瓶中，将储样瓶密封，妥善保存。

现场记录取样时间以及取样容积，并在储样瓶上贴上标签，注明取样编号等信息。

重复上述步骤，再次进行取样，本次人工取样作业结束。

取样完毕后，将取样瓶用蒸馏水进行清洗。将水样运输至检测中心进行水质检测。

运输过程中，勿开启储样瓶并防止剧烈晃动，水样在12h内进行水质检测为宜。

第九章
排水管线巡查检测方法

巡查检测仪器设备的使用在生产中占有越来越重要的地位，许多机构对仪器经费的投入不断加大，城镇排水运维机构水平的高低，不仅取决于其专业技术能力，熟练地掌握设备使用方法也显得尤为重要。巡查检测仪器设备是公司固定资产的主要组成部分，是公司生产能力的基础，是提高巡查效率及扩大巡查覆盖区域的有效手段。因此，需要不断改善和提高设备品质，充分发挥设备效能。设备的保养维护必须坚持以预防为主、维护保养和计划检修并重的方针，以及先维修、后生产的原则，有计划地组织好设备保养维护的工作，保证设备经常处于良好状态，延长设备的使用寿命，为生产发展提供必需的物质基础，保证公司的生产工作不断提高和增长。

第一节　常用排水设施巡查检测设备种类

一、管道外部检测设备

1. 设备介绍(图 9-1)

探地雷达(Ground Penetrating Radar，简称 GPR)又称透地雷达，地质雷达，是用频率介于 10^6~10^9Hz 的无线电波来确定地下介质分布的一种无损探测方法。其原理是通过发射天线向地下发射高频电磁波，通过接收天线接收反射回地面的电磁波，电磁波在地下介质中传播时遇到存在电性差异的分界面时发生反射，根据接收到的电磁波的波形、振幅强度和时间的变化等特征推断地下介质的空间位置、结构、形态和埋藏深度。探地雷达可用于检测各种材料的组成、确定金属或非金属管道的位置、不同岩层的深度和厚度等，并常用于地面作业开工前对地面作一个广泛的调查。

2. 功　能

(1)检测各种材料，如岩石、泥土、砾石，以及人造材料如混凝土、砖、沥青等的组成；

(2)确定金属或非金属管道、下水道、缆线、缆线管道、孔洞、基础层、混凝土中的钢筋及其他地下埋件的位置；

(3)检测不同岩层的深度和厚度。

二、管道内窥检测设备

(一)闭路电视检测系统

1. 设备介绍

电视检测又称为 CCTV 检测，CCTV 的全称为 closed circuit television，直译为闭路电视。电视检测设备顾名思义，主要构成有摄像部分、传输线缆、操作和存储部分。系统由 3 部分组成：主控制器、操纵电缆盘(架)、摄像爬行器(带摄像头和照明灯的“机器人”)。电缆盘将主控制器与管道内的摄像爬行器连接起来，操作员通过主控制器的键盘来控制爬行器在管道内的前进速度和方向，且操控摄像头将管道内部病害进行垂直 90°焦距放大录制，并记录程度与类别。通过电缆传输到主控制器显示屏上，操作员可实时监测管道内部状况，同时将原始影像数据记录并存储下来，以便做进一步的评估分析。

目前常见的电视检测设备通常还会有爬行器这一部分，方便设备进入管道中进行检测。爬行器根据更换大小轮胎的方式不同又分为分体式和合体式；摄像头也分很多种，按方向不同可分为前视摄像头和后视摄像头，按能否选中可分为直视摄像头和可旋转摄像头，按视野不同又可分为一般摄像头和鱼眼摄像头等。线缆装置也各有不同，一般可分为手动收线装置和自动收线装置。线缆也分为普通多芯电缆和单芯电缆等。

2. 设备分类

(1)根据是否有爬行器可分为推杆式和爬行器式两种(图 9-2、图 9-3)。爬行器式 CCTV 检测设备根据爬行器的种类可分为履带式和轮式两种(图 9-4)。

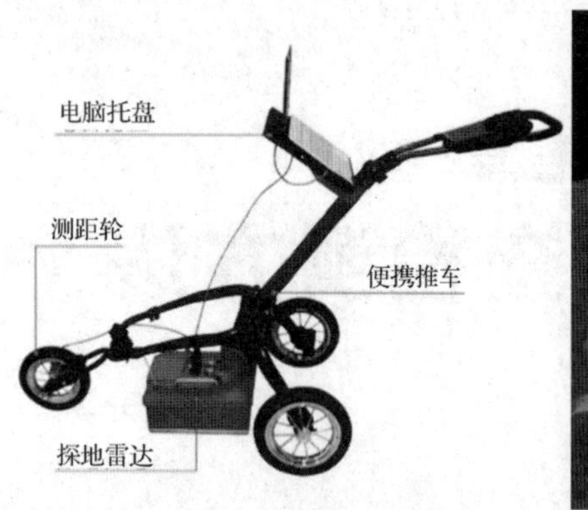

（a）INTERRAGATOR Ⅱ探地雷达系统

（b）RIS探地雷达

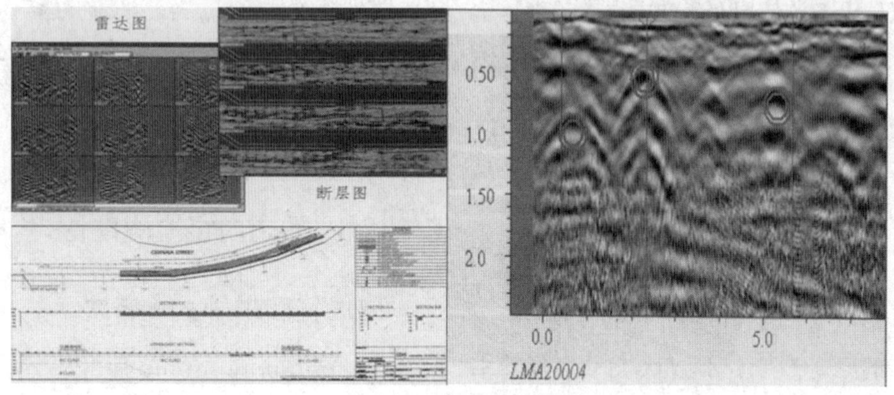

（c）探地雷达图像

图 9-1　探地雷达检测设备

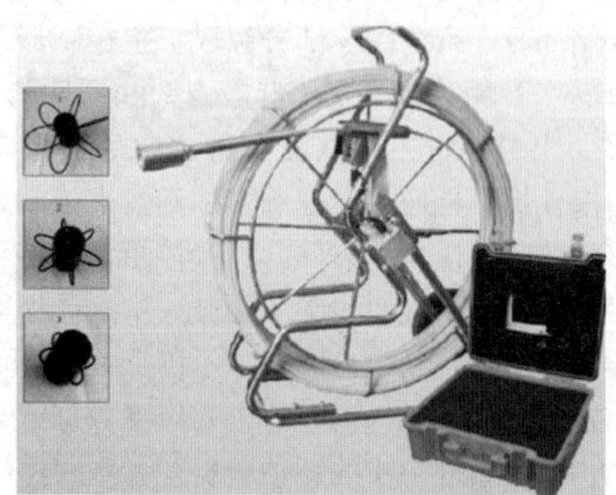
图 9-2　电视检测设备(推杆式)

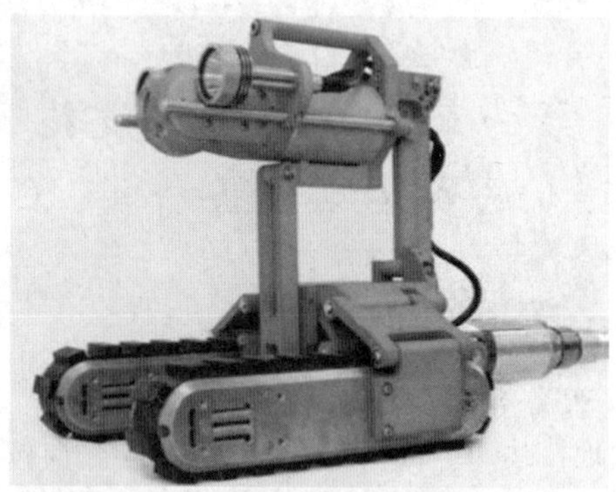
图 9-4　电视检测设备(履带式)

图 9-3　电视检测设备(爬行器式)

(2)根据摄像头是否能升降可分为自动升降式和手动式两种(图 9-5)。

图 9-5　电视检测设备(自动升降式)

3. 主要技术指标(表 9-1)

表 9-1　网络电视检测设备主要技术指标

项目	技术指标
镜头种类	平扫与旋转
成像单元	1/4″CCD，彩色
分辨率	≥30 万像素，水平≥400TVL
灵敏度(最低感光度)	≤1lx
视角	≥45°，平扫≥180°，旋转≥180°
监视器	≥230mm(对角线)，真彩色，图像变形≤±5%
照明灯光	≥1500cd，根据管径的大小，可增减光源的强弱
电缆抗拉力	≥2kN
电缆长度	推杆式≥30m，爬行器式≥150m
存储	录像编码格式：MPEG4、AVI；照片格式：JPEG

4. 应用范围

适用管径：200～3000mm，防水性能：10m 深水压，最大爬坡角度：50°，单次检测长度：300m。

5. 优　点

操作方便，图像记录，判断准确直观，避免人员进入管道可能发生的人身伤亡事故，为竣工验收、接管检查提供了科学而有效的方法。但其不足之处在于检测前需将管道中水位临时降低，对于检测高水位运行的排水管网来说需要临时做一些辅助工作(如临时调水、封堵等)，另外，为清楚地了解管道内壁的情况，必要时需要预清洗管道内壁。

(二)管道声呐检测设备

1. 设备介绍

声呐管道内壁检测仪可以将传感器头浸入水中进行检测。和采用摄像头向前检测不同，声呐系统采用一个恰当的角度对管道侧面进行检测，声呐头快速旋转并显示一个管道的横断面图。检测仪向外发射声呐信号，被管壁返回。系统通过颜色区别声波信号的强弱，并标识出反射界面的类型(软或硬)，默认的“彩虹”颜色方案，使用红色表示强信号，使用蓝色表示弱信号，中间色表示不同强度信号。声呐系统包括发射探头、连接电缆和带显示器的声呐处理器。探头可安装在爬行器、牵引车或漂浮筏上，使其在管道内移动，连续采集信号。扫描结果以专业计算机进行处理得出管道内壁的过水状况。这类检测用于了解管道内部纵断面的过水面积，从而检测管道功能性病态。

2. 主要技术指标(表 9-2)

表 9-2　脉冲宽度选择标准

管径范围/mm	脉冲宽度/μs
300～500	4
500～1000	8
1000～1500	12
1500～2000	16
2000～3000	20

3. 应用范围

仅能检测液面以下的管道状况，但不能检测管道一般的结构性问题。

4. 优　点

无须排干排水管道并可以对管道内部结构成像、可不断流进行检测。

(三)管道潜望镜

1. 设备介绍(图 9-6)

管道潜望镜检测是采用电子摄像高倍变焦的技术，加上高质量的聚光、散光灯配合进行管道内窥检测，通过操控控制盒来调节摄像头和照明以获取清晰的录像或图像。主要由控制盒、线缆、摄像头、伸缩杆等组成。

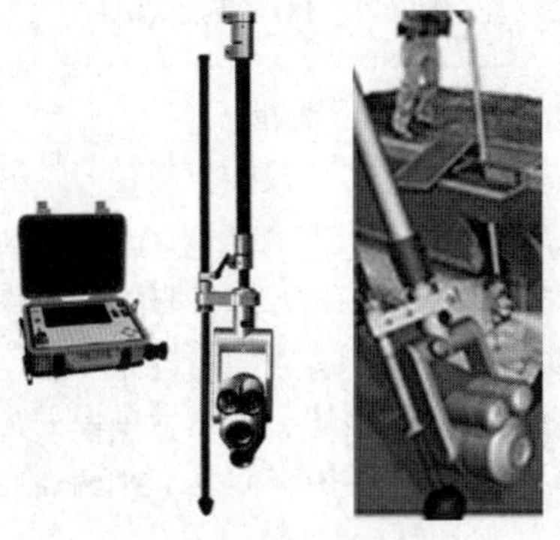

图 9-6　管道潜望镜

2. 主要技术指标(表 9-3)

表 9-3　管道潜望镜检测设备主要技术指标

项目	技术指标
图像传感器	≥1/4" CCD，彩色
灵敏度(最低感光度)	≤3lx
视角	≥45°
分辨率	≥640dpi×480dpi
照度	≥10lx
图像变形	≤±5%
变焦范围	光学变焦≥10 倍，数字变焦≥10 倍
存储	录像编码格式：MPEG4、AVI；照片格式：JPEG

3. 应用范围

适用于管径为150~2000mm的管道检测。

4. 优 点

便携式设计、操作简便、直观。

三、管道巡查设备

(一)PDA手机GPS

该设备(图9-7)的系统由GPS巡查器(安卓智能手机)、GSM网络、GIS地理信息系统、巡查管理软件组成。

图9-7 PDA手机GPS

该设备可实现如下功能:

(1)GPS定位:自动接收卫星信号,并获取位置经纬度坐标、时间,并自动实时上传至服务端;

(2)GIS地理信息采集:在地图上对重要巡逻街道和巡逻地点,进行详细标注;

(3)可通过文字描述、拍照、录像的方式对现场进行记录,上报至控制中心,方便管理部门合理进行调度;

(4)自动下载巡查任务及结果上报,可查看任务完成情况;

(5)可利用电子地图查看自己的当前位置;

(6)随时查看公司的通知公告等信息;

(7)结合调度中心负责整体巡查工作的调度、管理工作。建立了快速交互的反馈沟通平台,实时对人员进行定位、规范操作、巡查动态查询,并附有信息保存的功能,帮助实行有效管理。

(二)气体检测仪

城市地下排水设施输送的生活污水、工业废水中所含的有机和无机物质,在密闭管道的厌氧条件下受微生物的作用,会产生各种有毒有害、易燃易爆气体,为了消除安全隐患,需对排水设施有毒有害、易燃易爆进行检测。

气体检测仪是一种气体泄漏浓度检测的仪器仪表工具,主要利用气体传感器来检测环境中存在的气体种类。

1. 按使用方式分类

(1)固定气体检测仪(图9-8):它可以安装在特定的检测点上对特定的气体泄漏进行检测,在工业装置上和生产过程中使用较多的检测仪。能满足于固定检测所要求的连续、长时间、稳定等特点。

图9-8 固定气体检测仪

(2)便携式气体检测仪(图9-9):便携式气体检测仪的应用环境通常比较恶劣,仪器本身特别加强防水防尘方面的设计。考虑到操作简易性,单一气体检测仪通常只有1个按键,多气体检测仪多为3个按键。为工人实际操作着想,按键设计较大,戴手套也能轻松操作。可连续运作时间为16~24h,可供工人两个班次使用,根据警报的频率及持续时间,实际应用时间会有所不同。

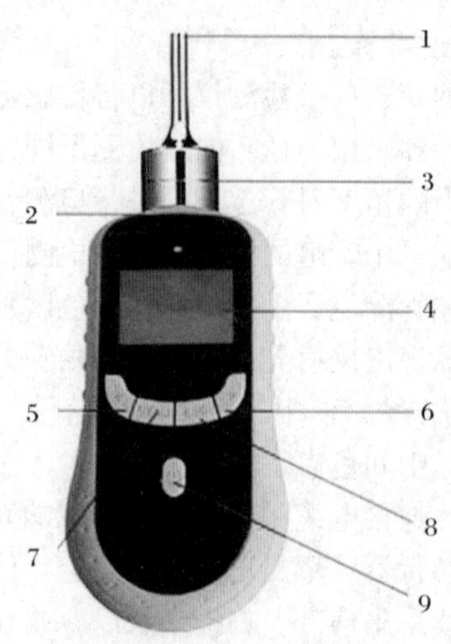

1-进气口;2-排气口;3-传感器气室;4-液晶显示区;5-加法键;6-减法键;7-菜单键;8-退出键;9-开/关机键。

图9-9 便携式气体检测仪

2. 按可检测的气体数量分类

(1)单一气体检测仪：单一气体检测仪，采用高性能催化燃烧式传感器，外观小巧新颖，携带方便。

(2)复合式气体检测仪：复合式多气体检测仪可以在一台仪器上配备所需的多个气体检测传感器，所以它具有体积小、重量轻、响应快、同时多气体浓度显示的特点。

需要注意的是在选择这类检测仪时，最好选择具有单独开关各个传感器功能的仪器，以防止由于一个传感器损害影响其他传感器使用。

3. 按气体传感器的原理分类

1)半导体式气体检测仪

它是利用一些金属氧化物半导体材料，在一定温度下，电导率随着环境气体成分的变化而变化的原理制造的。

优点：半导体式气体传感器可以有效地用于甲烷、乙烷、丙烷、丁烷、酒精、甲醛、一氧化碳、硫化氢、氨气、二氧化碳、乙烯、乙炔、氯乙烯、苯乙烯、丙烯酸等很多气体的检测。尤其，这种传感器成本低廉，适用于民用气体检测的需求。高质量的传感器可以满足工业检测的需要。

缺点：稳定性较差，受环境影响较大；尤其是每一种传感器的选择性都不是唯一的，输出参数也不能确定。因此，不宜应用于计量准确要求的场所。

2)电化学式气体检测仪

相当一部分的可燃性的、有毒有害气体都有电化学活性，可以被电化学氧化或者还原。利用这些反应，可以分辨气体成分、检测气体浓度。电化学式气体检测仪又分为：

(1)原电池型气体传感器(也称加伏尼电池型气体传感器或燃料电池型气体传感器，也有称自发电池型气体传感器)：原理同干电池，只是电池的碳锰电极被气体电极替代了。电流的大小与所测气体的浓度直接相关。这种传感器可以有效地检测氧气、二氧化硫、氯气等。

(2) 恒定电位电解池型气体传感器：这种传感器用于检测还原性气体非常有效，它的原理与原电池型传感器不一样，它的电化学反应是在电流强制下发生的，是一种真正的库仑分析的传感器。这种传感器已经成功地用于一氧化碳、硫化氢、氢气、氨气、肼等气体的检测之中，是目前有毒有害气体检测的主流传感器。

(3)浓差电池型气体传感器：具有电化学活性的气体在电化学电池的两侧，会自发形成浓差电动势，电动势的大小与气体的浓度有关，这种传感器的成功实例就是汽车用氧气传感器、固体电解质型二氧化碳传感器。

(4)极限电流型气体传感器：这种传感器利用电化池中的极限电流与载流子浓度相关的原理制备氧(气)浓度传感器，用于汽车的氧气检测，和钢水中氧浓度的检测。

3)燃烧式气体检测仪

这种传感器是在白金电阻的表面制备耐高温的催化剂层，在一定的温度下，可燃性气体在其表面催化燃烧，通过燃烧使白金电阻温度升高，电阻变化，变化值是可燃性气体浓度的函数。

优点：催化燃烧式气体传感器选择性地检测可燃性气体，凡是不能燃烧的，传感器都没有任何响应。催化燃烧式气体传感器计量准确，响应快速，寿命较长。传感器的输出与环境的爆炸危险直接相关，在安全检测领域占据主导地位。

缺点：在可燃性气体范围内，无选择性。暗火工作，有引燃爆炸的危险。大部分有机蒸汽对传感器都有中毒作用。

4)热导池式气体检测仪

每一种气体，都有自己特定的热导率，当两个和多个气体的热导率差别较大时，可以利用热导元件，分辨其中一个组分的含量。这种传感器已经用于氢气的检测、二氧化碳的检测、高浓度甲烷的检测。但可应用范围较窄，限制因素较多。

5)红外线气体检测仪

大部分的气体在中红外区都有特征吸收峰，检测特征吸收峰位置的吸收情况，就可以确定某气体的浓度。

这种传感器过去都是大型的分析仪器，但是随着以 MEMS 技术为基础的传感器工业的发展，这种传感器的体积已经变得小巧便携。使用无须调制光源的红外探测器使得仪器完全没有机械运动部件，完全实现免维护化。红外线气体传感器可以有效地分辨气体的种类，准确测定气体浓度。

这种传感器成功的用于：二氧化碳、甲烷的检测。

6)热磁气体检测仪

其原理是利用烟气组分中氧气的磁化率极高这一物理特性来测定烟气中的含氧量。氧气为顺磁性气体(气体能被磁场所吸引的称为顺磁性气体)，在不均匀磁场中受到吸引而流向磁场较强处。

第二节 巡查检测设备的操作规范

一、CCTV 爬行器

(一)一般规定

电视检测不应带水作业。当现场条件无法满足时，应采取降低水位措施，确保管道内水位不大于管道直径的20%。

检测设备的基本性能应符合下列规定：

(1)摄像镜头应具有平扫与旋转、仰俯与旋转、变焦功能，摄像镜头高度应可以自由调整；

(2)爬行器应具有前进、后退、空档、变速、防侧翻等功能，轮径大小、轮间距应可以根据被检测管道的大小进行更换或调整；

(3)主控制器应具有在监视器上同步显示日期、时间、管径、在管道内行进距离等信息的功能，并应可以进行数据处理。

灯光强度应能调节。

检测设备应结构坚固、密封良好，能在0~50℃的气温条件下和潮湿的环境中正常工作。

检测设备应具备测距功能，电缆计数器的计量单位不应大于0.1m。

(二)检测方法

爬行器的行进方向宜与水流方向一致，可以减少行进阻力，也可以消除爬行器前方的壅水现象，有利于检测进行，提高检测效果。

检测大管径时，镜头的可视范围大，行进速度可以大一些，但是速度过快可能导致检测人员无法及时发现管道缺陷。故规定管径不大于200mm时，直向摄影的行进速度不宜超过0.1m/s；管径大于200mm时，直向摄影的行进速度不宜超过0.15m/s。

检测时摄像镜头移动轨迹应在管道中轴线上，偏离度不应大于管径的10%。当对特殊形状的管道进行检测时，应适当调整摄像头位置并获得最佳图像；我国的排水管道断面形状主要为圆形和矩形，蛋形管道国内少有，本条没有特别强调管道断面形状，如圆形管道为“偏离应不大于管径的10%”，矩形管渠为“偏离应不大于短边的10%”。

将载有摄像镜头的爬行器安放在检测起始位置后，在开始检测前，应将计数器归零。当检测起点与管段起点位置不一致时，应做补偿设置。具体如下：

(1)由于视角误差，爬行器在管口存在位置差，补偿设置应按管径不同而异，视角不同时会导致不同误差。如果某段管道检测因故中途停止，排除故障后接着检测，则距离应该与中止前检测距离一致，不应重新将计数器归零。

(2)将载有镜头的爬行器摆放在检测起始位置后，在开始检测前，将计数器归零。对于大口径管道检测，应对镜头视角造成的检测起点与管道起始点的位置差作补偿设置。

(3)摄像头从起始检查井进入管道，摄像头的中线与管道的轴线重合。计数器的距离设置为从管道在检查井的入口点到摄像头聚焦点的长度，这个距离随镜头的类型和排水管道的直径不同而异。

(4)计数器归零的补偿设置方法示意参见图9-10。

每一管段检测完成后，应根据电缆上的标记长度对计数器显示数值进行修正；一段管道检测完毕后，计数器显示的距离数值可能与电缆上的标记长度有差异，为此应该进行修正，以减少距离误差。

直向摄影过程中，图像应保持正向水平，中途不应改变拍摄角度和焦距；在检测过程中，由于设备调整不当，会发生摄影的图像位置反向或变位，致使判读困难，故本条予以规定。

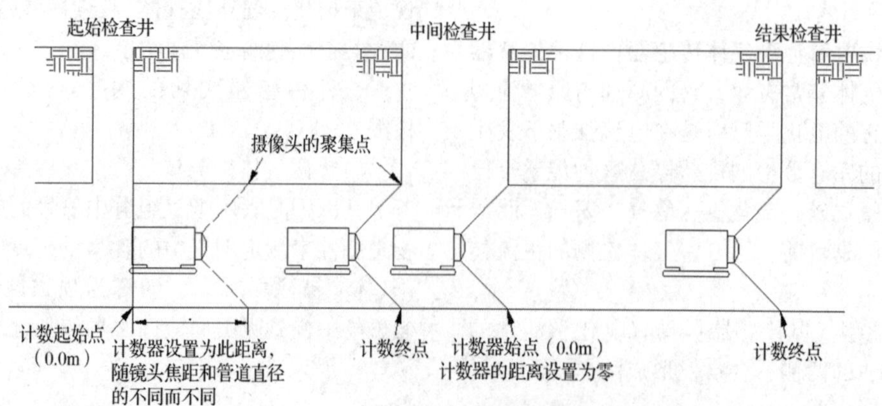

图9-10 计数器归零的补偿设置方法示意图

在爬行器行进过程中，不应使用摄像镜头的变焦功能，当使用变焦功能时，爬行器应保持在静止状态。当需要爬行器继续行进时，应先将镜头的焦距恢复到最短焦距位置；摄像镜头变焦时，图像则变得模糊不清。如果在爬行器行进过程中，使用镜头的变焦功能，则由于图像模糊，看不清缺陷情况，很可能将存在的缺陷遗漏而不能记录下来。所以当需要使用变焦功能协助操作员看清管道缺陷时，爬行器应保持在静止状态。镜头的焦距恢复到最短焦距位置是指需要爬行器继续行进时，应先将焦距恢复到正常状态。

侧向摄影时，爬行器宜停止行进，变动拍摄角度和焦距以获得最佳图像。

管道检测过程中，录像资料应连续完整，不应产生画面暂停、间断记录及画面剪接的现象，防止发生资料置换、代用行为。

在检测过程中发现缺陷时，应将爬行器在完全能够解析缺陷的位置至少停止10s，确保所拍摄的图像清晰完整。具体如下：

(1)检测过程中发现缺陷时，爬行器应停止行进，停留10s以上拍摄图像，以确保图像的清晰和完整，为以后的判读和研究提供可靠资料。

(2)对各种缺陷、特殊结构和检测状况应作详细判读和量测，并填写现场记录表。这既是检测工作的需要，也是检测过程可追溯的依据之一。本规程规定了现场记录表的基本内容，以免由于记录的检测信息不完整或不合格而导致外业返工的情况发生。

(三)影像判读

缺陷的类型、等级应在现场初步判读并记录。现场检测完毕后，应由复核人员对检测资料进行复核；排水管道检测必须保证资料的准确性和真实性，由复核人员对检测资料和记录进行复核，以免由于记录、标记不合格或影像资料因设备故障缺失等导致外业返工的情况发生。

缺陷尺寸的判定可依据管径或相关物体的尺寸；管道缺陷根据图像进行观察确定，缺陷尺寸无法直接测量。因此对于管道缺陷尺寸的判定，主要是根据参照物的尺寸采用比照的方法确定。

无法确定的缺陷类型或等级应在评估报告中加以说明；缺陷图片宜采用现场抓取最佳角度和最清晰图片的方式，特殊情况下也可采用观看录像截图的方式；由于在评估报告中需附缺陷图片，采用现场抓取时可以即时进行调节，直至获得最佳的图片，保证检测结果的质量。

对直向摄影和侧向摄影，每一处结构性缺陷抓取的图片数量不应少于1张。

二、管道声呐检测设备

(一)一般规定

检测设备应与管径相适应，探头的承载设备负重后不易滚动或倾斜；为了保证声呐设备的检测效果，检测时设备应保持正确的方位。“不易滚动或倾斜”是指探头的承载设备应具有足够的稳定性。

声呐系统的主要技术参数应符合下列规定：扫描范围应大于所需检测的管道规格；125mm范围的分辨率应小于0.5mm；每密位均匀采样点数量不应小于250个。

声呐系统包括水下探头、连接电缆和带显示器声呐处理器。探头可安装在爬行器、牵引车或漂浮筏上，使其在管道内移动，连续采集信号。每一个发射/接收周期采样250点，每一个360°旋转执行400个周期。探头的行进速度不宜超过0.1m/s。

用于管道检测的声呐解析能力强，检测系统的角解析度为0.9°(1密位)，即该系统将一次检测的一个循环(圆周)分为400密位；而每密位又可分解成250个单位；因此，在125mm的管径上，解析度为0.5mm，而在直径达3m的上限也可测得12mm的解析度。

设备的倾斜传感器、滚动传感器应具备在±45°内的自动补偿功能；倾斜和滚动传感器校准在±45°范围内，如果超过这个范围所得读数将不可靠。在安装声呐设备时应严格按照要求进行，否则会造成被检测管道图像颠倒。

设备结构应坚固、密封良好，应能在0~40℃的温度条件下正常工作。

(二)检测方法

检测前应从被检管道中取水样通过实测声波速度对系统进行校准；声呐检测是以水为介质，声波在不同的水质中传播速度不同，反射回来所显示的距离也不同。故在检测前，应从被检管道中取水样，根据测得的实际声波速度对系统进行校准。

声呐探头的推进方向宜与水流方向一致，并应与管道轴线一致，滚动传感器标志应朝正上方；探头的推进方向除了行进阻力有差别外，顺流行进与逆流行进相比，更易于使探头处于中间位置，故规定“宜与水流方向一致”。

声呐探头安放在检测起始位置后，在开始检测前，应将计数器归零，并应调整电缆处于自然绷紧状态；探头扫描的起始位置应设置在管口，并将计数器归零。如果管道检测中途停止后需继续检测，则距离应该与中止前检测距离一致，不应重新将计数器归零。

声呐检测时，在距管段起始、终止检查井处应进行2~3m长度的重复检测，其目的是消除扫描盲区。

承载工具宜采用在声呐探头位置镂空的漂浮器，以避免声波受阻，这种做法目前在国内外被普遍采用并取得良好效果。

在声呐探头前进或后退时，电缆应保持自然绷紧状态。

根据管径的不同，应选择不同的脉冲宽度；脉冲宽度是扫描感应头发射的信号宽度，可在10^{-6}s内完成测量，它从4~20μs范围内被分为5个等级。本条列出的是典型的脉冲宽度和测量范围。

探头行进速度不宜超过0.1m/s。在检测过程中应根据被检测管道的规格，在规定采样间隔和管道变异处探头应停止行进、定点采集数据，停顿时间应大于一个扫描周期。

根据实践，以普查为目的的采样点间距宜为5m，其他检查采样点间距宜为2m，一般情况下可以完整地反映管段内沉积状况。当存在异常的管段应加密采样；普查是为了某种特定的目的而专门组织的一次性全面调查，工作量大、费用高。

声呐检测时，管道内水深应大于300mm。

（三）轮廓判断

规定采样间隔和图形变异处的轮廓图应现场捕捉并进行数据保存，这是保证沉积纵面图绘制质量的基本要求；声呐检测图形应现场捕捉，并进行数据保存，其目的是为了后续的技术人员进一步解读。声呐探头的行进速度不宜超过0.1m/s，它是保证沉积纵断面图绘制质量的基本要求。

经校准后的检测断面线状测量误差应小于3%；本条规定当绘制检测成果图时，图形表示的线性长度与实际物体线性长度的误差不应超过3%。

声呐检测截取的轮廓图应标明管道轮廓线、管径、管道积泥深度线等信息；用虚线表示的管径1/5高度线即管内淤积的允许深度线，又称及格线。

管道沉积状况纵断面图中应包括：路名（或路段名）、井号、管径、长度、流向、图像截取点纵距及对应的积泥深度、积泥百分比等文字说明。纵断面线应包括：管底线、管顶线、积泥高度线和管径的1/5高度线（虚线）。

声呐轮廓图不应作为结构性缺陷的最终评判依据，应采用电视检测方式予以核实或以其他方式检测评估。

声呐检测除了能够提供专业的扫描图像对管道断面进行量化外，还能结合计算确定管道淤积程度、淤泥体积、淤积位置，并计算清淤工程量。这种方法用于检测管道内部过水断面，从而了解管道功能性缺陷。声呐检测的优势在于可不断流进行检测，不足之处在于其仅能检测水面以下的管道状况，不能检测管道的裂缝等细节的结构性问题，故声呐轮廓图不应作为结构性缺陷的最终评判依据。

三、管道潜望镜

（一）一般规定

管道潜望镜检测宜用于对管道内部状况进行初步判定。

管道潜望镜检测时，管内水位不宜大于管径的1/2，管段长度不宜大于50m；管道潜望镜只能检测管内水面以上的情况，管内水位越深，可视的空间越小，能发现的问题也就越少。光照的距离一般能达到30~40m，一侧有效的观察距离大约仅为20~30m，通过两侧的检测便能对管道内部情况进行了解，所以规定管道长度不宜大于50m。

管道潜望镜检测的结果仅可作为管道初步评估的依据。由于设备的局限，这种检测主要用来观察管道是否存在严重的堵塞、错口、渗漏等问题。对细微的结构性问题，不能提供很好的成果。如果对管道封堵后采用这种检测方法，能迅速得知管道的主要结构问题。对于管道里面有疑点的、看不清楚的缺陷需要采用闭路电视在管道内部进行检测，管道潜望镜不能代替闭路电视解决管道检测的全部问题。

管道潜望镜检测设备应坚固、抗碰撞、防水、密封良好，应可以快速、牢固地安装与拆卸，应能够在0~50℃的气温条件下和潮湿、恶劣的排水管道环境中正常工作；由于排水管道和检查井内的环境恶劣，设备受水淹、有害气体侵蚀、碰撞的事情随时发生，如果设备不具备良好的性能，则常常会使检测工作中断或无法进行。

须录制的影像资料，并能够在计算机上进行存储、回放和截图等操作。管道潜望镜技术与传统的管道检查方法相比，安全性高，图像清晰，直观并可反复播放供业内人士研究，及时了解管道内部状况。

（二）检测方法

镜头中心应保持在管道竖向中心线的水面以上；镜头保持在竖向中心线是为了在变焦过程中能比较清晰地看清楚管道内的整个情况，镜头保持在水面以上是观察的必要条件。

拍摄管道时，变动焦距不宜过快。拍摄缺陷时，应保持摄像头静止，调节镜头的焦距，并连续、清晰地拍摄10s以上；具体检测的方法为：将镜头摆放在管口并对准被检测管道的延伸方向，镜头中心应保持在被检测管道圆周中心（水位低于管道直径1/3位置或无水时）或位于管道圆周中心的上部（水位不超过管道直径1/2位置时），调节镜头清晰度，根据管道的实际情况，对灯光亮度进行必要的调节，对管道内部的状况进行拍摄。拍摄管道内部状况时通过拉伸镜头的焦距，连续、清晰地记录镜头能够捕捉的最大长度，如果变焦过快看不清楚管道状况，容易晃过缺陷，造成缺陷遗漏；当发现缺陷后，镜头对准缺陷调节焦距直至清晰显示时保持静止10s以上，给准确判读留有充分的时间。

拍摄检查井内壁时，应保持摄像头无盲点地均匀慢速移动。拍摄缺陷时，应保持摄像头静止，并连续拍摄10s以上；拍摄检查井内壁时，由于镜头距井壁的距离短，镜头移动速度对观察的效果影响很大，故应保持缓慢、连续、均匀地移动镜头，才能得到井内的清晰图像。

对各种缺陷、特殊结构和检测状况应作详细判读和记录。

现场检测完毕后，应由相关人员对检测资料进行复核并签名确认。

第三节　巡查检测设备的维护保养

一、维护保养制度

为加强设备的维护与保养，贯彻“预防为主”和“维护与计划检修相结合”的原则，做到正确使用与精心维护设备，从而延长设备使用寿命，提高设备的使用效率，确保其有效性，保障设备的安全运行及人身安全，提高企业的经济效益，特制订以下制度：

（1）操作人员必须用严肃的态度和科学的方法正确使用并维护好设备。

（2）操作人员通过岗位培训，经过考试合格，才能操作设备。

（3）操作人员，必须做好下列主要工作

①严格按操作规程进行设备的操作运行。

②认真做好设备保养工作，认真填写运行记录。

③严格执行交接班制度。

④保持设备整洁。

（4）仪器设备保养的要求

①整齐：工具、工件、附件、工具箱、料架摆放合理整齐，仪器设备零部件及安全防护装置齐全，各种标牌应完整、清晰；线路、管道应安装整齐、安全可靠。

②清洁：设备内外清洁，油垢、锈蚀，无玻璃粉和塑料屑；各滑动面无油污、无碰伤；各部位不漏油、不漏水、不漏气、不漏电。

③润滑：按时按质按量加油和换油，油箱、冷却箱应清洁，各部位轴承润滑良好。

④安全：实行定人定机和交接班制度；熟悉设备结构，遵守操作维护规程，合理使用，精心保养，监测异状，不出事故。

（5）操作人员发现设备有不正常情况，应立即检查原因，并及时反映。在紧急情况下，应采取果断措施或立即停止运行，并上报和通知值班长及有关岗位，不弄清原因、不排除故障不得盲目启动设备。此外必须做好下列主要工作：

①未处理的缺陷需记录于运行记录上，并向下一班交代清楚。

②不能立即消除的缺陷，要详细填写仪器设备维护、保养记录表，及时上报维修部门检修予以消除。

（6）维修人员要明确分工，对分工负责包干的设备，负有维修好的责任。

（7）所有备用设备应有专人负责定期检查维护，注意防尘、防潮、防冻、防腐蚀，使所有备用设备处于良好状态。

（8）巡查设备管理人员应对设备维护保养制度贯彻执行情况进行监督检查，认真总结操作和维修工人的维护保养经验，改进设备管理工作。

（9）未经主管批准，不得将配套设备拆件使用。

（10）仪器设备维修的要求如下：

①对使用各部门提出的设备维修申请，维修人员应及时予以响应和处理。维修完毕后，维修人员应详细填写仪器设备维护、保养记录表（表9-4），并通知使用部门恢复使用。

②对无法解决的或疑难的问题应及时上报上级领导。

③定期对巡查仪器设备进行安全检查，及时发现问题并及时处理，防止发生意外事故。

④积极创造条件开展预防性维修（PM维修），降低设备故障发生的概率。

⑤对保修期内或购置保修合同的设备，要掌握其使用情况。出现问题时，及时与保修厂方联系，对维修结果做好相应的维修记录，并检查保修合同的执行情况。

⑥应做好休息时间和节假日的维修值班，确保节假日和休息时间均能处理突发的维修要求。

⑦保持工作区域的安全与整洁。保管好各种维修工具、仪器，防止丢失损坏。

表 9-4 仪器设备维护、保养记录表

仪器名称	保养项目													
	外观是否良好	是否可以正常使用	是否清洁仪器表面	标识是否完好	显示器、灯泡是否正常	仪器是否生锈	润滑油是否适当	地线是否安装好	是否可以归零状态	电源线是否安装好	物品箱是否清洁	转动是否正常	维修结果是否正常	配件是否更换

二、维护保养要求

(一)检测设备

爬行器和管道潜望镜属于精密仪器，因日常使用环境及人为因素时常导致故障发生，因此在使用过程中应做好日常维护及保养工作，尤其是镜头和电池的保养(表 9-5)。

表 9-5 检测设备保养周期及要求

保养内容	周期	保养技术要求
镜头、照明灯、控制器	每周	表面完好，聚焦、变焦等各项功能有效、控制器的各项按钮灵敏有效
镜头连接电缆、各类信号线	每周	无死弯、表皮无破裂、插头触针无损坏
电池包	每周	电池包无破损，供电时间无明显的缩短
控制器	每周	控制器的各项按钮灵敏有效
整套设备	每周	清洁
整套设备	每月	进行一次全面检查

(二)PDA 手机

避免在潮湿的环境使用手机，以免大量水气浸入电路板形成水渍，造成短路或使金属接口氧化；经常清理灰尘，灰尘的累积也会造成电路板接点间的电流传导，从而造成损害；手机应避免受热曝晒，或温差变化大，尤其是夏天汽车内的高温容易让电路板或电池产生变化，屏幕扭曲变形；

手机应避免挤压、碰撞。手机受力能力有限，容易受损。

(三)气体检测仪

1. 保养维护(表 9-6)

定期校准、测试并检验检测器。保留所有维护、校准和告警事件的操作记录。

用柔软的湿布清洁外表。请勿使用溶剂、肥皂或抛光剂。请勿把检测器浸泡在液体中。

清洁传感器滤网：摘下滤网，使用柔软洁净的刷子和洁净的温水进行清洁，滤网重新罩上之前应处于干燥状态。

清洁传感器：摘下传感器，使用柔软洁净的刷子进行清洁，请勿用水清洁。请勿把传感器暴露于无机溶剂产生的气味(例如，油漆气味)或有机溶剂产生的气味中。

2. 校验

检测仪传感器由于在使用过程中逐渐老化，灵敏度下降，所以使用寿命一般为两年。

便携式复合气体检测仪使用过程中要定期校验，校验应由国家法定计量部门进行。

按井控管理要求，便携式复合气体检测仪每半年应校验一次。

在超过满量程浓度的环境使用后应重新校验。

表 9-6 气体检测仪常见故障及排除方法

故障	可能原因	处理方法
检测仪不能开启	无电池、电池电量耗尽、检测仪损坏或有缺陷	安装电池、充电、与供货厂商联系
检测仪一开机就出现告警	电池低电压告警、	
启动自测之后，检测器不显示正常周围气体读数	检测仪需要校准目标气体存在	校准检测仪 检测仪工作正常，在可疑区域按照注意事项来做
检测仪按钮没有反应	电池电量耗尽，检测仪的运行不需要使用者的输入	充电、按钮操作功能会在运行结束后自动恢复
检测仪不能精准地测量气体	检测仪需要校准、检测仪比周围气体热或冷、传感器滤网堵塞	校准传感器使用之前，让检测仪达到周围温度，清洁传感器滤网

（续）

故障	可能原因	处理方法
检测仪不报警	报警设定点设置不正确 报警设定点设置为零 检测仪处于校准模式	重新设置报警设定点 重新设置报警设定点 完成校准步骤
没有明显原因，检测仪间歇地出现报警	周围气体水平接近报警设定点或传感器暴露于目标气体阵风下，遗失传感器或传感器障碍	检测仪工作正常，在可疑区域按注意事项来做，检查气体暴露最大值读数；重新设定报警设定点；更换传感器
检测仪自动关断	由于电池电量不足，自动关断功能被启动	充电
装置无法自动归零或无法确定校准氧气传感器读数	氧气传感器失效	更换氧气传感器

第四节　功能与结构状况检测评估

一、管道检测前准备事项

管道检测评估的基本程序应包括：接受委托、检测前的准备、现场检测、内业资料整理、编写检测报告。

管道检测前准备包括：现场踏勘、收集资料、编制检测方案。

(1)现场踏勘：应包括察看待测管道区域内的地物、地貌、交通状况，检查管道口的水位、淤积和检查井内构造等情况，核对检查井位置、管位、管径、管材等资料。

(2)收集资料：包括已有的排水管线图等技术资料、管道检测的历史资料、待测管道区域内相关的管线资料、待测管道区域内的工程地质资料、评估所需的相关资料。

(3)编制检测方案：应包括检测的任务、目的、范围和工期；待检测管道的概况、现场交通条件及对历史资料的分析；检测方法；作业质量、健康、安全、交通组织、环保等保证体系与具体措施；可能存在的问题和对策；工作量估算及工作进度计划；人员组织、设备、材料计划；拟提交的成果资料。此外，方案内还需要求规范现场检测程序，包括检测前应对管道进行预处理，如堵截、吸污、清洗、抽水等；仪器设备自检；管道检测与初步判读；检测完成后应及时清理现场、保养设备。

二、检测影像判读

在检测设备记录的影像中，管道缺陷在管段中的纵向位置应采用该缺陷与起算点之间的距离描述，缺陷在管道环向的位置应采用时钟表示法描述。

时钟表示的四位数字是指缺陷所在的截面位置。前两位表示从几点(正点小时)位置，后两位表示到几点(正点小时)位置。如果缺陷处在某一点上则用00代替前两位，后两位数字表示缺陷点位(图9-11)。

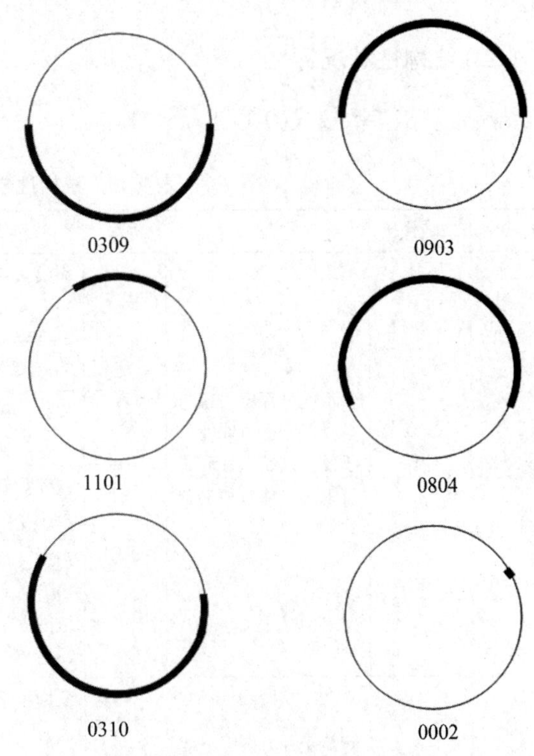

图9-11　时钟表示法示例图

三、检测评估

(一)检测项目名称、代码及等级

管道缺陷等级按表9-7规定分类。

表9-7　缺陷等级分类表

等级	1	2	3	4
结构缺陷程度	轻微缺陷	中等缺陷	严重缺陷	重大缺陷
功能缺陷程度	轻微缺陷	中等缺陷	严重缺陷	重大缺陷

结构性缺陷的名称、代码和等级数应符合表 9-8 的规定。

表 9-8 结构性缺陷的名称、代码和等级数量

名称	破裂	变形	腐蚀	错位	蛇形起伏	脱节	接口材料脱落	支管暗接	异物侵入	渗漏
代码	PL	BX	FS	CW	QF	TJ	JQ	AJ	QR	SL
等级数量	4	4	3	4	4	4	2	4	4	4

功能性缺陷的名称、代码和等级数应符合表 9-9 的规定。

表 9-9 功能性缺陷的名称、代码和等级数量

名称	沉积	结垢	障碍物	树根	浮渣
代码	CJ	JG	ZAW	SG	FZ
等级数量	4	4	4	4	不分等级

(二)结构性状况评估

结构性缺陷参数按式(9-1)进行计算。

$$\left.\begin{aligned}&\text{当 } S_{max}>\alpha S \text{ 时，} F=S_{max}\\&\text{当 } S_{max}<\alpha S \text{ 时，} F=\alpha S\end{aligned}\right\} \tag{9-1}$$

式中：F——结构性缺陷参数；

S_{max}——管段损坏状况最大系数，管段结构性缺陷中损坏最严重的分值；

S——管段损坏状况系数，按缺陷点数计算的平均分值；

α——结构性缺陷影响系数，与缺陷类型、等级和间距相关，可取 1.0~1.2。

管段损坏状况系数 S 按式(9-2)进行计算。

$$\left.\begin{aligned}&S=\frac{1}{n}\sum_{i=1}^{n}P_i\\&S_{max}=\max\{P_j\}\end{aligned}\right\} \tag{9-2}$$

式中：P_i——第 i 处结构性缺陷分值；

n——检测管段的结构性缺陷数量。

各类结构性缺陷程度定义、等级划分及分值见表 9-10。

表 9-10 结构性缺陷定义、等级划分及分值

缺陷名称	缺陷代码	定义	等级	缺陷等级描述	计量单位	分值
破裂	PL	管道的外部压力超过自身的承受力致使管子发生破裂。其形式有纵向、环向和复合 3 种	1	裂痕：当下列一个或多个情况存在时 1)在管壁上可见细裂痕 2)在管壁上由细裂缝处冒出少量沉积物 3)轻度剥落	个(环向)或 m(纵向)	1
			2	裂口：破裂处已形成明显间隙，但管道的形状未受影响且破裂无脱落	个(环向)或 m(纵向)	3
			3	破碎：管壁破裂或脱落处所剩碎片的环向覆盖范围小于弧长 60°	个(环向)或 m(纵向)	6
			4	坍塌：当下列一个或多个情况存在时 1)管道材料裂痕、裂口或破碎处边缘环向覆盖范围大于弧长 60° 2)管壁材料发生脱落的环向范围大于弧长 60°	个	10
变形	BX	管道受外力挤压造成形状变异	1	变形小于管道直径的 5%	m	1
			2	变形为管道直径的 5%~15%	个	3
			3	变形为管道直径的 15%~25%	个	6
			4	变形大于管道直径的 25%	个	10
腐蚀	FS	管道内壁受侵蚀而流失或剥落，出现麻面或露出钢筋	1	轻度腐蚀：表面轻微剥落，管壁出现凹凸面	个	1
			2	中度腐蚀：表面剥落显露粗骨料或钢筋	个	3
			3	重度腐蚀：粗骨料或钢筋完全显露	个(环向)或 m(纵向)	6
错位	CW	同一接口的两个管口产生横向偏离，未处于管道的正确位置	1	轻度错位：错位距离少于管壁厚度 1/2	个(环向)或 m(纵向)	1
			2	中度错位：错位距离为管壁厚度 1/2~1 倍	个(环向)或 m(纵向)	3
			3	重度错位：错位距离为管壁厚度 1~2 倍	个	6
			4	严重错位：错位距离为管壁厚度 2 倍以上	m	10

（续）

缺陷名称	缺陷代码	定义	等级	缺陷等级描述	计量单位	分值
蛇形起伏	QF	接口位偏移，管道竖向或横向发生明显蛇形的变化，在低处形成注水	1	水深/管径≤径≤偏	个	1
			2	20%<水位高/管径≤径 0%	个	3
			3	40%<水位高/管径≤60%	个	6
			4	水位高/管径>60%	个	10
脱节	TJ	两根管道的端部未充分接合或接口脱离	1	轻度脱节：管道端部已有少量泥土挤入	个	1
			2	中度脱节：脱节距离为管壁厚度 1/2~1 倍	个(环向)或 m(纵向)	3
			3	重度脱节：脱节距离为管壁厚度 1~2 倍	个(环向)或 m(纵向)	6
			4	严重脱节：脱节距离为管壁厚度 2 倍以上	个(环向)或 m(纵向)	10
接口材料脱落	JK	橡胶圈、沥青、水泥等类似的接口材料进入管道	1	接口材料可在管道内水平方向中心线上部可见	个	1
			2	接口材料可在管道内水平方向中心线下部可见	m	3
支管暗接	AJ	支管未通过检查井直接侧向接入主管	1	支管进入主管内的长度小于主管直径 10%	个	1
			2	支管进入主管内的长度在主管直径 10%~20%	个	3
			3	支管进入主管内的长度大于主管直径 20%	个	6
			4	支管未接入到主管	个	10
异物侵入	QR	非管道系统附属设施的物体穿透管壁进入管内	1	异物在管道内水平中心线的上方，且占用过水断面小于 10%	个	1
			2	异物在管道内水平中心线的上方，且占用过水断面为 10%~20% 或异物在管道内水平中心线下方，且占用过水断面小于 10%	个(环向)或 m(纵向)	3
			3	异物在管道内水平中心线的上方，且占用过水断面大于 20% 或异物在管道内水平中心线下方，且占用过水断面为 10%~20%	个(环向)或 m(纵向)	6
			4	异物在管道内水平中心线的下方，且占用过水断面大于 20%	个(环向)或 m(纵向)	10
渗漏	SL	管道外的水流入管道或管道内的水漏出管外	1	滴漏：水持续从缺陷点滴出，沿管壁流动	个	1
			2	线漏：水持续从缺陷点流出，并脱离管壁流动	m	3
			3	涌漏：水从缺陷点涌出或大量喷出，涌漏水面的面积小于管道断面的 1/3	个	6
			4	涌漏：水从缺陷点涌出或大量喷出，涌漏水面的面积大于管道断面的 1/3	个	10

如若须确定结构性缺陷是局部缺陷或者整体缺陷，按式(9-3)进行计算。

$$S_M = \frac{1}{SL}\sum_{i=1}^{n} P_i L_i \tag{9-3}$$

式中：S_M——管段结构性缺陷密度指数；

L——管段长度；

L_i——第 i 处结构性缺陷的长度，当缺陷的计量单位为“个”时，长度设为 1m。

管段结构性缺陷等级应按 αS 和 S_{max} 两者中的大值确定。当缺陷密度 S_M 大于 0.1 时，表明管段结构性缺陷较多。管段结构性缺陷等级确定应符合表 9-11 的规定；管段结构性缺陷类型评估参见表 9-12。

表 9-11　管段结构性缺陷等级评定对照表

等级	缺陷参数	损坏状况说明
1	$F<1$	无或有轻微管道缺陷，结构状况基本不受影响，但具有潜在变坏的可能
2	$1\leq F<3$	管道缺陷明显超过一级，具有变坏的趋势
3	$1\leq F<6$	管道缺陷严重，结构状况受到影响
4	$F\geq 6$	管道存在重大缺陷，管道损坏严重或即将导致破坏

表 9-12　管段结构性缺陷类型评估参考表

缺陷密度指数(S_M)	<0.1	0.1~0.5	>0.5
管段结构性缺陷类型	局部缺陷	部分或整体缺陷	整体缺陷

管道修复指数(RI)按式(9-4)计算.

$$RI = 0.7F + 0.1K + 0.05E + 0.15T \quad (9\text{-}4)$$

式中：F——结构性缺陷参数，可按表9-11的规定确定；

K——地区重要性参数，可按表9-13的规定确定；

E——管道重要性参数，可按表9-14的规定确定；

T——土质影响参数，可按表9-15的规定确定。

表9-13 地区重要性参数(K)

地区类别	K值
中心商业、附近具有特级民用建筑工程的区域	10
交通干道、附近具有一、二级民用建筑工程的区域	6
其他行车道路、附近具有三、四级民用建筑工程的区域	3
所有其他区域或$F<4$时	0

表9-14 管道重要性参数(E)

管径范围	E值
$D>1500$mm	10
1000mm$<D\leq$1500mm	6
600mm$<D\leq$1000mm	3
$D=310$mm或$F<4$	0

表9-15 土质影响参数(T)

土质	一般土层或$F=0$	粉砂层	湿陷性黄土			膨胀土			软弱土		红黏土
			强	中	弱	强	中	弱	淤泥	淤泥质土	
T值	0	10	10	8	6	10	8	6	10	8	8

管道的修复等级应符合表9-16的规定。

表9-16 管道修复等级划分表

等级	修复指数(RI)	修复建议及说明
1	$RI<3$	结构条件基本完好；不修复
2	$3\leq RI<5$	结构在短期内不会发生破坏现象，但应做修复计划
3	$5\leq RI<7$	结构在短期内可能会发生破坏，应尽快修复
4	$RI>7$	结构已经发生或马上发生破坏，应立即修复

(三)功能性状况评估

管段功能性缺陷参数按式(9-5)计算。

$$\left.\begin{aligned}&\text{当 } Y_{max}>\beta Y \text{ 时}, G=Y_{max}\\&\text{当 } Y_{max}<\beta Y \text{ 时}, G=\beta Y\end{aligned}\right\} \quad (9\text{-}5)$$

式中：G——管段功能性缺陷参数；

Y——管段运行状况系数，按缺陷点数计算的功能性缺陷平均分值；

Y_{max}——管段运行状况最大缺陷系数，功能性缺陷中最严重的分值；

β——功能性缺陷影响系数，与缺陷类型、等级和间距相关，取1.0~1.2。

管段运行状况系数应按式(9-6)计算。

$$\left.\begin{aligned}&Y=\frac{1}{m}\sum_{j=1}^{m}P_j\\&Y_{max}=\max\{P_j\}\end{aligned}\right\} \quad (9\text{-}6)$$

式中：P_j——第j处功能性缺陷的分值，见表9-17；

m——检测的管段功能性缺陷数量。

表9-17 功能性缺陷定义、等级划分及分值

缺陷名称	缺陷代码	定义	缺陷等级	缺陷等级描述	计量单位	分值
沉积	CJ	杂质在管道底部沉淀淤积	1	沉积物厚度小于管径的5%	m	1
			2	沉积物厚度在管径的5%~20%		3
			3	沉积物厚度在管径的20%~40%		6
			4	沉积物厚度大于管径的40%		10
结垢	JG	管道内壁上的附着物	1	硬质结垢造成的过水断面积损失小于15% 软质结垢造成的过水断面积损失在15%~25%	个(环向)或m	1
			2	硬质结垢造成的过水断面积损失在15%~25% 软质结垢造成的过水断面积损失大于25%~50%		3
			3	硬质结垢造成的过水断面积损失在25%~50% 软质结垢造成的过水断面积损失在50%~70%		6
			4	硬质结垢造成的过水断面积损失大于50% 软质结垢造成的过水断面积损失在70%以上		10
障碍物	ZAW	管道内影响过流的阻挡物	1	断面损失小于5%	(纵向)	1
			2	断面损失为5%~15%		3
			3	断面损失为15%~30%		6
			4	断面损失大于30%		10

（续）

缺陷名称	缺陷代码	定义	缺陷等级	缺陷等级描述	计量单位	分值
树根	SG	单根树根或是树根群自然生长进入管道	1	过水断面积损失量小于 5%	个	1
			2	过水断面积损失量在 5%~15%		3
			3	过水断面积损失量在 15%~30%		6
			4	过水断面积损失量大于 30%		10
浮渣	FZ	管道内水面上的漂浮物(该缺陷须记入检测记录表，不参与计算)				

如若需确定功能性缺陷是局部缺陷或者整体缺陷，按式(9-7)进行计算。

$$Y_M = \frac{1}{YL}\sum_{j=1}^{m} P_j L_j \tag{9-7}$$

式中：Y_M——管段功能性缺陷密度指数；

L——管段长度；

L_j——第 j 处功能性缺陷的长度，当缺陷的计量单位为“个”时，长度设为 1m。

管段功能性缺陷等级应按 βY 和 Y_{max} 两者中的大值确定。当缺陷密度 Y_M 大于 0.1 时，表明管段功能性缺陷较多。

管段功能性缺陷等级评定应符合表 9-18 的规定。管段功能性缺陷类型评估参见表 9-19。

表 9-18　功能性缺陷等级评定对照表

等级	缺陷参数	运行状况说明
1	$G<1$	无或有轻微影响，管道运行基本不受影响
2	$1\leqslant G<3$	管道过流有一定的受阻，运行受影响不大
3	$3\leqslant G<6$	管道过流受阻比较严重，运行受到明显影响
4	$G\geqslant 6$	管道过流受阻很严重，即将或已经导致运行瘫痪

表 9-19　管段功能性缺陷类型评估参考表

缺陷密度指数(Y_M)	<0.1	0.1~0.5	>0.5
管段功能性缺陷类型	局部缺陷	部分或整体缺陷	整体缺陷

管道养护指数按式(9-8)计算。

$$MI = 0.8G + 0.15K + 0.05E \tag{9-8}$$

式中：G——功能性缺陷参数，可按表 9-18 的规定确定；

K——地区重要性参数，可按表 9-13 的规定确定；

E——管道重要性参数，可按表 9-14 的规定确定。

管道的养护等级应符合表 9-20 的规定。

表 9-20　管道养护等级划分表

养护等级	养护指数(MI)	养护建议及说明
1	$MI<1$	没有明显需要处理的缺陷
2	$1\leqslant MI<4$	没有立即进行处理的必要，但宜安排处理计划
3	$4\leqslant MI<7$	根据基础数据进行全面的考虑，应尽快处理
4	$MI\geqslant 7$	输水功能受到严重影响，应立即进行处理

第十章
排水安全事件处置

城市的排水系统，用于排除清理生产生活污水和暴雨雨水等，在污水控制和水生态循环保护中具有关键作用，而制定城市排水应急事件处置预案则是展开救援工作的重要保障，是应急救援的中心环节。

第一节　城镇排水管网潜在风险及事故等级

城市的排水系统，用于排除清理生产生活污水和暴雨雨水等，在污水控制和水生态循环保护中具有关键作用，而制定城市排水应急事件处置预案则是展开救援工作的重要保障，是应急救援的中心环节。

一、城镇排水管网潜在风险

城镇排水管网及泵站在日常运行中，因冲刷、腐蚀、外力、淤堵、停电、机械故障等原因，存在塌陷、断裂、污水冒溢、道路淹泡等潜在风险，一旦发生将对城市的正常运行、人们的出行和生产生活、生态环境等造成危害和影响，城镇排水管网及泵站潜在风险及影响一般包括以下几类（表10-1）：

表10-1　城镇排水管网及泵站潜在风险及影响程度表

排水管网及泵站潜在风险	影响后果及危害程度
排水管网内产生硫化氢气体等有毒有害物质	造成人员伤亡、破坏排水设施
非法偷排泥浆或其他原因造成雨污水干管堵塞、破裂	污水溢流进入河道、污染河道水体；排水不畅造成城区大面积内涝
排水干管（渠）破损导致地面坍塌	造成地面坍塌，影响交通，严重时造成人员伤亡与财产损失
城市主要雨污水输送干管（渠）遭受破坏或非正常运行	造成大范围污水冒溢，以及排水不畅造成大范围雨水淹泡
道路雨水口堵塞，引起路面积水	路面积水，影响交通
市政道路雨污水管（渠）检查井雨水箅子受破坏或被盗	影响居民出行和道路交通安全，严重时可能造成人员伤
运营单位违规下井作业或安全措施不到位	造成工作人员伤亡
泵站突然停（断）电或水泵等主要设备故障或受到破坏	雨污水泵站非正常运行，造成大范围污水冒溢，或城区大范围雨水淹泡，引起内涝
因暴雨强度超过排水系统的设计标准，现状排水设施能力不足引起城区积水和水浸	造成大范围城区积水，人民群众生命和财产受损害

二、城镇排水管网应急抢险事故等级

根据突发事故影响范围和事故严重程度，一般将地下管线突发事故分成特别重大（Ⅰ级）、重大（Ⅱ级）、较大（Ⅲ级）和一般（Ⅳ级）4个级别。以北京市为例，各级别划定及响应程度如下：

（1）特别重大地下管线突发事件（Ⅰ级）：是指突然发生，事态非常复杂，对首都城市公共安全、政治稳定和社会秩序产生特别严重的危害或威胁，需要市应急委统一组织协调，市城市公共设施事故应急指挥部调度各方面力量和资源进行应对的突发事故。符合下列条件之一者定为特别重大（Ⅰ级）地下管线突发事故：造成30人以上死亡或造成100人以上重伤（包括中毒）；造成1亿元以上直接经济损失。

（2）重大地下管线突发事件（Ⅱ级）：是指突然发生，事态复杂，需要由市城市公共设施事故应急指挥部牵头协调相关部门和单位等共同应对的突发事故。符合下列条件之一者定为重大（Ⅱ级）地下管线突发事故：造成10人以上30人以下死亡或造成50人以上100人以下重伤（包括中毒）；造成5000万以上1亿元以下直接经济损失。

（3）较大地下管线突发事件（Ⅲ级）：是指突然发

生，事态较复杂，但管线处置主责部门清晰的，由管线所属行业主管部门指挥处置，市城市公共设施事故应急指挥部办公室或区县政府协调应对的突发事故。符合下列条件之一者定为较大（Ⅲ级）地下管线突发事故：造成3人以上10人以下死亡或造成50人以下重伤（包括中毒）；造成1000万以上5000万元以下直接经济损失。

（4）一般地下管线突发事件（Ⅳ级）：是指突然发生，事态不复杂，处置主责部门清晰，影响范围较小，由管线单位处置的事故，管线所属行业主管部门或区县政府负责应对协调或指挥的突发事故。符合下列条件之一者定为一般（Ⅳ级）地下管线突发事故：造成3人以下死亡或造成10人以下重伤（包括中毒）；造成100万以上1000万元以下直接经济损失。

对于发生在重点地区、敏感时间，容易引发一定政治影响和社会矛盾的地下管线事故，不受分级标准限制。

第二节 应急事件调查及响应

一、应急响应的原则

发生排水应急事件时，应急指挥部成员及其有关部门按分级响应的原则作出应急响应。

二、值班机制

设置24h值班，每班1人。设置专用值班电话。

三、应急事件信息流转原则

（一）接报和通知

接警后，应在第一时间内通知主管应急负责人，双方做好信息记录登记。接警人员应在第一时间通知上级主管部门，由上级主管部门报送应急指挥部。同时主管应急负责人根据现场信息判断，建议指挥启动相应级别预案。对信息中提及人员伤亡的事件，接警人应立即向主管应急指挥报告，对于事件本身比较敏感或发生在敏感地区、敏感时间、或可能演化为特别重大、重大突发事件的信息由值班室直接上报应急指挥部。

（二）报告和报到

对于现场未成立现场指挥部的，第一到达现场人员，应迅速了解现场情况并向值班室报告，内容包括：到达现场的时间、事故发生时间、地点；事故有关情况；事故发生原因的初步判断、事故可能的后果以及已经采取的措施和控制情况；事故报告人及联络电话等。

四、现场调查原则与程序

第一到现场人员，在对事故等级进行初步判断后，认为排水设施影响比较严重，达到重大及以上级别时，应迅速向上级主管部门提出，立即启动应急预案建议。对认为达到一般、较大等级事故，应迅速向主管部门提出启动应急预案建议，由上级主管部门向应急指挥部提出启动应急预案，由应急指挥部决定启动应急预案级别。

对于现场已经成立现场指挥部的，第一到现场的人员应立即到现场指挥部报到，接受指挥部的指令，并及时向指挥报告现场情况。同时，在对事故等级进行初步判断后，达到重大及以上级时，应迅速向指挥部报告并提出启动应急预案建议级别。

五、应急事件现场处置原则

对特别重大突发事件（Ⅰ级）、重大突发事件（Ⅱ级），由应急抢险指挥部总指挥负责启动预案。预案启动后，由应急指挥部办公室报告市政府相关部门。

对较大突发事件（Ⅲ级）、一般突发事件（Ⅳ级），由应急主管部门启动相应级别应急抢险预案，预案启动后，由应急主管部门向应急指挥部报告具体情况。

预案宣布的手段：通过电话口头通知和书面通知两种形式。若口头通知的，应在事件处理完成后，补发预案启动会商单，由启动应急预案部门负责补发。

六、事件上报时间要求

事故发生后，值班室在接警后10min之内根据事态完成上报程序。

七、分级响应原则

（一）特别重大突发事件

根据接警和现场勘查信息，主管工作组负责人应立即启动对应级别应急预案，并立即报应急指挥部。应急指挥工作组指挥、现场指挥、工作组办公室主任、副主任及相关成员应及时赶赴现场，成立现场指挥部，负责具体的指挥和处置工作。

（二）重大突发事件

根据接警和现场勘查信息，主管工作组负责人应立即启动对应级别应急预案，并立即报应急指挥部。

(三)较大突发事件、一般突发事件

根据接警和现场勘查信息，主管工作组负责人负责指挥，由各级单位的现场指挥依据本单位预案实施应急工作，在突发事件处置完成后，上报处置结果。

八、扩大应急处置

现场联合指挥部应随时跟踪事态的进展情况，一旦发现事态有进一步扩大的趋势，有可能超出自身的控制能力，需要扩大应急、提高应急等级时，现场指挥应立即向指挥部报告，请示提高应急等级。

九、社会动员

依据突发排水事件的危险程度、波及范围、人员伤亡等情况，在事件应急扩大后，联合指挥部应立刻上报指挥部，并请示指挥部是否请求社会支持，联合指挥部接到指挥部的指令后，现场指挥部实施现场动员，提供有关保障，组织人员疏散、隐蔽和隔离等。必要时由指挥部向市有关部门汇报，通过新闻媒体进行社会动员。

十、应急结束

应急结束的原则：“谁启动，谁结束”，即由启动应急预案的主管部门或者现场指挥部负责宣布结束应急抢险，处理后续事宜。

第十一章 技术管理

第一节 巡查记录填写

巡查记录填写内容如下(表 11-1~表 11-4):

表 11-1 排水设施巡查日志

巡查员： 编号：0001(按照巡查证上的编号) 年 月 日

巡查线路	时间	距离/km

发现问题及处理情况：

要求：(写清详细地点、写清什么事情、处理事情的过程)

上表中涵盖了日常巡查工作中的各项基本信息，需要巡查人员根据实际工作情况，认真填写。

除需要填写巡查日志，在巡查过程中发现专项问题，还要进行专项巡查信息的记录和报送，包括：其他专项巡查任务、节假日或重点活动保障、涉水事件处置、在施工程管控、道路大修普查等任务。巡查员必须准时按照要求完成任务。资料上报后需有备份。

从记录的内容来分类，主要包括：污水冒溢，降雨积水，检查井盖、雨水箅子破损、丢失、松动、沉降，管线沉降，地面坍塌，占压排水设施、倾倒垃圾杂物，周边施工影响设施安全等内容。

附：告知书样例

涉及排水设施违法行为告知单

年度告字第_______号

致：____________________

鉴于你单位/个人在____经营□施工□占压□，该行为对我单位负责管理的公共排水设施造成破坏□设施安全隐患□违法使用□，属于违法违规行为，上述行为违反了《北京市排水和再生水管理办法》中的下列相关规定：

第十六条：专用排水管线按照规划接入公共排水管网的，专用排水管线建设单位或者个人在取得排水许可后，应当到公共排水管网运营单位办理接入手续。专用排水管线接入公共排水管网应当符合国家标准规范，并在连接点处预留检查井。接入公共排水管网的餐饮服务排水户应当设置符合标准的隔油设施，并保持设施正常运行。

第十七条：在排水和再生水设施周边进行施工作业可能影响排水和再生水设施安全运营的，施工组织设计中应当包括设施保护方案，并在实施方案时通知运营单位；建设工程需要拆改、迁移、废除排水和再生水设施的，开工前应到运营单位办理手续。施工作业损坏设施的，施工单位应当立即报告运营单位和事故发生地水行政主管部门及有关部门，并采取应急保护措施。

第十八条：禁止下列损害排水和再生水设施的行为：

擅自占压、拆卸、移动排水和再生水设施；

穿凿、堵塞排水和再生水设施；

向排水和再生水设施倾倒垃圾、粪便、渣土、施工废料、污水处理产生污泥等废弃物；

向排水管网排放超标污水、有毒有害及易燃易爆物质；

在排水和再生水设施用地范围内取土、爆破、埋杆、堆物；

擅自接入公共排水和再生水管网；

住宅区再生水设施处理粪便水和重污染水；

其他损害排水和再生水设施的行为。

《北京市城市地下管线管理办法》中的相关规定：

第十条：任何单位和个人不得擅自接装、改装、挪移、拆除地下管线设施。为保护地下管线安全，在地下管线用地范围内，禁止下列行为：

倾倒污水、排放腐蚀性液体、气体；

堆放易燃易爆物；

擅自移动、覆盖、涂改、拆除、损坏管线设施的安全警示标志；

建设与管线设施无关的建筑物、构筑物或挖坑、取土、植树、埋杆、堆物、钻探、爆破、机械挖掘等占压行为；

其他危及地下管线安全的行为。

请你单位/个人自收到本告知单之日起立即停止损害排水设施的行为，三日内到 xx 单位办理相应手续，按我单位要求整改。在此期间，因违法行为导致排水设施损坏所造成的一切损失，我单位有权申请行政主管部门执法，并有权责令你单位/个人赔偿。

联系人：

联系电话：

公司：

年　　月　　日

表 11-2　告知单送达回证

收件方	施工方名称			
告知单号	年度告字第号			
送达地点	施工位置			
送达时间	年　　月　　日　　时			
告知单事项	你单位在　　　　（施工位置）（工程名称）□经营□施工□占压，对我单位负责管理的＿＿＿＿（设施名称）＿＿＿＿设施造成了严重的安全隐患。			
整改要求	请你单位自收到告知单之日起立即停止损害排水设施的行为，3 日内到 xx 单位办理报装手续。			
送达人	姓名		收件人	姓名
	电话			电话
未能送达理由				
备　注				

注：1. 收件人栏内可签名或盖章；

2. 告知单及回执应由施工方负责人签字和接收。如系代收，代收人应在备注栏内注明与收件人的关系；

3. 如被送达人拒收送达文件，送达人在送达回证上注明情况后，视为有效送达。

表 11-3　排水检查井水流异常记录单

所属单位		所属部门		记录单编号	
检测人员		填报人员		时间	年 月 日
沟段名称					
检测地点		位置示意：			
检查井编号					
特殊井型　井无　：溢流井　截流井　：倒虹吸井　井闸井					
所在位置	□主路　□辅路　□自行车道　□人行步道　□混行道路　□绿地　□农田　□荒地　□工地　□院内				
井盖无法开启	□否 □是	井盖规格	□盖规格　□800		
井壁　□未检查					
裂缝	□无 □有	支管接入	□无　□支管接入 □凿　□接入		
渗漏	□无 □轻微 □严重	流槽破损	□无　□轻微　□严重		
运行情况	□未检查				
浮渣	□无 □轻微 □严重	杂物	□无 □轻微 □严重	封堵	□无 □有
积泥/cm	□无　□轻微　□严重				

表 11-4　排水检查井气体异常记录单

所属单位		所属部门		记录单编号	
检测人员		填报人员		时间	年　月　日
沟段名称					
检测地点		位置示意图			
检查井编号					
特殊井型　井无　：溢流井　截流井　：倒虹吸井　井闸井					
所在位置	□主路　□辅路　□自行车道　□人行步道　□混行道路　□绿地　□农田　□荒地　□工地　□院内				

浓度 有害气体	浓度测值：	限值：
硫化氢（H_2S）	ppm	<10ppm
甲烷（CH_4）	%	<0. 5%
一氧化碳（CO）	ppm	<30ppm
氧气（O_2）	%	>18%且<23. 5%
二氧化碳（CO_2）	%	<0. 5%

（续）

检测结论	
说明	
检测设备型号	

注：1. 气体浓度在标准范围时，每间隔 1～2h 检测一次。

2. 当气体浓度超过标准，没有达到安全临界浓度时，不间断检测。

3. 进入有限空间、密闭空间作业前，需使用气体检测仪器检测各种有害气体浓度。

4. 若检测气体不合格，可采用通风、专人监护等措施防止中毒事件发生。

第二节　巡查日志填报

根据排水管道检测一般流程，检测作业时需要对现场情况、人员组织、设备使用情况、管道缺陷病害等进行详细的记录，以便作业完毕后提交合理、科学的检测成果。本节依据管道检测作业流程分别将作业记录罗列如下：

一、现场踏勘

在明确检测目的及资料收集齐备的基础上，需要对现场情况进行了解，现场踏勘时需要记录部分有用的信息，一般需要记录诸如检测位置、管线材质等数据，为下一步采取何种作业设备及作业模式等提供详尽的可靠依据，表 11-5 为一般作业时探勘现场记录表，作为现场踏勘时的记录样表。

表 11-5　管道现场踏勘记录表

填表人：　　　审核人：　　　填表日期：　　　天气：

道路名称		起始井编号		终止井编号	
检测长度/m		管径/mm		管内底埋深/m	
管道性质		管道材质		道路级别	
地下水位高度		管道建设年代		管道敷设方式	
管道连接形式		水流速度/(m^3/s)		水位高度/m	
检查井形式		井中积泥深度/mm		道路交通情况	
管线示意图					

二、现场检测管理

进行现场检测时，现场人员组织、设备使用等的综合管理对检测作业工作的成功与否、时效性等的影响较大，因此对于排水管道检测现场管理时需要进行必要的信息记录，尤其是作业过程中缺陷病害的记录、设备检验及使用中出现的问题、管道运行现况等必须予以翔实的记录。本节分别罗列了设备检验、检测缺陷病害记录等的表格作为现场检测记录的参考样表（表 11-6、表 11-7）。

表 11-6　电视检测设备现场校验表

项目名称：　　项目地点：　　检测日期：　　天气：

序号	检验项目	检验内容	检验结果	校验人
1	系统开机	是否能够通电开机		
2	摄像头	摄像头高度是否可调		
3	摄像头	调焦是否正常		
4	摄像头	是否能够对焦		
5	摄像头	色板验证，颜色是否显示正常		
6	灯光	亮度是否正常，是否可调		
7	爬行器	前进后退速度调节是否正常		
8	线缆	线缆是否存在明显损伤		
9	线缆盘	是否收放线自如		
10	主控机	距离、信息、录像等是否正常		
11	视频图像	分辨率和清晰度是否达到要求		

表 11-7　电视检测现场记录表

项目名称：　　天气：

所属单位		所属部门		记录单编号	
检测人员		填报人员		时间	年 月 日
检测内容					
排水设施基本情况	设施名称			设施属性	
	管径			充满度	
	存泥量			管道类型	
	埋深			设施材质	
	检测地点			所属小流域	

（续）

检测情况	设备类型		车牌	
	起始检查井编号		中止检查井编号	
	检测长度		病害数量	
所在位置	□主路 □辅路 □自行车道 □人行步道 □混行道路 □绿地 □农田 □荒地 □工地 □院内			

检测病害记录

管道示意图	井段编号	病害位置示意图			设施病害描述	设施病害范围		缺陷照片
		圆管	方沟	其他位置		起始长度	终止长度	
标注井号		○	□					
		○	□					
		○	□					
标注井段编号		○	□					
		○	□					
		○	□					
		○	□					
		○	□					
		○	□					
		○	□					

三、编制检测报告

现场检测完成后需要对所检测管道进行缺陷病害等级评估，并最终判断排水管道运行现况是否良好，管道是否需要养护和更新改造。在此作业流程中需要进行缺陷病害种类及程度甄别及记录，并根据国家排水管道检测标准或地方标准进行评估，评估时可采用表11-8~11-12记录表。

表11-8　排水管道功能缺陷评估统计表

项目名称：　　　　日期：

序号	井段编号	管径	检测长度	缺陷距离	缺陷名称及等级	缺陷权重（P）	缺陷纵向长度（L）	负荷状况系数（F）	管道重要性参数（E）	地区重要性参数（K）	养护指数（MI）	缺陷照片	录像编号

表11-9　排水管道功能缺陷评估成果表

项目名称：　　　　检测方法：　　　　日期：

管线名称		起始井编号		终止井编号	
管线类型		管线直径		管线长度	
检测方向		检测长度		评估长度	
管线材质			检测地点		
距离	缺陷名称及代码	分值	养护指数	管道内部状况描述	缺陷照片

表11-10　排水管道结构缺陷评估统计表

项目名称：　　　　日期：

序号	井段编号	管径	检测长度	缺陷距离	缺陷名称及等级	缺陷权重（P）	缺陷纵向长度（L）	评定段的老化状况系数（A）	管道重要性参数（E）	地区重要性参数（K）	评定段的土质重要性参数（T）	管道修复指数（RI）	缺陷照片	录像编号

表11-11　排水管道结构缺陷评估成果表

项目名称：　　　　检测方法：　　　　日期：

管线名称		起始井编号		终止井编号	
管线类型		管线直径		管线长度	
检测方向		检测长度		评估长度	
管线材质			检测地点		
距离	缺陷名称及代码	分值	管道修复指数（RI）	管道内部状况描述	缺陷照片

表11-12　排水管道等级评定报告

运营单位：　　　　报告编号：

管道名称			
管道位置描述			
管道长度/m		检测时间	
检测报告编号		录像编号	

（续）

管道功能等级评定			
	参数取值：$G=$　$E=$　$K=$		
	养护指数：$MI = 85G + 5E + 10K=$		
	功能等级：		
	养护建议：		
管道结构等级评定			
	参数取值：$J=$　$E=$　$K=$　$T=$		
	修复指数：$RI=70J + 5E + 10K + 15T$		
	结构等级：		
	修复建议：		
评估人签字		主操作人签字	
部门领导签字			

四、记录说明

排水管道检测成果表是经过对管段影像资料的判读结合现场记录对缺陷的诊断结果，并配有缺陷图片，是管段修复或养护的最基本依据。

检测记录表是在管道检测过程中直接形成的具有归档保存价值的文字、图表、声像等各种形式的资料。管道检测过程的真实记录是管道检测后运行、管理、维修、改扩建、技改、恢复等工作的重要资料，只有真实准确、齐全完整、标准规范的资料才能为管道的维修、保养等提供不可替代的技术支持。

检测记录表中既包括管段的基本信息，这些信息有些是检测前已有的信息，有些可能是检测过程中补充的信息，也包括对结构性状况和功能性状况的综合评价，是对现场检测的汇总梳理成果。

本章的代码根据缺陷、结构或附属设施名称的两个关键字的汉语拼音首字母组合表示，已规定的代码在本规程中列出。由于我国地域辽阔，情况复杂，当出现本规程未包括的项目时，代码的确定原则应符合本条的规定。

五、记录要求

管道检测记录时所有记录原始表格及计算表格应根据检测实际发生的情况填写，不得随意更改原始数据。由于管道评估是根据检测资料对缺陷进行判读打分，填写相应的表格，计算相关的参数，工作繁琐。为了提高效率，提倡采用计算机软件进行管道的评估工作。缺陷的类型和代码应在现场确认并录入，现场检测过程中宜采取监督机制，监督人员应全程监督检测过程。排水管道检测时的现场作业及记录应符合现行行业标准《城镇排水管渠与泵站维护技术规程》（CJJ/T 68—2016）的有关规定。现场检测完毕后，应由相关人员对检测现场记录表进行复核并签名确认。检测成果资料属于技术档案，是国家技术档案的重要组成部分。检测成果原始记录表格归档应根据《建设工程文件归档整理规范》（GB/T 50328—2014）、《城镇排水管渠与泵站维护技术规程》（CJJ68—2007）和《城市地下管线探测技术规程》（CJJ 61—2003）等国家相关标准中对档案管理的技术要求归档管理。检测记录表以及缺陷统计表应根据录像回放、现场记录、《城镇排水管道检测与评估技术规程》（CJJ 181—2012）以及各地方标准规范要求填写计算，不得随意填写。检测记录表格编写完毕后按要求提交成果，成果须规范、统一。

第三节　检测评估报告编写

根据录像回放、现场记录以及规范要求编写管道检测报告书以及编制竣工资料，报告书和竣工资料应突出重点、文理通顺、表达清楚、结论明确。

一、检测报告书编写

检测报告书的编写首先需要对影像资料进行合理的判读，应遵循如下规定：

（1）缺陷的类型和代码应在现场确认并录入。现场检测完毕后，应由评估员复核。

（2）缺陷的几何尺寸应比照管径或相关物体的大小判定。

（3）无法确定的缺陷类型或等级必须在评估报告中加以说明。

（4）剪辑图像应采用现场抓取最佳角度和最清晰图片的方式，特殊情况下也可采用观看录像抓取方式。

检测报告书应包括下列内容：

（1）工程概括：工程的依据、实际被检管段的平面位置图、目的和要求、工程的地理位置、地质条件、检测时天气和环境、开竣工日期、项目主要参与人员的基本情况、实际完成的工作量等。

（2）排水管道检测成果清单、沉积状况纵断面图，管段状况评估表、检查井检查情况汇总表、整改建议。

（3）排水管道检测成果表。

(4)技术措施：各工序作业的标准依据、采用的仪器和技术方法。

(5)应说明的问题及处理措施。

以上涉及统计报表见第四节内容。

二、竣工资料编写

提交的竣工资料应包括下列内容：

(1)工作依据文件：任务书、技术设计书。

(2)工程凭证资料：所利用的已有成果资料，仪器的检验校准记录。

(3)现场工作记录资料：有业主、项目施工单位、施工监理单位等代表签字的证明资料；排水管道检测现场记录表、检查井检查记录表、雨水口检查记录表、工作地点示意图、现场照片；竣工验收报告；影像资料。

第四节 巡查检测统计报表填报

检测统计报表包括排水管道检测成果清单、管段状况评估表、检查井检查情况汇总表、排水管道检测成果表。

(1)排水管道检测成果清单如表11-13所示，该表主要填写的为管段的基本信息以及管段涉及的缺陷名称及缺陷等级，以管段为单元进行填报，若一条管线有3个管段、4座检查井组成，管道内有腐蚀、脱节、破裂3处结构缺陷，其填报示例如下所示。

表11-13 排水管道检测成果清单

管段编号	管径/mm	材质	检测长度/m	缺陷距离/m	缺陷名称	缺陷等级
30001	300	砼	30	1	脱节	2
30002	300	砖沟	50	1	破裂	4
30003	400	PE	25	25	腐蚀	3

(2)管段状况评估表如表11-14所示，该表主要填写管段的结构性缺陷以及功能性缺陷的各项评估参数，可反映管段的评估过程，其填报示例如下所示。

表11-14 管段状况评估表

管段	管径/mm	长度/m	材质	埋深/m	结构状况				功能状况			
					平均值S	最大值S_{max}	修复指数RI	缺陷密度	平均值Y	最大值Y_{max}	养护指数	缺陷密度
30001	300	30	砼	3.5	3	3	2.4	0.1				
30002	300	50	砖	3.5	10	10	7.3	0.2				
30003	400	25	PE	3.5	6	6	4.5	6				

(3)检查井检查情况汇总表如表11-15所示，该表主要填写所检测管线检查井缺陷情况，以上述管线为例，管线有4座检查井，则填报示例如下：

表11-15 检查井检查情况汇总表

检查井类型	材质	数量	其中非道路下数量	完好数量	井盖井座缺失数量	井内有杂物数量	井内有缺损数量	盖框突出或凹陷	井室周围填土有沉降数量
雨水口									
连接暗井									
溢流井									
检查井									
跌水井									
水封井									
冲洗井									
沉泥井									
污水蓖									
排污装置									
倒虹管									
防潮门									
出水口									

(4)排水管道检测成果表如表11-16所示，其中距离表示从检测点到缺陷位置的距离，以上述管线为例，具体填报示例如下所示。

表11-16 排水管道检测成果表

<table>
<tr><td>录像文件</td><td>XX</td><td colspan="2">起始井号</td><td>001</td><td>终止井号</td><td>004</td></tr>
<tr><td>敷设年代</td><td>2001</td><td colspan="2">起点埋深/m</td><td>3.5</td><td>终点埋深/m</td><td>3.5</td></tr>
<tr><td>管段类型</td><td>污水</td><td colspan="2">管段材质</td><td>砼</td><td>管段直径/mm</td><td>300~400</td></tr>
<tr><td>检测方向</td><td>顺流</td><td colspan="2">管段长度/m</td><td>105</td><td>检测长度/m</td><td>105</td></tr>
<tr><td>检测地点</td><td colspan="4">XX</td><td>检测日期</td><td>XX</td></tr>
<tr><td>距离/m</td><td>缺陷名称代码</td><td>分值</td><td>等级</td><td colspan="2">管道内部状况描述</td><td>照片序号或说明</td></tr>
<tr><td>30</td><td>TJ</td><td>3</td><td>2</td><td colspan="2"></td><td></td></tr>
<tr><td>45</td><td>PL</td><td>10</td><td>4</td><td colspan="2"></td><td></td></tr>
<tr><td>80</td><td>FS</td><td>6</td><td>3</td><td colspan="2"></td><td></td></tr>
<tr><td></td><td></td><td></td><td></td><td colspan="2"></td><td></td></tr>
<tr><td></td><td></td><td></td><td></td><td colspan="2"></td><td></td></tr>
<tr><td colspan="7">备 注</td></tr>
<tr><td colspan="4">照片1：</td><td colspan="3">照片2：</td></tr>
<tr><td colspan="4">照片1：</td><td colspan="3">照片2：</td></tr>
</table>